普通高等教育"十一五"国家级规划教材

炼铁设备及车间设计

（第2版）

主　编　万　新
副主编　高艳宏　吴明全
主　审　万清国

北　京
冶金工业出版社
2014

内 容 提 要

本书是根据教育部“十一五”普通高等教育国家级教材出版规划编写的，并结合现代炼铁技术的基本情况，系统地介绍了工艺流程、设备基本结构和工作原理、设计原则。

全书共分10章。主要内容包括绪论、高炉炉型、高炉炉体结构、炉顶设备、炉后供料系统、高炉送风系统、高炉喷吹燃料设备、高炉煤气除尘系统、铁渣处理系统、高炉车间设计等。

本书可作为高等院校的相关专业教材，也可供有关工程技术人员参考。

图书在版编目(CIP)数据

炼铁设备及车间设计/万新主编.—2版.—北京：冶金工业出版社，2007.8(2014.5重印)

普通高等教育“十一五”国家级规划教材

ISBN 978-7-5024-4340-5

Ⅰ.炼…　Ⅱ.万…　Ⅲ.①炼铁设备—高等学校—教材 ②高炉—车间—设计—高等学校—教材　Ⅳ.TF32

中国版本图书馆CIP数据核字(2007)第127168号

出版人　谭学余
地　　址　北京北河沿大街嵩祝院北巷39号，邮编100009
电　　话　(010)64027926　电子信箱　yjcbs@cnmip.com.cn
责任编辑　俞跃春　美术编辑　王耀忠　版面设计　张　青
责任校对　刘　倩　李文彦　责任印制　李玉山

ISBN 978-7-5024-4340-5

冶金工业出版社出版发行；各地新华书店经销；北京虎彩文化传播有限公司印刷
1994年11月第1版，2007年8月第2版，2014年5月第5次印刷
787mm×1092mm　1/16；14.75印张；387千字；222页

29.00元

冶金工业出版社投稿电话：(010)64027932　投稿信箱：tougao@cnmip.com.cn
冶金工业出版社发行部　电话：(010)64044283　传真：(010)64027893
冶金书店　地址：北京东四西大街46号(100711)　电话：(010)65289081(兼传真)

(本书如有印装质量问题，本社发行部负责退换)

前　言

本书第1版于1994年11月出版以来，得到了相关院校的教师和学生的充分肯定。根据2007年教育部“十一五”普通高等教育国家级教材出版规划，我们在原书内容的基础上，进行了修订。

目前炼铁技术已经发生了巨大变化，编写该书的指导思想是保持教材原有的特色、进行补充更新，系统地介绍工艺流程、设备基本结构和工作原理、设计原则，结合现代高炉的基本情况，对于一些逐渐成为主流的技术做了补充。

本书由重庆科技学院万新担任主编。参加编写的有：万新（编写第1、2、3、4、6章），高艳宏（编写第5、7、8章），吴明全（编写第9、10章）。万清国担任主审。

在本书修订的过程中，原书主编万清国给予了大力支持和帮助，保证了本书修订工作的顺利完成。由于编者水平所限，书中不妥之处，恳请读者批评指正。

编　者

2007年6月

目　　录

1 绪 论

1.1 高炉炼铁生产工艺流程及设备

高炉是一种连续生产的竖式鼓风炉，目前高炉冶炼仍然是获得生铁的主要手段，高炉炼铁生产的工艺流程如图 1-1 所示。

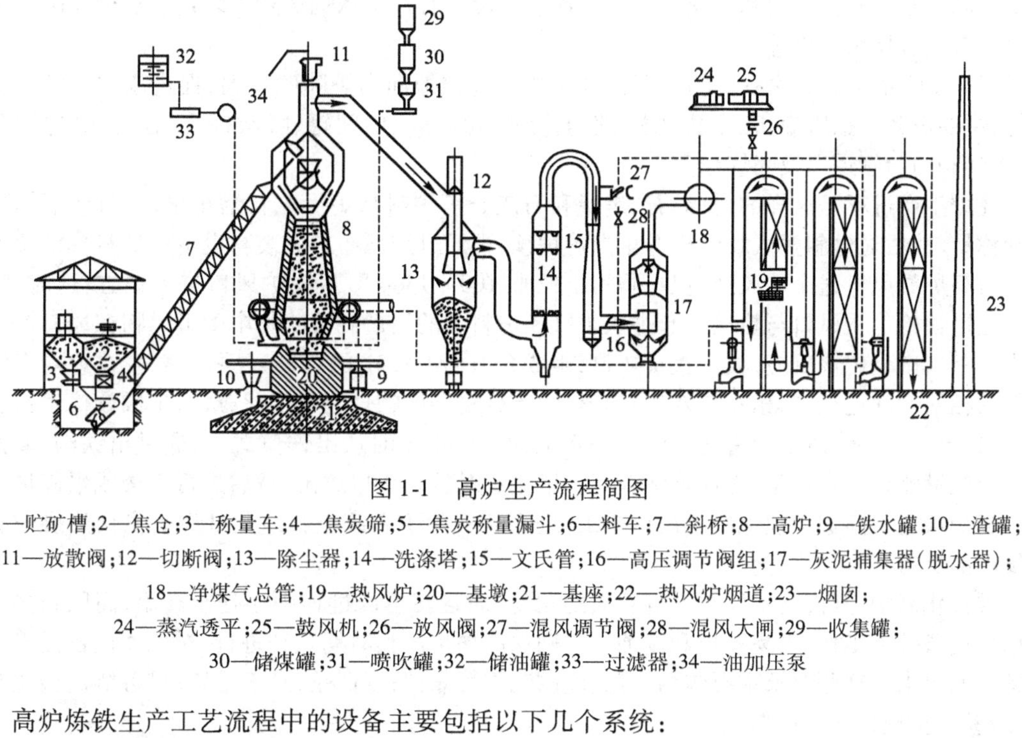

图 1-1 高炉生产流程简图

1—贮矿槽；2—焦仓；3—称量车；4—焦炭筛；5—焦炭称量漏斗；6—料车；7—斜桥；8—高炉；9—铁水罐；10—渣罐；11—放散阀；12—切断阀；13—除尘器；14—洗涤塔；15—文氏管；16—高压调节阀组；17—灰泥捕集器(脱水器)；18—净煤气总管；19—热风炉；20—基墩；21—基座；22—热风炉烟道；23—烟囱；24—蒸汽透平；25—鼓风机；26—放风阀；27—混风调节阀；28—混风大闸；29—收集罐；30—储煤罐；31—喷吹罐；32—储油罐；33—过滤器；34—油加压泵

高炉炼铁生产工艺流程中的设备主要包括以下几个系统：

(1) 高炉本体系统。高炉本体是冶炼生铁的主体设备，包括炉基、炉衬、冷却设备、炉壳、支柱及炉顶框架等。其中炉基为钢筋混凝土和耐热混凝土结构，炉衬用耐火材料砌筑，其余设备均为金属结构件。在高炉的下部设置有风口、铁口及渣口，上部设置有炉料装入口和煤气导出口。

(2) 装料系统。装料系统的主要任务是将炉料装入高炉并使之分布合理，设备主要包括装料、布料、探料及均压几部分。装料系统的类型主要有钟式炉顶、钟阀式炉顶和无料钟炉顶。钟式炉顶主要包括受料漏斗、旋转布料器、大小料钟、大小料斗、大小料钟平衡杆机构、大小料钟电动卷扬机或液压驱动装置、探料装置及其卷扬机等。钟阀式炉顶还有贮料罐及密封阀门。无料钟炉顶不设置料钟，并采用旋转溜槽布料，其他主要设备与钟阀式炉顶大体相同。

(3) 上料系统。上料系统的任务是保证连续、均衡地供应高炉冶炼所需原料，主要设备包括贮矿槽、贮焦槽、槽下筛、称量漏斗或称量车、槽上槽下胶带运输机、斜桥、料车及其卷扬机等。采用皮带上料的高炉还有向炉顶供料的皮带运输机。

（4）送风系统。送风系统的任务是及时、连续、稳定、可靠地供给高炉冶炼所需热风，主要设备包括高炉鼓风机、脱湿装置、富氧装置、热风炉、废气余热回收装置、热风管道、冷风管道及冷热风管道上的控制阀门等。

（5）煤气除尘系统。煤气除尘系统的任务是对高炉煤气进行除尘降温处理，以满足用户对煤气质量的要求，设备主要包括煤气上升管、煤气下降管、重力除尘器、洗涤塔、文氏管、静电除尘器、捕泥器、脱水器、调压阀组、净煤气管道与阀门等。小型高炉煤气除尘系统一般采用干式布袋除尘器装置。

（6）铁渣处理系统。铁渣处理系统的任务是及时处理高炉排出的渣、铁，保证生产的正常进行，主要设备包括开铁口机、堵铁口泥炮、铁水罐车、堵渣口机、炉渣粒化装置、水渣池及水渣过滤装置等。

在高炉风口和出铁口水平面以下设置有风口平台和出铁场。在风口平台上布置有出渣沟，在出铁场上布置有铁水沟和放渣沟。在出铁场还设置有行车和烟气除尘装置。在热风围管下或风口平台上有换风口机等。

（7）喷吹系统。喷吹系统的主要任务是均匀稳定地向高炉喷吹煤粉，促进高炉生产的节能降耗，主要设备包括磨煤机、主排风机、收尘设备、煤粉仓、中间罐、喷吹罐、混合器、输送气源装置、控制阀门与管道以及喷煤枪等。

高炉生产过程是这样的：铁矿石、焦炭和石灰石等炉料从炉后贮料槽排出，进行槽下筛除粉末和称量，然后通过斜桥或胶带机送至高炉炉顶，再通过炉顶布料和装料设备将炉料分批装入炉内。由高炉鼓风机送来的风经过热风炉加热到1100～1300 ℃从高炉风口进入炉缸；这时，喷吹燃料通过喷枪也从风口与热风一起进入炉缸。炉料中的炭素和喷吹物中的可燃物在风口前与鼓风中的氧气产生燃烧反应，放出大量热量，生成含有 CO 和 H_2的高温还原性煤气，在炉内煤气和炉料的相向运动过程中，相互间发生一系列的十分复杂的物理化学变化，最后生成合格生铁和终渣，汇集于炉缸。熔渣由于密度小浮于铁水上面。铁水定时从出铁口放出，通过出铁沟、渣铁分离器及流嘴流入铁水罐车，送往炼钢车间。熔渣定时从出渣口放出，然后进行干渣或水淬炉渣处理。高炉煤气从高炉炉顶煤气导出口排出，进入煤气除尘系统进行净化处理后供作热风炉和煤气发电的燃料。

现代化高炉，其设备不仅承受着巨大的载荷，而且在生产过程中还处于高温、高压和多尘的严酷环境条件下工作，极易磨损和侵蚀。为确保高炉生产长时期顺利进行，对炼铁设备提出了越来越高的要求。这些要求主要包括：有高度的工作可靠性；寿命长，易于维修；尽可能定型化和标准化；易于实现自动化操作等。

1.2 高炉生产主要技术经济指标

技术经济指标是用来衡量高炉生产技术水平和经济效果的重要参数。高炉生产技术经济指标主要有以下几项：

（1）高炉有效容积利用系数 η_V。高炉有效容积利用系数是指每 1 m^3高炉有效容积一昼夜生产生铁的吨数，即高炉每昼夜产铁量 P 与高炉有效容积 V_u之比值。

$$\eta_V = \frac{P}{V_u} \quad [t/(m^3 \cdot d)]$$

高炉的有效容积利用系数与高炉的有效容积有关，1000 m^3级的高炉一般为2.00～2.40，2000 m^3级的高炉一般为2.00～2.35，3000 m^3级的高炉一般为2.00～2.30。

(2) 高炉炉缸面积利用系数η_A。高炉炉缸面积利用系数是指每1 m^2高炉炉缸有效面积一昼夜生产的生铁吨数，即高炉每昼夜产铁量P与高炉炉缸面积S_A之比值。

$$\eta_A = \frac{P}{S_A} \quad [t/(m^2 \cdot d)]$$

炉缸面积利用系数是衡量高炉效率的一个重要参考指标，国内1000～5000 m^3高炉的炉缸面积利用系数一般在65～70 $t/(m^2 \cdot d)$。

(3) 焦比K。焦比是指每生产1 t生铁所消耗的焦炭重量，即高炉昼夜产铁量P与昼夜消耗的干焦量Q_k比值。

$$K = \frac{Q_k}{P} \quad (kg/t)$$

我国高炉的焦比一般为400～500 kg/t，喷吹燃料可以有效降低焦比。

(4) 油比、煤比。每吨生铁喷吹的重油量为油比，喷吹的煤粉量为煤比。喷吹的单位重量或单位体积的燃料所能代替的冶金焦炭量为置换比。重油置换比为1.0～1.35 kg/kg，煤粉置换比为0.7～0.9 kg/kg，天然气置换比为0.7～0.8 kg/m^3，焦炉煤气置换比为0.4～0.5 kg/m^3。

(5) 燃料比。燃料比是指冶炼1 t生铁消耗的焦炭和喷吹煤粉的总和，这是国际上通用的概念。要注意燃料比与传统综合焦比的区别：

燃料比 = 焦比 + 煤比

综合焦比 = 焦比 + 煤比 × 置换比

我国高炉一般的燃料比在500 kg/t铁左右。

(6) 冶炼强度I和燃烧强度J_A。冶炼强度是指每1 m^3高炉有效容积每昼夜平均消耗的燃料量。

$$I = \frac{Q}{V_u} \quad [t/(m^3 \cdot d)]$$

高炉有效容积利用系数η_V、焦比K和冶炼强度I三者关系如下：

$$\eta_V = \frac{I}{K} \quad [t/(m^3 \cdot d)]$$

燃烧强度是指每1 m^2炉缸截面积每昼夜消耗的燃料重量，即炉缸截面积A与昼夜消耗的燃料量之比值。

$$J_A = \frac{Q}{A} \quad [t/(m^2 \cdot d)]$$

燃烧强度一般1000～5000 m^3高炉为30～35 $t/(m^2 \cdot d)$。冶炼强度高，燃烧强度也大。燃烧强度也可以用每1 m^2炉缸截面积每小时燃烧的焦炭重量来表示。

(7) 休风率。休风率是指休风时间与规定作业时间(即日历时间减去计划大、中修时间)的比值百分数。休风率反映高炉设备维护和高炉操作水平的高低。先进高炉的休风率在1%以下。

1.3 高炉设备现状及其发展趋势

1.3.1 我国高炉设备现状

在21世纪的最初几年，我国的炼铁技术取得了巨大的进步，这不仅表现在技术经济指标的显著提高，同时还表现在设备上有了飞速发展，其中有些已经进入了世界先进行列。

(1) 几年来，我国高炉大型化的发展有长足进步，但同时也新建了一大批小高炉，根据2006年上半年的不完全统计，我国1000 m^3以上的高炉占高炉总数的38.8%，600～1000 m^3的中型高炉占8.14%，600 m^3以下的占52.18%。这样的高炉结构对解决资源、能源、环境问题以及应对日趋激烈的国际竞争非常困难。

(2) 在高炉炉体结构中，两方面的进步是显著的。一是软水或纯水闭路循环冷却得到了大面积推广，其避免结垢、节水降耗的效果十分明显。同时，我国的冷却壁制造技术也发展迅速，热轧铜板生产的扁孔冷却壁、钢冷却壁及传统的球墨铸铁冷却壁都具有世界先进水平，合理使用能够为长寿高炉提供技术保障。二是国内的耐火材料技术已达到或接近世界先进水平，这包括热风炉用的硅砖、低蠕变砖和高炉炉缸使用的刚玉莫来石砖、复合棕刚玉砖、赛隆结合的刚玉砖、微孔刚玉砖、高导热微孔碳砖及炉身使用的SiC砖、铝炭砖等。

(3) 无料钟炉顶在国内已经得到了广泛使用，其简化的结构、优良的密封和灵活的布料在生产中发挥着巨大作用。我国在实践中发明的SS型无料钟炉顶具有独特的料流调节阀结构，克服了料仓料位高低对料流大小的影响，在国内20多座高炉上使用效果很好。

(4) 我国近200座喷煤高炉，除几座高炉曾部分引进国外技术外，绝大部分是自行设计、用国产设备建设起来的。其中的配煤喷吹技术、煤粉防爆技术、浓相输送和喷吹技术、均匀分配技术、氧煤喷枪技术、计量和自动控制等，都达到了国际先进水平。

(5) 近年来高炉的风温水平有了提高，不过对于1100～1150 ℃的目标风温，大多数企业仍然有空间。国内热风炉的结构形式多种多样，其中以内燃式为主，顶燃式也占较大比例。不过我国大多数热风炉在高温区仍然采用没有蠕变要求的高铝砖，对热风炉管道的膨胀处理也存在一些不足，这些问题都需要进一步改进。

(6) 胶带运输机和称量漏斗的供料方式逐渐成为上料系统的主流方式，实现了炉后供料机械化和自动化。

(7) 水渣处理装置多采用底滤法或INBA法，近几年我国自主开发的嘉恒法和明特法也逐渐在新建或改造的高炉上得到应用，效果明显。

(8) 检测和自动化水平明显得到提升，自主研制的红外摄像仪和计算机图像处理系统在高炉上得到了普遍应用。专家系统的研制和开发日渐成熟，浙江大学开发的“高炉炼铁过程优化与智能控制系统”在多座高炉上使用，效果良好。

总体来看，国内的高炉炼铁技术及装备发展迅速，与国际先进水平的差距在日渐缩小。目前面临的比较突出的问题是中小型的高炉还普遍存在，其规模小、消耗高、效率低、污染重的特点使得我国的整体炼铁工艺装备的水平不容乐观，达到国际先进水平的炼铁装备不足50%，这也是炼铁技术发展近几年亟待解决的问题。

1.3.2 高炉发展的趋势

高炉发展的总趋势是高炉现代化。高炉现代化主要表现于炉容大型化、生产高效化及自动化。精料是高炉实现现代化的基础。

1.3.2.1 炉容大型化

随着精料技术和高压操作等新技术的发展，世界各国高炉的有效容积都在不断地增加，向着炉容大型化方向发展。高炉是炼铁工艺的主要冶炼设备。《构筑物抗震设计规范》GB 50191按有效容积的大小，将高炉划分为大、中、小三种类型。有效容积小于1000 m^3的为中、小型高炉，等于和大于1000 m^3的为大型高炉，我国已有4000 m^3级特大型高炉4座，目前在建和拟建的还有数座类似高炉。实践证明,大型化高炉具有低燃料比、低焦比、低能耗的优势,从而可以取得低成本、低污染的效果。所以高炉的大型化取代落后的中小型高炉是必然趋势。

1.3.2.2 生产高效化

依靠科学技术,强化高炉冶炼,促进高炉生产进一步实现高产、优质、低耗、低成本,提高经济效益,使高炉生产高效化。世界各国强化高炉生产的新技术主要包括以下几方面:

(1) 精料不仅是要求含铁原料品位高、化学成分稳定和粒度均匀,以及熟料率高,而且要求入炉矿石的高温性能好。有的有害元素会直接影响到高炉的寿命,因此对高炉入炉原料的有害元素如铅、锌、碱金属等含量要进行严格控制。

(2) 高风温和降低鼓风湿度。日本高炉采用外燃式热风炉,设计风温为1250~1350 ℃,使用风温为1297 ℃。德国、荷兰等国改造后的内燃式热风炉,风温已达1250 ℃和1300~1320 ℃。我国高炉提高风温的潜力很大,采用外燃式热风炉、预热助燃风和煤气、混烧焦炉煤气、利用转炉煤气富化高炉煤气等方法都是很有效的提高风温措施。脱湿鼓风能降低焦比,同时还能提高风口前端理论燃烧温度,从而提高煤粉喷吹量,为低富氧条件下的大喷吹煤粉创造条件。

(3) 高压操作。目前世界上大型高炉的炉顶压力一般都达到了0.25~0.30 MPa,先进高炉的超高压操作已经达到了0.34~0.4 MPa,其带来的增产节焦效果十分明显。

(4) 富氧大喷吹。目前国内外大多以喷吹煤粉(无烟煤和烟煤)为主,正常喷吹量可以稳定在80~100 kg/t 铁。我国重点企业的高炉喷吹量在120 kg/t 铁左右,这为降低高炉入炉焦比提供了重要的保证。

富氧与大喷吹量结合是强化冶炼的有力措施。富氧鼓风发展很快。俄罗斯富氧率曾达到2%以上,日本富氧率达到2%~3.5%。

(5) 加强二次能源回收。如回收热风炉废气余热,回收汽化冷却余热和利用煤气余压发电等。

(6) 加强环境保护,提高环保投资费用。日本高炉环境保护投资费占总投资的20%左右。我国高炉环保投资所占比例较少,应逐步增加,改善生产环境条件,保护劳动者健康。

1.3.2.3 高炉自动化

高炉自动化的最终目标是计算机控制,实现高炉总体的全部自动控制,即包括冶炼过程、供料、热风炉等各系统的综合闭环控制。目前,高炉采用自动化监测,计算机处理信息和数据指导生产的已越来越多。不少国家为争取实现高炉生产的全面自动化进行了大量研究工作。如日本一些高炉将人工智能用于控制炼铁过程,使炉况更加稳定。

高炉的自动化包括基础自动化(L1 级)、过程自动化(L2 级)和管理自动化(L3 级),从2003年的调查结果来看,国内的高炉已基本普及了基础自动化,过程自动化在吸收和消化的基础上也有了一定的发展,而生产管理自动化以及生产制造执行系统(EMS)尚处于研究阶段。因此,在未来较长的时间内,普及提高基础自动化、大力发展过程自动化、重视制造执行系统建设等仍将是国内高炉工作的方向。

思考题

1-1 高炉炼铁工艺流程分为哪几个系统,各系统有哪些主要设备?

1-2 正确描述高炉有效容积利用系数、焦比和冶炼强度三者的关系。

1-3 比较高炉炉缸面积利用系数和高炉有效容积利用系数。

2 高炉炉型

2.1 炉型及其表示方法

2.1.1 炉型

高炉是一种生产液态生铁的鼓风竖炉。高炉的工作空间是用耐火材料砌筑而成的,炉型指的是高炉工作空间的内部剖面形状。

炉型对高炉的冶炼过程起着重要影响。长期以来,人们对高炉炉型作了大量的研究和探索,逐步认识了高炉炉型与原燃料和鼓风制度的适应关系,即炉型与炉料运动和煤气流运动规律的适应性。炉型是随着原燃料条件的改善,操作技术水平的提高,科学技术的进步而不断发展变化的。

在炉型的发展过程中,有代表性的几种炉型如图 2-1 所示。现代高炉炉型由炉缸、炉腹、炉腰、炉身和炉喉五段组成。其中炉缸、炉腰和炉喉呈圆筒形,炉腹呈倒锥台形,炉身呈截锥台形。

随着精料和高压操作等新技术的发展,高炉容积在不断扩大,但是,炉容的增长率远比有效高度的增长率要大,即高炉向扩大直径方向发展,使炉型变得更加“矮胖”。这反映了炉型发展的总趋向。

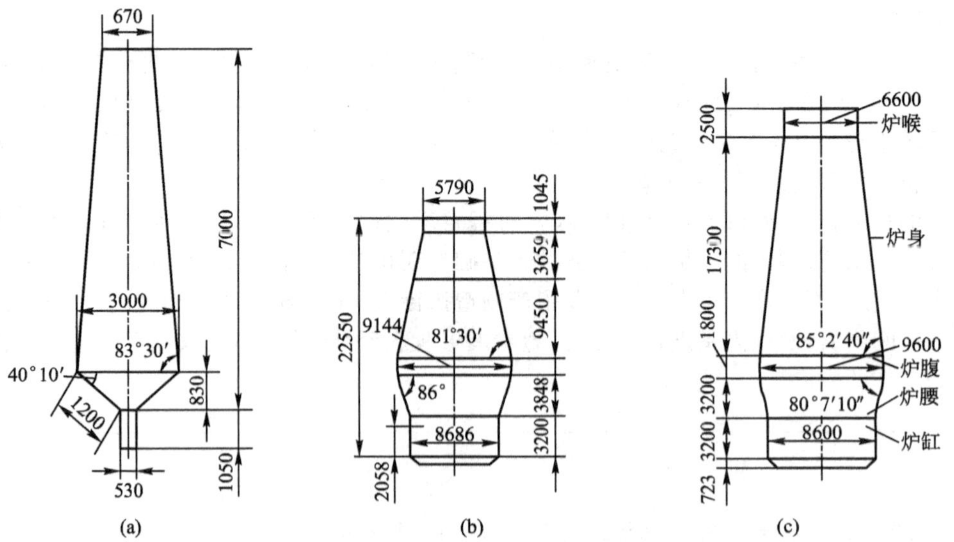

图 2-1 不同时期的高炉炉型

(a)中国古代炼铁炉炉型;(b)历史上的瓶式高炉;(c)近代 1513 m^3 高炉炉型

2.1.2　炉型尺寸的表示方法

高炉炉型通常用通过高炉中心线的纵剖面内形轮廓线来表示。

我国高炉炉型的表示方法如图 2-2 所示。炉型尺寸各符号所表示的意义如下：

H ——全高，mm；

H_u——有效高，mm；

V_u——高炉有效容积，m^3；

h_1——炉缸高度，mm；

h_2——炉腹高度，mm；

h_3——炉腰高度，mm；

h_4——炉身高度，mm；

h_5——炉喉高度，mm；

h_6——炉顶法兰盘至大料钟下降位置的底面高度，mm；

h_f——铁口中心线至风口中心线的高度，mm；

h_z——铁口中心线至渣口中心线的高度，mm；

h_0——死铁层最底面至铁口中心线的高度，mm；

d ——炉缸直径，mm；

D ——炉腰直径，mm；

d_1——炉喉直径，mm；

d_0——大钟直径，mm；

α——炉腹角，(°)；

β——炉身角，(°)。

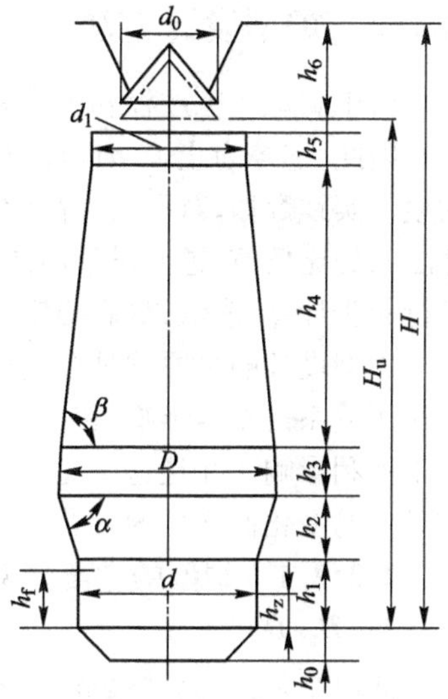

图 2-2　我国高炉内型尺寸表示方法

我国料线零位是指大钟开启位置的底面标高，对于无钟炉顶是指溜槽垂直状态的下端标高或炉喉高度上沿。料线零位至铁口中心线之间的容积为高炉有效容积。高炉全高 H 是指铁口中心线至炉顶钢圈表面之间的距离。而日本、美国及其他一些国家，则把铁口中心线至料线零位之间的容积称为内容积，风口中心线至料线零位之间的容积称为工作容积或有效容积。料线零位，日本确定在大料钟下降位置的底面以下 1000 mm 的水平面上，美国确定在其位置以下915 mm的水平面上。

2.2　炉型设计

2.2.1　炉型设计要求

高炉炉型的合理性，是高炉能实现高产、优质、低耗、长寿的重要条件。合理炉型应该是使炉型能够很好地适应于炉料的顺利下降和煤气流的上升运动。在生产过程中炉型是变化的。开炉时的炉型为建筑炉型，它和设计炉型基本一致。投产后由于炉墙受到机械作用和腐蚀作用而部分被破坏，炉型发生变化，变化后的炉型称为操作炉型或工作炉型。在高炉一代炉龄的生产过程中，往往产生这样的情况：炉龄中期的生产技术经济指标比开炉初期还好，而后期的生产指标又会变差。在其他冶炼条件相同的情况下，说明炉龄中期形成的操作炉型比开炉初期的设计炉型更能适应于高炉冶炼的规律。高炉后期生产指标变差，是由于后期炉衬受到严重的侵蚀破损，炉型发生严重变形，其适应性遭到破坏所致。由此可见，设计的炉型并非是完全合理的炉型。

在炉型设计时，尽可能地使设计炉型接近于合理炉型是设计工作者的重要任务和努力方向。合理的高炉内型应与所使用的原燃料及冶炼铁种的特性相适应，实际上各厂高炉内型各部分尺寸的选择是在计算结果和同类型高炉的内型比较分析的基础之上，根据各厂的具体条件而选定的。

2.2.2 炉型设计方法

由于高炉冶炼过程和工作条件十分复杂，用理论计算方法设计出来的炉型难以满足生产要求。因此，迄今为止炉型设计仍然是采用分析比较和经验公式的方法进行的，即根据同类型高炉的生产实践数据，对所设计高炉的具体原燃料和操作条件，进行分析和比较，确定炉型各部分尺寸之间的比例值，进而设计出高炉炉型，或者采用从生产实践中总结的同类型高炉的经验公式，进行初步计算、取值，最后确定出炉型尺寸。

炉型设计的总原则是合理确定炉型各部分尺寸之间的比例。这是因为炉型各部分尺寸之间的比例关系是相互影响，相互制约的，片面过分强调扩大或缩小某一部分尺寸，都会给高炉生产带来不利影响。并且这些比例关系中的合适比值，是随着高炉有效容积、炉衬结构、原燃料及操作条件的变化而变化的。

2.2.2.1 炉型的主要尺寸之间的比例关系

A H_u/D

此值是表征高炉"矮胖"程度的。H_u/D 值越大，炉料和煤气经过的路径越长，炉料与煤气在炉内接触的时间也越长，因此有利于煤气的热能和化学能的充分利用。但是，另一方面由于 H_u/D 值较大，会增加料柱的高度，相应地增加了煤气流通过料柱的阻力损失，不利于高炉顺行的因素也增加。相反，H_u/D 值减小，高炉变得更加"矮胖"，上述情况则会相反减弱。小型高炉由于炉型有效高度较低，原燃料条件不如大中型高炉的好，为使炉料有足够的加热和还原时间，所以一般小型高炉的 H_u/D 值较大中型高炉的 H_u/D 值要大些。近些年来，随着高炉容积的进一步大型化，高炉的有效高度值增加(由小高炉的 10 多米增加到大型高炉的 30 多米)，同时矿石和焦炭粒度的上限值逐步缩小，风温提高，喷吹燃料及焦比进一步降低等，都增加了高炉料柱阻力损失升高的因素，使影响高炉顺行的因素更加突出。为了从炉型设计方面考虑有利于高炉的顺行，大型高炉的炉型设计，主要是通过增加高炉横向尺寸来增加高炉有效容积的，而有效高度增加的比例较小。H_u/D 值随着高炉的大型化而变得越来越小，高炉更趋向于"矮胖"，这是高炉炉型发展的总趋势。炉型设计时，H_u/D 的取值与高炉的容积有关，取值的选择范围参见表 2-1。

表 2-1 不同容积的高炉内型各部分尺寸比例关系

高炉有效容积/m^3	300 ~ 620	800 ~ 1050	1300 ~ 2000	2500 ~ 4000
d/mm	4200 ~ 5700	6500 ~ 7300	8400 ~ 9800	10000 ~ 13400
D/d	1.32 ~ 1.16	1.15 ~ 1.13	1.12 ~ 1.08	1.11 ~ 1.09
H_u/D	3.22 ~ 3.06	3.10 ~ 3.04	2.85 ~ 2.65	2.52 ~ 2.23
α/(°)	82 ~ 80	81 ~ 80	80.5 ~ 79.5	81.5 ~ 80.5
β/(°)	85.5 ~ 84.5	85 ~ 84.5	84 ~ 83.8	83.5 ~ 82

B V_u/A

高炉有效容积与炉缸横断面积(A)之比值的大小，也是描述高炉"矮胖"程度的另一个参数。一般炉容大的比炉容小的高炉的 V_u/A 值要大些，这是提高小高炉冶炼强度的经验之一，如图2-3

所示。V_u/A 值,大型高炉为 22~27,中型高炉为 15~22,小型高炉为 10~13。

C 炉身角 β

炉身角是控制炉身形状的基本参数,也是控制高炉上部尺寸的重要参数。炉身角的大小与炉料下降和煤气流上升过程中的分布状态关系极大。炉身角小,炉墙的倾斜度大,炉料对炉墙产生的侧向压力减小,炉料在下降过程中与炉墙之间产生的摩擦阻力相应减小,有利于炉料的顺利下降。炉身角小,促进边缘气流发展,也有利促进高炉顺行。但是,炉身角过小,边缘气流过分发展,会给高炉操作上下部调节造成困难,这不仅不利于煤气热能和化学能的充分利用,而且容易使炉衬过热而被损坏。相反,炉身角增大,不利于炉料下降的因素也会增加,但有利于抑制高炉边沿煤气流的过分发展。

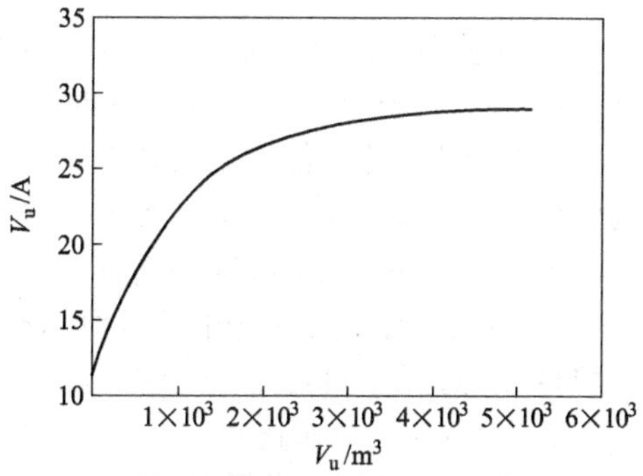

图 2-3 高炉有效容积与 V_u/A 比值的关系

炉身角的大小还应当考虑原料条件。使用烧结矿的高炉,由于烧结矿的膨胀量很小,炉身角可以取大些;使用球团矿、赤铁矿和褐铁矿的高炉,炉料膨胀量较大,为了适应炉料下降过程中的膨胀,炉身角可以取小些。

大型高炉的炉身角一般比小型高炉的炉身角要小些。这一方面是由于前者的 H_u/D 值比后者要小的缘故,另一方面,是由于大型高炉横断面积大,炉料的横向膨胀量大,取较小的炉身角可以适应炉料的膨胀。此外,大型高炉的料柱较高,料柱对气流的阻损增加,减小炉身角,相应地增加了高炉的下部容积,这不仅有利于高炉顺行,而且为高炉的强化操作创造了有利条件。炉身角 β 的取值范围参见表 2-1。

D 炉腹角 α

炉腹角是描述炉腹形状的主要参数,也是确定高炉下部尺寸的重要依据。炉腹呈倒锥台形,是为了适应于炉料熔化后体积收缩的特点和调节煤气流分布的需要,并使风口前产生的高温气流能远离炉墙,不致烧坏炉衬,同时使风口前的燃烧带位置恰好处于距离炉喉边缘 $\frac{1}{3}$ ~ $\frac{1}{2}$ 半径的下方区域,这正是矿石分布较多下料较快的区域,有利于炉料的松动,促进高炉顺行。

从煤气流分布角度考虑,炉腹角的大小,在一定程度上决定着燃烧带的位置,即影响煤气流的初始分布状态。炉腹角过大,可能造成边缘气流过分发展而不可抑制;也不利于在炉墙上形成稳定的渣皮保护层。炉腹角过小,炉腹收缩度大,可能造成中心气流过分发展而不可抑制,也不利于炉料的顺利下降,影响高炉顺行,甚至是高炉经常产生悬料的原因。炉型设计时,炉腹角 α 的取值范围参见表 2-1。

为了适应高炉采取高风温、喷吹等强化操作措施,目前炉腹角有增大的趋势。

炉腹的高度应与炉容相适应。炉腹过高,可能使炉料还未熔化就过早地进入炉腹,容易导致悬料。炉腹过低又发挥不了它的作用。

炉型设计时,炉腹高度,大中型高炉为 3~4 m,小型高炉为 2~2.5 m。

E D/d

此值与炉腹角 α 紧密联系,是表征高炉下部形状和下部尺寸的另一个主要参数。在炉型设计时,D/d 值和 α 角值应一并统筹考虑确定。D/d 值的大小参见表 2-1。

炉腰是炉腹到炉身的过渡段,其高度大小对高炉冶炼过程无严重影响。因此,在炉型设计时,一般可以采用调节炉腰高度的方法来调整高炉有效容积。高炉炉腰一般为 1.5~3.0 m。

F d_1/D

d_1/D 值和 β 角是表征高炉上部形状的主要参数,二者联系起来可以说明高炉上部尺寸的比例关系。在炉型设计时,d_1/D 和 β 的值应一并考虑确定。d_1/D 值一般为 0.65 ~0.72。

炉喉的高度应以能满足控制炉料分布和煤气流分布为宜,过高会使炉料挤紧而影响其下降,过低难以满足装料制度调节的要求。炉喉高度一般以 2 ~2.5 m 为宜。

炉喉与大钟之间的间隙[$(d_1-d_0)/2$]决定着炉料堆尖的位置。因而其值大小会影响煤气流的分布,同时还影响流出炉喉煤气流的速度和炉尘吹出量。炉型设计时,炉喉间隙应与炉身角 β 和炉料粒度组成一并考虑。炉喉间隙,中小高炉为 500 ~700 mm,大型高炉为 800 ~1000 mm。

G 炉缸及死铁层高度

风口、铁口和渣口设置在炉缸部位。焦炭和喷吹燃料均在炉缸风口前的燃烧带进行燃烧反应,产生的高温煤气在炉缸进行初始分布,然后上升到炉腹,液态渣铁汇集于炉缸下部,并定时放出。炉缸的容积不仅应能保证足够数量的燃料燃烧,而且应能容纳一定数量的铁和渣。当炉缸的直径由 V_u/A 比例关系确定之后,炉缸的高度应能保证在炉缸内容纳两次出铁间隔时间内所生成的铁水和一定数量的炉渣,并应考虑因故而不能按时放渣放铁因素和留有足够安装风口所需要的结构尺寸。设计时,炉缸高度可以按经验确定,也可以根据经验公式先分别计算出渣口高度和风口高度,再加上风口结构尺寸,确定出炉缸高度。不同容积高炉的风口结构尺寸值是,一般小于 620 m^3 的中小型高炉为 350 mm,大于 620^3 的大型高炉为 400 ~500 mm。

计算渣口、风口和炉缸高度的经验公式如下。

渣口高度 h_z 为:

$$h_z = 1.27\frac{eP}{n_r C\gamma d^2}$$

式中 h_z——渣口高度,m;

P——生铁日产量,t;

e——生铁产量波动系数,一般取 $e=1.2$;

n_r——每日出铁次数,次;

C——炉缸容积(渣口以下)利用系数,一般 $C=0.55\sim0.60$(炉容大,渣量大,取低值);

γ——铁水密度,一般取 7.1 t/m^3;

d——炉缸直径,m。

风口高度 h_f(m)为:

$$h_f = \frac{h_z}{k}$$

式中 k——渣口高度与风口高度的比,一般 $k=0.5\sim0.6$(渣量大,取低值)。

炉缸高度 h_1(m)为:

$$h_1 = h_f + b$$

式中 b——风口结构尺寸,m。

渣铁口数目取决于炉容和原料条件。一般中小高炉设 1 ~2 个渣口,上下渣口高度差为 100 ~200 mm,设一个铁口。大型高炉渣铁口数目应一并考虑,有的设 2 ~3 个渣铁口,或只设铁口不设渣口。

风口数目主要取决于炉容大小(即炉缸直径大小)和鼓风机能力,也应考虑炉缸支柱的布置形式。风口数目的确定至今还没有严格的理论计算公式,一般采取经验数据,或者按经验公式进行粗略计算后确定,以下公式可供确定风口数目时参考。

中小型高炉： $n=2(d+1)$

大型高炉： $n=2(d+2)$

4000 m^3左右巨型高炉： $n=3d$

式中 d——炉缸直径，m。

死铁层高度 h_0是指出铁口中心线至炉底砌砖表面之间的高度。死铁层的作用是防止炉底砖衬免遭炉渣、铁水和煤气的强烈冲刷侵蚀，使炉底温度均匀稳定，延长炉底寿命。死铁层深度随炉容的增大而增加。中小型高炉死铁层一般为 300～600 mm，大型高炉一般为 1000～2000 mm。目前大型高炉的死铁层深度有进一步增加的趋势。

2.2.2.2 炉型设计经验公式和统计数据

炉型设计除了采用分析比较确定炉型尺寸的方法外，还可以采用经验公式计算、调整的方法。国内外总结出来的计算炉型尺寸的经验公式较多，各类经验公式所考虑的着重点也不完全相同，公式中的系数也在随着条件的变化而不断地修改。因此，要固定采用某种经验公式进行炉型设计计算都是不合适的，必须根据各国、各地的具体原燃料、设备和操作条件，总结、修改出适合本国情况的经验公式，然后加以采用。

我国 2000 m^3以下高炉内型尺寸计算的经验公式及统计数据如表 2-2 所示。

表 2-2 高炉内型计算的经验公式及统计数据

名 称	经 验 公 式	统计数据及说明
炉缸直径 d/m	$d=1.13\cdot(I\cdot V_u\cdot J_A^{-1})$或用 V_u/A 值计算时，先求出 A，然后再用如下公式： $d=1.13\cdot A^{-1}$	I—冶炼强度，t/(m^3·d)，其值为 1.0～1.25；J_A—燃烧强度，t/(m^2·d)，其值为 30～35；A—炉缸截面积，m^3，V_u/A 值，大型高炉为 22～27，中型高炉为 15～22，小型高炉为 10～13
炉腰直径 D/m	D 值可按 D/d 值来确定	D/d 值如下： 大型高炉为 1.1～1.15 中型高炉为 1.15～1.25 小型高炉为 1.25～1.50
有效高度 H_u/m	H_u值可按 H_u/D 值来确定	H_u/D 值如下： 大中型高炉为 2.5～3.5 小型高炉为 3.5～4.2
全高 H/m	$H=H_u+h_6$	h_6是炉头高度，一般为 1.5～3.0 m
炉喉直径 d_1/m	d_1值可按 d_1/D 值来确定	d_1/D 值一般为 0.65～0.72； 大、中型高炉取 0.7；小型高炉取 0.67
炉身高度 h_4/m	$h_4=(D-d_1)\cdot 2^{-1}\cdot\tan\beta$	β 是炉身角，一般为 82°～84°
大钟直径 d_0/m	d_0值可按(d_0-d_1)来确定	

我国包头钢铁设计研究院高清志等同志总结提出的炉型设计计算经验公式如下：

(1) 死铁层。建议新设计高炉炉容大于 1000 m^3 以上的，死铁层容积应不小于炉容的 7.36%。死铁层高度按下面经验式计算：

$$h_0\geqslant 0.0937V_u d^{-2}$$

对于 1000 m^3以下的常压高炉，建议死铁层容积应不小于炉容的 6%。死铁层高度按下列经验公式计算：

$$h_0\geqslant 0.0764V_u d^{-2}$$

（2）炉缸。大高炉炉缸直径按如下经验公式计算：

$$d = 0.4087\ V_u^{0.4205}$$

炉缸高度按如下经验公式计算：

$$h_1 = 1.4206 V_u^{0.159} - 34.8707 V^{-0.841}$$

（3）炉腹。炉腹角 α 值，建议取 79°～81°之间。炉腹高度按如下经验公式计算：

$$h_2 = (1.6818 V_u + 63.5879)(V_u^{0.7848} + 0.7190 V_u^{0.8129} + 0.5170 V_u^{0.841})^{-3}$$

（4）炉腰。炉腰直径按下列经验公式计算：

$$D = 0.5684 V_u^{0.3924}$$

炉腰高度按如下经验公式计算：

$$h_3 = 0.3586 V_u^{0.2152} - 6.3278 V_u^{-0.7848}$$

（5）炉身。炉身角 β，建议取 81.6°～83.6°。炉身高度按如下经验公式计算：

$$h_4 = (6.3008 V_u - 47.7323)(V_u^{0.7848} + 0.7833 V_u^{0.7701} + 0.5769 V_u^{0.7554})^{-1}$$

（6）炉喉。为适应大料批需要，炉喉直径有增加的趋势。炉喉直径和炉喉高度分别按下列经验公式计算：

$$d_1 = 0.4317 V_u^{0.3777}$$

$$h_5 = 0.3527 V_u^{0.2446} - 28.3805 V_u^{-0.7554}$$

（7）风口数目 f。风口数目的经验公式计算为：

$$f = \frac{\pi d}{1.1 \sim 1.2}$$

（8）渣铁口数目。建议 1000 m^3 以下的高炉设 1 个铁口和 1～2 个渣口，1000 m^3 以上的高炉设 1～2 个铁口和 1～2 个渣口，4000 m^3 以上的高炉设 4 个铁口，可以不再设渣口，炉渣从铁口放出。

部分大型高炉炉型各部位容积与有效容积之比的统计值和按高清志等人提出的经验公式计算值比较，见表 2-3。

表 2-3 高炉内型各部位容积与有效容积关系

高炉容积级别 /m^3	V_u 平均 / m^3	统计值×100 / %					公式计算值×100 / %				
		V_1/V_u	V_2/V_u	V_3/V_u	V_4/V_u	V_5/V_u	V_1/V_u	V_2/V_u	V_3/V_u	V_4/V_u	V_5/V_u
5000	5245	17.10	14.04	8.58	54.32	5.93	18.55	14.32	9.07	52.69	5.24
4000	4296	18.05	14.37	12.40	51.17	4.01	18.53	14.35	9.06	52.67	5.26
3000	3328	15.55	13.50	11.34	54.51	5.09	18.50	14.39	9.05	52.64	5.28
2000	2415.6	14.78	14.12	11.49	55.92	4.68	18.45	14.45	9.03	52.60	5.33
1000	1345	13.52	14.83	9.83	56.70	5.13	18.29	14.64	8.98	52.46	5.48
<1000	564.6	13.83	16.41	11.55	51.31	7.01	17.67	15.36	8.75	51.92	6.04

我国部分高炉炉型尺寸，见表 2-4。

表 2-4 我国部分高炉炉型尺寸

项　目	通钢 3 号	上钢 3 号	鞍钢 4 号	唐钢 1 号	包钢 1 号	本钢 5 号	鞍钢 7 号	武钢 5 号	宝钢 1 号
V_u/m^3	350	750	1004	1260	1513	2000	2580	3200	4063
d/mm	5000	6800	7200	8000	8600	9800	11000	12200	13400

续表 2-4

项　目	通钢 3 号	上钢 3 号	鞍钢 4 号	唐钢 1 号	包钢 1 号	本钢 5 号	鞍钢 7 号	武钢 5 号	宝钢 1 号
D/mm	5800	7800	8200	9100	9600	10900	12200	13400	14600
d_1/mm	4100	5400	5700	6400	6600	7300	8200	9000	9500
d_0/mm	2900	3900	4200		4800	5400	6200		7300
H/mm		24700	27850		30750	31750			
H_u/mm	17700	21900	25039	25800	28000	29200	29900	30600	32600
h_0/mm	550	800	875	1000	724	1000	1200	1900	1800
h_z/mm	1200	1400	1300	1500	1400	1500			
h_f/mm	2500	2700	2700	3100	2800	3200			
h_1/mm	2900	3200	3200	3500	3200	3800	3700	4800	4900
h_2/mm	3000	3100	3000	3200	3200	3100	3600	3500	4000
h_3/mm	1000	1200	2200	2000	1800	1500	2000	2000	3100
h_4/mm	9000	12000	14200	15300	17300	18500	18000	17900	18100
h_5/mm	1600	1800	2000	1800	2500	2000	2600	2400	2500
α	82°24′19″	80°50′16″	80°32′	80°14′51″	81°07′	79°57′	81°33′		81°28′09″
β	84°36′17″	84°17′22″	85°05′	84°57′21″	85°03′	84°26′30″	83°39′		81°58′50″
$(d_1-d_0)\cdot 2^{-1}$/mm			780		900	950	1000		1100
A/m²	19.63	36.30	40.6	50.26	58.1	75.4	95.03	116.90	141.03
V_u/A	17.82	20.66	24.7	25.06	26.04	26.6	27.15	27.37	28.81
H_u/D	3.05	2.80	3.04	2.83	2.92	2.68	2.45	2.28	2.23
D/d	1.18	1.14	1.14	1.137	1.12	1.11	1.11	1.098	1.09
d_1/D	0.70	0.69	0.70	0.70	0.687	0.67	0.67	0.67	0.65
d_1/d	0.82	0.79	0.799		0.766	0.74	0.75	0.74	0.71
风口/个	14	18	14	20	18	22	26		36
铁口/个	1	1					2	4	4

2.2.3 炉型设计计算举例

（1）设计计算条件。高炉日产炼钢生铁为 $P=2160$ t，生铁焦比为 $K=550$ kg/t，每昼夜出铁次数为 $n_r=8$ 次，使用烧结矿 80%，矿石 20%，设计计算该座高炉的内型尺寸。

（2）设计计算方法及步骤。采用我国总结的炉型设计经验计算式进行初步计算，然后调整计算出的炉型尺寸数据，最后确定出高炉内型尺寸。

炉型设计计算方法和步骤如下：

1）确定高炉有效容积。选取高炉利用系数 $\eta_V=1.8$ t/(m³·d)，高炉有效容积为

$$V_u=\frac{P}{\eta_V}=\frac{2160}{1.8}=1200\ \text{m}^3$$

2）*炉缸和死铁层*。冶炼强度 $I=\eta_V K=1.8\times0.55=0.99$ t/(m³·d)，燃烧强度取 $J_A=26$ t/(m³·d)，则炉缸直径为

$$d = 1.13\sqrt{\frac{IV_u}{J_A}} = 1.13\sqrt{\frac{0.99 \times 1200}{26}} = 7.65\ \text{m}，取\ d = 8.2\ \text{m}$$

取 $e = 1.2$，$C = 0.55$，$\gamma = 7.1\ \text{t/m}^3$，则渣口高度为

$$h_z = 1.27\frac{eP}{n_r c\gamma d^2} = 1.27\frac{1.2 \times 2160}{8 \times 0.55 \times 7.1 \times 8.2^2} = 1.567\ \text{m}$$

取 $h_z = 1.5$ m，取上渣口高为 1.7 m。

取风口、渣口中心线的高度差为 $a = 1.25$ m，安装风口的结构尺寸 $b = 0.45$ m，则炉缸高度为

$$h_1 = h_f + b = h_z + a + b = 1.5 + 1.25 + 0.45 = 3.2\ \text{m}$$

取死铁层深度为

$$h_0 = 1.00\ \text{m}$$

取风口中心线之间弧长为 1.35 m，则风口数目为

$$f = \frac{\pi d}{1.35} = \frac{3.14 \times 8.2}{1.35} = 19\ 个，取 f = 18\ 个$$

设置出铁口 1 个，出渣口 2 个，确定上下渣口高度差为 200 mm。

3）炉腰。直径取 $D/d = 1.15$，则炉腰直径为

$$D = 1.15d = 1.15 \times 8.2 = 9.43\ \text{m}，取\ D = 9.2\ \text{m}$$

4）炉腹。取炉腹角 $\alpha = 80°32'$，则炉腹高度为

$$h_2 = \frac{1}{2}(D - d)\tan\alpha = \frac{1}{2}(9.2 - 8.2)\tan 80°32' = 3.0\ \text{m}，取\ h_2 = 3.0\ \text{m}$$

5）炉喉。取 $d_1/D = 0.7$，则炉喉直径为

$$d_1 = 0.7D = 0.7 \times 9.2 = 6.44\ \text{m}，取\ d_1 = 6.3\ \text{m}$$

选取炉喉高度 h_5 为：$h_5 = 1.8$ m（采用无料钟炉顶结构）。

6）炉身。取炉身角 $\beta = 84°10'$，则炉身高度为

$$h_4 = \frac{1}{2}(D - d_1)\tan\beta = \frac{1}{2}(9.2 - 6.3)\tan 84°10' = 14.2\ \text{m}，取\ h_4 = 14.2\ \text{m}$$

7）高炉有效高。取 $H_u/D = 2.65$，则高炉有效高为

$$H_u = 2.65D = 2.65 \times 9.2 = 24.38\ \text{m}，取\ H_u = 24\ \text{m}$$

8）炉腰高。炉腰高等于有效高减去其他各段高之差值，炉腰高为

$$h_3 = H_u - (h_1 + h_2 + h_4 + h_5) = 24 - (3.2 + 3.0 + 14.2 + 1.8) = 1.8\ \text{m}$$

9）高炉有效容积校核。有效容积等于各段容积之和。

$$V_1 = \frac{1}{4}\pi d^2 h_1 = 0.785 \times 8.2^2 \times 3.2 = 168.9\ \text{m}^2$$

$$V_2 = \frac{1}{12}\pi h_2(D^2 + Dd + d^2) = \frac{3.14}{12} \times 3(9.2^2 + 9.2 \times 8.2 + 8.2^2) = 178.45\ \text{m}^2$$

$$V_3 = \frac{1}{4}\pi D^2 h_3 = 0.785 \times 9.2^2 \times 1.8 = 119.4\ \text{m}^2$$

$$V_4 = \frac{1}{12}\pi h_4(D^2 + Dd_1 + d_1^2) = \frac{3.14}{12} \times 14.2(9.2^2 + 9.2 \times 6.3 + 6.3^2) = 677.33\ \text{m}^2$$

$$V_5 = \frac{1}{4}\pi d_1^2 h_5 = 0.785 \times 6.3^2 \times 1.8 = 56.08\ \text{m}^2$$

$$V_u = V_1 + V_2 + V_3 + V_4 + V_5 = 168.9 + 178.45 + 119.4 + 677.33 + 56.08 = 1200.16\ \text{m}^3$$

与规划炉容 1200 m^3 误差为 0.0133%，小于 1%，计算符合要求。

（3）绘出炉型图。设计计算炉型绘于图 2-4。

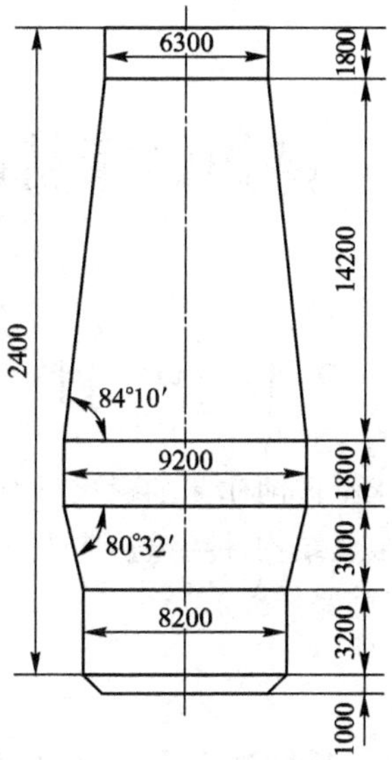

图 2-4　1200 m^3高炉设计炉型

思考题

2-1　什么是高炉炉型，高炉炉型如何表示？

2-2　料线的含义如何，国内高炉对料线零位一般作何规定？

2-3　如何理解高炉炉型的合理性？

2-4　为什么说炉型设计主要是控制尺寸之间的比例关系？

2-5　试述 α、β 和 H_u/D 值大小对高炉冶炼过程的影响。

2-6　举例设计计算某条件下高炉的内型尺寸。

3 高炉炉体结构

3.1 炉　衬

高炉炉衬是用能够抵抗高温和化学侵蚀作用的耐火材料砌筑成的。炉衬的主要作用是构成工作空间，减少散热损失，以及保护金属结构件免遭热应力和化学侵蚀作用。延长炉衬寿命是高炉设计的重要任务，也是高炉操作的重要任务。

3.1.1 炉衬破损的原因

高炉炉衬一般是以陶瓷材料（黏土质和高铝质）和炭质材料（炭砖和炭捣石墨等）砌筑。炉衬的侵蚀和破坏与冶炼条件密切相关，各部位侵蚀破损机理并不相同，研究炉衬的破损机理与合理选择耐火材料及设计炉衬结构有重要关系。归纳起来，炉衬破损机理主要有以下几个方面：

（1）高温渣铁的渗透和侵蚀；

（2）高温和热震破损；

（3）炉料和煤气流的摩擦冲刷及煤气碳素沉积的破坏作用；

（4）碱金属及其他有害元素的破坏作用。

高炉炉体各部位炉衬的工作条件及炉衬本身的结构都是不相同的，即各种因素对不同部位炉衬的破坏作用，以及炉衬抵抗破坏作用的能力均不相同，因此，各部位炉衬的破损情况也各异，如图 3-1 所示。

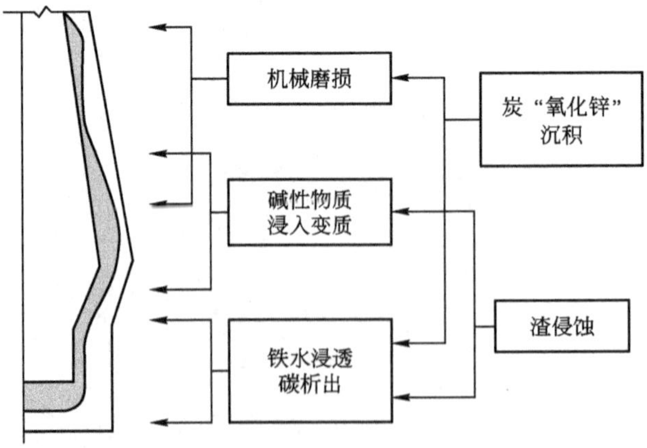

图 3-1　高炉炉衬的损伤结构

3.1.1.1 炉底和炉缸

炉底和炉缸的破损程度决定着高炉一代寿命，因此，人们对炉底和炉缸的破损特别重视。

在炼铁生产实践中，通过对一些炉衬破损情况的调查，发现炉底和炉缸的破损一般具有这样的规律：综合炉底和炭砖炉缸侵蚀深度浅，侵蚀线底部呈平底形，铁口以下侵蚀线呈“蒜头”状，用高铝砖和黏土砖砌筑的炉底，其侵蚀深度较大，侵蚀线呈“锅底”状。炭砖炉底侵蚀成“蒜头”状的原因，主要是由于死铁层铁水密度大，自上而下渗透作用增加和铁水在周边产生环流运动冲刷，以及炭砖导热能力良好等因素形成的。高铝砖和黏土砖炉底之所以侵蚀成“锅底”状，主要是因为砌体的导热性能较差，炉底中心区域温度过高，侵蚀特别严重所造成的。

炉底和炉缸内衬的破损机理，归纳起来是由于以下几方面的原因造成的：

(1) 炉料、炉渣及铁水的静压力作用，增强了铁水的渗透能力；

(2) 受到1400～1600 ℃（风口前端达2000～2200 ℃）以上的高温作用，使耐火砌体软化变形和开裂；

(3) 渣、铁和煤气流的机械作用，特别是在开炉初期对炉底的机械破坏作用尤为严重；

(4) 鼓风中的氧气、水分和煤气中的二氧化碳等氧化性气氛对炭砖的氧化作用，还原剂对砖衬中的 Fe_2O_3 和 SiO_2 的还原作用，使砖衬被侵蚀；

(5) 碱金属物质侵蚀，生成 Na_2SiO_3 和 K_2SiO_3 低熔点物质，使炭砖和黏土砖开裂、疏松，进而脱落浮起被侵蚀。

3.1.1.2 炉腹和炉腰

炉腹位于风口燃烧带高温区之上的部位，其破坏因素主要是：

(1) 强烈的高温作用；

(2) 含有较高的 FeO、MnO 和碱金属炉渣和高温铁液的化学侵蚀以及机械冲刷作用；

(3) 煤气流和固态炉料的冲刷作用；

(4) 崩料、坐料产生的巨大冲击载荷等。

炉腹砖衬的工作条件十分恶劣，通常在开炉后不久就全部被侵蚀掉，实际是依靠在镶砖冷却壁上所形成的渣皮保护层来代替炉衬工作，维持高炉一代的寿命。

炉腰紧接炉腹之上，其工作条件与炉腹相近似。炉腰砖衬的化学侵蚀和机械破坏作用与炉腹相类似，只是煤气流温度低于炉腹下部的温度。值得注意的是，在炉腰生成的初成渣中所含的 FeO、MnO 成分更高，渣的化学侵蚀和机械冲刷作用更为严重，再加上炉腰上有折角，更加剧了气流和炉料的机械破坏作用。生产中炉腰也是依靠在砖衬表面或镶砖冷却壁砖的表面所形成的渣皮保护层来代替砖衬以维持工作的。

3.1.1.3 炉身

炉身部分高度较大，沿高度方向各部位的工作条件相差也大，因此炉身上下部位所受的破坏作用和破损程度各不相同。在炉身下部，紧接炉腰的区域温度较高，炉衬除受到炉料和煤气流的物理作用破坏外，在此区域开始形成的初成渣，对炉衬产生严重侵蚀作用。

在炉身中上部区域，由于温度较低，一般无初渣生成，炉料呈散状。这一区域砖衬破坏的最主要原因是：

(1) 固态炉料和高速煤气流的机械磨损和冲刷作用；

(2) 在温度为400～800 ℃的区域，由于 CO 解析生成的炭素沉积于砖缝之中，并发生晶态转变而体积膨胀，使砖衬龟裂破坏；

(3) 在高炉下部区域炉料中被还原出来的铅、锌等低沸点金属被挥发并随煤气流上升至炉身中上部的低温区而沉积于砖缝中，其中部分金属被氧化生成氧化物而体积膨胀，它们都会使砖衬开裂、破损。

在炉身要特别关注碱金属的危害，炉料带入的碱金属以及氟化物对炉衬的破坏相当严重，形成的低熔点物质直接导致砖衬表面的结瘤，恶化高炉顺行。

3.1.1.4 炉喉

炉喉段一般采用金属构件制成，内表面不砌耐火砖衬。炉喉段的破损主要是由于受炉料的冲击、高速粉尘煤气流的冲刷，及温度频繁变化产生的热应力等作用，致使金属构件发生变形或脱落，从而导致炉喉布料和煤气流分布失去控制，严重时使高炉无法进行正常生产。

采用高质量的耐火材料，改进炉衬结构，加强炉衬冷却散热，提高炉衬砌筑质量和高炉操作水平等，均是延长炉衬寿命，获得较高的一代炉龄的重要措施。

3.1.2 高炉用耐火材料

随着炼铁生产的发展，砌筑高炉用的耐火材料品种不断增加，质量要求也不断提高。目前高炉常用的耐火材料主要有硅酸铝质材料和炭质材料两类。

3.1.2.1 陶瓷质耐火材料

陶瓷耐火材料包括有高炉常用的黏土砖、高铝砖、刚玉砖和不定型耐火材料等。传统的高铝砖比黏土砖含的 Al_2O_3成分高（$Al_2O_3>48\%$），其耐火度及荷重软化开始温度均比黏土砖高，其抗渣性能及抗磨性能，特别是抗磨性能更好，并随着高铝砖 Al_2O_3 含量的增加，这些性能也随之提高。高炉的大型化、高效化及长寿化要求在高温区的陶瓷质耐火材料具有超高含量的氧化铝，新型的刚玉砖（包括棕刚玉砖、莫来石砖、铬铝硅酸盐结合制成的耐火砖等）用于高炉炉底的陶瓷杯结构中，具有理想的保温性能、抗铁水渗透和冲刷性能，并能有效防止炭砖脆性断裂。

高炉用黏土砖和高铝砖应满足下列要求：

(1) Al_2O_3含量要高，以保证有足够高的耐火度，使砖在高温下的工作性能强。

(2) 三氧化二铁（Fe_2O_3）含量要低，主要是为限制炭黑的沉积和防止它由于同 SiO_2生成低熔点物质而降低耐火度。

(3) 荷重软化开始温度要高。因为高炉砌体是在高温和很大压力条件下工作的。

(4) 重烧线收缩（也称残余收缩）要小，使砌体在高温下产生裂缝的可能性减小，避免渣、铁及其他沉积物渗入砖缝侵蚀耐火砌体。

(5) 气孔率，特别是显气孔率要低，防止炭黑等沉积和增加抗磨性。

高炉用黏土砖和高铝砖的理化指标见表 3-1。

表 3-1 黏土砖和高铝砖理化指标

指　标	黏土砖 GB 3417—88	高铝砖 GB 2989—87	
	GN-42	GL-65	GL-48
Al_2O_3/%	≥42	≥65	≥48
Fe_2O_3/%	≤1.7	≤2.0	≤2.0
耐火度/℃	≥1750	≥1790	≥1750
0.2 MPa 荷重软化开始温度/℃	≥1340	≥1500	≥1450
重烧线收缩/%	0～0.3	0～0.2	0～0.2
显气孔率/%	≤16	≤19	≤18
常温耐压强度/MPa	≥49.0	≥58.8	≥49.0
透气性	必须实测，并在质量说明书中注明		

高炉用黏土砖和高铝砖的尺寸已标准化,砖的形状尺寸见表3-2。

表3-2 高炉及热风炉用砖及形状尺寸 YB/T 5012—1997

砖 号	名 称	尺寸/mm			规 格	外半径	每环极限块数
		b	a/a_1	c	$b\times(a/a_1)\times c$	R_0/mm	$K'_{楔}$
G-1,R-1	直形砖	230	150	75	230×150×75		
G-2,R-2	直形砖	345	150	75	345×150×75		
G-11	直形砖	400	150	90	400×150×90		
G-30,R-30	直形砖	460	150	75	460×150×75		
G-3,R-3	钝楔形砖	230	150/135	75	230×(150/135)×75	2315.3	96.3
G-5,R-5	锐楔形砖	230	150/120	75	230×(150/120)×75	1157.7	48.2
G-7,R-7	特锐楔形砖	230	150/90	75	230×(150/90)×75	578.8	24.1
G-9,R-9	错缝条砖	230	114/104	75	230×(114/104)×75	2645.0	144.5
G-4,R-4	钝楔形砖	345	150/130	75	345×(150/130)×75	2604.8	108.4
G-6,R-6	锐楔形砖	345	150/110	75	345×(150/110)×75	1302.4	54.2
G-8,R-8	特锐楔形砖	345	150/90	75	345×(150/90)×75	868.3	36.1
G-10,R-10	错缝条砖	345	114/99	75	345×(114/99)×75	2645.0	144.5
G-31,R-31	钝楔形砖	460	150/130	75	460×(150/130)×75	3473.0	144.5
G-32,R-32	锐楔形砖	460	150/110	75	460×(150/110)×75	1736.5	72.3
G-33,R-33	错缝条砖	460	114/94	75	460×(114/94)×75	2645.0	144.5

超高氧化铝耐火砖使用越来越广泛,其主要的指标参见表3-3。

表3-3 超高氧化铝耐火砖主要特性

项 目		莫来石结合烧成高铝砖	Al_2O_3结合烧成高铝砖	Cr_2O_3结合烧成高铝砖	熔铸高铝砖
化学组成	Al_2O_3/%	88,94	99	92	91.8
	Fe_2O_3/%	<0.5,<0.5	<0.5	<0.5	<0.5
	Cr_2O_3/%			7.5	
	熔化物/%	<2.5,<1.5	<0.5	<0.5	
物理性能	容重/$g\cdot cm^{-3}$	3.00,3.20	3.15~3.20	3.25	3.34
	显气孔率/%	15,13.5	13~16	16~19	6.5
	冷压强度/MPa	>100	>100	>100	>100
450℃时抗CO分解度		完全不分解	完全不分解	完全不分解	完全不分解
1600℃,2h重烧线收缩		稳 定	稳 定	稳 定	稳 定

3.1.2.2 炭质耐火材料

近代高炉逐渐大型化,冶炼强度也有所提高,炉衬热负荷加重,炭质耐火材料所具有的独特性能使其逐渐成为高炉炉底和炉缸砖衬的重要部分。炭质耐火材料的特点：

(1) 耐火度高。碳实际上是不熔化的物质，在3500 ℃时升华，所以用在高炉上既不熔化，也不软化。

(2) 炭质耐火材料具有很好的抗渣性。除高FeO渣外，即使含氟高、流动性非常好的渣也不能侵蚀它。

(3) 有良好的导热性和导电性。用在炉底、炉缸以及其他有冷却器的地方，能充分发挥冷却器的效能，延长炉衬寿命。

(4) 热膨胀系数小，热稳定性好，不易发生开裂，防止渣铁渗透。

(5) 碳和石墨在氧化气氛中氧化成气态，400 ℃能被氧氧化，500 ℃和水汽作用，700 ℃开始和CO_2作用，均生成CO气体而被损坏。碳化硅在高温下也缓慢发生氧化作用。这些都是炭质耐火材料的主要缺点。

因此，改善炭砖的质量，主要是提高导热性、降低气孔率、缩小气孔直径、提高耐碱性等。操作过程中特别注意防止漏水，以避免炭砖被侵蚀。

几种炭砖理化指标见表3-4。自焙炭块理化指标见表3-5。我国及世界一些国家生产的碳化硅高炉砖理化性能见表3-6。黏土质耐火泥理化指标见表3-7。

表3-4 几种炭砖理化指标

指 标		兰州炭砖厂	贵阳	吉林	宝钢(进口)
抗压强度/MPa		45.51	27.26	23.83	32.33
体积密度/g·cm^{-3}		1.40	1.55	1.55	1.55
显气孔率/%		16.80	13.15	14.40	16.68
透气率/mD		609	151～185	325～720	23～35
导热系数/W·(m·℃)$^{-1}$	900 ℃	5.49	7.05	3.73	17.2
	1200 ℃	9.54	7.42	3.78	22.30
灰分/%			6.97	8.24	4.25

表3-5 我国高炉用自焙炭块的理化指标 YB2803—91

项 目		单位符号	TKZ-1		TKZ-2	
			焙烧前	焙烧后/800 ℃	焙烧前	焙烧后/800 ℃
固定碳	不小于	%	85	93	82	90
灰分	不大于	%	5	6	9	10
体积密度	不小于	g/cm^3	1.62	1.52	1.60	1.50
显气孔率	不大于	%	10	20	12	23
耐压强度	不小于	MPa	31	31	26	26
焙烧收缩率(800 ℃)	不大于	%	0.05		0.10	

表3-6 碳化硅砖理化指标

指 标	氮化硅结合碳化硅砖				氧氮结合碳化硅砖	自结合碳化硅砖	氧化物结合碳化硅砖
	美 国		中 国				
体积密度/g·cm^{-3}	2.63	2.65	2.62	2.61	2.53	2.63	2.60
显气孔率/%	16	16	17	19	20	16	15

续表 3-6

指 标	氮化硅结合碳化硅砖				氧氮结合碳化硅砖	自结合碳化硅砖	氧化物结合碳化硅砖
	美 国		中 国				
耐压强度/MPa	304	304	186	162	147	137	103
常温抗折强度/MPa	39	39		48	34	50	30
高温抗折强度/MPa	1350 ℃ 43	1350 ℃ 43	1400 ℃ 58	1400 ℃ 48	1400 ℃ 38		1350 ℃ 14
线膨胀系数/℃$^{-1}$	4.7×10^{-6}	4.7×10^{-6}	4.8×10^{-6}	4.2×10^{-6}	4.5×10^{-6}	5.5×10^{-6}	4.7×10^{-6}
热导率/W·(m·℃)$^{-1}$	16.4					17.4	15.7
SiC/%	75	79	>70	>75	86	94	89
Si_3N_4/%	23	15	>22	>20	2~4		
$SiON_2$/%		1.3	<1		10		
SiO_2/%	0.5	0.5	<0.5		1~2	3	7~8

表 3-7 黏土质耐火泥理化指标

指 标	牌号及数值			
	(NF)-40	(NF)-38	(NF)-34	(NF)-28
耐火度/℃	≥1730	≥1690	≥1650	≥1580
水分含量/%	6	6	6	6

注:1. 耐火泥应进行化学成分分析,其试验结果应在质量证明书中注明,但不作为交货条件;
2. 砌筑高炉用的耐火泥中 Fe_2O_3 含量应不大于 2.5%。

在上述几种炭质耐火材料中,目前国内外一致认为氮化硅结合或自然结合的碳化硅,是高炉炉身下部较理想的耐火材料。试验表明,碳化硅砖用于炉身下部,与其他砖比较,它的侵蚀速度最慢,为黏土砖侵蚀速度的$\frac{1}{6}$,为刚玉砖侵蚀速度的$\frac{1}{4}$。我国生产的氮化硅结合的碳化硅砖的性能已达到国外同类产品水平。

炭质耐火砖的形状尺寸,一般通过与生产厂家协商确定。制品形状尺寸偏差,长度小于 1500 mm 者,其弯曲度不大于规定长度的 0.5%,长度大于 1500 mm 的,其弯曲度不大于规定长度的 0.8%,并要求按图纸进行精加工。

近年来,有的高炉使用耐火混凝土大型预制块砌筑炉底和炉身,或者用耐火混凝土作为冷却壁的内衬填料。用耐火混凝土砌筑炉衬,施工简单,工程成本低。但耐火混凝土炉衬还存在着在高温下长期工作容易产生剥落等质量问题,故未能获得普遍采用。耐火混凝土是一种很有发展前途的炉衬材料。

3.1.2.3 不定形耐火材料

不定形耐火材料主要有捣打料、喷涂料、浇注料、泥浆和填料等。按成分可分为炭质不定形耐火材料和黏土质不定形耐火材料。不定形耐火材料与成形耐火材料相比,具有成形工艺简单、能耗低、整体性好、抗热震性强、耐剥落等优点,同时还可减小炉衬厚度,改善导热性等。

高炉砌砖用泥浆、填料的组成配比及应用见表 3-8。

表 3-8 高炉砌砖用泥浆、填料和泥料成分

编号	名 称	成分和数量	使用部位	备 注
1	厚缝糊	质量比：粒度为 0～8 mm 的热处理无烟煤或干馏无烟煤 51%～53%，粒度为 0～0.5 mm 的冶金焦 33%～35%，油沥青 13%～15%（油沥青成分：煤沥青 69%～71%，蒽油 31%～29%）	炭素砌体的厚缝以及炭砖砌体与周围冷却壁之间的缝隙，炉底平行砌筑炭砖的底层	由制造厂制成
2	黏土火泥-水泥泥浆	体积比：NF－28 中粒黏土火泥 60%～70%；400 号硅酸盐水泥或矾土水泥 30%～40%	高炉炉底、炉基、环梁托圈和热风炉炉底铁板找平层	
3	黏土火泥-水泥稀泥浆	体积比：NF－28 中粒黏土火泥 60%～65%，水泥 40%～35%	炉壳与周围冷却壁之间的缝隙	
4	黏土火泥泥浆	NF－40，NF－38，NF－34 黏土火泥	高炉炉身无冷却箱区域及其以下各部位和热风炉各部位的黏土砖砌体	
5	黏土火泥-水泥半浓泥浆	体积比：NF－38 黏土火泥和外加 10% 的水泥	高炉炉身无冷却箱区域的黏土砌砖体和热风管的内衬	
6	黏土熟料-矾土-水玻璃半浓泥浆	质量比：黏土熟料粉 55%，工业用矾土 6%，水玻璃 10%，耐火生黏土（干料）5%，水 24%	高炉炉身砌体和热风管的砖衬	水玻璃的密度为 1.3～1.4 g/cm^3，模数为 2.6～3.0
7	高铝火泥泥浆	高铝火泥	各部分高铝砖砌体	
8	高铝火泥-水玻璃半浓泥浆	体积比：高铝火泥和外加 15% 的水玻璃	高炉炉身无冷却箱区域的高铝砌体	
9	炭素油	质量比：粒径为 0～0.5 mm 的冶金焦 49%～51%，油沥青 51%～49%（其中煤沥青 45%，蒽油 55%）	炭砖砌体的薄缝以及黏土砖或高铝砖砌体与炭砖砌体的接缝处	由制造厂制成
10	炭素填料	体积比：粒度在 4 mm 以下冶金焦 80%～84%，煤焦油（脱水）8%～10%，油沥青 8%～10%	炉基黏土砖砌体与炉壳之间，以及黏土砖或高铝砖砌体与周围冷却壁之间的缝隙	
11	黏土火泥-石棉填料	体积比：NF－28 粗粒黏土火泥 60%，牌号 7－370 的石棉 40%	炉身黏土砖或高铝砖砌体与炉壳之间、炉喉钢砖区域以及热风炉隔热砖与炉墙之间的缝隙	
12	水渣-石棉填料	体积比：干燥的水渣 50%，牌号 7－370 石棉 50%	炉身黏土砖或高铝砖砌体与炉壳之间、热风炉下部隔热砖与炉墙之间的缝隙	
13	硅藻土填料	粒度为 0～5 mm 的硅藻土粉	热风炉隔热砖与炉墙之间的缝隙	
14	高强磷酸盐泥浆	高铝熟料粉 100；工业磷酸 15～17.5；牛皮胶水 20～24	各部位高铝砖砌体	

3.1.3 高炉炉衬结构设计

高炉炉衬结构设计的主要任务，是根据高炉各部位炉衬的工作条件和破损机理，综合考虑炉型特征、冷却方式、耐火砖性质及要有利于形成合理操作炉型等，确定出高炉各部位炉衬的材质与厚度，砖缝及泥浆，膨胀缝及填料，以及各类耐火材料的消耗量等。高炉炉衬设计是高炉本体设计最重要的部分。下面着重介绍高炉各部分耐火砖衬的结构设计。

3.1.3.1 炉底和炉缸

炉底和炉缸是高炉积存铁水和炉渣的部位，燃料在炉缸上部的风口前燃烧。因此，炉底和炉缸不仅长期经受着渣、铁的侵蚀，而且长期经受着高温热负荷作用，工作条件十分恶劣，是影响高炉寿命最关键的部分。为了延长炉底、炉缸的使用寿命，国内外在提高耐火砖质量和改进炉底结构形式等方面，都作了大量的探讨和研究工作。有代表性的几种炉底、炉缸结构形式如下。

A 全黏土砖、高铝砖炉底结构

这种结构一般在过去的中小型高炉采用，其特点是炉底砖衬厚度大，常为炉缸直径的 0.5 倍左右，炉底无冷却，四周为光面冷却壁或炉外喷水冷却。这种结构形式，由于黏土砖或高铝砖的导热性能较差，1150 ℃铁水凝固温度线范围较大，因此炉底中心侵蚀深度大，侵蚀深度可达炉底砖衬厚度的 70%，有时甚至会发生炉底烧穿事故。

B 综合炉底

综合炉底是指炉底采用炭砖和高铝砖或黏土砖综合砌筑的，炉底采用水冷或风冷。综合炉底一般有两种结构形式。一种是在炉底的四周砌筑环形炭砖，并一直砌到炉底的最下端，而在中央部分由上到下则砌筑高铝砖或黏土砖，炉底不冷却，如图 3-2(a)所示。其特点是与四周冷却壁接触的环形炭砖导热性能强，将 1150 ℃铁水凝固等温线压缩到远离炉壳的中心小范围内，这对于延长炉底寿命，防止炉底烧穿是有利的。但是由于炉底无冷却，中心部分的黏土砖或高铝砖导势性能较差，中央部位侵蚀仍然严重，侵蚀深度仍大。另一种综合炉底结构，如图 3-2(b)所示。炉底采用水冷或风冷，在炉底冷却管上面的碳捣层上砌筑 2 ~ 4 层(每层 400 mm)满铺炭砖，其上面的四周仍砌环形炭砖，中央砌筑黏土砖或高铝砖。环形炭砖一直砌到渣口中心线以下，有的砌到风口区域以下。炉底的厚度由过去黏土砖炉底的 4.8 ~ 5.6m 减薄到 2.4 ~ 3.0m。这种结构的综合炉底较前一种更加合理。它更充分发挥了炉底和四周炭砖的导热作用和冷却设备的冷却作用，炉底的侵蚀程度大大降低，延长了炉底寿命。

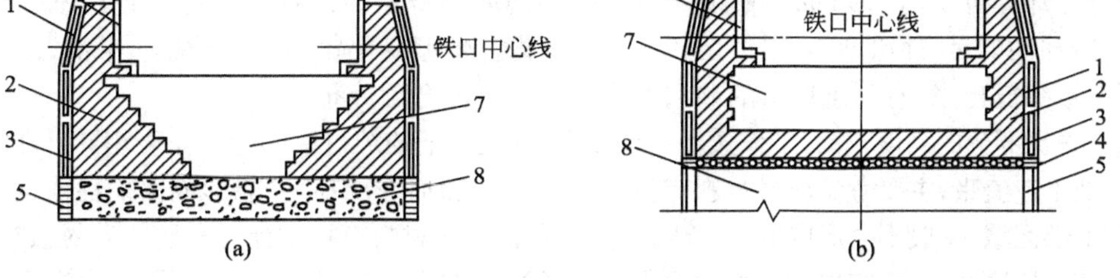

图 3-2 综合炉底结构

(a)炉底无冷却的自焙炭综合炉底；(b)炉底设风冷管的炭砖综合炉底

1—光面冷却壁；2—炭砖；3—炭素填料；4—炉底风冷管；5—黏土砖；

6—保护黏土砖；7—高铝砖或黏土砖；8—耐热混凝土基墩

C　陶瓷杯炉缸炉底结构

陶瓷杯炉底结构是提高炉底寿命的一项新技术，它是在炉底炭砖和炉缸炭砖的内缘砌筑一高铝质杯状刚玉砖砌体层（见图3-3）。其原理是利用高铝质刚玉砌体的高荷重软化特性、低导热性和高抗渣铁侵蚀特性，使炭砖免受高温渣铁的侵蚀，同时炭砖的高导热性又可将陶瓷杯输入的热量迅速传出去，有效地提高了高炉炉底寿命。目前，国内高炉的炉底结构基本上都采用了陶瓷杯结构，实际使用中效果良好，铁水温度有所提高。

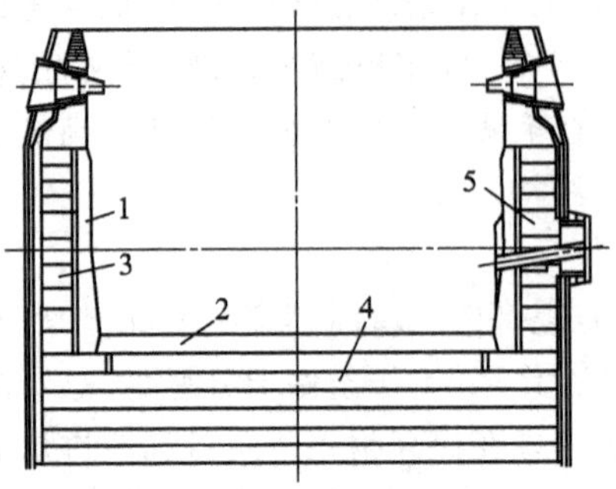

图3-3　高炉陶瓷杯炉底砌筑略图
1—陶瓷杯壁（灰刚玉）；2—陶瓷垫（莫来石）；
3—微孔炭砖；4—大块炭砖（微孔）；
5—铁口超微孔炭砖

陶瓷杯炉底炉缸结构的优越性有以下几点：

（1）提高铁水温度。由于陶瓷杯的隔热保温作用，减少了通过炉底炉缸的热损失，因此铁水可保持较高温度，为炼钢节能创造了条件。

（2）易于复风操作。由于陶瓷杯的保温作用，在高炉休风期间炉子冷却速度慢，热损失小，有利于复风时恢复正常操作。

（3）防止铁水渗漏。由于1150 ℃等温线紧靠炉衬的内表面，并且由于耐火材料的膨胀，缩小砖缝，因而铁水的渗漏是有限的，降低了炉缸被烧穿的危险。

3.1.3.2　炉腹

由于炉腹部位工作条件恶劣，开炉后不久耐火砖衬即被侵蚀掉而靠形成的渣皮来维持工作。因此，炉腹部分主要是靠加强冷却而不是靠增加炉衬砖的厚度来维持一代炉龄寿命。国内高炉的炉腹部分一般只砌一层厚345 mm的黏土砖或高铝砖，周围采用镶砖冷却壁。只有少数高炉在炉腹砌筑炭质耐火材料。

国外大型高炉提高了炉腹砌砖的材质要求。日本一些高炉炉腹采用了黏土或氮化硅结合的碳化硅砖、碳化石墨砖，有的高炉还采用了电熔高铝砖、合成莫来石和刚玉砖等。美国和西欧的一些国家的高炉炉腹也采用了碳化硅砖等高级耐火材料。由于它们具有导热性能好，抵抗渣、铁侵蚀能力强及抗磨损性能好等优点，高炉一代炉龄的炉腹寿命得到了可靠保证。

3.1.3.3　炉腰和炉身

炉腰是炉腹到炉身的过渡段。炉腰和炉身的炉衬结构，设计时主要考虑能形成合理的、较为稳定的操作炉型。为此，炉衬的厚度及材质要与炉体冷却设备的结构形式结合起来考虑。炉衬的砌砖厚度有厚墙和薄墙两种。炉身砌砖厚度通常为690～805 mm，目前趋于向薄的方向发展，以冷却壁冷却亦可采用575 mm。采用薄墙炉腰和薄墙炉身结构，不仅砌砖薄，而且镶砖冷却壁为密排，冷却均匀，侵蚀深度小，侵蚀后的炉型线与设计炉型变化较小，且较规整、平滑，冷却设备一般不会被裸露出来，有利于炉料的顺利下降和煤气流的合理分布。

由于炉身部分的高度较高，工作条件差异较大，从上至下的炉衬结构应不完全相同。在炉身下部，由于处于造渣带，主要考虑炉衬材料有抗渣侵蚀能力和加强冷却，并能形成保护性渣皮。在炉身的中、上部区域，一般不会形成液态炉渣，主要应考虑炉衬材料有抗磨能力和防止砖衬破损脱落。因此，即使采用薄墙炉身，在炉身上部也要保持有690 mm左右的砖衬厚度，并采用抗磨性好的高铝砖或黏土砖。为了支承上部砖衬，一般设计有砖托或使用带凸台的镶砖冷却壁、支梁式水箱。

近年来，炉腰和炉身砖衬及冷却设备形式改进很大。我国高炉的炉腰和炉身普遍采用黏土砖和高铝砖砌筑。随着高炉的大型化和强化冶炼，对炉腰和炉身砖衬材料的性能要求越来越高，即不仅要求砖衬有良好的抗渣性及耐磨性能，还要求有良好的抗热应力破坏性能。国内外对高炉炉腰和炉身下部采用的耐火砖性质作了许多试验和研究。其结果表明，黏土砖、高铝砖、刚玉砖、石墨碳化硅砖和 Si_3N_4 结合的碳化硅砖等几种耐火砖中，以 Si_3N_4 结合的碳化硅砖用于炉腰和炉身下部，效果最为满意。因此，目前国内外一致把 Si_3N_4 结合的碳化硅砖作为高炉炉腰和炉身下部炉衬较为理想的耐火材料。我国部分大型高炉，在炉腰和炉身下部也开始采用 Si_3N_4 结合的碳化硅砖砌筑或采用炭砖砌筑。国外高炉的炉腰和炉身，除了采用碳化硅砖砌筑外，还有采用刚玉砖、莫来石砖等高级耐火材料砌筑的。高炉的中、上部区域，过去一般都采用黏土砖或高铝砖砌筑，现在也有采用碳化硅砖或硅砖来砌筑的。图 3-4 反映了某高炉的炉衬结构。

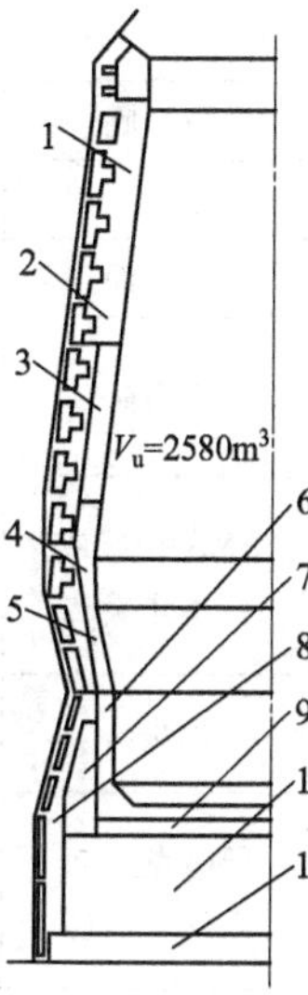

图 3-4 某 2500 m³ 高炉内衬结构

1—高铝砖；2—铝炭砖；3—半石墨化 SiC 砖；4—NMD 炭砖；5—半石墨化 SiC 砖；6—刚玉莫来石砖；7—半石墨化炭砖；8—半石墨化 SiC 砖；9—铝炭砖；10—石墨化炭砖；11—焙烧炭砖

3.1.3.4 炉喉

炉喉处于高炉的最上部位，主要是受炉料的冲击和煤气流的冲刷。炉喉内侧一般都采用吊挂式金属板结构。国外部分钟阀式高炉的炉喉也有设计成可调径活动炉喉板结构的。在炉喉上面的炉头部分，一般都紧靠炉壳砌筑一层黏土砖或高铝砖，有的高炉炉头采用耐火泥料浇注，其作用都是为了隔热和保护金属炉壳。

我国建议采用的内衬耐火砖结构见表 3-9。

表 3-9 建议采用的内衬耐火砖结构

炉容/m³	炉底	炉缸	炉腹	炉腰	炉身		热面
	热面	热面		热面			冷面
	冷面	冷面		冷面	下部	上部	上部
300	高铝砖	铝炭砖	黏土砖或高铝砖	铝炭砖	铝炭砖	铝炭砖	高铝砖或黏土砖
	自焙炭砖	自焙炭砖		SiC 砖	SiC 砖	SiC 砖	
600	铝炭砖		高铝砖或 SiC 砖	铝炭砖	铝炭砖	铝炭砖	高铝砖或浸磷酸黏土砖
	半石墨化炭砖或半石墨化自焙炭砖	半石墨化炭砖或半石墨化自焙炭砖		SiC 砖	SiC 砖	SiC 砖	
1000	铝炭砖	刚玉莫来石或棕刚玉砖	SiC 砖或高铝砖	铝炭砖	铝炭砖	铝炭砖	高铝砖或 SiC 砖
	半石墨化炭砖或石墨化炭砖	石墨化炭砖		Si_3C_4-SiC 砖或 SiC 砖	Si_3C_4-SiC 砖或 SiC 砖	Si_3C_4-SiC 砖或 SiC 砖	
1500	铝炭砖	刚玉莫来石或棕刚玉砖	半石墨化 SiC 砖	铝炭砖	铝炭砖	铝炭砖	高铝砖或 SiC 砖
	NMA 炭砖或石墨化炭砖	石墨化炭砖或半石墨化 SiC 砖		Si_3C_4-SiC 砖或 SiC 砖	Si_3C_4-SiC 砖或 SiC 砖	Si_3C_4-SiC 砖或 SiC 砖	

续表 3-9

炉容/m³	炉底 热面	炉缸 热面	炉腹	炉腰 热面	炉身 下部	炉身 上部	热面
	炉底 冷面	炉缸 冷面		炉腰 冷面			冷面 上部
2000	铝炭砖	刚玉莫来石砖	NMD 炭砖或半石墨化 SiC 砖	铝炭砖	铝炭砖	铝炭砖	高铝砖或 SiC 砖
	NMA 炭砖或石墨化炭砖	石墨化炭砖或半石墨化 SiC 砖		半石墨化 SiC 砖或 Si_3C_4-SiC 砖	SiC 砖或 NMD 炭砖	SiC 砖或 NMD 炭砖	
2500	铝炭砖	刚玉莫来石砖	NMD 炭砖或半石墨化 SiC 砖	铝炭砖	铝炭砖	铝炭砖	高铝砖或 SiC 砖
	NMA 炭砖或石墨化炭砖	NMA 炭砖或半石墨化 SiC 砖		Si_3C_4-SiC 砖或 SiC 砖	NMD 炭砖或 SiC 砖	NMD 炭砖或 SiC 砖	
3000	铝炭砖	刚玉莫来石砖	NMD 炭砖或半石墨化 SiC 砖	铝炭砖	铝炭砖	铝炭砖	高铝砖或 SiC 砖
	NMA 炭砖或石墨化炭砖	NMA 炭砖或石墨化砖		Si_3C_4-SiC 砖或 SiC 砖	NMD 炭砖或 SiC 砖	NMD 炭砖或 SiC 砖	
4000	铝炭砖	刚玉莫来石砖	NMD 炭砖或半石墨化 SiC 砖	铝炭砖	铝炭砖	铝炭砖	高铝砖或 SiC 砖
	NMA 炭砖或石墨化砖	NMA 炭砖或石墨化砖		Si_3C_4-SiC 砖或 SiC 砖	NMD 炭砖或 SiC 砖	NMD 炭砖或 SiC 砖	

3.1.4　炉衬砌筑

3.1.4.1　砖量计算

炉衬用标准黏土砖或高铝砖砌成环状砌体，每环砌体的耗砖量用下式进行计算。计算时一般都不扣除风口、渣口、铁口及水箱所占的体积，砖缝可以忽略不计。

（1）直形砖与楔形砖配合。由楔形砖量计算公式可知，每环砌体的楔形砖块数与砌体直径和砖缝的大小无关，而只与砖形有关。当砖形一定时，其楔形砖块数为一常数。

$$n=\frac{\pi D}{a}$$

$$n_s=\frac{\pi(D-d)}{a-a_1}=\frac{2\pi b}{a-a_1}$$

$$n_p=n-n_s$$

式中　n ——该环砌体总砖数，块；
n_s ——楔形砖数量，块；
n_p ——直形砖数量，块；
D ——该环砌体外直径，mm；
d ——该环砌体内直径，mm；
a ——砖大头宽度，mm；
a_1 ——砖小头宽度，mm；
b ——砖的长度，mm。

高炉砌砖时,直形砖与楔形砖的配合,一般采取 G-1 与 G-3,G-2 与 G-4 等相配合,即等长度的直形砖与楔形砖相配合砌筑。

(2) 两种楔形砖配合砌筑当砌体外径小于单独采用一种楔形砖砌筑的最小外径时,可采取两种等长度楔形砖配合砌筑(如 G-3 与 G-5 砖配合),计算公式如下:

$$n = \frac{\pi D}{a}$$

$$n_2 = \frac{na'_1 - \pi d}{a'_1 - a''_1}$$

$$n_1 = n - n_2$$

式中 D——该环砌体外直径,mm;

d——该环砌体内直径,mm;

a——楔形砖大头宽度,mm;

n——该环砖砌体总砖数,块;

n_2——G-3 砖数,块;

n_1——G-5 砖数,块;

a'_1——G-3 砖小头宽度,mm;

a''_1——G-5 砖小头宽度,mm。

铁口套等特殊部位,可采用标准砖砌筑,也可根据需要设计各种异型砖砌筑。

3.1.4.2 砌体砖缝、填料缝及砌体的允许误差

高炉砌体砌筑砖缝的大小,根据不同部位砌体的工作环境及泥浆性质确定。有渣铁侵蚀的炉底和炉缸部位的砖缝要小些,以上各部位可适当扩大些,使用黏土质或高铝质泥浆砌筑时砖缝应小些,用高强度磷酸盐耐火泥浆砌筑时砖缝可扩大些,一般可以扩大到 2~3 mm。

采用黏土质或高铝质泥浆砌筑黏土砖或高铝砖的砖缝要求和炭砖砌体砖缝要求见表 3-10。

为了提高高炉砌体的严密性能和吸收砌体膨胀性能,砌体与炉壳之间。砌体与冷却器之间都留有一定的间隙,间隙间用相应的填料填充。高炉各部位砌体填料缝厚度见表 3-10。

表 3-10 高炉各部位砌体砖缝厚度

砌砖部位	砌砖类别	砖缝厚度/mm	砌砖部位	砌砖类别	砖缝厚度/mm
1. 黏土砖或高铝砖砌体炉底	特	0.5	炉底耐热混凝土周围环状砌体	Ⅲ	3.0
炉缸(包括铁口、风口和渣口通道)	特	0.5	风口平台出铁场附近柱子的保护砖	Ⅳ	5.0
炉腹和薄壁炉腰	Ⅰ	1.0	2. 炭砖砌体 炉底		
厚壁炉腰	Ⅰ	1.0	薄缝	Ⅲ	2.5
炉身 上部冷却箱以下	Ⅱ	1.5	顶端斜接缝	Ⅱ	1.5
上部冷却箱以上	Ⅱ	2.0	炉缸薄缝	Ⅱ	2.0
炉喉钢砖区域	Ⅲ	3.0	其他部位的薄缝	Ⅲ	2.5
炉顶砌砖	Ⅱ	2.0	3. 黏土砖保护层砌体	Ⅲ	3.0

3.1.4.3　砌砖前的准备工作

高炉砌砖前应做好准备工作，并应符合下列要求：

(1) 耐热混凝土基墩表面标高、水平度符合设计要求。

(2) 黏土砖或高铝砖炉底基墩表面用黏土熟料、生黏土和水泥等混合泥料抹灰找平。找平后水平误差每 2 m 不得大于 3 mm；炭砖炉底，冷却管上面的炭素捣打层标高符合规定，其平整度要求 3 m 靠尺间隙不得大于 2 mm。炭捣前应对冷却管进行试漏检查和防锈处理。

(3) 炉壳、冷却设备安装与试压合格。冷却壁间缝隙应填好铁屑料或泥料，炉底热电偶孔应符合要求。

(4) 炉顶钢圈安装、找正合格。

3.1.4.4　砌砖方法

A　炉底

炉底炭砖砌筑有竖砌和平砌两种，我国普遍采用无水炭素胶泥平砌。图 3-5 所表示的就是一种常见的平砌炉底，炉底炭砖上下两层的厚缝要交错成 90°角，最上层炭砖厚缝应与出铁口中心线交成 90°。

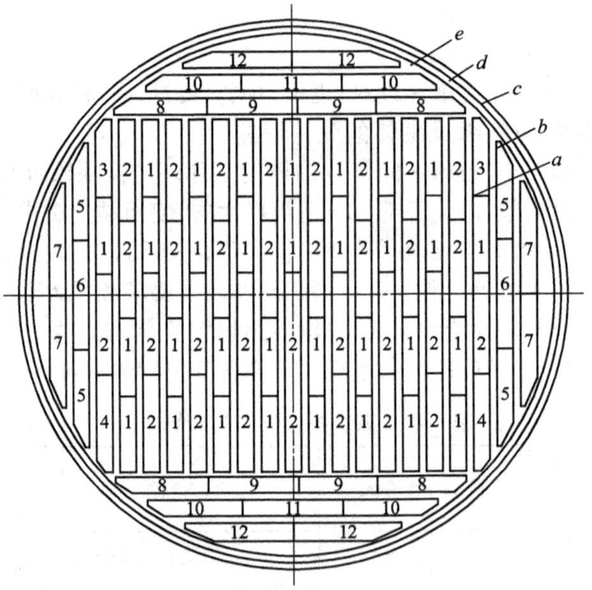

图 3-5　炉底平砌炭砖图

a—薄缝；*b*—厚缝；*c*—炉壳；*d*—冷却壁；*e*—炭砖与冷却壁间填料缝

图 3-6 所示为宝钢 1 号高炉炉底炉缸砌砖。为了防止炭砖上浮，一方面采用压迫面，即以斜面压紧，另一方面在炭砖切面设有键槽，砌筑时用炭键锁住，炭键材质与炭砖材质相似，尺寸为 ϕ100 mm，长 400 ~ 1700 mm。炭砖砖缝目标值为 0.5 mm，范围不大于 1 mm，相邻两块砖高度差不大于 1 mm。

B　炉缸

黏土砖或高铝砖炉缸的砌筑从铁口开始向两侧进行，出铁口通道上下部侧砌。风口和渣口部位砌砖采用先安装好水套，靠近水套的砖做精加工，砌砖与水套之间保持 15 ~ 25 mm 缝隙，填充浓泥浆。铁口、渣口和风口砌砖紧靠冷却壁，缝隙 1 ~ 5 mm，缝隙内填充浓泥浆。炉缸各层皆平砌，同层相邻砖环的放射缝应错开，上下相邻砖层的垂直缝与环缝应错开，砖缝小于 0.5 mm，环缝 5 mm。炉缸要求有一定的厚度以防止烧穿，一般规定铁口水平的厚度，小高炉取 575 mm（230 mm + 345 mm），中型高炉取 920 mm（230 mm + 345 mm × 2），大型高炉取 1150 mm（230 mm × 2 + 345 mm × 2）或更厚一些。

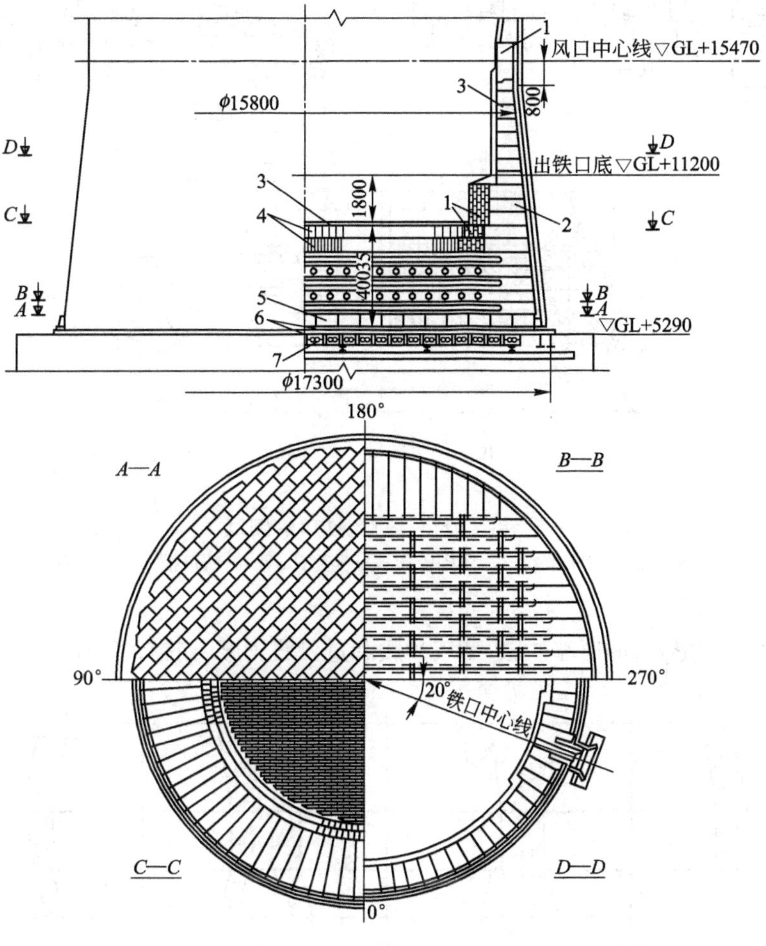

图 3-6 宝钢高炉炉底砌砖

1—高铝砖；2—炭砖；3、4—黏土砖；5—石墨碳化硅砖；6—石墨不定形耐火材料；7—不定形耐火材料

炭砖炉缸砌筑以薄缝连接，炭砖的内表面设有保护层，以防止开炉时被氧化，一般都砌一层高铝砖。如果是陶瓷炉缸，则炉缸壁由两个独立的圆环组成，外环为炭砖，内环是刚玉质预制块，两个圆环通过一 60 mm 厚的灰缝连接（见图 3-7）。

炉缸渣口、风口、铁口的砌筑，如图 3-8 所示。

C 炉腹和薄壁炉腰

炉腹和薄壁炉腰用黏土砖或高铝砖砌筑时，砖紧靠镶砖冷却壁平砌，砌体与冷却壁之间的缝隙填塞满浓泥浆。砌砖时，相邻层砖缝应相互错开。当炉腹或薄壁炉腰砌至最后 10 ~ 15 层砖与上段砌体相接时，要注意控制炉墙的水平度。

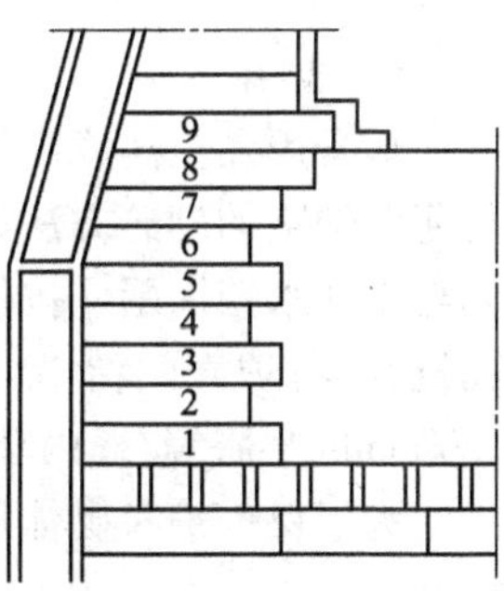

图 3-7 炉底、炉缸环状炭砖图

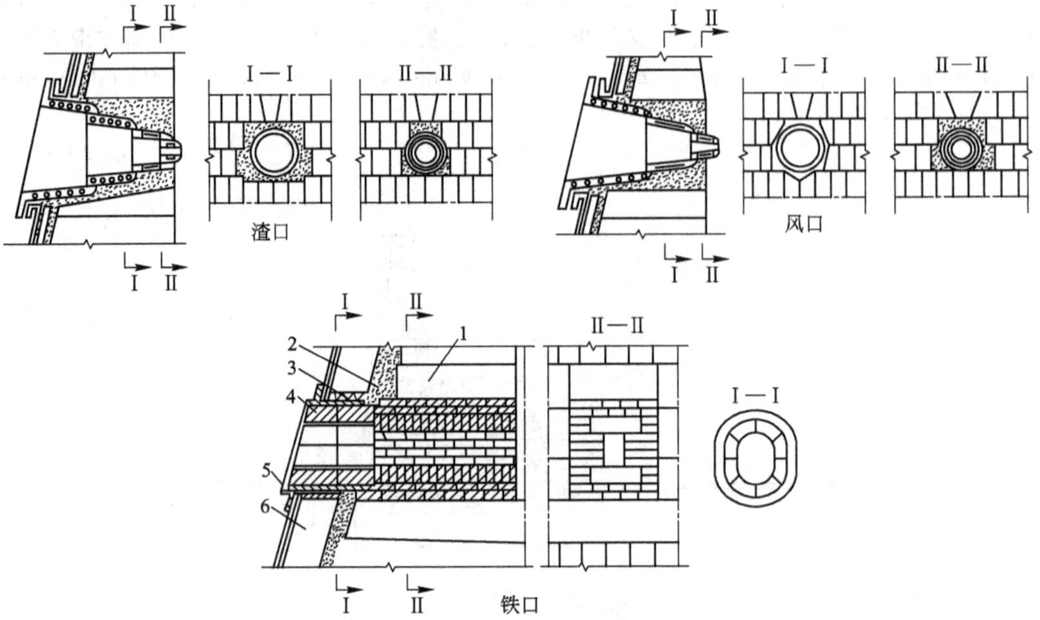

图 3-8 渣口、风口、铁口的砌筑

1—炭砖;2—炭素填料;3—侧砌盖砖;4—异型砖;5—出铁口框;6—冷却壁

炉腰有三种结构形式,即厚墙炉腰、薄墙炉腰和过渡式炉腰,如图 3-9 所示。

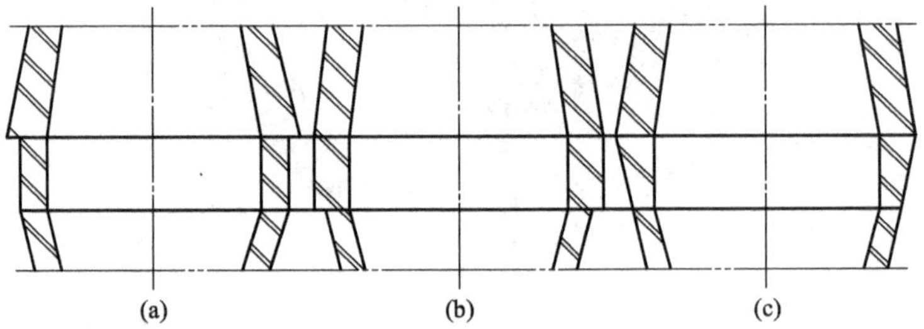

图 3-9 炉腰结构形式

(a) 薄壁炉腰;(b) 厚壁炉腰;(c) 过渡式

D 炉身

炉身用黏土砖或高铝砖砌筑时,每层砖平砌成环形。在有炉身镶砖冷却壁的部位,砌砖方法与薄壁炉腰的砌砖方法相同。在有冷却水箱(支梁水箱和冷却板)的部位,砖窝通常为平砌,砌体与冷却水箱周围应按规定留足缝隙,其间隙内填满浓泥浆。水箱周围两砖宽的砌体紧靠炉壳砌筑,砖与炉壳间留 10 ~ 15 mm 缝隙。在炉身无冷却器的其他区域,砌体与炉壳之间留 100 ~ 150 mm的膨胀缝,缝内填塞满水渣,石棉料,并每隔一定高度设防止填料下降的带砖。

为了保证炉身砌体形成的炉型正确,一般按三层一错台的方法砌筑,其内径用活动半径规控制。

炉身砖脱落是生产中普遍存在的问题，解决这一问题除了改进冷却器结构和改善耐火砖材质外，增加砖托也是一种常见的方案，图 3-10 是宝钢的砖托示意图。

厚墙炉腰的砌砖方法与厚墙炉身的砌砖方法基本相同。

炉腹、炉腰和炉身下部采用炭砖时，其砌筑方法与炉缸基本相同。

E 炉喉和炉头

炉喉不用耐火砖砌筑，而采用钢砖结构。除小型高炉炉喉仍采用槽型钢砖外，目前大中型高炉炉喉一般都采用条状钢砖结构。其优点是生产中不易变形、脱落，且结构稳定，拆装方便。

条状钢砖的结构如图 3-11 所示。

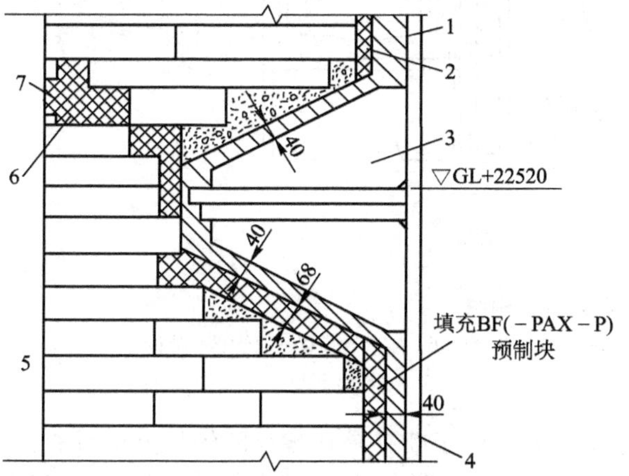

图 3-10 砖托

1—炉壳；2、5—填充料；3—砖托；4—喷涂料；
6—缓冲泥浆；7—白铁皮

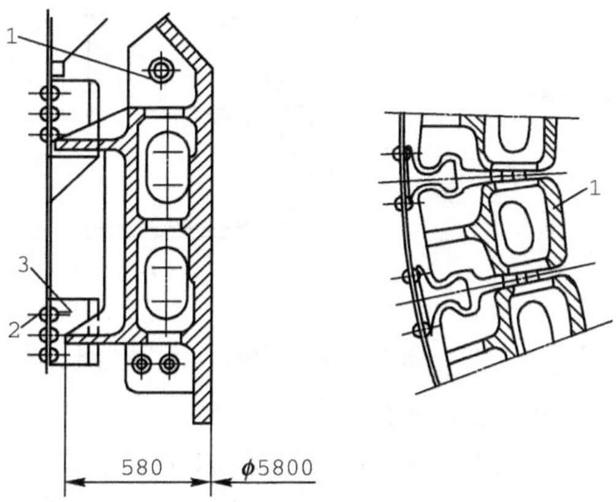

图 3-11 条状钢砖

1—钢砖；2—铆钉；3—吊挂装置

高炉炉头砌砖的作用是隔热和保护钢壳不受侵蚀和磨损。炉头部位一般紧靠炉壳砌筑一层黏土砖。炉头洞口处，待生产时用黏土砖水平砌筑，加以覆盖。

3.1.4.5 炉衬的修补

高炉投产以后，尤其是进入中后期，炉身部位的砖衬被侵蚀，呈现出炉衬内表面凹凸不平，影响炉料下降和煤气流上升的合理分布，高炉生产指标变差，而且冷却器烧坏。这时可采用炉体灌浆或喷补对炉衬进行再造，恢复为平整的操作炉型。

A 炉体灌浆

炉体灌浆是从高炉外通过灌浆孔灌入泥浆造衬。灌浆的方法是在休风时，从炉壳外面钻孔插入喷嘴，然后用泥浆泵将膏状的耐火泥料从喷嘴压入。灌浆前在炉壳外部测定应该灌浆的范围、喷嘴数量及其位置，当需要的喷嘴数目比较大的时候应充分考虑钻孔引起的炉壳应力问题。

图 3-12 为柳钢使用的灌浆机结构图，该设备是集搅拌机、泵送、空气压缩机为一体的灌浆机械，最大排浆量是 45 m^3/h，最大工作压力是 6 MPa。

柳钢所用的泥浆主要成分见表 3-11。

表 3-11 柳钢灌浆用泥浆主要成分

成 分	Al_2O_3	SiO_2	Fe_2O_3	CaO	MgO	烧损	1000 ℃抗折强度 /MPa	体积密度 /$g \cdot cm^{-3}$
含量/%	69.31	26.39	1.44	0.53	0.62	0.63	9.0 ~ 10.0	1.90 ~ 1.95

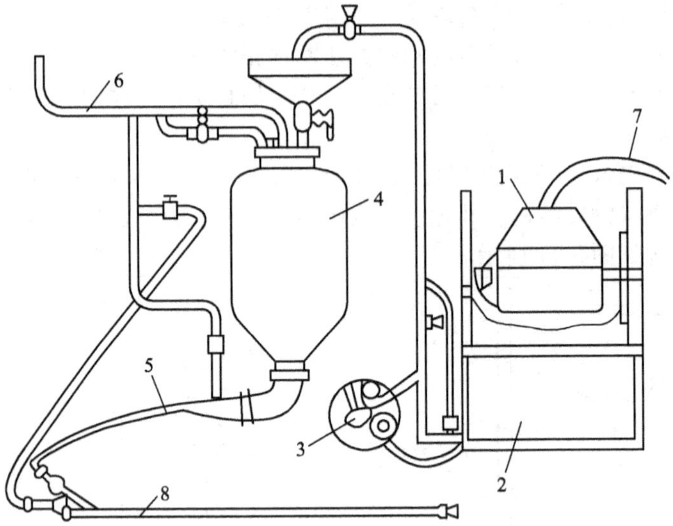

图 3-12 灌浆机结构图

1—搅拌机;2—过渡箱;3—泥浆泵;4—喷补机;5—泥浆输送软管;6—空气管道;7—水管;8—喷枪

B 炉衬喷补

喷补是在炉内向炉衬损坏处喷补不定型耐火材料。由于喷补是在残存的炉衬上进行的,因此必须仔细清理炉衬表面,打掉渣皮、粘附的炉料,用清砂机清扫后安装锚固件,锚固件的长度应占喷补厚度的一半,喷补厚度为 200 ~ 300 mm。喷补料是专门用于高炉喷补的耐火材料,按规定要求使用。喷补作业一般都需要将料面降到喷补面之下,可用人工或专门的喷补机械完成喷补。

本钢 1070 m^3 高炉对炉喉进行了两次喷补,喷补的高度是 3.8 m,平均厚度 400 ~ 500 mm,最厚处为离钢砖下沿 200 ~ 300 mm 处圆周厚度 1000 mm,造衬前后炉喉形状见图 3-13。选择的喷补料为 GUNCERTE160 喷涂料,其性能见表 3-12。

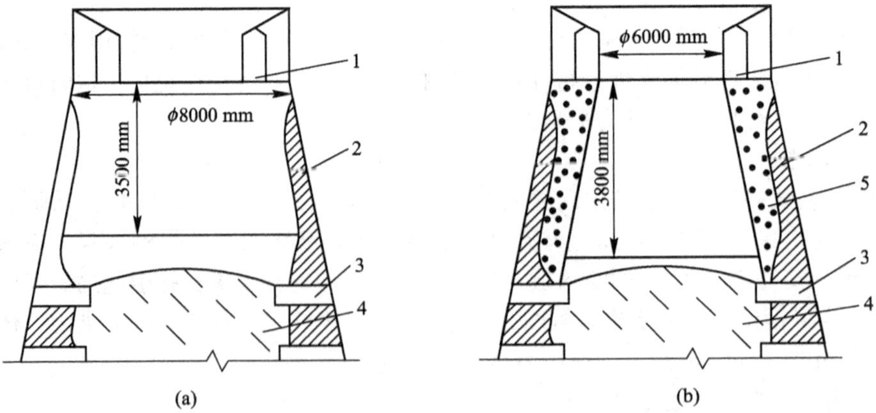

图 3-13 造衬前后炉喉形状

(a)炉喉破损示意;(b)炉喉喷补后炉衬示意

1—炉喉钢砖;2—剩余炉衬;3—第三层方水箱;4—压料料面;5—喷补料

表 3-12 GUNCERTE160 喷涂料性能

耐火度/℃	体积密度(1100 ℃)/kg·m^{-3}	耐压强度/MPa					线收缩率/%				
		110 ℃	800 ℃	1000 ℃	1300 ℃	MST	110 ℃	800 ℃	1000 ℃	1300 ℃	MST
1690	2020	34.5	27.6	24.15	31.00	34.50		0.2	0.3	0.6	1.2

导热系数(600 ℃)/W·(m·K)$^{-1}$	Al_2O_3/%	SiO_2/%	CaO/%	Fe_2O_3/%	加水量/%	使用温度/℃
0.79	50.3	40.8	5.3	1.0	12.4	1600

在灌浆或喷补的时候，还可以同时修补冷却器，例如在已损坏的冷却壁中插入棒式冷却器，既可以改进冷却状况，又有助于灌浆料和喷补料的固结。

3.2 炉体冷却

3.2.1 概述

高炉炉衬必须冷却。冷却介质通常为水、汽水混合物及空气。这些冷却介质的共同特点是传热能力大、输送方便、安全可靠、易于获取及成本低等。冷却的形式有炉外喷水冷却和冷却器冷却。高炉的主要冷却器有冷却板、冷却水箱、冷却壁、风渣口水套及风冷或水冷管等。冷却器的工作原理是将由炉衬或构件传来的热量被冷却介质带走，使炉衬或构件得以冷却。

高炉各部位由于工作条件不同，冷却的作用不完全相同，总起来说高炉冷却有以下几方面的作用：

(1) 降低耐火砖衬温度，使其能保持足够的强度，维持高炉合理工作空间。

(2) 使炉衬表面形成保护性渣皮，并依靠渣皮保护或代替炉衬工作，维持合理的操作炉型。

(3) 保护炉壳及金属构件，使其不致在热负荷作用下遭到损坏。

(4) 不影响炉壳的气密性和强度。

改进冷却设备结构，合理布置冷却设备，提高冷却介质质量是进一步延长高炉寿命的重要措施。

3.2.2 冷却设备

3.2.2.1 喷水冷却装置

炉外喷水冷却是最简单的一种冷却方式。这种冷却是在炉壳外面的周围安装环形喷水管，喷水管径一般为 50～150 mm。在喷水管朝着炉壳的方向钻有直径为 5～8 mm 的喷水小孔，水流股直接喷洒在炉壳外表面上，并沿着炉壳向下流入集水槽，然后流入排水管排走。

炉外喷水冷却的特点是冷却不能深入炉衬内部，冷却深度浅；但设备简单，使用方便，一般在不安装冷却器的小高炉上采用。在大中型高炉的炉身最上部或在冷却器已损坏的区域可以采取喷水冷却，作为辅助性冷却。国外一些大型高炉，由于采用炭砖炉衬，为发挥炭砖导热性能强的特点，在炉壳内不设置冷却器，而采取炉外喷水冷却，也取得了满意的冷却效果。

3.2.2.2 冷却壁

冷却壁是内部铸有无缝钢管的大块金属板冷却件。冷却壁安装在炉壳与炉衬之间，并用螺栓固定在炉壳上，均为密排安装。冷却壁的金属板是用来传热和保护无缝钢管的。冷却壁一般为铸铁件，内部无缝钢管呈蛇形布置，用以通冷却介质（水或汽水混合物）。在风、渣口部位要安装异形冷却壁，以适应开孔的需要。

冷却壁结构形式，按其表面镶砖与不镶砖分为镶砖冷却壁和光面冷却壁两种。

镶砖冷却壁的特点是在金属板表面镶有耐火砖，导热效率较低，但当炉衬被侵蚀后，所镶耐火砖抗磨损能力强，并在其表面容易形成稳定的保护性渣皮，代替耐火砖衬工作。因此，镶砖冷却壁一般用于炉腹、炉腰及炉身下部，并直接与黏土砖或高铝砖炉衬相接触。现代的冷却壁一般按照新日铁开发的形式分为4代，第3代和第4代的显著特点是：

（1）设置边角冷却水管；

（2）背部增设蛇形冷却水管；

（3）强化凸台部位冷却；

（4）冷却壁与部分或全部耐火材料实现一体化。镶砖冷却壁用的镶嵌材料，过去一般为黏土砖或高铝砖，现一般采用 SiC 砖、Si_3C_4—SiC 砖、半石墨化 SiC 砖、铝炭砖等。四代镶砖冷却壁的结构如图3-14所示。

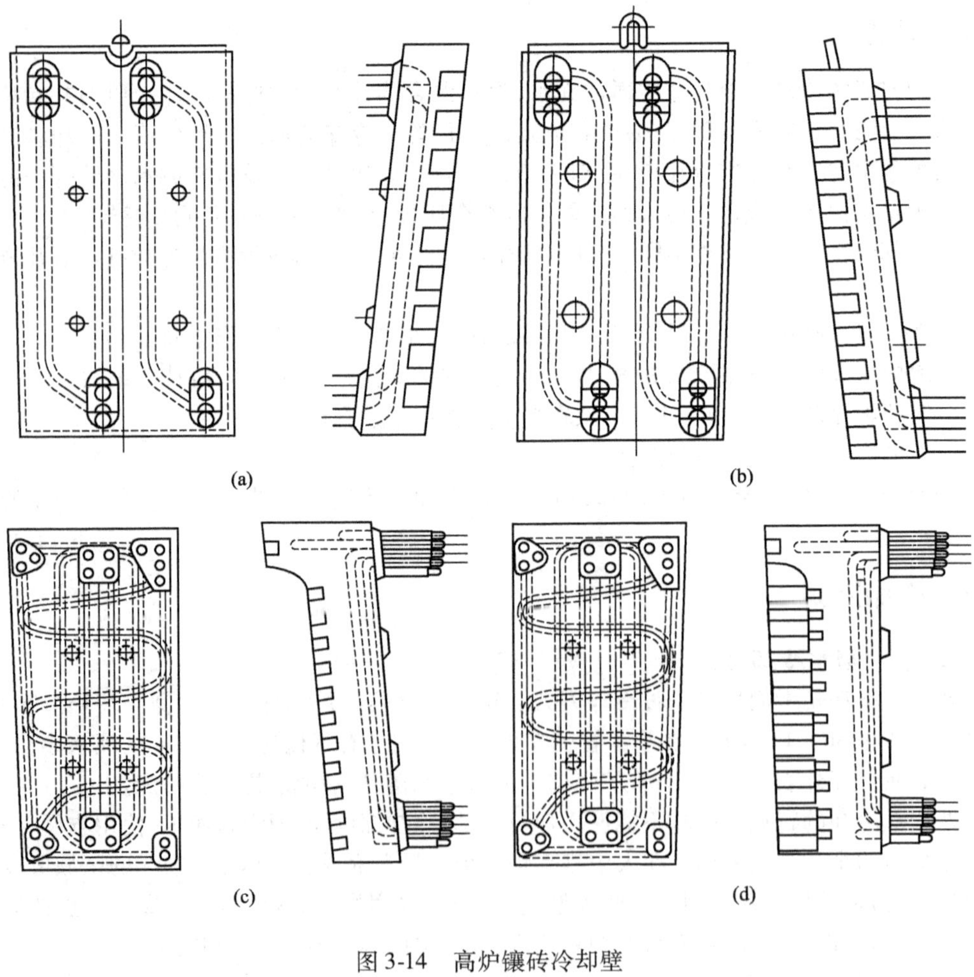

图3-14　高炉镶砖冷却壁
（a）第1代；（b）第2代；（c）第3代；（d）第4代

光面冷却壁的特点是金属板表面不镶砖，导热能力较强，但抗磨损能力不如镶砖冷却壁强。光面冷却壁一般用于炉底四周和炉缸。炉腹以上采用炭质耐火砖砌筑时，也采用光面冷却壁冷却。光面冷却壁与炉衬砌体之间一般为炭素捣打料层。光面冷却壁的结构如图 3-15 所示。

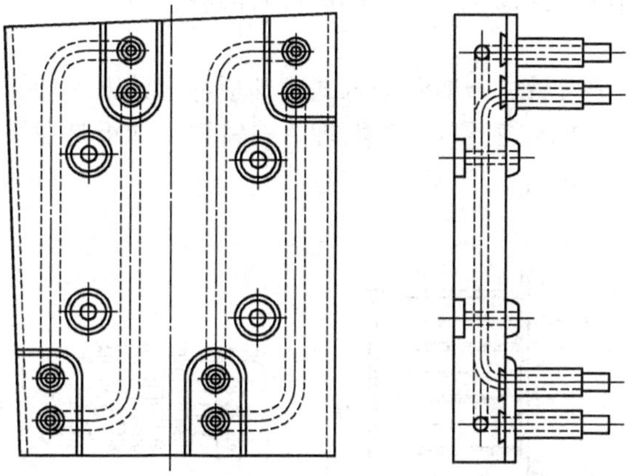

图 3-15　高炉光面冷却壁

过去冷却壁本体一般都采用普通灰口铸铁，为了提高寿命改为含 Cr 耐热铸铁，进而发展为球墨铸铁和铜质的。20 世纪 70 年代末在欧洲开始制造和使用的纯铜冷却壁，近几年也在国内得到了广泛的推广使用。使用铜冷却壁的优点非常明显，其壁体温度比球墨铸铁的壁体温度低 10 ~16 ℃的同时，温度波动也减小约 1.1 ℃；形成的渣皮更稳定，热损失大幅度降低；壁体温度更低也使得渣皮脱落后重建的时间更短；安装铜冷却壁部位的热流强度降低明显。铜冷却壁的结构如图 3-16 所示。

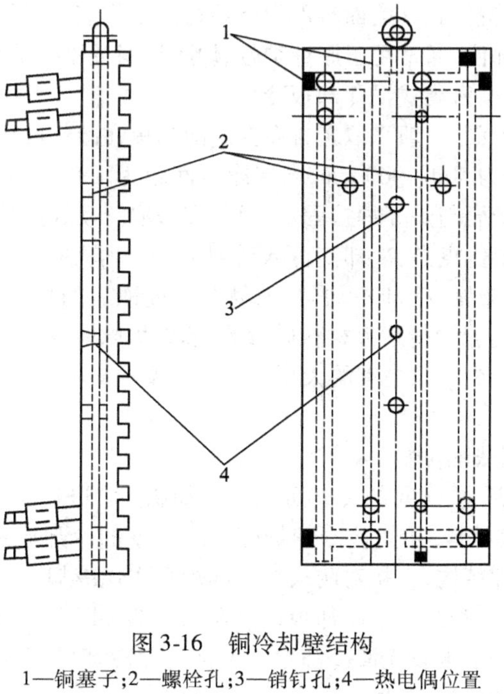

图 3-16　铜冷却壁结构

1—铜塞子；2—螺栓孔；3—销钉孔；4—热电偶位置

冷却壁与其他形式冷却器比较具有的优点是:炉壳不需开设大孔,炉壳密封性好,不会损坏炉壳强度,采取紧密布置,冷却均匀,炉衬内壁光滑平整,有利于炉料顺利下降;镶砖冷却壁表面能形成保护性渣皮,使高炉工作年限延长。其主要缺点是:冷却深度不如冷却板和支梁式水箱大,烧毁后拆换困难,普通冷却壁没有支承上部炉衬砖的能力,并且容易断裂。

3.2.2.3 冷却板

冷却板分为铸铜冷却板、铸铁冷却板、埋入式冷却板等。铸铜冷却板在局部需要加强冷却时采用,铸铁冷却板在需要保护炉腰托圈时采用,埋入式铸铁冷却板是在需要起支承内衬作用的部位采用。各种形式的冷却板如图 3-17 所示。

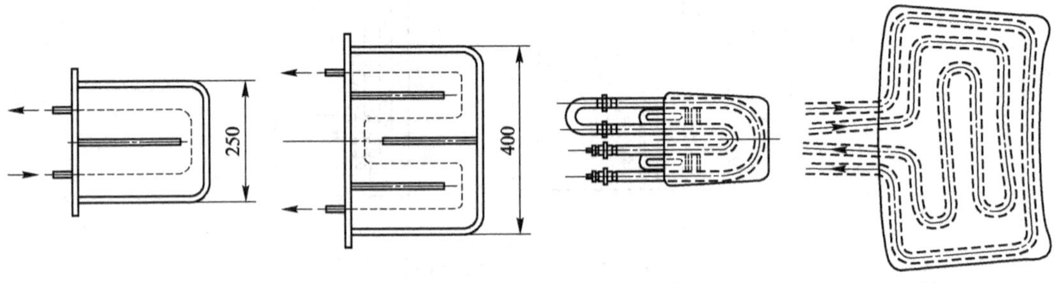

图 3-17 冷却板

(a)铸铜冷却板;(b)埋入式冷却板;(c)铸铁冷却板

冷却板内铸有通冷却水的无缝钢管,并呈 U 形布置。无缝钢管直径一般为 ϕ44.5 mm × 6 mm,水管的弯曲半径一般应大于 2 倍管径。冷却板的厚度一般为 75 ~ 110 mm,长度和宽度应根据使用部位需要确定。

冷却板安装时埋设在砖衬内,其前面端部距高炉衬的工作表面砖厚一般为 230 ~ 345 mm,即一块砖长厚。冷却板使用部位,通常用于厚壁炉腰、炉腰托圈及厚壁炉身中下部砖衬的冷却。也有的高炉,炉腹至炉身均采用密集式铜冷却板冷却。

冷却板用在炉层托圈上面,一般采取密排布置。冷却板在冷却砖衬时,相邻上下层以棋盘式交错布置,上下层间距一般为 500 ~ 900 mm,同层净空间距为 150 ~ 300 mm。冷却板固定是依靠进出冷却水管和导管穿过炉壳与炉壳焊接固定,目前多采取浮动式连接固定。

采用冷却板冷却的主要优点是:冷却能深入砖衬内,冷却深度、冷却强度均大,拆换方便,易于维护。其缺点是:为点式布置,冷却不均匀,容易造成侵蚀后的炉墙内表面不平整(冷却板裸露),影响炉料顺利下降。随着炉衬耐火材料质量的提高,炉墙厚度逐渐减薄,冷却板的使用在国内大中型高炉上已逐步在减少。只是有的大型高炉在厂型冷却壁的凸台上面安装一层冷却板作为辅助冷却装置。

3.2.2.4 板壁结合冷却结构

冷却板的冷却原理是通过分散的冷却元件(冷却板)伸进砖衬内的长度(一般为 700 ~ 800 mm)来冷却周围的耐火材料,并间接冷却炉壳。冷却壁的冷却原理是通过冷却壁形成一个密闭的围绕高炉内衬的冷却结构,直接对耐火材料和炉壳实现冷却。

全部使用冷却板实现冷却的高炉,冷却板设置在风口部位以上一直到炉身中上部,炉身中上部以上及风口以下采用炉壳喷水或光面冷却壁。全部使用冷却壁实现冷却的高炉,一般在风口以上直到炉喉钢砖采用镶砖冷却壁,风口以下采用光面冷却壁。

实际使用中，大多数高炉根据冶炼的需要，在不同部位采用各种不同的冷却设备，这种冷却的结构形式称为板壁结合冷却结构。尤其近年来，冶炼强度不断提高，炉身中下部的矛盾日益突出，因此冷却板和冷却壁交错布置的结构形式被广泛用于炉身中下部，这不仅实现了对炉衬的覆盖冷却和纵深冷却，同时还对冷却壁上下层接缝处的薄弱环节起到了很好的保护作用。板壁交错布置的结构形式如图 3-18 所示。

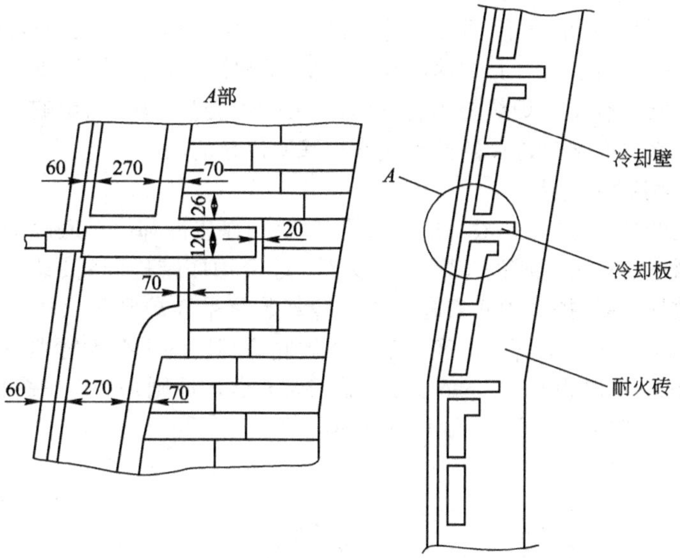

图 3-18 板壁交错冷却布置示意图

3.2.2.5 支梁式水箱

支梁式水箱一般采用铸铁铸造而成，目前也有采用铸钢铸造的。支梁式水箱为中空长方楔形状，水箱壁内铸有冷却水管，其规格为 $\phi 44.5$ mm × 6 mm 的无缝钢管。冷却水管侧壁厚为 100 ~ 110 mm，其余部分壁厚为 50 mm 左右。水箱的宽度一般为 200 ~ 300 mm，长度应根据冷却炉衬的厚度确定，一般以 700 ~ 800 mm 为宜。水箱前端砌砖厚度一般为 460 ~ 575 mm，有的最薄砌砖厚度只有 230 mm。此种水箱的构造如图 3-19 所示。

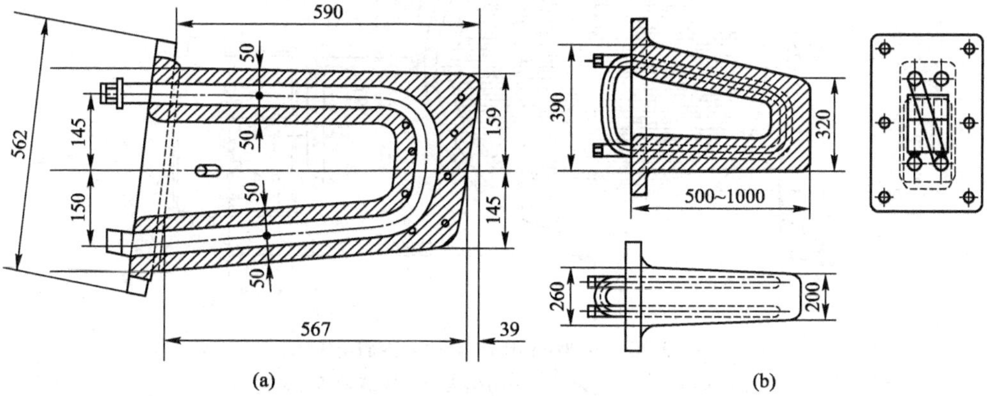

图 3-19 支梁式水箱

(a) 支梁式水箱；(b) 扁水箱

支梁式水箱一般布置在炉身其他冷却设备的最上面，即紧接着炉身其他冷却设备上面安装2～4层支梁式水箱，冷却炉衬及支承上部砖衬。此种水箱不仅强度大，而且由于埋设在砖衬内，用法兰盘螺栓与炉壳上的法兰结构相联结，保证了它有足够的支承砖衬的能力。支梁水箱的布置方式，相邻上下两层呈棋盘式交错形式，上下两层间距一般为600～1000 mm，同层间距为1300～1700 mm。

支梁式水箱的主要优点是：冷却深度和强度大，机械强度高，当下部砖衬被侵蚀、破损剥落时，水箱对上部砖衬起着支承作用，避免上部砖衬发生垮塌。其缺点是：为点式布置，冷却砖衬不够均匀，因而炉衬受侵蚀也不均匀，炉墙曲线不规整，炉衬严重被侵蚀后，支梁式水箱可能被裸露出来，在炉内形成凸台，有碍于炉料的顺利下降，安装时炉壳开孔较大，影响炉壳的机械强度和密封严密性。支梁式水箱有被改进后的凸台式冷却壁所代替的趋向。

3.2.2.6 炉底冷却装置

采用炭砖炉底的高炉，炉底一般都应设置冷却装置，予以冷却。炉底冷却的目的是防止高炉炉基过热破坏及由于热应力造成的基墩开裂破坏。综合炉底结构同时采用炉底冷却，能大大地改善炉底砖衬的散热效果，提高炉底寿命。炉底冷却装置是在炉底耐火砖砌体底面与基墩表面之间安装通风或通水的无缝钢管。炉底砌筑前将炉底冷却用的无缝钢管埋在碳捣层中。冷却管直径一般为 ϕ146 mm，壁厚为8～14 mm。冷却管安装布置的原则是炉底中央排列较密，越往边沿排列逐步变稀。炉底风冷管布置，如图3-20所示。

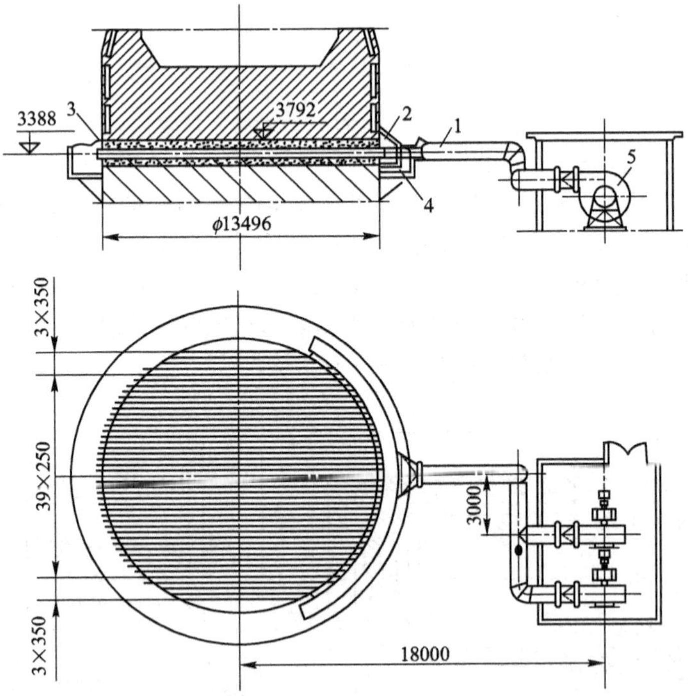

图3-20 2000 m^3高炉炉底风冷管布置图

1—进风管；2—进风箱；3—防尘板；4—风冷管；5—鼓风机

水冷炉底和风冷炉底的冷却管管径、布置方式及碳捣层等基本相同，只是冷却介质不同。一些高炉风冷炉底结构与设备特征见表3-13。

表 3-13 我国一些高炉风冷炉底风冷管特征

炉容 /m^3	炉底风冷管			进风管数量×管径 /mm	进风口数量×进风箱尺寸 /mm	排风管数量×管径 /mm	排风口数量×进风箱尺寸 /mm
	数量×管径×厚度 /mm	炉底中心管距 /mm	炉底边缘管距 /mm				
2000	46×ϕ146×10	250	350	1×ϕ712	1×600×1000		
1513	40×ϕ146×10	250	350	1×ϕ700	1×500×1000	3×ϕ700	3×500×1000
1200	32×ϕ146×14	300	350	1×ϕ712	1×650×480 2×330×480		
1000	34×ϕ146×14	250	350	1×ϕ712	1×650×480 2×350×480		
935	30×ϕ146×14	250	350	1×ϕ712	3×600×500	7×250×250	4×250×350
635	28×ϕ146×10	250	350 450	1×ϕ700	1×500×1000	2×ϕ700	2×500×1000
596	19×ϕ146×8	200	300 350 400	1×ϕ700	1×500×1000	1×ϕ700	1×500×1000

某些高炉水冷炉底的结构特征见表 3-14。

表 3-14 我国一些高炉炉底水冷管排列结构特征

炉容 /m^3	给水总管管径 /mm	给水方式	水冷管/mm 数量×管径×壁厚	中心间距 /mm	边缘间距 /mm	串联管数 /根
620	ϕ478	利用炉缸排水供水	23×ϕ146×7	350 300	400	1
2516		由炉体给水总管供水	67×ϕ76×12	200	200	3~5

风冷炉底的通风方式，有自然通风和强制通风两种。自然通风不需要通风机等设备，但冷却强度不如强制通风的大。一般中型高炉炉底采取自然通风冷却的较普遍，大型高炉炉底则采取强制通风冷却。

水冷炉底的供水方式也有两种。一种是炉底冷却水管与供水总管接通，靠炉体给水总管供水。另一种是利用炉缸的冷却排水管供水，以节约冷却水。

在安装炉底冷却管时，管子两端应伸出炉壳外 50~100 mm 长，并用加强钢板与炉壳焊接。安装水冷管时要求切断供水后，管内积物和积水均可排出管外，且排水管口要升至水冷管平面以上，然后再倒下流入排水槽，以保证管内充满冷却水，增强冷却效果。

我国部分高炉炉体冷却型式见表 3-15。

表 3-15 国内部分高炉炉体冷却结构

炉容/m^3	炉 底	炉 缸	炉 腹	炉 腰	炉 身		
					下 部	中 部	上 部
300	光面	光面	镶砖	带凸台镶砖	带凸台镶砖	带凸台镶砖	三层支梁式
633	光面	光面	镶砖	镶砖	镶砖扁水箱	镶砖扁水箱	三层支梁式

续表 3-15

炉容/m^3	炉　底	炉　缸	炉　腹	炉　腰	炉　身		
					下　部	中　部	上　部
883	光面	光面	镶砖	镶砖	镶砖扁水箱	镶砖扁水箱	四层支梁式
970	光面	光面	镶砖	镶砖	板壁结合	板壁结合	三层支梁式
1000	光面	光面	镶砖	镶砖	板壁结合	带凸台镶砖	三层支梁式
2580	光面	光面	镶砖	三代冷却壁	三代冷却壁	三代冷却壁	三代冷却壁
2580	光面	光面	镶砖	三代冷却壁	三代冷却壁	三代冷却壁	三代冷却壁
2580	光面	光面	镶砖	带凸台镶砖	带凸台镶砖	带凸台镶砖	带凸台镶砖
3250	光面	光面	镶砖	三代冷却壁	三代冷却壁	三代冷却壁	三代冷却壁
4350	光面	光面	镶砖	四代冷却壁	四代冷却壁	四代冷却壁	四代冷却壁

注:光面—光面冷却壁,镶砖—镶砖冷却壁。

总体来说,合理冷却结构型式的看法各不一致,但希望单靠冷却设备的合理配置来实现高炉长寿是不现实的。实际选用冷却设备结构型式的时候,可以参照下列要求:

(1) 炉底推荐采用水冷,炉缸、炉底侧壁宜采用光面冷却壁。

(2) 炉腹宜采用铸铁或铜冷却壁或密集式铜冷却板。

(3) 炉腰和炉身中、下部的冷却设备宜采用强化型铸铁镶砖冷却壁或铜冷却壁或密集式铜冷却板,以及冷却板和冷却壁组合的形式,推荐采用铜冷却壁。

(4) 炉身上部宜采用镶砖冷却壁。

(5) 推荐采用全冷却壁薄炉衬炉体结构。

3.2.3 高炉供排水

3.2.3.1 对供排水系统的要求

为保证高炉能连续生产,高炉供排水系统必须安全、可靠。其全部设施及管路必须满足下列要求:

(1) 高炉供水水泵站应架设两条独立的电源线路,一条供电,一条备用。在水泵站内还应配备柴油机等动力设备,以备停电时启动。并且水泵站内还应配备一定数量的备用水泵,以备设备检修、更换时启用。

(2) 在高炉车间附近应建设高位水池或水塔。其蓄水量应当满足:当水泵站断水时能保证向高炉供水半小时,以便处理高炉炉况。

(3) 水泵站或高位水池至高炉车间应敷设两条平行的供水干管,一条工作,一条作管路检修时备用。若干管路线过长,相隔一定距离还应当设置连通水管及其控制阀门,以便当某段管路检修时接通连通水管继续供水。

(4) 大中型高炉向炉体供水的主水管应当设置两根,并分别设置滤水器和供水管网系统。两根供水主管都应当与高炉各层供水围管连通,以保证连续供水。

3.2.3.2 高炉供排水系统

高炉供排水系统,如图 3-21 所示。

高炉供水主管与各层供水环管连通,各层环管经过各组配水器分别向各组冷却器供水。冷却器排出的水,经过集水槽排入排水总管。大中型高炉在炉腰以下,一般应设 2 ~ 3 环排水管,在炉底设置总排水管。排水地沟的入水口要远离出铁口区域,一般是布置在出铁场的相反方向,以保证安全。

值得注意的是，在考虑水头的设置时，在各层供水环管和配水器上均应留足必需的备用水头数。另外，各冷却器的排水管标高应高于该冷却器最高点处的标高，以保证冷却器内时常能充满冷却水，提高冷却效果和避免冷却器烧坏。一些高炉供排水干管直径见表3-16。

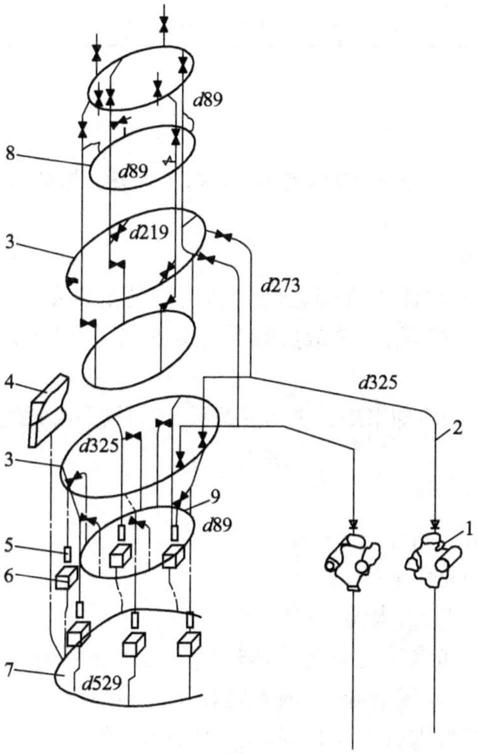

图3-21 高炉供排水透视图

1—滤水器；2—给水主管；3—给水围管；4 —环形排水槽；5—配水器；6—排水箱；8—炉身喷水管；9—炉腹喷水管

表3-16 一些高炉给排水干管直径

项目		高炉容积/m³							
		1000	1805	935	1000	620	255	100	50
供水主管，数量×管径/mm		2×ϕ426	2×ϕ500	3×ϕ374	2×ϕ458	2×ϕ426	2×ϕ270	1×ϕ250	1×ϕ250
供水环管	标高/m	21.65	19.93	20.19	20.1	21.81	12.95	13.4	11.0
	管径/mm	ϕ219	ϕ268	ϕ320	ϕ318	ϕ219	ϕ270	ϕ50	ϕ50
	标高/m	17.81	15.6	14.19	18.0	15.84			
	管径/mm	ϕ426	ϕ418	ϕ320	ϕ368	ϕ377			
排水环管或环形水槽	标高/m		5.5	18.77	19.9	4.9	13.1	1×ϕ50 3×ϕ38	3×ϕ50
	管径/mm	ϕ720	ϕ668	300×450	450×450	ϕ618			

续表 3-16

项　目	高炉容积/m^3							
	1000	1805	935	1000	620	255	100	50
排水干管，数量×管径/mm	2×ϕ720	2×ϕ668	2×ϕ420 2×ϕ420 2×ϕ320	2×ϕ618 2×ϕ318 2×400×400	1×ϕ618	2×ϕ350	地沟	地沟

3.2.4 冷却器工作制度

高炉冷却器的工作制度主要包括：冷却水消耗量，水流速，水温控制，供水压力及冷却器清洗制度等。

3.2.4.1 冷却水消耗量

高炉冷却水消耗量决定于炉体热负荷。炉体热负荷是指在单位时间内炉体热量的损失量。炉体热量的损失，除通过炉壳热辐射形式散失很少部分热量外，绝大部分都是通过冷却器的冷却介质（主要是水）带走的。

炉体总的热负荷与炉体总的冷却水用量之间的关系，按照热平衡原理，可以用下面公式表示：

$$Q = MC(t - t_0)$$

式中　Q——炉体总热负荷，kJ/h；

M——炉体总的冷却水用量，kg/h；

C——冷却水比热容，kJ/(kg·℃)；

t_0，t——分别为冷却水的进、出水温度（平均值），℃。

由上关系式可知，炉体冷却水消耗量随炉体热负荷的增加而增加，随进出水温差的增高而降低。但是，在实际生产过程中，要想准确、及时地测出炉体热负荷是困难的。因此，在考虑炉体热负荷时，一般是通过经验公式来进行粗略估算的。大型高炉炉体总热负荷计算经验公式如下：

$$Q = 0.12f + 0.0045V_u$$

式中　Q——炉体冷却水带走的热量（即炉体热负荷），1 GJ/h；

f——高炉风口数目，个；

V_u——高炉有效容积，m^3。

求出炉体总的热负荷后，即可求出高炉的冷却水耗量。在计算炉体热负荷时，应考虑炉役末期的 Q 值比中期增加 15%。

高炉各部位由于工作条件不同，其热负荷不相同；且同一部位炉体由于工作条件不稳定，热负荷也是在变化的。因此，高炉局部区域冷却水的消耗量应根据所处部位的不同随时加以调整。高炉局部区域（如一个冷却器）的热负荷通常用热流强度来表示。热流强度是指单位时间单位面积的炉衬通过冷却器传递带走的热量。根据热平衡原理，可得如下关系式：

$$Q_1 = qF = M_1C(t - t_0)$$

式中　Q_1——一个冷却器带走的热量，kJ/h；

q——一个冷却器承受冷却炉衬的热流强度，kJ/(m^2·h)；

F——一个冷却器承受的冷却炉衬面积，m^2；

M——一个冷却器的冷却水耗量，kg/h；

C——冷却水的比热容，kJ/(kg·℃)；

t_0，t——分别为冷却器的进出水温度，℃。

由以上公式可知,一个冷却器的耗水量取决于冷却区域炉衬的热流强度和承受冷却区域面积大小以及冷却器的进出水温差。在实际生产中,一个冷却器所承受的冷却炉衬面积是不变的,而热流强度则是随炉况的变化而变化的,冷却水温差也应控制在规定的范围以内。因此,一个冷却器的耗水量主要是根据炉况的变化(即热流强度变化)来进行调节控制的。武钢3000 m^3高炉冷却壁各区域热流强度设计值见表3-17。

表3-17 冷却壁各区域热流强度设计值

区 段	热流强度 /kJ·$(m^2 \cdot h)^{-1}$	水温差 /℃	热负荷 /kJ·h^{-1}	冷却面积 /m^2
炉身上部	29268	0.422	3782900	129.27
炉身中部	100328	2.241	29907900	289.07
炉身下部及炉腰	167200	3.173	51259340	306.58
炉 腹	125400	1.174	15035460	119.93
风口带	83600	0.370	3849780	46.06
炉缸区	16720	0.591	6224020	372.28
合 计			110059400	

为了节约用水和有利于提高高炉有效热量的利用率,冷却器水量调节和冷却器串联应当掌握的原则是:热流强度大的风口、渣口和炉缸与炉腹区域的冷却器用水量应大,冷却器的串联个数要少,热流强度较小的高炉中上部区域,冷却器用水量应减少,冷却器的串联个数应适当增加;开炉初期冷却水用量应较少,炉役末期冷却水用量应增加。另外,热负荷大的冷却器进出水温差控制应比热负荷小的冷却器进出水温差要小些,以避免冷却器产生局部过热而烧毁。

高炉冷却水的消耗量(见表3-18),一般用每立方米高炉有效容积每小时平均冷却水用量来表示。大高炉的冷却水用量比小高炉的要小些。

表3-18 高炉炉体冷却耗水量

炉容/m^3	300	620	1000	1260	1500	3200	4063
耗水量/t·$(m^3 \cdot h)^{-1}$	2.0	1.6	1.4	循环水 1.75	1.3	循环水 2.0	1.6

为节约能源,生产中一般都采取高炉冷却水循环使用的方法。冷却水在循环使用的过程中约有0.1%~0.3%的水被蒸发损失,约2%~5%的水被渗透损失,应予以适当补充新水。

3.2.4.2 冷却水流速和水温差控制

降低冷却水流速和增加进出水温差均可降低冷却水消耗量。但是水速过低会使冷却水中机械混合物沉淀,进出水温差过高也由于可能造成局部沸腾而产生碳酸盐沉淀。这些沉淀物以水垢形式附于水管壁,致使其导热能力大幅度下降,严重时,冷却器因过热而被烧坏。因此,冷却水流速和水温差的控制是以不发生水中机械混合物沉淀及不产生碳酸盐沉淀为原则。

工业用冷却水经过供水池沉淀和过滤器过滤后,一般水中机械悬浮物含量小于200 mg/dm^3,其粒度小于4 mm,避免悬浮物沉淀的最低水速应不低于0.5~0.8 m/s。不同粒度的悬浮物不发生沉淀的最低水速要求,参见表3-19。冷却器内水的流速是通过控制进出水温差实现的。

表 3-19　悬浮物粒度与不产生沉淀的最低水速表

悬浮物粒径/mm	0.1	0.3	0.5	1	3	4	5
要求最低水速/m·s^{-1}	0.02	0.06	0.10	0.20	0.30	0.60	0.80

冷却水的进出水温差值允许范围，由于要保证水中碳酸盐不致大量产生沉淀，其值大小主要决定于碳酸盐含量、进水温度和出水温度，一般工业用循环冷却水的暂时硬度小于 10 德国度（即 CaO < 100 mg/dm^3），经多次加热后碳酸盐开始沉淀温度一般为 50 ~ 60 ℃，而循环水的温度一般小于 35 ℃，因而冷却水的允许理论进出水温差控制为 15 ~ 25 ℃时，就可以避免产生碳酸盐沉淀。但是，实际生产中冷却器的热流强度是不稳定的，考虑这种不稳定因素，要求冷却器的实际进出水温差应低于理论进出水温差。考虑冷却器热流强度波动安全系数后的实际进出水温差值，用下式计算：

$$\Delta t = \varphi \Delta t_L$$

式中　Δt——实际应控制的进出水温差，℃；

Δt_L——理论允许的进出水温差，℃；

φ——热流强度波动安全系数。其值大小与炉体部位有关，炉腹、炉身为 0.4 ~ 0.6，风口带为 0.15 ~ 0.30，渣口以下为 0.08 ~ 0.15，风口小套为 0.3 ~ 0.4。

高炉炉体采用一般工业循环水冷却时，炉体各部位的实际水温差允许范围，见表 3-20。

表 3-20　炉体各部位水温差允许范围/℃

部　位		炉　容/m^3		
		300	600	>1000
炉　身	上　部	10 ~ 14	10 ~ 14	10 ~ 14
	下　部	10 ~ 14	10 ~ 14	8 ~ 12
炉　腰		8 ~ 12	8 ~ 12	7 ~ 12
炉　腹		10 ~ 14	8 ~ 12	7 ~ 10
风口附近		4 ~ 6	3 ~ 5	3 ~ 5
炉　缸		4	4	4
风渣口大套		3 ~ 5	3 ~ 5	5 ~ 6
风渣口二套		3 ~ 5	3 ~ 5	5 ~ 6

为了节约冷却水用量，在进出水温差不超过允许范围值的前提下，可以根据炉体各部位热负荷的高低，采取不同数目的冷却器串联供水。

不同炉容的高炉各部位冷却器的串联个数见表 3-21。

表 3-21　炉体冷却设备串联个数（个）

炉容/m^3	炉　身		炉　腰	炉　腹	风口带	炉　缸
	上　部	下　部				
300	4	4	2 ~ 4	2	2	1 ~ 2
620	3 ~ 4	3 ~ 4	2 ~ 3	2	2	1 ~ 2
>1000	4 ~ 6	3 ~ 4	2	2	1 ~ 2	1 ~ 3

为了提高冷却水的进出水允许温度差值，我国有的工厂，在高炉循环冷却水中加入聚磷酸盐和硫酸复合剂等化学物质，使水质稳定，提高了冷却水的进出水温差值，收到良好效果。高炉冷却采用软化水冷却系统，或采用纯水强制密闭循环冷却系统，是消除冷却水结垢的根本性措施，它为高炉的冷却开辟了新的途径。我国高炉冷却软化水和纯水的一般水质指标，见表3-22。

表3-22　软化水及纯水水质指标

项　目	单　位	软化水指标	纯水指标
溶解固体	mg/L	5~10	2~3
硬 度	mmol/L	<0.035	0
碱 度	mmol/L	4~20	0.04~0.1
氯 离 子	mg/L	<600	0.02~0.08
硅 酸 根	mg/L	<70	0.02~0.1
电 导 率	S/m	<0.05	10^{-3}~10^{-5}
电 阻 率	Ω·m	<20	700~1000

3.2.4.3　供水水压

有足够高的供水压力是保证高炉冷却器正常工作的基本条件。同时，为避免当冷却器烧毁时高炉内煤气不致进入冷却系统，造成烧坏大量冷却设备，也要求供水系统压力必须大于炉内煤气压力。对炉体供水压力的要求是：供水主管在风口平台处的水压应大于0.3~0.5 MPa，在风口区域冷却水压应比热风压高0.1 MPa，其余部位冷却水压应比该处的炉内煤气静压大0.05 MPa。不同炉容的高炉炉体各部位冷却供水压力见表3-23。

表3-23　一些高炉炉体供水压力

炉　容/m^3	300	620	>1000
主管及风口/MPa	0.25~0.30	0.30~0.35	0.35~0.40
炉体上部/MPa	0.10~0.14	0.14~0.16	0.15~0.18
炉体中部/MPa	0.15~0.20	0.20~0.25	0.20~0.25

国内的高炉实践表明，炉体冷却水压力要比炉内压力高0.1 MPa为宜，也就是容积小于300 m^3高炉的给水管压力为0.4~0.6 MPa；大于300 m^3 高炉为0.6~0.8 MPa；大于1000 m^3 高炉为0.8~1.0 MPa为宜。风口冷却水建议采用单独供水方式，其压力为1.0~1.6 MPa。

为保证高炉供水安全，在供水管上应安装降压警报装置，当供水压力低于规定值时，发出警报，以便及时处理，避免冷却器烧毁事故的发生。

3.2.4.4　冷却器清洗

高炉采用一般工业水循环冷却，生产一定时间后，在冷却器的通水道内壁结成水垢是不可避免的。水垢的导热能力只有钢铁材料导热能力的1/30，即使在管壁上生成厚度为1 mm的水垢，也可能会产生50~100 ℃的温度梯度，从而导致冷却器局部过热而被烧毁。因此，冷却器定期除垢是保证冷却器安全工作的必要措施之一。

冷却器除垢的方法各厂不完全相同，这主要决定于所生成水垢的性质。我国高炉一般采取以下三种清洗方法除去冷却壁上的水垢：

(1) 用10%~15%的盐酸水溶液，加1%左右的废机油作缓蚀剂，用耐酸泵压入冷却器，每个水头通溶液清洗 15 min 左右。重钢和宣钢等厂的高炉采用此法清洗，效果良好。

（2）用压力为 0.7 ~ 1.0 MPa 的高压水清洗数分钟，清洗机械沉淀物。

（3）用压力为 1.0 ~ 1.2 MPa 的高压蒸汽（或压缩空气）清洗数分钟。

第一种方法对除去碳酸盐水垢效果良好，但对器壁有轻微腐蚀，清洗液酸的浓度不能过大。第二、三种方法属于机械清洗法，对清除悬浮物沉淀物效果良好，对清除碳酸盐水垢效果较差。

3.2.5 高炉汽化冷却

高炉汽化冷却是利用接近饱和温度的水在汽化时大量吸收冷却件的热量，从而达到冷却设备的目的。

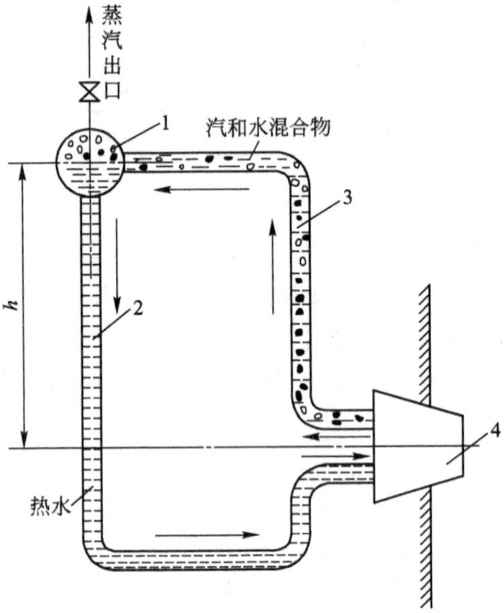

图 3-22 汽化冷却自然循环原理图
1—汽包；2—下降管；3—上升管；4—冷却器

汽化冷却水的循环方式有两种。一种是强制循环，即是依靠循环水泵产生的动力，推动水在系统内循环，这种循环要消耗动力。另一种是自然循环，即水在冷却系统中，由下降管进入冷却器的水被加热至沸腾状态，产生部分蒸汽，形成汽水混合物并进入上升管。由于下降管中的水和上升管中的汽水混合物密度的不同，造成系统的推动力，使系统的水进行循环。自然循环不消耗动力，安全可靠。汽化冷却水的自然循环原理，如图 3-22 所示。水的自然循环流动压头计算公式如下：

$$\Delta p = h(\rho_x - \rho_s)$$

式中 Δp——自然循环流动压头，Pa；

h——冷却器水平中心线与汽包水平中心线之间距离，m；

ρ_x，ρ_s——分别为下降管和上升管中水和汽水混合物的密度，kg/m^3。

汽化冷却与水冷却相比有如下优点：由于水汽化时吸收大量汽化潜热，所以冷却强度大、耗水量极少，与水冷却相比可节约用水 60% ~90%，还可节约电（水泵动力）75% 以上；由于耗水量少，水进行软化处理后可防止冷却设备结垢，冷却设备的寿命更长；产生的大量蒸汽可作为二次能源回收利用；冷却设备的安全性更高，如果采用自然循环方式，当断电时可利用汽包中储备的水维持生产 40 ~50 min。

汽化冷却应用并不广泛，并逐渐被软水闭路循环冷却所取代。主要原因是在冷却器热负荷比较高的时候，汽化冷却的循环变得不稳定，冷却器容易被烧坏。对于已烧坏的冷却器，其检测技术不完善，对炉衬侵蚀的反应不敏感。

3.2.6 软水闭路循环冷却

由于汽化冷却效果并不理想，所以将汽化冷却的自然循环改为强制循环，继而将强制循环的汽化冷却发展为软水闭路循环冷却，其冷却的效果非常好，为延长高炉寿命创造了条件。

3.2.6.1　高炉软水闭路循环冷却系统的工作原理

高炉软水闭路循环冷却系统的工作原理见图3-23，它是一个完全密闭的系统，用软水作冷却介质。软水由循环泵送往冷却器件组，冷却器件组排出的冷却水经膨胀水箱送往空气冷却器，冷却水由冷却器件组带来的热量，经空气冷却器散发于大气中，然后再经过循环泵送往冷却器件组，由此循环工作。

膨胀水箱为一圆形密闭容器，其中充以氮气，用以提高冷却介质压力，提高饱和蒸汽温度，达到提高饱和蒸汽温度与冷却器件内冷却水实际的温度差的目的，即提高冷却水的欠冷度。膨胀水箱具有补偿由于温度的变化和水的泄漏而引起冷却水体积变化的功能，稳定冷却系统的运转。通过冷却罐内水位的变化，可以判断系统泄漏情况并合理补充软水。

空气冷却器由风机和散热器组成，用来散发热量，降低冷却水温度。

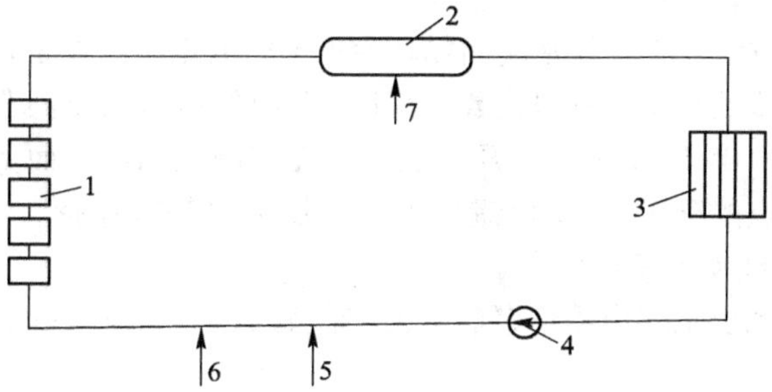

图3-23　高炉软水闭路循环冷却系统原理
1—冷却器件组；2—膨胀水箱；3—空气冷却器；4—循环泵；
5—补水装置；6—加药装置；7—充氮装置

3.2.6.2　软水闭路循环冷却的形式

目前，在国内采用的软水闭路循环冷却按其膨胀水箱设置的位置，分为上置式和下置式两种，两种系统的原理图见图3-24和图3-25。

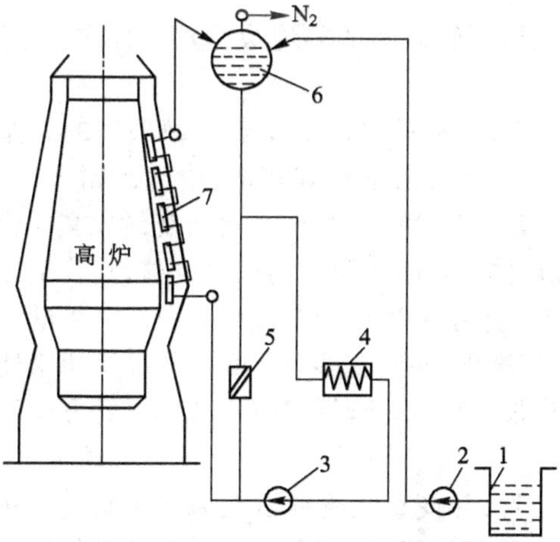

图3-24　上置式软水闭路循环冷却形式
1—补水箱；2—补水泵；3—循环泵；4—空气冷却器；
5—逆止阀；6—膨胀水箱；7—冷却壁

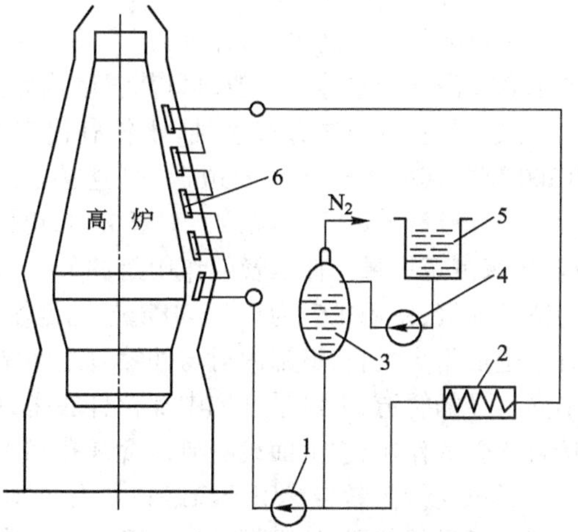

图3-25　下置式软水闭路循环冷却形式
1—循环泵；2—空气冷却器；3—膨胀水箱；
4—补水泵；5—补水箱；6—冷却壁

上置式软水闭路循环冷却形式把膨胀水箱布置在高于最上层冷却器的位置，其相对于下置式的优点有：

(1) 系统运行安全可靠。当循环泵停止工作时，冷却系统能自动地从软水的强制循环转化为汽化冷却的自然循环，膨胀水箱就变成了汽包。而下置式在循环泵停止工作的时候整个系统也将停止运行；

(2) 系统内各回路间相互影响小。软水闭路循环的冷却系统是根据不同的冷却部件组成几个不同的冷却回路，以便进行热负荷控制。上置式冷却系统中各个回路的出口都直接与膨胀水箱相接，而膨胀水箱内的压力不会由于某一回路流量的变化而发生变化，所以各回路之间的影响就比较小。而下置式各个回路不是单独回路而是汇集到一点，汇集点的压力有可能随某一流量较大回路的流量变化而变化，即某一回路的流量变化可能导致另一回路流量变化，所以下置式系统间各回路间的相互影响较大；

(3) 系统内的压力波动较小。软水闭路循环冷却形式的定压工作是依靠向膨胀水箱内充氮来实现的。由于膨胀水箱处在系统的最高点，膨胀水箱内的压力只要高于大气压力就可以。其压力一般控制在0.01～0.05 MPa，所以其压力波动只在控制范围内。而下置式由于膨胀水箱内压力必须高于系统最高点的静压力，所以罐内的氮气压力也必须保持较高，一般可达0.3～0.5 MPa，因此其相应的压力波动也就比较大了。

软水闭路循环冷却系统主要由循环泵、热交换器、膨胀水箱、氮气罐、软水制造设施、补水泵及加药系统组成。

软水闭路循环冷却是现代高炉冷却的发展方向，目前大型高炉软水闭路循环系统使用的范围愈来愈大，重要部位已开始使用工业纯水闭路循环冷却。

3.3 风口、渣口及铁口

3.3.1 风口

3.3.1.1 风口装置

风口装置是向高炉送风的设备。风口装置包括热风围管以下的鹅颈管、弯管、直吹管、风口各水套及吊挂装置等。一般风口装置结构如图3-26所示。

风口装置的结构有很多种，比较有代表性的如图3-26所示宝钢1、2号高炉采用的栗本—RA00型。其中A－1管(鹅颈管)是连接热风围管的支承管，由钢板焊接成，内侧砌耐火砖衬。A－2管(流量测定管)接在A－1管下面，也由钢板焊成，内侧用不定形耐火材料浇注成文氏管结构，用来测定风量。伸缩管的作用是调节热风围管和炉体因热膨胀引起的相对位移，其连接方式为法兰连接，使用压力为0.51 MPa，使用温度为400 ℃，使用寿命在5400次以上。伸缩管的内衬有不定形耐火材料，下部内衬与伸缩管之间塞有陶瓷纤维棉，并装有多层垫圈。异径管用来连接不同直径的管道，上设吊杆和中部拉杆底座，用来安装张紧装置。弯管起转变送风支管方向和连接直吹管的作用，它上面设有风口窥视孔和下部拉杆。

送风支管张紧装置用于稳定和紧固送风支管的位置，并使直吹管紧压在风口小套上。张紧装置包括吊挂装置、拉紧螺丝(中部拉杆)和紧固装置(下部拉杆)三部分。吊挂装置的作用是固定送风支管，主要承受送风时伸缩管产生的反作用力，可用旋紧螺母调整其位置。拉紧螺丝是支承和固定送风支管的两根可调螺丝，安装在异径管两侧，一端与异径管相连，另一端与炉体环梁相连，其作用是和紧固装置一起，用以调节直吹管与风口球面间的压紧力，防止漏风。紧固装置是安装于弯管下方两侧，将直吹管紧压风口球面的一对弹簧拉杆。其拉力可通过手柄调整，两根拉杆用来调整直吹管端头与风口球面的压紧力，以防止风口漏风。

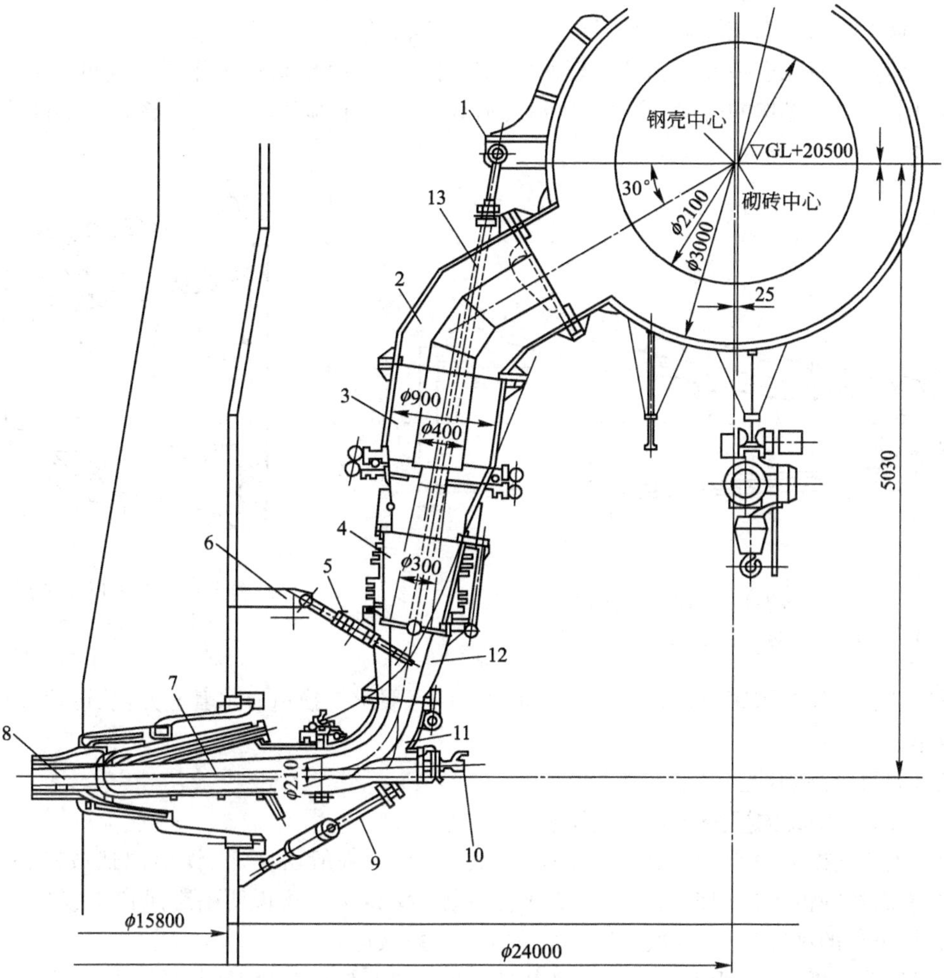

图 3-26 风口装置示意图

1—横梁；2—A－1 管；3—A－2 管；4—伸缩管；5—拉紧螺丝；6—环梁；7—直吹管；
8—风口；9—紧固装置；10—窥视孔；11—弯管；12—异径管；13—吊挂装置

送风支管附件有环梁、起吊挂钩、窥视孔等。环梁固定在炉壳上，用来固定拉紧螺丝。起吊挂钩用于更换风口时使弯管和直吹管成振摆状运动，便于更换风口。窥视孔用来观察风口的燃烧情况。

直吹管是高炉送风支管的一部分，尾部与弯管相连，端头与风口紧密相连。热风经热风围管、弯管传到直吹管，通过风口进入炉缸。直吹管一般由端头、管体、喷吹管、冷却水管和法兰五部分组成。技术要求上主要是端头球面的表面粗糙度要低，直吹管需要进行水压和气密试验以防止泄漏，为避免喷吹煤粉冲刷风口内壁要求喷吹管中心线与直吹管本体中心线夹 12°～14°的角度。直吹管结构如图 3-27 所示。

风口由风口大套、二套和小套组成。风口大套一般用铸铁或铸钢制成，内有蛇形无缝钢管通水冷却，用法兰盘与炉壳联结。高压高炉的风口大套与炉壳焊接。风口二套和小套常用紫铜铸成空腔式结构，空腔内通水冷却。风口二套靠固定在炉壳上的压板压紧，小套由直吹管压紧。风口三个水套之间均以摩擦接触压紧固定，因此，接触面必须精加工，以避免漏气。

风口小套的通风道一般为锥状，其通风道前端内径应根据高炉操作对风速的要求来确定。有的高炉由于高炉操作的需要，风口通风道也有设计成向下倾斜的或椭圆形的。倾斜风口如图3-28所示。

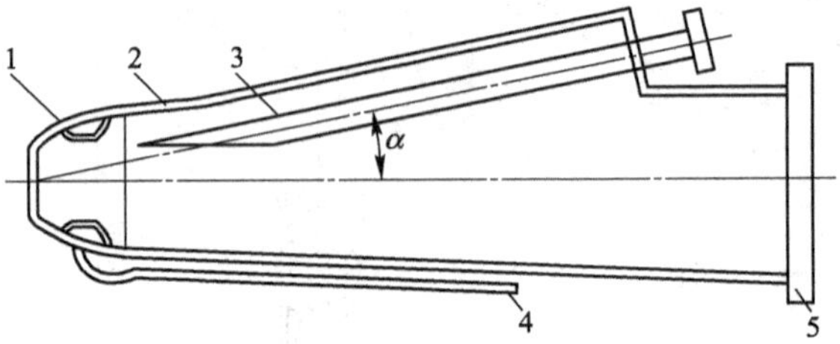

图3-27　直吹管结构图

1—端头；2—管体；3—喷吹管；4—冷却水管；5—法兰

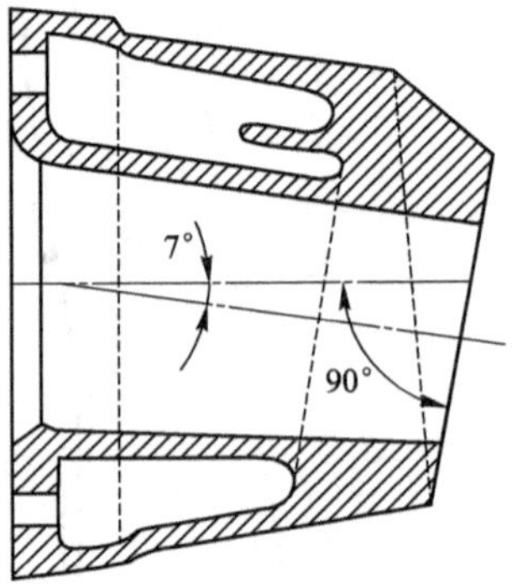

图3-28　向下倾斜的风口

风口装置不仅要求密封性好，耐高温和隔热，而且要求拆换风口水套应方便、迅速，以免影响高炉操作。

风口数目与高炉炉型设计一并考虑。

3.3.1.2　风口破损分析及其改进措施

（1）风口破损的原因据国内外高炉风口破损统计，一般由于渣、铁熔蚀造成的占80%～92%，磨损破坏的占3%～15%以下，龟裂破损的占5%以下。这说明引起风口破损的主要因素是渣、铁对风口的熔蚀作用，其次是风口被磨损和龟裂破坏。

风口破损的部位，一般为风口伸入炉内部分的前端上缘和下缘，而中部破损的占极少数。

风口被渣、铁熔蚀破坏，是由于在某种因素的作用下，渣、铁熔液与风口前端接触，风口局部区域的热流强度超过了风口材质所能承受的临界热流强度值，产生过热而被熔化（造成风口烧穿）所致。造成渣、铁熔液与风口前端接触的可能条件主要有：炉缸堆积，炉缸内在盛有较多铁水时发生坐料，炉况剧烈波动，未能按时放渣、放铁等。

风口的磨损破坏，主要是喷吹煤粉的高炉，由于喷枪喷射煤粉的方向与风口中心线之间的夹角过大，使含有煤粉的高速气流与风口壁发生强烈冲刷，使风口壁磨损形成裂缝、槽痕等，导致风口破损。一般下降的炉料和鼓风对风口的磨损作用并不严重，也不至于在短时间内把风口磨损至漏水。

风口产生龟裂，主要是由于风口的铜材质量不纯，组织疏松，铸造时有夹杂物和气泡等，在高温、高压和氧化等作用下所致。

（2）延长风口寿命的措施：

1）提高铜材纯度。过去我国大多数高炉采用的空腔式风口用青铜铸造，其含铜量一般为97%～98%，导热性能较差，容易被烧坏。目前我国大中型高炉采用的贯流式风口，铜材的含铜量已提高到99.5%，有的厂（宝钢）已高达99.9%，导热能力大为提高，降低了高温渣铁对风口的熔蚀作用。

2）使用贯流式风口。这种风口的冷却水道结构各厂虽然不完全相同，但其共同点是风口前端设计成3～4圈螺旋形水通道，后端为空腔式。我国宝钢高炉采用的贯流式风口如图3-29所示。贯流式风口工作时，冷却水首先通过前端热负荷最高的第一道螺旋水道，然后依次流过后面的各螺旋水道及空腔，最后进入排出水管流出。这种水道结构及冷却水流向的优点是冷却水首先进入风口前端水通道，不仅使低温水首先进入高温区，而且风口前端水通道截面面积最小，水速最高，均能加强风口前端热交换；而冷却水返回到后端的空腔，由于水道截面面积的增加、水速减慢、水温升高、热交换减弱，从而减弱了由于风口冷却使风温降低的作用。

日本川崎制铁公司高炉采用的贯流式风口如图3-30所示。这种风口的特点是多层水道，水有多种流速。其端部最大水速为20 m/s，表层通道水速为16 m/s，下层（前腔）水速为9 m/s，后腔水速为5 m/s，保证了风口前端和表层风口壁的温度不致过高。另外，还在风口所有表面用等离子枪熔射三层耐热材料覆盖，即外层为Al_2O_3-Zr_2O系陶瓷，中层为Al_2O_3-Co系金属陶瓷，里层为Ni基自熔性合金材料。这种风口的最长寿命可达3年之久，并在3年后经过处理仍可继续使用。

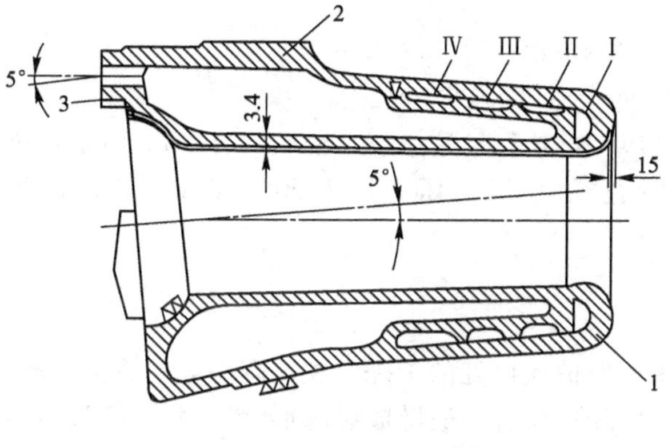

图3-29　宝钢贯流式风口
1—前帽；2—后座；3—热电偶；Ⅰ～Ⅳ—水道

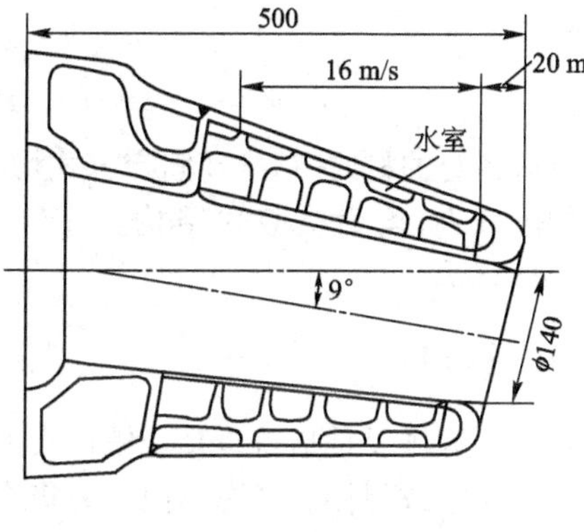

图3-30　日本川崎高炉用的贯流风口
（试压1.9613 MPa，30 min，使用软水）

3）提高冷却水质量和增加水速。风口采用一般工业水冷却，水的硬度大，容易生成水垢，风口寿命短。目前有条件的厂，风口已改为纯水密闭冷却，不产生水垢，保证了风口壁有良好的导热能力。风口冷却水的供水压力，由过去的风口平台水压为0.3～0.4 MPa，提高到目前的1.0～1.4 MPa。风口水速由过去的腔式风口水速不足0.7 m/s，提高到目前的贯流式风口前端水速达14 m/s以上。这些都大大地改善了风口的传热效果，延长了风口寿命。

4）加强风口监测。在风口前端焊接热电偶，以监测风口温度。当温度超过规定值时，立即处理，避免风口烧坏。有的高炉，还在每个风口的进出水管上各安装一个双管式电磁流量计，当排水量低于设定值的下限时，立即报警，保证了风口安全工作。

3.3.2　渣口

大中型高炉的渣口装置，一般由大套、二套、三套和小套等四个部分组成，如图3-31所示。小型高炉也由三个水套构成的。国外部分薄壁炉缸的高炉，其渣口也有由三个水套组成的。

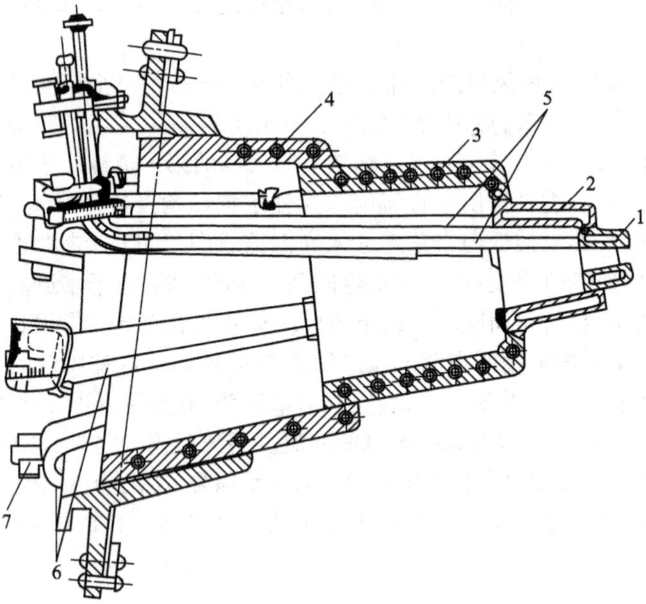

图 3-31　渣口装置

1—小套;2—三套;3—二套;4—大套;5—冷却水管;6—压杆;7—楔子

渣口各套的材质、结构及固定方式均与风口基本相同,只是渣口二套和渣口小套,由于热负荷不如风口大,均为空腔式结构。渣口小套内直径,一般常压高炉为 50 ~ 60 mm,高压高炉为30 ~ 45 mm。

3.3.3　铁口

铁口装置主要是指铁口套。铁口套的作用是保护铁口处的炉壳。铁口套一般用铸钢制成,并与炉壳铆接或焊接。考虑不使应力集中,铁口套的形状,一般做成椭圆形,或四角大圆弧半径的方形。

铁口套结构,如图 3-32 所示。

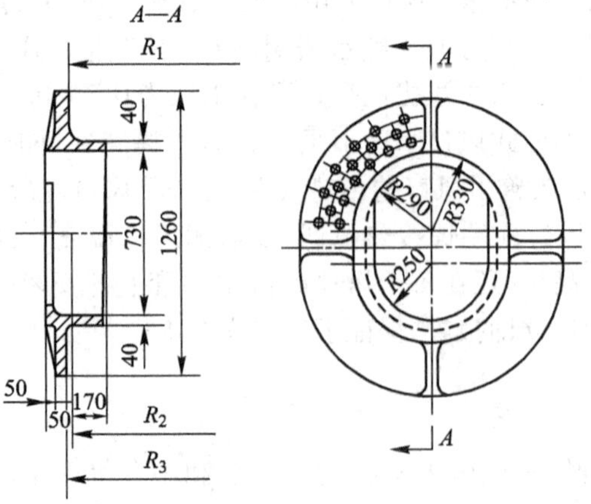

图 3-32　铁口套结构

3.4 高炉基础

3.4.1 概述

高炉基础承受着高炉炉体、支柱及其他有关附属设施所传递的重力，并将这些重力均匀地传递给地层。高炉基础一般由埋在地下部分的基座和露在地面的基墩组成。

高炉基础所承受的静力载荷主要包括：高炉本体，炉料，附属设施，基础自身等的重力。高炉基础承受的静力载荷常为高炉有效容积数字的 13 ~ 15 倍吨重力。这些静力载荷作用于高炉基础的方式取决于高炉和附属设施的结构形式。

高炉基础还承受着由于生产过程中发生的坐料、煤气爆炸和其他事故等所产生的动力载荷。动力载荷有时相当大；不容忽视，设计时应予以考虑。

高炉基础受到炉底温度的影响而产生热应力作用，它可能造成高炉基础开裂破坏。

根据高炉基础的工作条件，高炉基础应当满足以下几方面的要求：

(1) 传递给地层的压力不应超过地层的允许承载力；

(2) 在工作期间的均匀下沉量应越小越好，不得产生过度沉陷，特别是不均匀沉陷要求更要严格，一般要求均匀下沉量不得大于 20 ~ 30 mm，允许倾斜值应小于 0.1% ~0.5%，以保证设备的相对位置稳定，防止设备变形破坏，以维护高炉正常生产；

(3) 应有足够的机械强度和耐热能力，即它在重力载荷和高温作用下能保持正常的工作状态；

(4) 土方工程量少，施工方便，投资省。

3.4.2 高炉基础构造

高炉基础的结构主要取决于地质条件和高炉的容积。一般高炉基础的结构如图 3-33 所示。

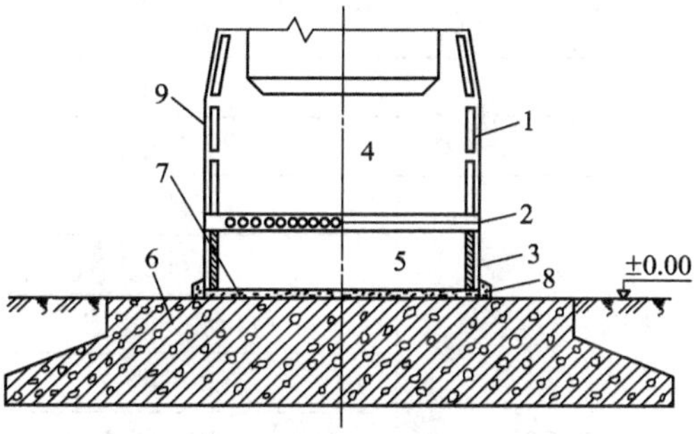

图 3-33 高炉基础

1—冷却壁；2—风冷管；3—耐火砖；4—炉底砖；5—耐热混凝土基墩；6—钢筋混凝土基座；7—石墨粉或石英砂层；8—密封钢环；9—炉壳

高炉基础是由基墩和基座组成的。基墩的作用是隔热和调节铁口标高。基墩用能抵抗 900 ~ 1000 ℃温度的耐热混凝土作成。其形状为圆柱形，直径尺寸与炉底相适应，并要求能包于炉壳之内，高度应能满足铁口标高要求和一代炉役末期的基座表面温度最高不得超过 250 ℃。设计时基墩高度一般不应小于直径尺寸的$\frac{1}{4}$。目前，高炉基墩一般都浇注成整体结构，并在周围设置环形钢筋，以保证其强度。基墩下部的炉壳外面设置有密封钢环，它的上部与炉壳焊接，下部浇注在基座的混凝土内。钢环与炉壳之间留 100 ~ 150 mm 空隙，内填充碳素材料。基墩与基础之间留有 10 mm 左右的水平温度缝，其间填满石英砂或石墨粉，以抵抗形变损坏。基墩上部在不同方向和半径上设置有 3 ~ 4 支监测炉底温度的炉底热电偶。

基座的主要作用是将上面传递来的载荷传递给地层。基座的底面积较大，以减小单位面积的地基所承受的压力。基座用普通钢筋混凝土制成，为减少热应力作用，最好为圆形。但考虑施工方便，一般都为正多边形。基座底面积应与地层耐压力相适应，上表面积尺寸应能满足安装基墩和支柱的要求。基座表面为带坡度的水泥砂浆层，以利于排除积水。

基座底面积用以下公式计算：

$$A=\frac{P}{100\sigma}$$

式中 A——基座底面积，m^2；

P——基座底面积所承受的载荷力，MN；

σ——地层允许的耐压力，MPa。

为节约材料，基座一般都作成上小下大的两部分，其过渡斜面的水平夹角一般为25°左右。夹角过大，浪费材料，过小，容易发生座穿而损坏。

目前，高炉采用炉底冷却结构，基础的开裂破损已基本消除。

3.4.3 地基及其处理

高炉地基承受着高炉基础传递来的载荷。为避免高炉基础的过度沉陷和不均匀下沉，要求高炉地基必须稳固、坚硬。

3.4.3.1 对高炉地基的具体要求

(1) 水文地质条件清楚，即地下水位标高、水位变动及水流流向等地质资料齐全、清楚。

(2) 高炉基础底面的埋设深度应在冰冻线以下0.1～0.25 m。

(3) 地基的耐压力不应小于0.2～0.25 MPa。高炉基础最好建筑在坚硬的天然岩石上。

不同性质土壤的许可压力，见表3-24。

表3-24 土壤的许可压力

土壤		许可压力/MPa	
		固体状态	塑体状态
黏土类土壤	黏土	0.25～0.6	
	亚黏土	0.25～0.4	
砂土和砾石类土壤	干砂土	0.25	0.20
	湿砂土	0.20	0.15
	饱和水分的泥土	0.15	0.10
	小块干砂子	0.30	0.20
	小块湿砂子	0.25	0.15
	饱和水分的小块砂子	0.25	0.15
	中块砂子(与湿度无关)	0.35	0.25
	大块砂子(与湿度无关)	0.45	0.35
	砾石和卵石(与湿度无关)	0.60	0.50

当地基土壤的耐压力小于炉基设计所要求的土壤耐压力时，必须对地基进行处理，满足其要求。

3.4.3.2 处理地基的方法

A 打桩处理

当地基的岩石层距离地面较深或没有岩石层，地基土壤的耐压力不能满足炉基设计要求时，一般采取打桩方法处理地基。我国上钢(一厂)和宝钢等厂的高炉都是建筑在钢管桩处理后的地基上面的。建筑在钢桩上的高炉基础如图3-34所示。

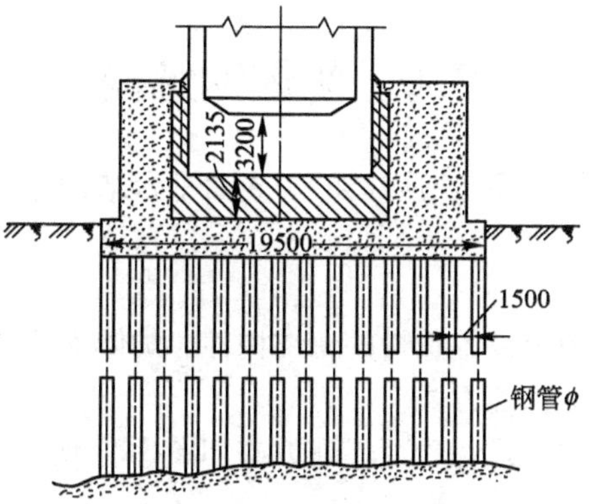

图 3-34 建筑在钢桩上的高炉基础

B 加垫层处理

加垫层处理地基的方法，主要适用于坚硬层距离地基表面不很深的情况。其作法是：在砂石层上浇混凝土圈，在混凝土圈上再砌筑砖块，圈内填充满砂石，并夯实。再在砂石层表面铺一层适当厚度的低标号水泥层，如图 3-35 所示。

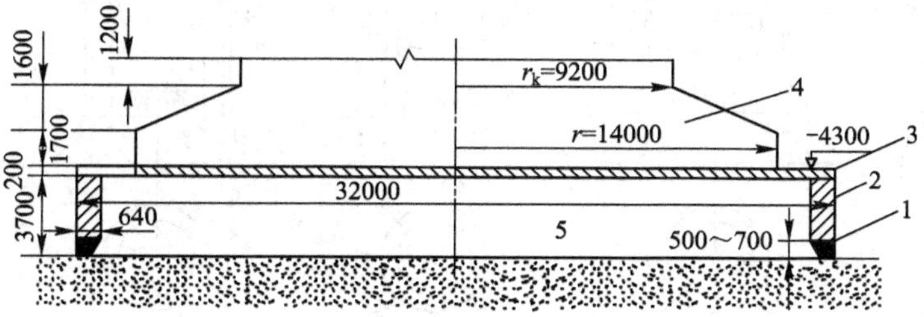

图 3-35 高炉基础和垫层

1—混凝土圈；2—砖块圈；3—混凝土层；4—炉基；5—砂石填料

经过加垫层处理后的地基，可承耐压力为 0.28 MPa，能满足 1000 m^3级高炉地基的要求。

C 薄壳基础

高炉采用壳体基础的目的是在地基条件允许的条件下，在土壤上面浇注混凝土壳体，以减少大量的土方工程，节约建筑材料和基建投资。我国某厂 620 m^3高炉壳体基础结构，如图 3-36 所示。

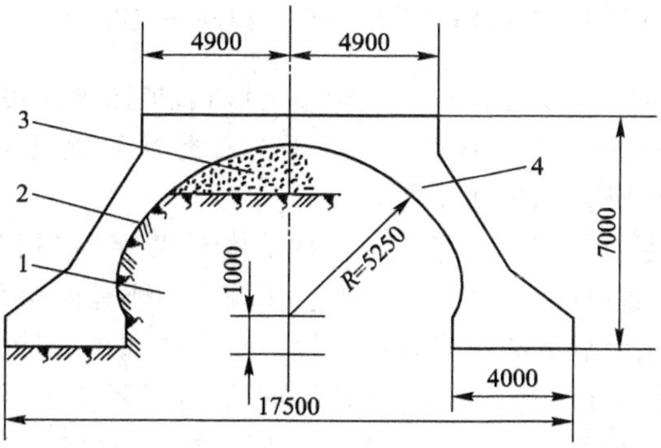

图 3-36 620 m^3高炉壳体基础

1—风化页岩；2—原状黏土；3—填土夯实层；4—壳体基础

3.5　炉体钢结构

炉体钢结构主要包括炉体支柱、炉顶框架、炉壳及平台结构等。

3.5.1　炉体支柱

炉体支柱是支承炉体及炉顶设备重量的钢结构件。炉体支柱的结构形式取决于炉体内衬结构及炉顶设备的载荷传递到炉基的方式。

我国高炉炉体支柱的结构形式及载荷传递方式如图 3-37 所示。

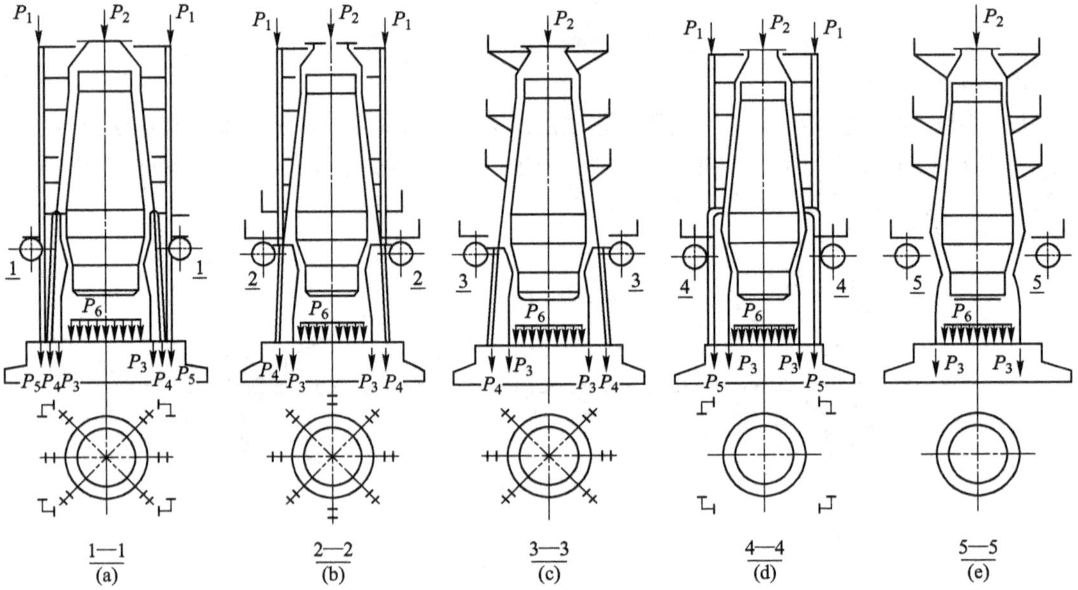

图 3-37　炉体结构类型示意图

(a)大框架加炉缸支柱结构；(b)炉缸支柱加炉身支柱结构；

(c)炉缸支柱结构；(d)大框架结构；(e)全自立式高炉

P_1—作用在炉体框架或炉身支柱上的荷载；P_2—作用在炉顶法兰盘上的荷载；

P_3—通过炉壳传递给基础的荷载；P_4—通过炉缸支柱传递给基础的荷载；

P_5—通过炉体框架传递给基础的荷载；P_6—通过炉底传递给基础的均布荷载

图 3-37(a)为大框架加炉缸支柱结构。这种结构形式，虽然工作可靠，但是由于支柱数目过多，高炉下部风口平台布置拥挤，拆换风口等操作很不方便，消耗钢材量大，只是在过去的钢箍厚墙高炉上曾经采用过这种结构，现在已被淘汰。

图 3-37(b)为炉缸支柱加炉身支柱结构。这种结构形式为 20 世纪 60 年代前建的大中型高炉普遍采用。为适应于厚墙炉衬的支承，设置炉腰托圈。炉腰托圈载荷通过炉缸支柱传递到炉基，炉顶框架载荷和炉顶法兰盘上的载荷分别通过炉身支柱和炉壳传递给炉腰托圈。这种结构形式的特点是工作可靠，但风口平台布置仍然显得拥挤，操作不方便，消耗钢材量较多。目前设计新建的大中型高炉，由于采用薄墙炉衬，取消了炉层托圈，不再采用这种钢结构形式，而被大框架结构所代替。

图3-37(c)为炉缸支柱结构，也称半自立式结构。它与图3-37(b)不同的是取消炉身支柱，炉顶所有的设备重量均通过炉壳传递到炉腰托圈，然后由炉缸支柱传递到炉基。这种结构虽然可以节省一些钢材，但炉身部分炉壳由于强度不够，容易发生变形，给高炉中修更换部分炉壳带来不便。目前，除部分小型高炉仍采用这种钢结构形式外，大中型高炉已不再采用这种结构形式。过去，中型高炉有采用这种半自立式结构的，大修时都在炉身炉壳上加焊了加强筋板加固。

图3-37(d)为大框架结构。这种结构的特点是炉顶框架上的全部载荷由四根大支柱组成的大框架直接传递到炉基，炉顶法兰盘上的载荷由炉壳传递到炉基，取消了炉腰托圈、炉缸支柱及炉身支柱。其优点是风口平台宽敞，操作与检修方便，工作可靠。因此，目前大中型高炉普遍采用这种钢结构形式。

图3-37(e)为全自立式高炉。高炉无任何支柱，所有炉顶设备重量均依靠炉壳承受，并由炉壳传递到炉基。其优点是结构简单，风口平台宽散，节省钢材。但必须增加炉壳厚度，加强炉壳冷却。在炉役后期，炉壳容易发生形变，更换炉壳不方便。过去一些中、小型高炉曾采用过全自立式结构，目前新建的高炉已很少采用这种结构形式。

炉缸支柱和炉身支柱，一般都是用厚度为24～40 mm的钢板焊成的，其断面为工字形。炉缸支柱的数目为风口数目的$\frac{1}{2}$或$\frac{1}{3}$，通常为6根或8根，均匀分布在炉钢周围。为了扩大炉缸支柱与炉壳之间的净空尺寸，炉缸支柱一般是倾斜6°左右安装。在风口平台以下的炉缸支柱段应砌耐火砖或浇注耐热混凝土保护层，以避免在发生事故时被铁水烧坏。炉身支柱一般为6根，垂直安装。炉身支柱上端应尽可能与炉顶框架柱足对应，下端与炉缸支柱柱足对应安装，否则炉腰托圈应做成加强型结构。

炉体大框架结构支柱一般由四根工字形或圆形断面结构的钢柱组成，与高炉中心呈对称布置。支柱与热风围管钢壳外径之间的净空尺寸一般不宜小于250 mm。我国部分高炉的大框架结构的炉体支柱跨度为：

炉缸内直径/m	6	7	8	9	10	11
支柱跨度/m	11～12	13	14	14.5～15	16.5	18

3.5.2 炉顶框架

炉身支柱或大框架支柱的上部顶端一般都用横跨钢梁将支柱连接成整体，并在横跨钢梁(槽钢或工字型钢)上面铺满花纹钢板或普通钢板作为炉顶平台。炉顶平台是炉顶最宽敞的工作平台。

炉顶框架是设置在炉顶平台上面的钢结构支承架。它主要支承受料漏斗、大小料钟平衡杆机构及安装大梁等。炉顶框架必须具有足够高的强度和刚性，以避免歪斜和因过度摇摆而引起装料设备工作失常。

炉顶框架结构形式有A字型和门型两种。A字型结构简单，节省钢材。我国高炉采用门型炉顶框架的较多。门型炉顶框架由两个门型钢架和杆件构成，如图3-38所示。门型钢架一般为24～40 mm厚钢板焊成或槽钢制成。拉杆由各种型钢构成，并在靠除尘器侧作成拆卸的结构，以方便吊装设备时拆卸。

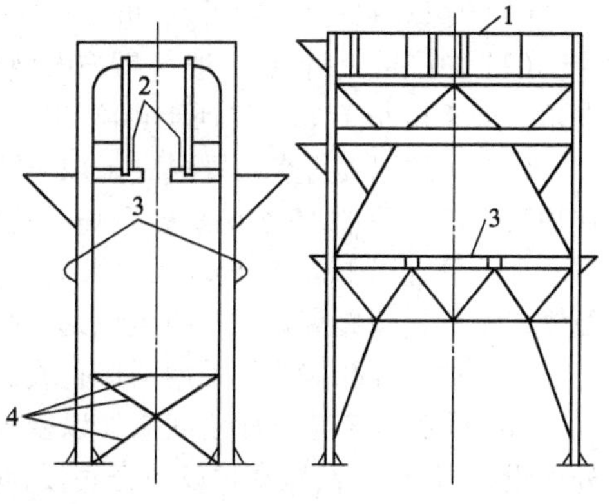

图3-38 炉顶门型框架
1—平衡杆梁；2—安装梁；3—受料斗梁；4—可拆卸的拉杆

3.5.3 炉壳

高炉炉壳是用钢板焊接而成的。炉壳的主要作用是：承受重力、热应力及炉内压力，固定冷却设备，密封炉内煤气以及便于炉外喷水冷却等。炉壳的工作条件比较恶劣，不仅受到静力载荷、动力载荷和热应力作用，而且这些作用力是不稳定的、变化的，加之为安装冷却设备的需要，在炉壳的不同部位还开有大小及形状不同的孔，容易产生应力集中，这些都是使炉壳容易发生变形和破损的主要因素。

炉壳各部位的工作条件不同。炉壳各部位的厚度要从理论上精确计算非常困难。因此，在设计炉壳、确定炉壳厚度时，一般都是根据炉壳工作条件、开孔情况，通过试验，得到应力集中系数，然后再结合生产实践综合考虑，进而确定出炉壳厚度。也可以采用下面的经验公式粗略计算，然后加以调整确定出炉壳厚度。

$$\delta = KD$$

式中 δ ——计算部位炉壳厚度，mm；

D ——计算部位炉壳外径（大端直径），mm；

K ——比例系数，mm/m，它表示每米炉壳外径所需具备的钢板厚度，K 值见表 3-25。

表 3-25 炉壳厚度计算 K 值

部 位		K 值/$mm \cdot m^{-1}$
炉顶封板与炉喉	$50° < \beta \leq 55°$	4
	$\beta \geq 57°$	3.6
炉身中上部区域		2.0
炉身下部区域		2.2
炉腰及其以下部位		2.7

炉壳材质。炉壳一般采用碳素钢板焊成。目前有的大型高炉也有采用合金钢板焊成的，并作防锈和防腐蚀处理。

炉壳形状、结构，应与炉衬结构、冷却方式及载荷传递方式等相适应。炉壳形状设计应注意考虑以下一些问题：

（1）尽量减少炉壳转折点，折点处应平缓过渡，以减少应力集中。

（2）炉腰以上折点，一般与高炉内型基本一致。炉顶封板与炉喉外壳连接处的折角，其水平夹角一般不得小于50°，以便于排除集灰。

（3）炉腹以上折点位置取决于炉衬结构。厚壁炉腰，其折点在炉腰下部，薄壁炉腰的折点则在炉腰上部。目前，高炉的炉腰及炉身均为薄壁，这部分的炉壳外形也与高炉内型基本一致。

（4）炉缸以下折点，要求风口大套法兰盘的边缘距离炉缸上折点以远 100 mm 以上，渣口套及铁口框架边缘距离炉缸下折点以远 100 mm 以上。

（5）炉壳开孔应尽量采用圆形孔或椭圆形孔，焊缝应避开开孔位置。

（6）炉壳底部与基座之间应加以密封，以避免煤气泄漏。密封方法是，常压高炉在炉壳底部外面设密封钢环，高压高炉设炉壳底板，底板与周围炉壳下部焊接成密封壳体。

（7）炉壳安装精度应符合规定。大型高炉要求其正圆度为 ±25 mm，平坦度为 ≤8 mm，高度差为 ±20 mm。

我国一些高炉的炉壳厚度见表 3-26。

表 3-26 我国一些高炉的炉壳厚度

炉壳厚度/mm	炉容/m^3						
	300	620	620	1000	1513	2025	4016
炉 底	16	25	28	28/32	36	36	65
风口区	16	25	28	32	32	36	90
炉 腹	16	22	28	28	30	32	60
炉 腰	16	22	22	28	30	30	60
托 圈		30	自立式		36		
炉身下部	14	18	20	25	30	28	55
炉顶及炉喉	14	25	25	25	36	32	40
炉身其他部分	12	18	18	20	24	24	32

3.5.4 炉体平台与走梯

高炉炉体凡是在设置有人孔、探测孔、冷却设施及机械设备的部位，均应设置工作平台，以便于检修和操作。各层工作平台之间用走梯连接。我国宝钢 1 号高炉炉体平台设置情况如图 3-39 及表 3-27 所示。

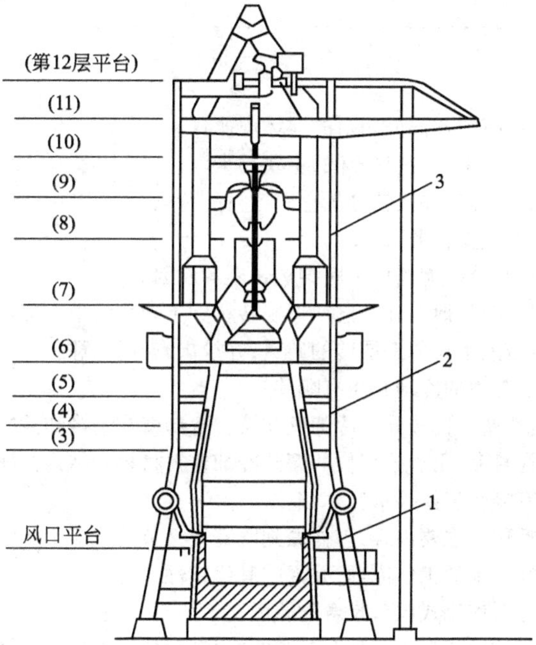

图 3-39 炉体钢结构及炉体平台

1—下部框架；2—上部框架；3—炉顶框架；(3)～(12)—炉体平台

平台与走梯应当满足下列要求：

(1) 各层工作平台宽度一般应不小于 1200 mm，过道平台与走梯宽度一般为 700～800 mm，栏杆高度一般为 1100 mm；

(2) 平台和走梯与炉壳间的净空距离应能满足冷却器配管操作的需要。工作平台的标高应满足工作操作方便的要求。

(3) 走梯上下层之间应尽量错开，坡度不得过大，一般以45°左右为宜。平台铺板及走梯踏板不得采用圆钢焊接，而应采用花纹板制作，并应设置100 mm左右高的踢脚板，以保证安全。

表 3-27 宝钢1号高炉炉体各层平台

名 称	标高/m	主要用途	支持结构	铺板材料
第三层	27.700	炉体周围检修用	下部框架	花纹钢板、部分筛格板
第四层	33.200	炉体周围检修用	上部框架	花纹钢板
第五层	37.200	安装炉身煤气取样器	上部框架	花纹钢板
第六层	41.909	更换活动炉喉保护板	上部框架	花纹钢板
第七层	49.700	更换炉顶装料设备	上部框架	花纹钢板
第八层	58.700	检修密封阀	上 升 管	花纹钢板
第九层	64.200	支持固定漏斗	上 升 管	花纹钢板
第十层	69.700	检修胶带输送机头轮	上 升 管	花纹钢板
第十一层	75.200	检修炉顶起重机	炉顶框架	花纹钢板
第十二层	79.700	安装炉顶平衡杆	炉顶框架	筛格板

思考题

3-1 炉衬的作用有哪些？分析高炉各部分炉衬的破坏规律。
3-2 分析高炉内衬的工作条件及引起内衬破坏的主要因素。
3-3 高炉常用哪几种类型的耐火砖，并比较分析它们各自的特点。
3-4 说明高炉内衬结构设计的主要任务。
3-5 说明陶瓷杯炉底的特点，并分析陶瓷杯炉底结构长寿的原因。
3-6 为什么说决定高炉内衬寿命的薄弱环节已从炉底转移到了炉身的中上部？
3-7 举例计算某高炉铁口区域上下相邻三层砖的砖量，并绘出砌砖示意图。
3-8 高炉炉体冷却有何意义，常用的冷却介质有哪些？
3-9 高炉常用的冷却设备有哪些？比较光面冷却壁和镶砖冷却壁在结构和性能方面的特征。
3-10 为了延长炉身部分砖衬寿命，用于该部位的镶砖冷却壁在材料和结构方面作了哪些改进？
3-11 对高炉的供排水系统有哪些主要要求？
3-12 冷却器的工作制度包括哪些主要内容，怎样做到既安全又节约冷却用水？
3-13 阐述软水闭路循环冷却系统的工作原理，并说明其优越性。
3-14 什么是贯流式风口？分析贯流式风口长寿的原因。
3-15 我国高炉炉体支柱的结构形式有哪几种，它们的重力载荷传递方式是怎样的？
3-16 高炉炉壳有何作用，炉壳形状设计应当着重注意考虑哪些问题？

4 炉顶装料设备

4.1 概 述

炉顶装料设备的任务是将高炉所需要的原、燃料按其数量合理地装入炉内的设备，主要包括装料、布料、探料和均压等几个组成部分。

4.1.1 炉顶装料设备形式分类

炉顶装料设备按上料方式，分为料罐式、料车式及胶带运输机式。其中料罐式上料已被淘汰，料车式和胶带运输机式为目前国内高炉普遍采用的方案。

按装料方式，分为料钟式、钟阀式及无料钟炉顶。其中料钟式炉顶又分为双钟式、三钟式和四钟式几种。增加料钟个数的目的是为了加强炉顶煤气的密封，但使炉顶装料设备的结构更加复杂化。我国高炉普遍采用双钟式炉顶结构。钟阀式炉顶是在双钟式炉顶的基础上发展起来的，其主要目的也是为了加强炉顶煤气的密封。钟阀式炉顶由于贮料罐个数的不同又分为双钟双阀和双钟四阀两种，目前这两种炉顶我国高炉均有采用。无料钟炉顶很好地解决了高炉炉顶的密封问题，而且还为灵活布料创造了条件。无料钟炉顶已成为目前国内外大型高炉优先选用的炉顶装、布料方案。无料钟炉顶由于贮料罐位置的不同，分为双罐并联式和双罐串联式，而双罐串联式有代替双罐并联式的趋向。

按炉顶布料方式，主要有马基式布料器、空转及快速布料器以及溜槽布料等。其中马基式布料器由于密封复杂，又容易损坏而逐步被淘汰。空转和快速布料器二者结构基本相同，但布料操作方式各异，前者为不带料旋转，后者为带料旋转。溜槽布料由于布料调节更加灵活方便，为国内高炉广泛采用。

按炉顶煤气压力高低，分为常压炉顶和高压炉顶。炉顶煤气压力小于0.03～0.04 MPa的称为常压炉顶；炉顶煤气压力大于常压炉顶煤气压力的称为高压炉顶。高压炉顶结构比常压炉顶复杂，它包括均压系统。由于高压炉顶操作有利于高炉强化冶炼，国内外大小炉容的高炉均普遍推广采取高压炉顶操作。炉顶压力的提高是依靠高压调节阀组的操纵来实现的。

炉顶探料设备的类型主要有钢钎式硬探尺、链条式软探尺及放射性同位素探料等。

4.1.2 对炉顶装料设备的要求

炉顶设备的工作条件十分恶劣，经常处于200～250 ℃或更高的温度下工作，由于温度的频繁变化，受着剧烈的热应力作用，受到坚硬炉料的打击和磨损，受到含有大量坚硬颗粒的高速煤气流的剧烈冲刷磨损和化学腐蚀等。

为了使炉顶装料设备的寿命能维持高炉一代炉龄，炉顶装料设备应当满足下列要求：

（1）炉顶结构密封必须严密、可靠，密封材料能在250 ℃温度下长时期正常工作；

（2）要有足够高的强度和刚性，能抵抗高温和急剧的温度变化所产生的应力作用；

(3) 能抵抗炉料的冲击磨损、煤气流的冲刷磨损以及化学腐蚀；

(4) 结构简单，检修方便，容易维护，能实现自动化操作。

部分高炉的炉顶装料及布料设备类型如图 4-1 所示。

简　图	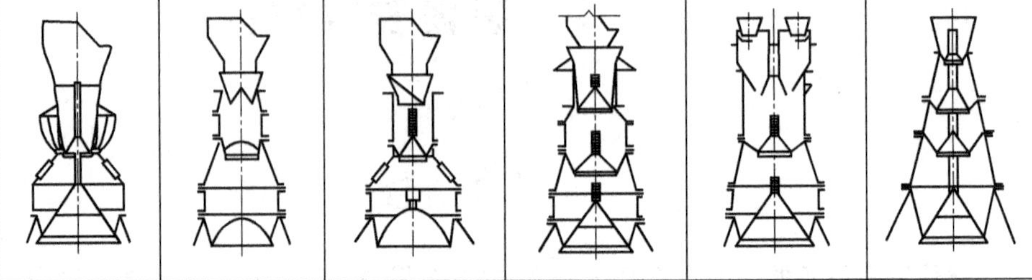					
装料设备形式	双钟式	双钟式	双钟式	三钟式	双钟双阀式	四钟式
布料器型式	马基式布料器	快速布料器	空转布料器	马基式布料器	回转斗布料器	马基式布料器
均压室个数	1	1	1	2	2	3

图 4-1　部分高炉炉顶装料设备形式示意图

4.2　固定受料漏斗与布料器

4.2.1　固定受料漏斗

固定受料漏斗设置在布料器的上面，固定在炉顶框架的横梁上。固定受料漏斗的形状，一般上段为矩形，下段为收缩锥形，卸料口部分为圆筒形，如图 4-2 所示。

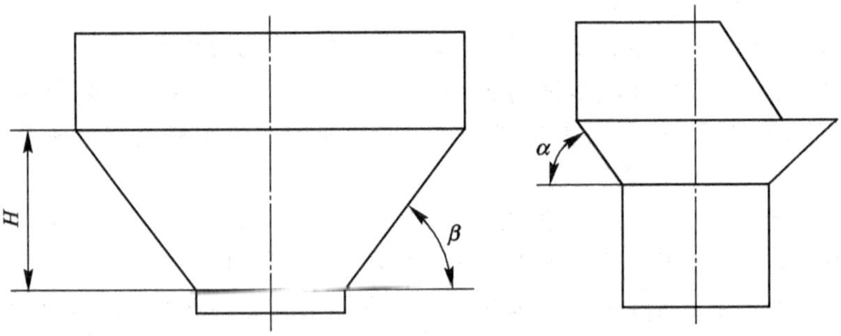

图 4-2　固定受料漏斗

受料漏斗的作用是使相距较远的两个料车或皮带上料机卸下的炉料，能通过受料漏斗下面的卸料口将炉料卸入到布料器的中心部位或并联的两个贮料堆内。受料漏斗的上口尺寸与料车的轨距或与皮带上料机的结构尺寸相适应，下部卸料口的直径应略小于布料斗的内径，以避免撒料。为了使炉料能顺利下滑卸出，受料漏斗壁的倾斜角 α 一般为 60°～70°，β 角为 45°～60°。下部段高度 H 为 1300～1650 mm。

受料漏斗的结构，一般用厚度为 10～20 mm 的钢板焊成两瓣壳体，用螺栓连接成整体，内壁安装耐磨锰钢板或固定钢轨，以抵抗炉料的冲击和磨损。一般内壁耐磨锰钢板材质为 Mn13，厚度为 50～80 mm。

4.2.2 布料器

4.2.2.1 马基式布料器

马基式布料器曾经是料车式上料的高炉炉顶普遍采用的一种布料设备。马基式布料器的结构示意图如图4-3所示。它由布料斗(小料斗)、小料钟、布料旋转斗的支承及传动机构以及密封装置等几部分组成。布料旋转斗的支承是通过它上面的滑道支承在三个辊轮上,辊轮固定在其外壳的支座上。布料斗的旋转是通过它上面的与传动机构相连的传动大齿轮的转动来带动的。布料旋转斗与外壳之间的煤气密封,一般采用石棉绳通油润滑密封。

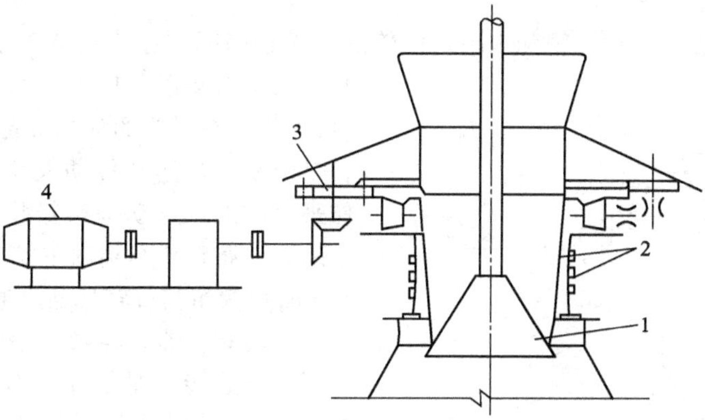

图4-3 马基式布料器

1—小料钟;2—布料斗(小料斗)及密封装置;3—传动装置;4—驱动马达

马基式布料器布料时,电动机驱动布料斗旋转,依靠布料斗与小料钟之间的摩擦力使小料钟一起转动。当小料斗内的炉料的堆尖位置达到一定的角度时打开小料钟将炉料卸下,达到布料的目的。布料过程中,小料钟之所以能够旋转是因为小料钟拉杆与其吊挂结构之间是采用平面止推轴承连接的。

马基式布料器具有必要的布料调节手段,运行较平稳。对于使用冷矿常压炉顶操作的高炉,基本上能满足布料要求。马基式布料器的主要缺点是:布料斗与其外壳之间的填料密封维护困难,寿命短,难以满足高压炉顶操作要求,小料钟拉杆的平面止推轴承容易磨损,维护、检修困难。因此新设计的高炉均已不再采用马基式布料器。

4.2.2.2 空转布料器和快速布料器

空转布料器和快速布料器示意图如图4-4和图4-5所示。空转布料器和快速布料器的结构、布料原理基本相同。不同的是空转布料器为定点布料,布料斗不带料旋转,快速布料器为连续布料,布料斗带料连续旋转。空转布料器的布料斗一般为单卸料口,快速布料器为双卸料口的较多。下面着重介绍空转布料器的结构和性能。

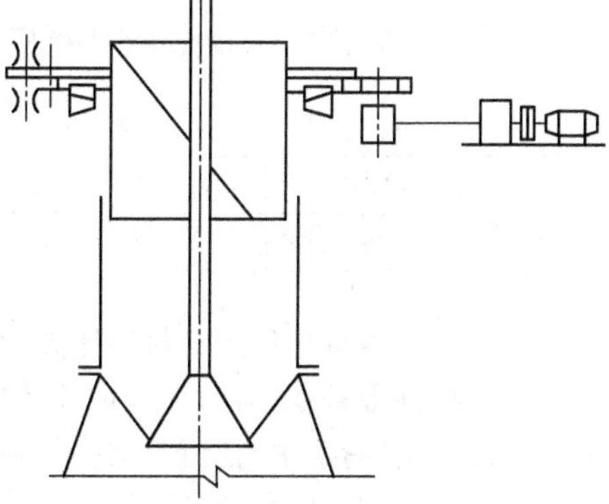

图4-4 空转布料器示意图

空转布料器也称空转螺旋布料器,它设置在固定受料漏斗和小钟料斗之间,主要由布料旋转漏斗、支承托辊(3个)、定位辊(3个)、传动大齿轮及驱动马达等组成。布料斗用铸钢制成或用钢板焊两瓣体,再用螺栓连接成整体。布料内斗通过法兰盘与其外壳体连接。外壳体用来安装旋转大齿轮、支承辊滑道及挡辊轮缘等。为了能抵抗炉料对布料斗的冲击、磨损,布料斗内表面衬以锰钢保护衬板。由于布料斗在布料过程中不带料旋转,即无盛料作用,所以布料斗的容积可以做得更小些,布料斗容积一般为料车容积的1.3~1.4倍。布料斗的溜嘴形状一般为圆形或椭圆形等。溜嘴口横断面积应根据炉料粒度和流料量等实际条件选择。断面积过大,容易增加布料偏析,断面积过小又容易发生溢料现象。这里值得指出的是当炉料粒度相差大时,更难以确定出与之相适应的溜嘴断面积。因此,炉料粒度均匀对于准确布料,减少偏析是十分必要的。空转布料斗为单溜嘴,为了避免它在旋转时由于重心的不平衡而发生振动,在设计时应当从结构上或在结构件上增设平衡构件来考虑这一因素。

空转布料斗的三个支承托辊和水平定位轮的支承轴座固定在小料斗壳壁的外侧面,旋转布料斗与小料斗以及固定受料斗之间均无刚性连接,以实现布料斗的独立旋转。空转布料器的旋转是由驱动马达及传动大齿轮等传动系统的工作来完成的。驱动马达安装在专门设置的平台小屋里。布料斗布料时的旋转速度一般为3~4 r/min,每次布料旋转的角度通过电气自动控制。

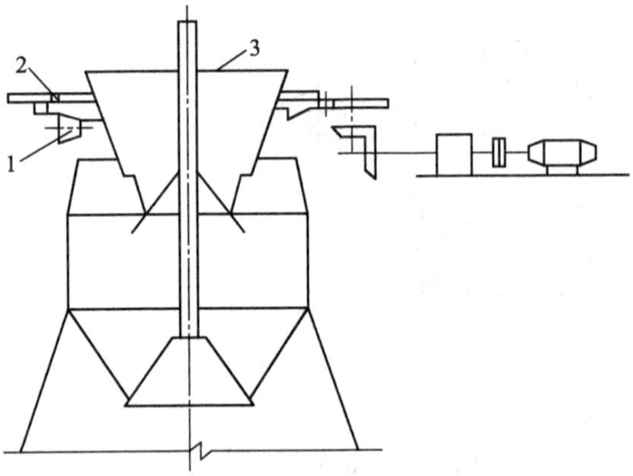

图4-5 快速布料器示意图

1—托辊;2—传动齿轮;3—双卸口布料斗

空转布料器布料操作特点是旋转时不卸料,卸料时不旋转。即在布料过程中,炉料在卸入布料斗之前,布料斗先无负荷运转到某一角度位置,然后接受炉料并将炉料通过偏心溜嘴(歪嘴)卸到小料斗内,实现炉料堆尖在圆周方向上的移动,达到布料目的。布料斗每次布料旋转的角度是根据高炉操作对布料的要求来确定的。若每次旋转的角度为30°的倍数,或60°的倍数,即形成12点布料或6点布料,此种布料方式炉料堆尖在炉喉内的分布理论上重合较多。若布料器每次布料旋转的角度不为30°的倍数,如为53°、57°、63°等,则炉料堆尖在炉喉内的分布理论上重合较少。随料批数的叠加,炉料堆尖在高炉的纵向上形成螺旋式的上升,故称之为螺旋布料。采取螺旋布料时,高炉的整个料柱的炉料分布都比较均匀,炉料堆尖不像6点布料那样固定,因此螺旋布料有利于提高煤气的利用率。为了能使高炉值班室的人员观察到炉顶布料器的旋转角度,了解布料情况,在高炉值班室里一般都安装有旋转布料器工作的角度指示器。

某厂620 m^3高炉的空转布料器性能见表4-1。

表4-1 620 m^3高炉空转布料器性能表

项目	旋转斗容积/m^3	旋转斗转速/$r\cdot min^{-1}$	溜嘴尺寸/mm	螺旋布料角度/(°)	定点布料角度/(°)
数据	1.5	3.0	ϕ600~800	50、53、55	30、60

空转布料器与马基式布料器比较,具有下列优点:布料旋转斗设置在小料斗之上面,不需要考虑设置布料密封装置,为高压炉顶操作创造了条件,布料器不带料旋转而以低速空转,能耗低,磨损小;由于取消了密封装置,结构简单,工作可靠性增加,易于维护,检修方便,寿命长。因此,我国目前中、小型高炉都普遍采用空转布料器布料。快速布料器由于在布料时容易出现卡料、布料偏析严重等事故,同时要求炉料粒度也比较严格,因此国内高炉目前已很少有采用快速布料器

进行快速布料操作的，有的高炉已将快速布料器改成了空转螺旋布料器操作。

4.3 装料设备

装料设备的主要作用是接受从布料设备卸下的炉料，并将炉料合理地装入炉内。随着高炉容积的大型化和炉顶压力的进一步增加，如何延长装料设备的使用寿命，已成为当今炼铁设计的重要任务。装料设备破损的主要原因是炉料的冲击、磨损、高温和含尘高速煤气流的强烈冲刷等作用，其中煤气流通过设备缝隙泄漏，对装料设备的冲刷磨损作用是造成设备破坏、寿命缩短的最大威胁。因此，进一步提高装料设备的密封性能是延长装料设备以及整个炉顶装料设备寿命的主要途径。

4.3.1 双钟式装料设备

双钟式装料是目前我国高炉普遍采用的装料方式。双钟式装料系统示意图如图 4-6 所示。双钟式装料设备系统主要由大料斗、大料钟、小料斗、小料钟、传动设施，以及炉顶煤气封罩等几部分组成。

4.3.1.1 装料设备的有效容积

双钟式装料设备的有效容积一般可按图 4-6 所示的方法进行计算，其值必须大于高炉采用最大料批时一批炉料的体积。装料设备的有效容积除了与料批大小有关外，主要取决于炉容大小。一般炉容大于 620 m^3时，其有效容积为料车有效容积的 5 倍；炉容小于 620 m^3时，为料车有效容积的 4 倍。为了能适应高炉的大料批操作，装料设备的有效容积应适当增加。

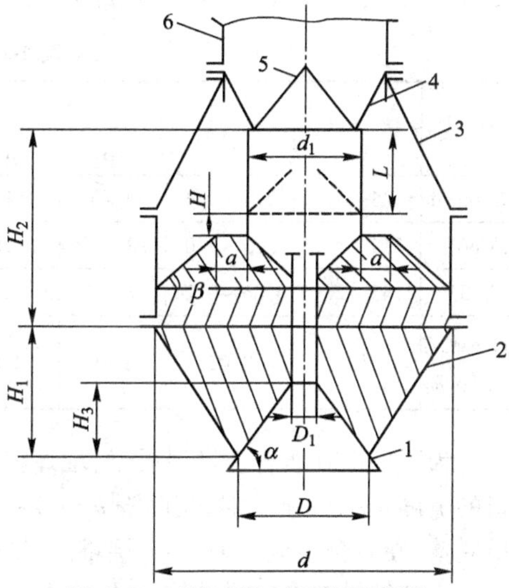

图 4-6 双钟式装料系统示意图

a—取100 ~ 200 mm；H—取 100 ~ 150mm；β—炉料堆角，35°；1—大料钟；2—大料斗；3—煤气封罩；4—小料斗；5—小料钟；6—小料斗增加段

4.3.1.2 大料斗

大料斗是装料时盛料的容器，其形状为圆台状。大料斗的下端直径和形状应与大料钟相适应，上端直径尺寸应尽可能避免探料尺不穿过大料斗和煤气封罩，以减小应力集中而变形。大型高炉的大料斗最大尺寸值，还应当考虑铁路运输的可能性。为了改善大料斗的热变形性能、受力条件，而增大料斗壁的倾斜角，以防止变形和有利于炉料顺利卸出，大料斗的上口直径和下口直径的差值应尽可能减小。目前大型高炉的大料斗倾斜角已由过去的 70°左右增加到了 85° ~ 86°。

中小型高炉大料斗一般为整体铸铁件或铸钢件。常压炉顶的大型高炉考虑到加工、运输方便，一般采用竖分的两半体结构，竖向用螺栓连接成整体。采用高压炉顶操作的大型高炉大料斗一般为整体铸造。有的大型高炉的大料斗制成上下两段体，上段采用铸钢，下段采用低合金钢，上下两段用螺栓连接，上下分段制作的目的是便于加工、运输和拆换。大料斗的壁厚：常压高炉为 50 ~ 55 mm；高压高炉为 80 mm 左右。目前大料斗壁厚度有进一步减薄的趋势。为增加大料斗的弹性，做到弹性大料斗与刚性大料钟的良好配合，以提高接触面处的密封性能，同时有的大型高炉为了增加大料斗下部的弹性，还取消了其下部段下缘的水平加强筋环及纵向加强筋。

为了加强密封，增强大料斗与大料钟接触面处的抗磨性能，一般都需在接触面带堆焊硬质合金，并进行磨光等加工处理。堆焊用的硬质合金的质量与大料钟堆焊焊条质量应相同。为适应大料钟在接触面带形状的变化，目前大料斗的接触面带形状也作了相应的改进。

4.3.1.3　大料钟

大料钟不仅起着盛料作用，而且起着布料作用。大料钟呈圆锥状，其直径尺寸在炉型设计时根据炉容和炉喉间隙尺寸一并考虑确定。炉喉间隙的大小直接影响到炉料在炉喉内的分布状况。大料钟锥面倾斜角度值影响炉料下落的位置和速度，由理论计算出来的卸料最快的料钟最佳锥面水平夹角为52°~53°。设计时大钟锥面水平夹角常取为53°。

大料钟一般采用碳素钢整体铸成，大型高炉的大料钟有的采用合金钢铸成。大料钟壁的厚度各部位不完全相同，下部段最厚，中间段最薄，上部段次之。例如某大型高炉大料钟各段壁厚度为：下段为140 mm，中段为65 mm，上段为80 mm。为了增强大料钟抗磨性能其表面一般都装有耐磨锰钢衬板。为避免由于炉顶温度的升高对大料钟的破坏作用，有的高炉采取在大料钟的下表面喷涂不定形耐火材料保护层，并用不锈钢板将保护层加以覆盖。

加强大料钟与大料斗接触面处的密封性能是双钟高炉实现高压操作的关键，目前在设计及制造加工方面采取了一些改进措施以强化该处的密封。在大料钟与大料斗接触面堆焊硬质合金是常用的方法之一，所用的硬质合金焊条牌号及化学成分见表4-2。

表4-2　硬质合金焊条成分

牌　号	化学成分/%									
	Cr	C	Ni	Mn	Si	S+P	Fe	W	V	其他
堆667-1	25~31	2.5~3.3	3.9~5.0	≤1.5	2.8~4.2	≤0.08	76~78			
堆667-2	13.5~17.5	1.5~2.0	1.3~2.5	1.0	1.5~2.2	≤0.07	71~73			
堆337	1.45~2.25	0.06~0.26		2.0~3.4	3.2~5.1	0.55~0.76		6.5~8.5	0.25~0.37	
日本硬质合金/%	19	0.03	9.0	2.0	5.5		60	2.0		<4.0

为了保证硬质合金堆焊质量，堆焊带应事先分段加工成槽形坡口，如图4-7所示。当堆焊坡口的宽度 $a \leqslant 200$ mm时，其间隔 $b = 30 \sim 50$ mm，其深度 $\delta = 3 \sim 8$ mm。为了避免堆焊的硬质合金层脱落，硬质合金应分为2~3层堆焊，堆焊后的硬质合金层的表面应进行抛光等加工处理。

大料钟吊挂在大料钟拉杆的下端。大料钟拉杆为长条形钢杆，其表面应加工到很高的光洁度，在填料密封段还应进行抛光处理。大料钟与拉杆的连接方式有刚性连接和挠性连接两种。刚性连接的大料钟结构如图4-8所示，挠性连接的大料钟结构如图4-9所示。

大料钟采用刚性连接时一般为楔连接。大料钟刚性连接的优点是料钟开启时可以减少钟的摆动，使炉料偏析减少，同时还可避免在关钟时由于钟的摆动对大料斗造成剧烈冲击作用。刚性连接的主要缺点是当大钟采取强迫下降时，若炉顶均压系统发生故障，容易引起由于强迫开钟而使大料钟拉杆柱弯变形。为了防止这种事故的发生，有的高炉将大料钟拉杆与强迫下降直线机构之间的刚性连接吊挂架改为链条连接，并设置大料钟假开控制机构，以保证准确开钟。

大料钟采用挠性连接时一般都采用十字形铰链连接。大料钟挠性连接的优点是当大料钟与大料斗不同心时，仍能保持大料钟与大料斗的密合；当大料块偶然落入钟与斗接触面之间时，大料钟能自动产生歪斜而避免大钟拉杆被拉弯。挠性连接的主要缺点是当大料钟上面的炉料分布不均匀时，会引起大料钟的歪斜而造成布料偏析，大料钟关闭时由于钟的摆动容易产生偏心冲击，会加快接触面处硬质合金层的损伤。目前国内大料钟采用挠性连接的高炉，炉顶煤气压力一般不易超过0.08 MPa。大料钟挠性连接方式，除小型高炉外，一般都是用于扁担梁结构高炉的炉顶上，这种扁担梁结构高炉的炉顶更换大料钟和大料斗比较方便。

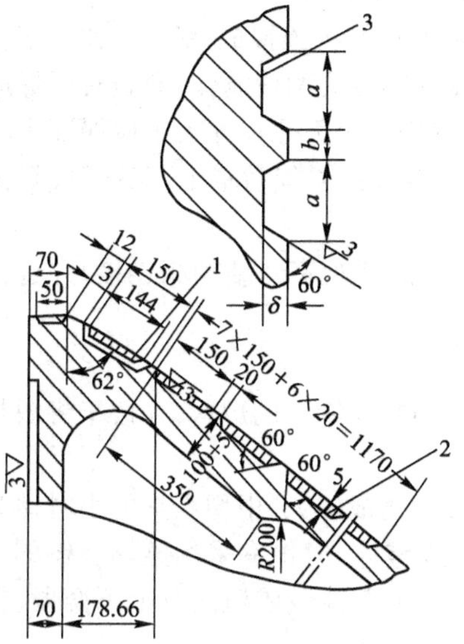

图 4-7　硬质合金堆焊图

1—低碳焊条打底层；2—硬质合金层；3—坡口

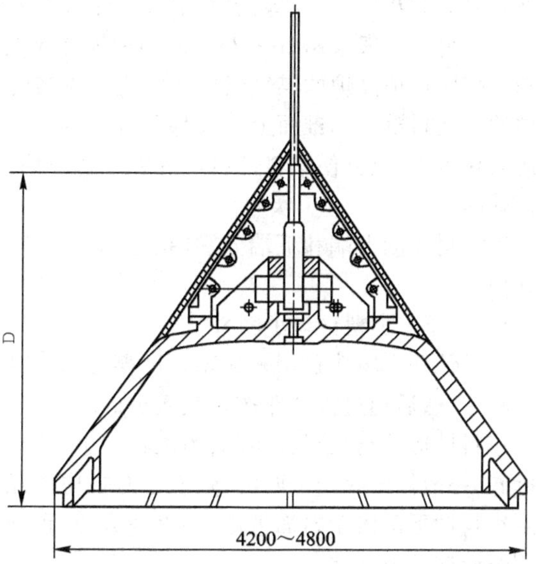

图 4-8　刚性连接的大料钟结构

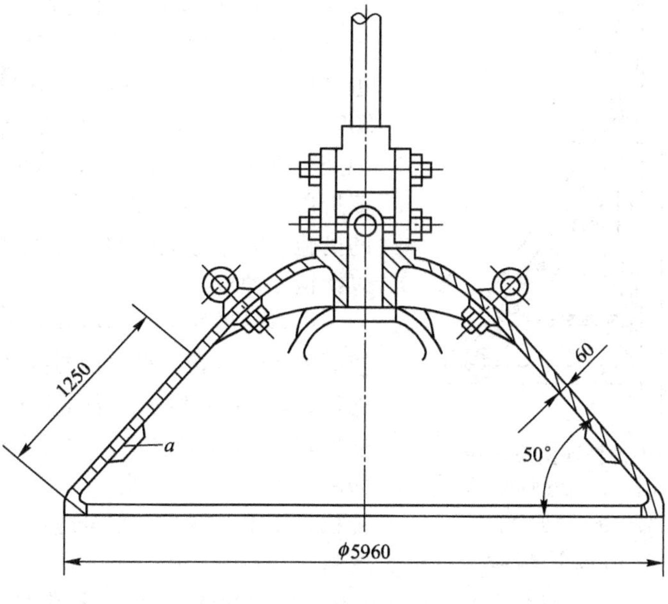

图 4-9　挠性连接的大料钟结构

4.3.1.4　煤气封罩

煤气封罩也称大料斗封罩，是用来连接大料斗和小料斗的，属于装料设备的一部分，如图 4-6 所示。

煤气封罩由上段圆台形和下段圆筒形两部分构成。圆台上端直径与小料斗直径配合安装相适应。圆筒形部分直径与大料斗上口直径配合安装相适应。在保证装料设备有足够大的有效容积的前提下,应尽可能地缩短圆筒形部分的高度,增加其锥台部分的高度,甚至可以取消圆筒形部分。这样做的目的是尽量增加圆台部分钢壳壁的倾斜程度,以改善受力条件,同时可以减少壳体外侧壁的集灰量。一般要求封罩圆锥壳壁水平倾斜夹角应不小于50°。

煤气封罩一般采用20～25 mm厚钢板焊成纵向分的四瓣,用螺栓连接成整体,以便于运输和拆卸。高压炉顶高炉的煤气封罩一般为整体结构,也有的是横向分为两段制作,安装时再焊成整体件的。在封罩的圆锥面上一般都开有2～4个人孔,要求其中一个人孔尺寸大小应保证小料钟能运入封罩内,以方便小料钟更换拆装。高压炉顶均压系统煤气由煤气封罩上部的煤气管接头引入其内。

煤气封罩的上端和下端分别用法兰盘与小料斗和大料斗法兰盘密封结构相连接,并进行密封处理。

4.3.1.5 小料钟与小料斗

小料钟和小料斗是用来封闭炉顶煤气和布料的,它接受布料器卸下的炉料,并按车将炉料装入大料斗,然后通过大料斗按批装入炉内。

小料钟形状与大料钟相同,为锥状。小料钟一般采用锰钢铸成。大、中型高炉的小料钟为便于拆卸,一般做成纵向分两瓣体,安装时在内侧用螺栓连接成整体,但也有采用整体浇铸的。考虑到小料钟下部段密封面带加工、拆换方便,目前不少高炉的小料钟做成横向分上下两段,在内侧用螺栓连接成整体。

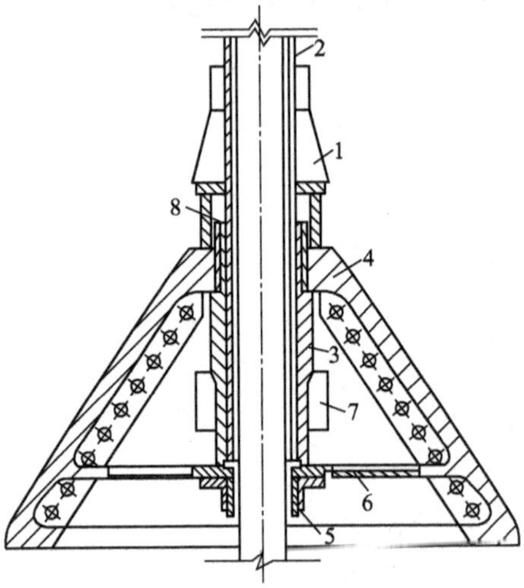

图4-10 小料钟与小钟杆连接及密封
1—保护环;2—小钟杆;3—小钟杆外套;4—小钟;5—定心铜套;6—密封盖板;7—下部加固圈;8—小钟上部保护套

小料钟直径尺寸大小主要应考虑小料钟打开卸料时卸下的炉料首先落在大料钟与大料斗接触处附近,随后落下的炉料落在先卸下的炉料面上。这样可以减少下落炉料对大料钟和大料斗的冲击磨损,也可减少炉料的破碎。小料钟锥面水平夹角为50°～53°,通常取53°。为了加强小料钟与小料斗接触处的密封,小料钟也可以采取与大料钟相类似的双折角,即卸料角与密封角分开,并采取减小吹入角的措施。为了避免炉料对小料钟的磨损,其表面衬以锰钢保护板。

小料钟吊挂在小钟拉杆的下端。小钟拉杆为一根厚壁无缝钢管。小料钟与拉杆之间一般采取螺纹连接,如图4-10所示。为了抵抗炉料对钟杆的冲击磨损,在小料钟拉杆的外面套以锰钢保护套,保护套为两半组合体构件,拆换方便。小料钟拉杆与大料钟拉杆发生相对运动部分之间的缝隙处应进行煤气密封。

小料斗为圆台筒体,一般采用锰钢铸成。为了拆装方便,小料斗通常作成纵向分两半合体,纵向用螺栓连接。为了加工和拆换方便,也有把小料斗作成上下分的两段合体结构的,横向用螺栓连接。小料斗壁厚一般为60 mm左右,内侧衬以锰钢保护板。为了减少炉料在小料斗内的偏析,小料斗的直径不宜过大,并能与小料钟直径相配合适应,小料斗的有效容积一般为料车有效容积的1.1倍左右。小料斗以法兰盘支承在炉顶煤气封罩的上端法兰盘上,并加以密封处理。

小料斗下部与小料钟密封接触处的形状应与小料钟形状配合适应。二者的接触面带均应堆焊成分相同的硬质合金,并进行磨光等加工处理。高压炉顶高炉的小料斗与小料钟密封接触面处的处理比较复杂,除了堆焊硬质合金外,还在硬质合金带的下面开环形槽,在槽内嵌填硅橡胶,二次密封。这种硬、软两道密封结构工作可靠,寿命长。但要求炉顶煤气温度不应过高,以免降低硅橡胶的使用寿命。

高压炉顶高炉的小料斗和小料钟,其半体用螺栓连接相互接触处可以充填变性醇酸树脂普通填充料及合成润滑油金属胶脂耐热填充料。

4.3.1.6 炉顶支圈、煤气封罩及大、小钟杆密封结构

A 炉顶支圈与煤气封罩密封

大料斗支承在炉顶支圈(炉顶法兰)上面。为避免炉内煤气泄入大气和煤气封罩,炉顶支圈与炉外及炉顶支圈与封罩之间都必须进行密封处理。炉顶支圈是焊接在炉壳最上部的钢质法兰盘,它是炉顶设备安装的基准。

国内高压炉顶高炉,为了避免炉内煤气流向外和向内泄漏,高压高炉的炉顶密封,钟式高炉采用如图 4-11 的焊接方式。虽然这种密封结构中的密封薄钢板焊接施工比较困难,但它对炉内煤气的内、外密封均较可靠。

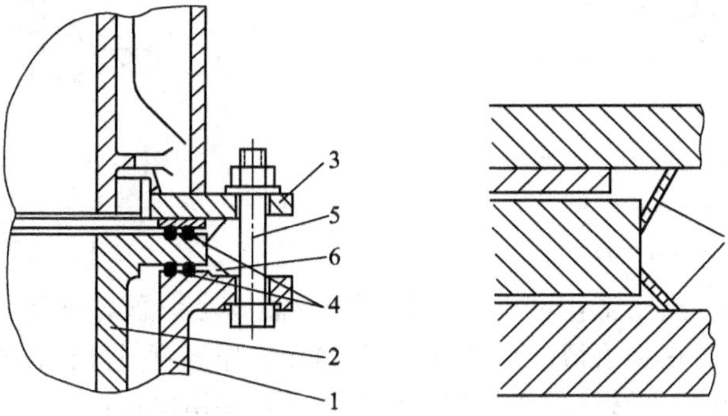

图 4-11 国内高压炉顶支圈与封罩密封连接

1—炉顶支圈;2—大钟料斗;3—煤气封罩;4—石棉绳;5—螺栓;6—密封板

小料斗与煤气封罩上口法兰接触处也必须进行煤气密封处理,其处理方法和炉顶支圈与煤气封罩下法兰连接处密封处理方法大体相同。

B 大、小料钟拉杆之间的密封

为了使大小料钟同心,大小料钟拉杆也必须同心。为此,在安装大小料钟拉杆时,将大料钟拉杆从小料钟拉杆内部穿过。为封闭炉顶煤气在高炉生产过程中不允许大小料钟同时开启,因此在开闭大小料钟过程中两根拉杆必然产生相对运动,所以两根拉杆之间需要留一定的间隙。为了避免炉内含尘煤气通过其间隙泄入大气磨损拉杆,对大小料钟拉杆之间的缝隙处必须进行密封处理。

大小料钟拉杆之间的密封主要是采取加强大料钟拉杆穿入和穿出部位的密封。其措施是采用特殊结构的定心铜瓦,尽可能地减小煤气流进入其缝隙内的导入角,如图 4-12 所示。图中的铜瓦 2 有一个带弧形导入段的尾部,减小了煤气流的吹入角,使煤气流对大料钟拉杆的定心铜瓦吹刷磨损减小。

加强大料钟拉杆穿出小料钟拉杆部位的密封措施,采用图 4-13 所示的自封式胶环密封结构。密封环为橡胶材料,胶环截面成三叉形,上面有两个 V 形槽,每段设置胶环 3 ~ 4 圈,并设有

进油孔和油杯，用于密封润滑。这种密封结构的特点是，当高炉内煤气压力增加时，V形槽内的煤气压力也随之相应增加，在煤气压力的作用下，胶环的两个尖缘便紧贴于大料钟拉杆和填料座壁，且紧贴力随着炉内煤气压力的提高而增大，达到煤气自封的目的。为了使胶环的内外尖缘均能紧贴于大料钟杆和填料座壁，胶环的内尖缘直径要略小于大料钟拉杆直径，而外尖缘直径则应略大于填料座直径。

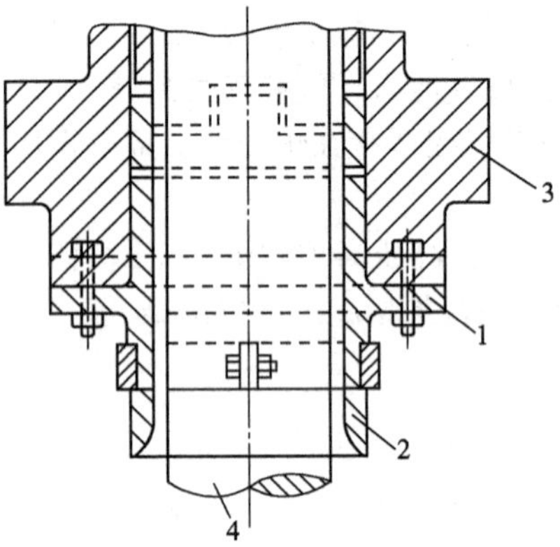

图4-12 具有弧形导入段的定心铜瓦
1—定心铜瓦；2—定心铜瓦尾部；
3—小料钟；4—大料钟拉杆

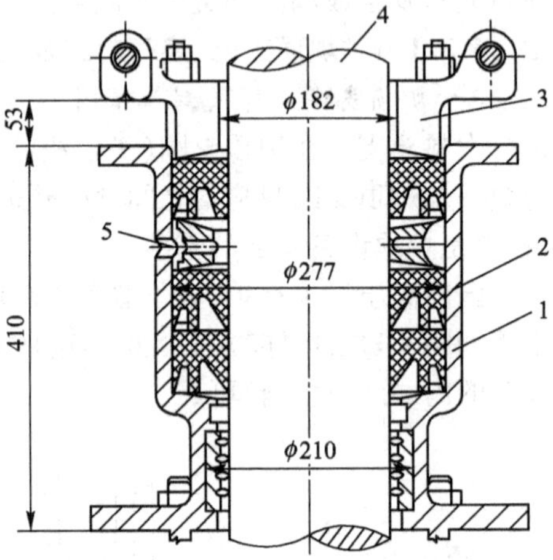

图4-13 自封式胶环密封结构
1—填料座；2—胶环；3—压盖；
4—大料钟杆；5—油孔

自封式胶环密封的优点是工作可靠，密封效果好，能满足炉顶煤气压力为0.13 MPa高压炉顶大小钟杆之间的密封要求。值得注意的是，为了防止工作温度过高而使橡胶环老化，要求其环境温度要低于200 ℃，并用足够量的稀油加以润滑。稀油润滑既起减小摩擦的作用，又能起到冷却降温作用。

炉顶煤气压力大于0.13 MPa的高炉，其大小料钟拉杆之间的密封，在采取上述机械密封的同时，还在机械密封部位通入高压氮气，切断炉内煤气流进入大小料钟拉杆之间的缝隙，这种双重密封方式使密封更加可靠。我国宝钢一号高炉大小料钟拉杆之间采用这种机械、通氮气双重密封结构，使高炉的炉顶煤气压力能保持在0.25 MPa的高压下操作。

我国部分双钟式高炉炉顶装料设备主要技术性能见表4-3。

表4-3 我国部分双钟式高炉炉顶装料设备性能

项　目	高炉有效容积/m^3							
	255	620	1000	1513	1800	2000	2025	2516
大小钟间有效容积/m^3	10	22.5	33.5	45	45	45	50	60
大钟直径/mm	2400	3300	4200	4800	4800	5400	5200	6200
大钟角度/(°)	53	53	53	53	53	53	53	53
大钟高度/mm	1145					2000	2823	3040
大钟行程/mm	600	750	750	750	750	750	750	750
大钟拉杆直径/mm	100	135	175	175	175	160	200	200

续表 4-3

项 目	高炉有效容积/m³							
	255	620	1000	1513	1800	2000	2025	2516
炉顶法兰内径/mm	3430	3400	4300	4900	4900	5600	5500	6240
炉顶法兰外径/mm	3450	3880	4780	5400	5400	6020	6000	6740
小钟直径/mm	1300	1500	2000	2000	2000	2400	2000	2500
小钟角度/(°)	51	55	51	51	51	50	51	51
小钟行程/mm	650	900	900	900	900	750	850	900
小钟拉杆直径/mm	60	245	241	241	245		200	273

4.3.2 钟阀式装料设备

为了适应高炉高压操作，在钟式炉顶装料设备的基础上发展产生了钟阀式炉顶装料。钟阀式炉顶装料设备的特点是，保留了大小料钟和大小料斗，只增设了密封阀。用密封阀代替料钟封闭炉顶煤气，而大小料钟主要是起装料作用。由于密封阀的面积小，易于控制和维护，密封严密。采用钟阀式炉顶结构的高炉，可以实现炉顶煤气压力保持在0.25 MPa的水平维持稳定的高压操作。

目前，钟阀式炉顶主要有两种类型，即双钟双阀式和双钟四阀式。图4-14是双钟四阀炉顶结构示意图。

双钟四阀高炉炉顶装料时在小料斗的炉料形成四个料峰，如果不进行调节，经过小料斗和大料斗卸入到炉喉内的炉料也会形成对应的四个料峰，会影响布料效果。为解决这一问题，在炉喉设置了可调活动炉喉板，用以调节炉料的分布。可调炉喉板结构如图4-15所示。这样虽然能满足高炉操作对布料变化的要求，但增加了炉顶布料设备的复杂性。

双钟四阀式炉顶装料设备，可以满足炉顶煤气压力为0.25kPa的高压操作要求，并且安全、可靠。我国宝钢1号高炉采用双钟四阀式炉顶装料设备，炉顶操作压力为0.25 MPa，生产长期稳定。

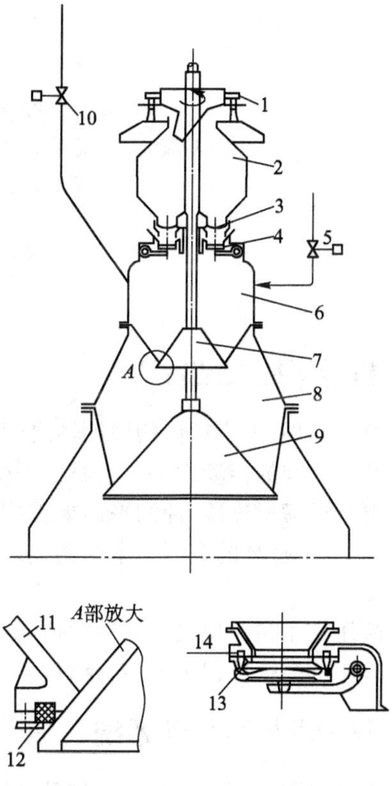

图4-14 双钟四阀式炉顶结构示意图
1—旋转布料器；2—贮料；3—闸门；4—密封阀；5—均压阀；6—小料斗；7—小钟；8—大料斗；9—大钟；10—放散阀；11—小钟漏斗；12、13—硅橡胶；14—冷却氮气入口

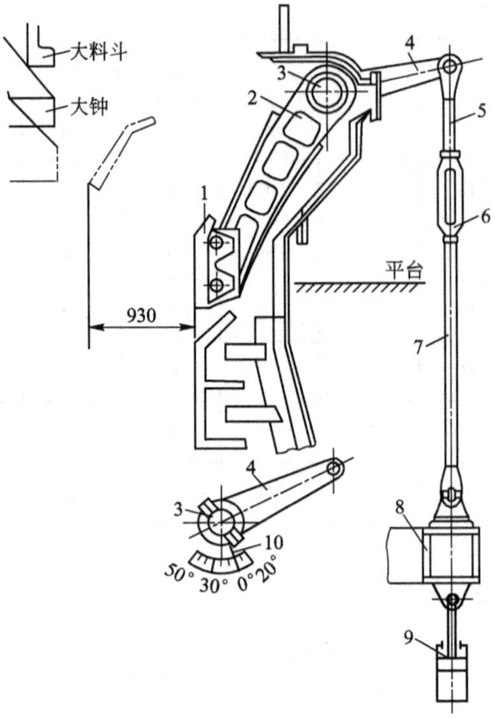

图 4-15 新日铁式活动炉喉板示意图
1—炉喉板;2—板座;3—轴;4—转臂;5—上拉杆;6—调节螺母;
7—下拉杆;8—环梁;9—油压缸;10—指针

4.4 大小料钟传动装置

4.4.1 料钟平衡杆装置

对于双钟高炉,大小料钟的周期性启闭通常采用平衡杆装置来完成。平衡杆是料钟驱动装置与吊挂装置之间的传动构件。大料钟平衡杆一般由两条用钢板焊成的弓形杠杆组成。两条弓形杠杆的尾端用横梁连接,钟的平衡配重固定在横梁上。在杠杆的中间部位用平键固定于支承平衡杆的转轴上,杠杆的头部与牵引钢绳连接,在靠近杠杆头部处与连接大料钟拉杆的双曲柄导向机构连接。

由于液压技术在炉顶大小料钟的传动中被广泛采用,平衡杆已基本取消而由横梁取代,只有个别炉容较小的高炉保留了平衡杆结构。

4.4.2 料钟卷扬机传动系统

大小料钟启闭采用电动卷扬机传动系统时,一般采用一台复合式卷扬机操纵大小料钟的开关。复合式卷扬机传动系统如图 4-16 所示。

在图 4-16 传动系统中,卷扬机通过链条、张力限制器、钢绳及绳轮等与大小料钟平衡杆连接。在卷扬机的重载轴上装有小料钟卷筒 2 和大料钟卷筒 3,卷筒上各带有一个凸块 4 和 5。在大齿轮 8 的两侧也对应的有两个凸块 6 和 7,大齿轮用键固定在重载轴 1 的中间,在大齿轮两侧的两个卷筒均采用滑动轴承空套在重载轴 1 上,从而保证了大小料钟不会同时打开。

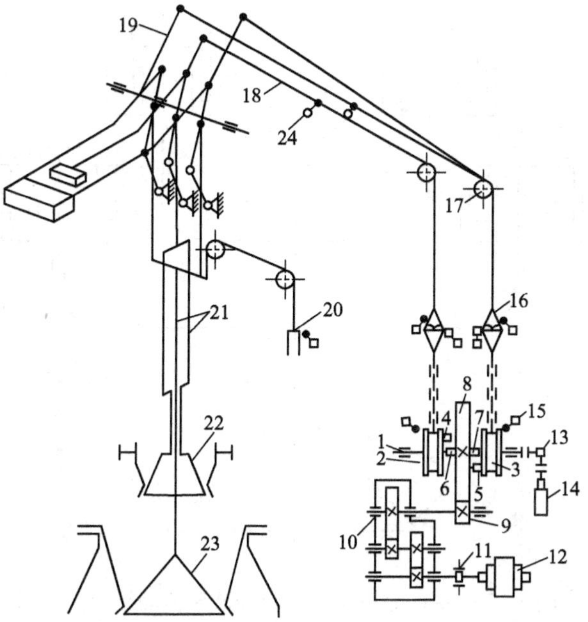

图 4-16　强迫下降的大小料钟平衡杆机构及卷扬机传动示意图

1—重载轴;2—小料钟卷筒;3—大料钟卷筒;4～7—凸块;8—大齿轮;9—小齿轮;10—减速器;11—制动器;12—电动机;13—减速器;14—主令控制器;15—限位开关;16—张力限制器;17—绳轮;18—钢绳;19—平衡杆;20—大料钟防止假开装置;21—大小料钟拉杆;22—小料钟;23—大料钟;24—钢绳防松装置

卷扬机传动系统中的张力限制装置、链条防扭转装置、限位开关等都是用来保证系统工作可靠和安全的。主令控制器是用来控制卷扬机的运行速度和停车的。料钟卷扬机系统的控制系统,一般都纳入高炉装料的自动化控制总系统中。

高炉大、小料钟的开关,采用复合式电动卷扬机系统操纵,其优点是工作可靠,其缺点是关钟时对炉顶装料设备产生强烈冲击、振动,甚至可能造成炉顶法兰密封结构开裂破坏,以及其他一些设备事故。为了做到缓慢关钟,减轻冲击,目前已基本采用大小料钟液压传动系统。

4.4.3　大小料钟液压传动系统

我国不同炉容的高炉,大小料钟的启闭都普遍采用液压系统传动的。料钟启闭采用液压传动的主要优点是传动平稳、冲击载荷小、炉顶设备重量轻、料钟升降调速容易以及能防止过载等。液压传动还能降低炉顶高度和节省投资。

高炉大小料钟液压传动结构,一般有两种形式。一种形式是取消了大小料钟平衡杆,大小料钟传动结构均采用双横梁双拉杆结构。每个料钟由两组四个柱塞式液压缸驱动升降,每组的两个液压缸柱塞与横梁刚性连接,并采取液压同步升降,两组液压缸升降也靠液压同步,如图 4-17 所示。另一种形式是取消了大料钟平衡杆,保留小料钟平衡杆。即大料钟的开闭仍采用双横梁双拉杆结构,由两组四个柱塞式液压缸驱动。拉杆靠上下导向装置保持垂直运动,拉杆与横梁之间为刚性连接,横梁与柱塞之间用铰链连接,每组油缸由刚性梁同步,两组油缸之间由液压同步。小料钟是靠在小料钟平衡杆的支承轴与平衡杆尾端的配重之间设置一个柱塞式液压缸来驱动开钟,而借助配重来关钟和压紧的(见图 4-18)。小料钟打开装料后依靠液压缸保持闭锁。

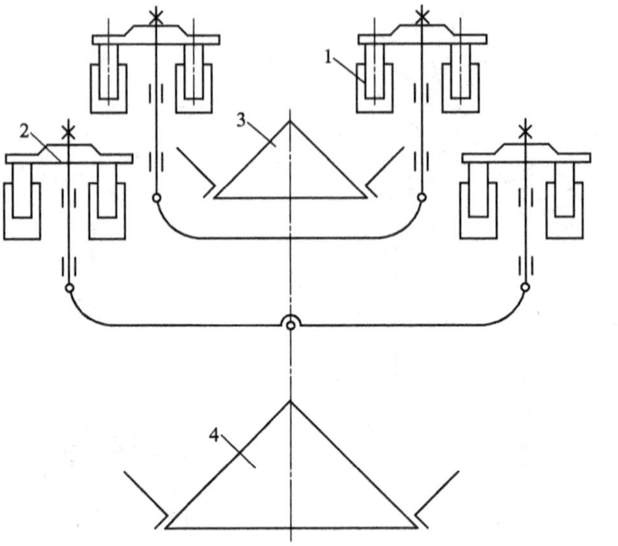

图 4-17　2000 m^3 高炉炉顶料钟液压传动结构示意图

1—小料钟液压缸；2—大料钟液压缸；3—小料钟；4—大料钟

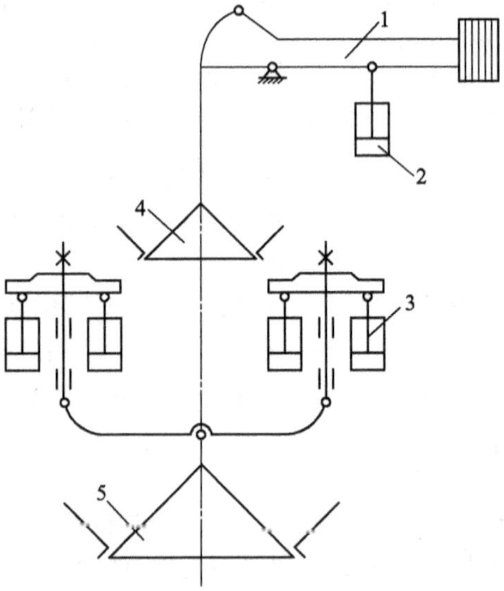

图 4-18　255 m^3 高炉炉顶料钟液压传动结构示意图

1—小料钟平衡杆；2—小料钟液压缸；3—大料钟液压缸；4—小料钟；5—大料钟

4.5　无料钟炉顶

4.5.1　概述

随着高炉容积的大型化和炉顶压力的进一步提高，钟式炉顶已难以满足布料和密封的要求。

为了能解决高炉特别是大型高炉的布料和密封问题,20 世纪 70 年代卢森堡 PW 公司设计推出了无料钟炉顶。无料钟炉顶与钟式炉顶比较,其主要特点是取消了大小料钟和料斗,依靠阀门来密封炉顶煤气和用旋转溜槽布料。

高炉采用无料钟炉顶有下列优点:

(1) 用密封阀代替料钟,炉顶密封性能得到改善,为高炉采用高压炉顶操作创造了条件。

(2) 采用可倾动、旋转的溜槽布料,提高了布料操作的灵活性,增加了布料调节手段。

(3) 设备采用积木式结构,有利于设备的加工、运输及维护,并减轻设备重量,节约投资。

无料钟炉顶的总体结构形式,依贮料罐位置的不同,主要分为并罐式和串罐式两种,也有设计成串并罐式的。

并罐式无料钟炉顶,如图 4-19 所示。其特点是两个贮料罐并列安装在高炉中心线两侧,卸料支管中心线与中心喉管中心线成一定夹角。当从贮料罐卸出的炉料较少时,通过中心喉管卸下的炉料容易产生不均匀下落,即炉料偏向于卸料罐的对面或呈蛇形状态落下,以致造成通过溜槽布入炉喉的炉料出现体积和粒度不均匀,影响布料调节效果。另外,并罐式炉顶的贮料罐下密封阀安装在阀箱中,充压煤气的上浮力作用,会使贮料罐称量值的准确性受到影响,必须进行称量补偿。

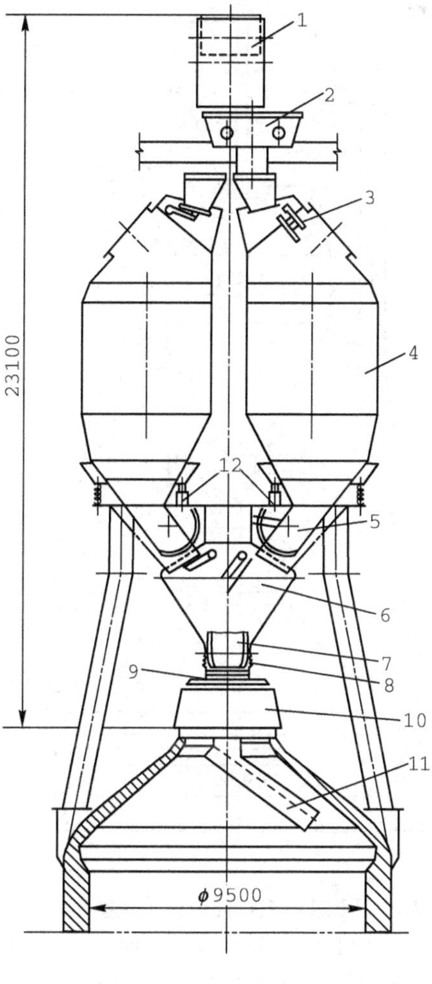

图 4-19　并罐式无料钟炉顶

1—带式上料机;2—移动小车;3—上密封阀;4—料罐;5—料流调节阀;6—下密封阀和导料漏斗;7—挡料环;8—波纹管;9—眼镜阀;10—传动齿轮箱;11—溜槽;12—电子秤

串罐式无料钟炉顶(见图 4-20)的特点是:这种炉顶由布置在高炉中心线上的旋转料罐和其下面的密封料罐串联组成,密封贮料罐卸料支管中心线与波纹管中心线以及高炉中心线一致。因此,避免了下料和布料过程中的像并罐式那样的粒度和体积偏析。并且这种炉顶结构的下罐为称量料罐,它与下密封阀是硬连接在一起的,料罐的充压与卸压均不会影响称量值的准确性。串罐式比并罐式更具有优越性。

串并罐式无料钟炉顶由至少两个并列的受料罐与其下面的一个中心密封贮料罐串联成上、下两层贮料罐,如图 4-21 所示。

并罐式、串罐式及串并罐式无料钟炉顶结构,除料罐的布置位置不同外,它们主要部分的构造都大体相同。下面着重介绍高炉目前使用最广泛的并罐式无料钟炉顶结构及其操作。

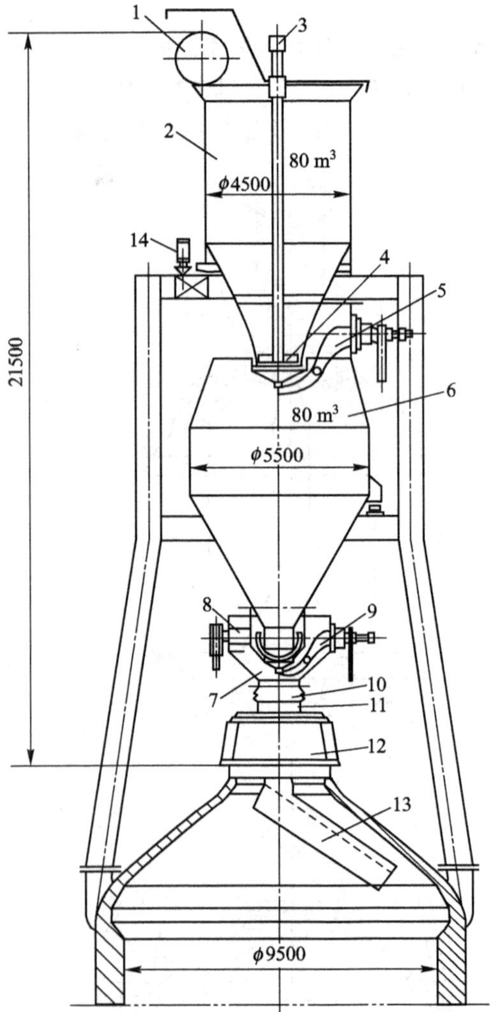

图 4-20　串罐式无料钟炉顶示意图

1—带式上料机；2—旋转料罐；3—油缸；4—托盘式料门；5—上密封阀；6—密封料罐；7—卸料漏斗；8—料流调节阀；9—下密封阀；10—波纹管；11—眼镜阀；12—传动齿轮箱；13—溜槽；14—驱动电机

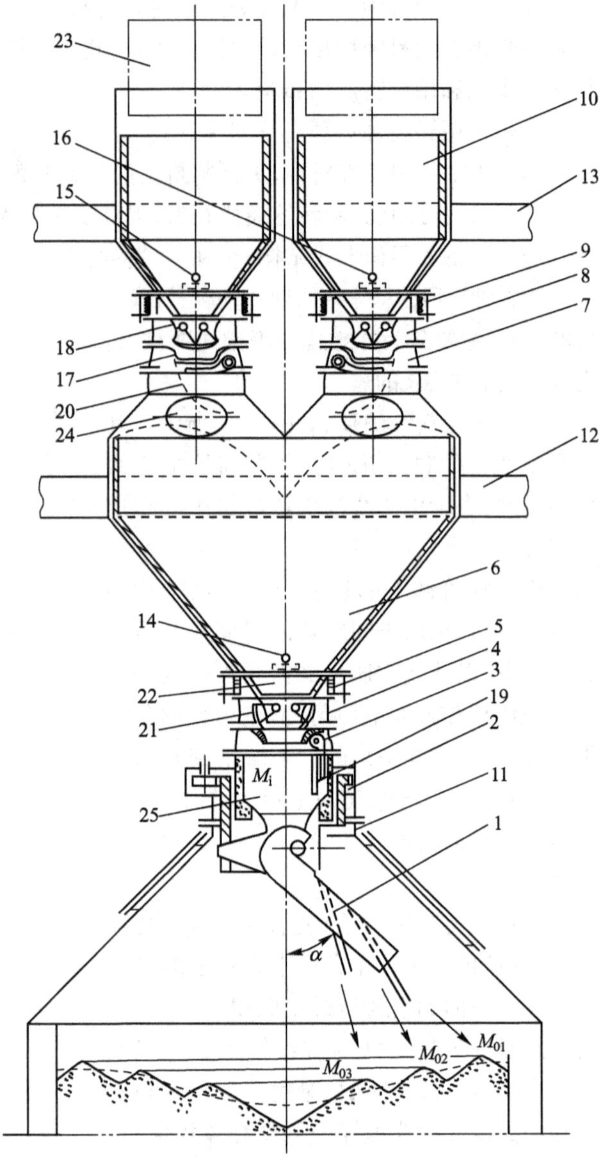

图 4-21　串并罐式无料钟炉顶示意图

1—溜槽；2—传动箱；3、7—密封阀；4、8—节流阀；5、9—波纹管；6—中心料罐；10—受料罐；11—钢圈；12、13—炉顶钢架；14～16—γ 射线装置；17、18—流线形漏斗；19—下密封阀盖；20—上密封阀轨迹；21—双扇形料门；22—波纹管漏斗；23—料车；24—人孔；25—空腔

4.5.2　并罐式无料钟炉顶结构

并罐式无料钟炉顶，主要由受料斗、贮料罐、中心喉管、传动齿轮箱、布料溜槽、密封阀及卸料阀等组成（见图 4-19）。

4.5.2.1　受料斗

受料斗的作用是接受料车或胶带机卸下的炉料，并将炉料装入到贮料罐。受料斗的结构形式应与炉顶上料方式相适应，有固定式、摆动式和水平移动式等。固定式受料斗是通过斗内的换向翻板分别向左右贮料罐装料。摆动式的是通过漏斗嘴的摆动，向左右贮料罐装料。水平移动式受料斗安装在水平轨道上，受料斗在轨道上作往复运行，将炉料装入到两个贮料罐。受料斗卸料时翻板换向，或漏斗嘴摆动，或料斗作往复运动等均采用液压油缸驱动，其动作通过电气自动控制。

受料斗壳体一般为钢板焊成，内壁衬以锰钢保护板。

4.5.2.2　贮料罐、密封阀及卸料阀

贮料罐上部为球顶形，中部为圆筒形，下部为锥形。两个并列安装的贮料罐的有效容积取决于高炉有效容积和料批组成大小，炉容大批重大，贮料罐有效容积也大。贮料罐本体为钢结构件，内壁衬以高格铸铁或高锰耐磨保护板。每个贮料罐都支承在三个压力传感器上，用它称量罐内炉料的重量，掌握卸料情况。

贮料罐密封阀结构如图4-22所示。密封阀一般为摆动盘式阀，阀座与阀板的接触面处采用耐高温的硬质合金硬密封和嵌硅橡胶圈软密封，并通氮气吹扫，以保持清洁。密封阀直径大小主要决定于炉料的粒度和下料速度，在条件允许时应当尽量减少密封阀的直径，以提高密封性能。

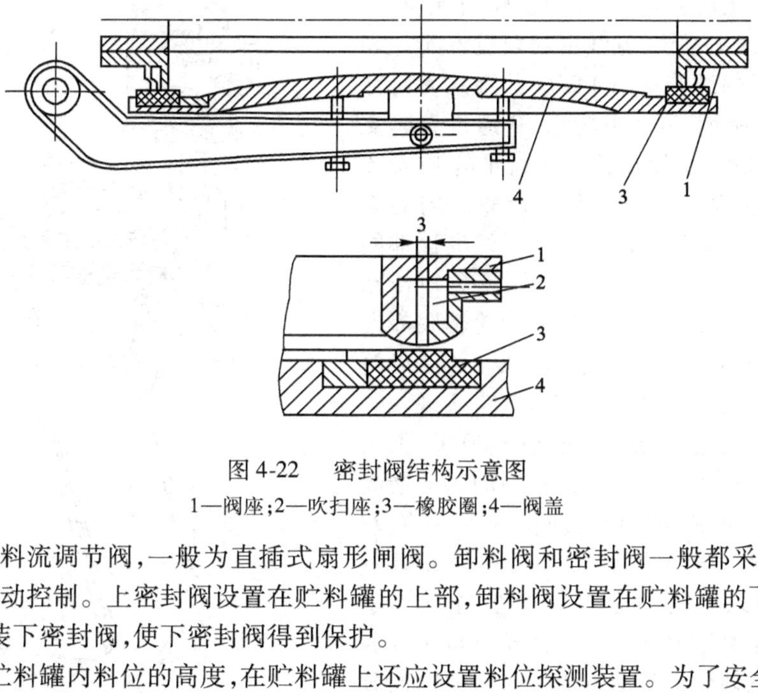

图4-22　密封阀结构示意图

1—阀座；2—吹扫座；3—橡胶圈；4—阀盖

卸料阀，即料流调节阀，一般为直插式扇形闸阀。卸料阀和密封阀一般都采用液压油缸驱动，通过电气自动控制。上密封阀设置在贮料罐的上部，卸料阀设置在贮料罐的下部，并紧接卸料阀的下面安装下密封阀，使下密封阀得到保护。

为了掌握贮料罐内料位的高度，在贮料罐上还应设置料位探测装置。为了安全生产，在贮料罐适当部位必须设置煤气防爆孔板。

4.5.2.3　中心喉管和叉形管

由于并罐式无料钟炉顶的两个贮料罐的中心线与高炉中心线不一致，采用叉形管及中心喉管将贮料罐与布料溜槽接通。为使炉料顺利下滑，要求两根叉形管之间的交角应尽可能减小。为了减少炉料偏析，中心喉管的直径在能满足料流量和不发生卡料现象的条件下应尽可能取小些，一般取直径为 ϕ 600 ~ 800 mm，中心喉管的长度可以取大些，为了抵抗料磨损，在中心喉管和叉形管钢结构壳体内壁均衬以耐磨保护钢板，并在叉形管的下部端头焊接一定高度的挡板，使积存的死料形成料垫，起到保护衬板的作用。

4.5.2.4 溜槽布料器系统

溜槽布料器系统包括布料溜槽和传动齿轮箱。

布料溜槽也叫旋转溜槽，用于炉内的合理布料。溜槽由本体和衬板组成，本体一般为耐热合金铸钢件，能在600 ℃下正常工作。首钢第一座无料钟炉顶的溜槽材质为4Cr10Si2Mo，衬板材质为ZGCr9Si2，其上面堆焊8 mm厚度的7号高铬合金，在600 ℃温度下其硬度为RC＝45。

布料溜槽的长度根据以下原则确定：

(1) 炉喉半径的0.9～1.0倍；

(2) 当溜槽最大倾角时炉料能到达炉喉边缘；

(3) 流槽不被料线埋下。国内几座高炉溜槽长度见表4-4。

表4-4 不同容积高炉溜槽长度

炉 别	首钢2号	鞍钢10号	鞍钢11号	宝钢2号	宝钢3号
炉容/m^3	1327	2580	2580	4063	4350
溜槽长度/mm	3000	4000	4000	4500	4500

溜槽传动装置常叫传动齿轮箱，由主传动齿轮箱、上部齿轮箱、倾动齿轮箱、中间齿轮箱、中心喉管布料溜槽、水冷却系统、氮气密封及机电元件等组成。传动装置的结构见图4-23。并罐式无料钟炉顶，如图4-19所示，传动齿轮箱10通过壳体支承在高炉炉顶缸圈上，溜槽传动系统的零件安装在传动齿轮箱内，溜槽吊挂在传动齿轮箱内的旋转圆筒的下端。由于传动齿轮箱处于炉喉顶部的炉内，为了保证箱内零件能正常工作，必须对传动齿轮箱加以密封和冷却。即在传动齿轮箱底部设置有通水冷却的固定屏风或旋转屏风。传动齿轮箱的冷却通常采用通入净煤气和氮气来实现。对冷却气体的要求是：进气温度一般小于30 ℃，最高不得大于40 ℃，气体流量必须使箱内的温度最高不得大于70 ℃，正常箱内温度应保持在40 ℃左右。箱内气体压力应比炉喉煤气压力大0.01～0.015 MPa。通入箱内的净煤气含尘量要小于5 mg/m^3，最高不大于10 mg/m^3。用于测量箱内温度的热电偶应均匀地沿传动齿轮箱封罩的圆周分布，并自动调节冷却气体的流量来控制箱内温度。

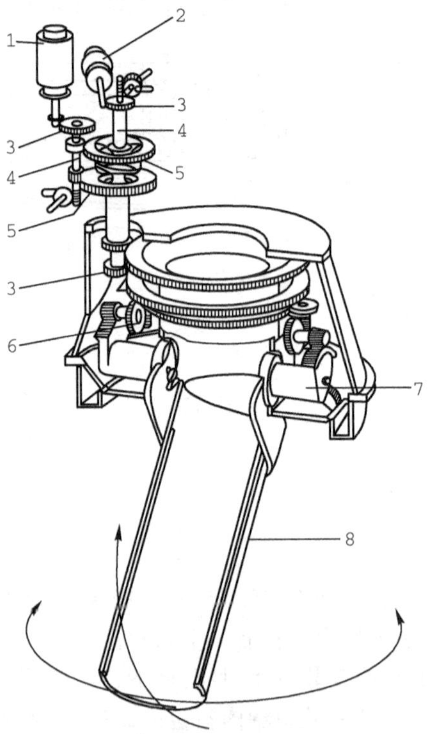

图4-23 溜槽传动装置(齿轮箱)结构
1—旋转电机；2—倾动电机；3—蜗轮；
4—蜗杆；5—齿轮；6—旋转装置；
7—倾动装置；8—旋转溜槽

4.5.3 装、布料操作与控制

4.5.3.1 装料操作程序控制

装料操作包括装料方法和均压制度。并罐式无料钟炉顶向贮料罐装料，一般采取焦矿左右料罐轮换装料。均压制度一般分为正常均压制和辅助均压制。正常均压制是当贮料罐上密封阀关闭后立即充压，辅助均压制是在贮料罐下密封阀打开前才进行充压。均压时向料罐充压，一般是用半净煤气进行一次充压，用氮气进行二次充压。

这里以胶带运输机上料，采用正常均压制度向左料罐装料为例，说明装料操作程序如下：

炉料到胶带机上的第一检测点（信号）→二次充压阀关闭→均压放散阀开→受料漏斗接通左料罐→上密封阀打开→炉料到达胶带机上的第二检测点（检测受料斗到位和上密封阀是否打开）→向左料罐装料→料尾通过第三检测点发出料尾信号（延时）→均压放散阀关闭→上密封阀关闭→一次半净煤气均压阀开和关→二次氮气均压阀开，即装料完毕。

4.5.3.2　布料操作程序控制

一般装料与布料操作的程序控制是连锁的，对连锁的要求如下：

(1) 垂直探料尺提升到机械零位，水平探尺退回到原位后才允许布料溜槽启动；

(2) 下密封阀未关闭严密时，上密封阀不能打开；

(3) 下密封阀未全打开时，料流调节阀不能打开；

(4) 贮料罐内有炉料时，禁止打开上密封阀，避免重复装料；

(5) 一个贮料罐的下密封阀打开时，另一个贮料罐的下密封阀禁止打开。

采用正常均压制度右料罐布料，其布料操作的程序如下：

探料尺到达料线位——垂直探料尺提升到机械零位（水平探尺退回到原位）→溜槽由等待点位置启动到达布料始点位置→贮料罐下密封阀开→二次均压阀关→料流调节阀按所选开度开→溜槽按要求旋转布料→贮料罐料空信号→料流调节阀关闭→下密封阀关闭→二次（氮气）均压阀开→溜槽回到等待点并制动→垂直探料尺放下至料面，即布料完毕。

布料时，当料流调节阀打开后延时到规定时间（1.5 min）未发出料空信号，应当立即启动贮料罐上的附着式振动器，使炉料排出，直到发出料空信号为止停止振动，并同时发出报警信号。

4.5.3.3　溜槽基本布料方式

溜槽布料有四种基本布料方式：环形布料、定点布料、螺旋布料及扇形布料，如图4-24所示。

A　环形布料

环形布料是使布料溜槽以一定的倾角作环形旋转运动，将炉料布在炉喉的一定半径的环带上。由于能自由选择溜槽倾角，可以在炉喉半径的任一部位作单环、双环和多环布料。在一次布料过程中，如果只选用一个溜槽倾角位置称单环布料，选用两个倾角位置称双环布料，选用三个以上的倾角位置称多环布料。环形布料还可以通过改变溜槽的旋转速度，使不同种类和不同重量的炉料达到相同布料层数的目的。

B　定点布料

在高炉生产过程中，炉子截面的某一部位的煤气出现管道等不正常现象，需要将炉料集中地布到炉喉截面的某一点位置时，使用定点布料。定点布料操作是靠人工手动控制固定溜槽的倾斜角和方位角，将炉料布到所要求的点上。

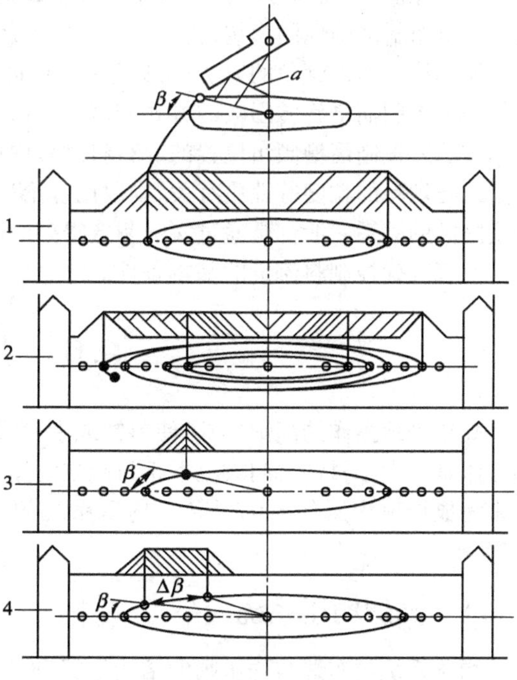

图4-24　溜槽四种基本布料方式
1—环形布料；2—螺旋布料；3—定点布料；4—扇形布料

C　螺旋布料

螺旋布料时布料器的主、副电动机同时启

动，溜槽作匀速旋转运动的同时，溜槽倾角还作渐变或跳变径向运动，使炉料形成变径螺旋形分布。螺旋布料时溜槽倾角的改变，一般是采取由外向内跳变。这种布料方式能将炉料布到炉喉截面上的任一部位，并可根据需要调整料层的厚度，以获得较为平坦的料面。

D　*扇形布料*

扇形布料是在炉料发生偏行和产生局部崩料时所采取的一种布料方法。扇形布料时，溜槽的方位角在10°~12°范围内往复旋转，同时溜槽倾角不断变化，使炉料在炉喉的某一区域内形成扇形分布。

除了以上四种基本布料方式外，在环形布料和螺旋布料的基础上，还有不均匀环形布料、不均匀螺旋布料，以及环形和螺旋形混合布料等。不均匀环形布料是在环形布料过程中几个或每个溜槽倾角位置上的布料圈数不相等。不均匀螺旋布料是在螺旋布料过程中溜槽在各倾角位置上的布料圈数不相同。环形和螺旋形混布料则是在一次布料过程中既有环形布料又有螺旋布料。布料时溜槽旋转圈数和倾动角均由电子计算机自动选定。

溜槽布料举例如下：

某高炉采用溜槽环形布料，一批料的装料次序为：$C_1\downarrow C_2\downarrow O_1\downarrow O_2\downarrow$，设每下一次料溜槽旋转5圈，即焦批10圈，矿批10圈，共20圈，设定10个溜槽倾角位置点的倾角度数为：

倾角位置点号	1	2	3	4	5	6	7	8	9	10
倾角度数/(°)	49	47	46	44	43	41	38	35	31	24

布一批料所选择的溜槽倾角位置为：$C_1\downarrow$：22244，$C_2\downarrow$：33377，$O_1\downarrow$：44455，$O_2\downarrow$：66555。

即一批料的布料过程为：$C_1\downarrow$，溜槽倾角在47°旋转3圈，在44°旋转2圈。$C_2\downarrow$，溜槽倾角在46°旋转3圈，在38°旋转2圈。$O_1\downarrow$，溜槽在44°旋转3圈，在43°旋转2圈。$O_2\downarrow$，溜槽倾角在41°旋转2圈，在43°旋转3圈。一批料的溜槽倾角位置及旋转圈数的组合称为布料程序。

在考虑溜槽布料程序时，当采用环形或螺旋布料，为了减小布料的开始和终了由于下料量变化较大对布料准确性的影响，要求一个贮料罐的装料量不得少于使溜槽旋转3~4圈的料流量。布料操作控制溜槽倾角的方法，可以按时间（即溜槽旋转圈数）或按料罐重量的变化进行控制。一般采取控制溜槽旋转圈数的方式较多，只有在称量检测水平较高的高炉上才有采用按重量变化的方法来控制溜槽倾角位置的。布料过程中的料流量是依靠调节料流阀的开度控制的，而料流量还与炉料的粒度等性质有关，难以用理论计算出料流阀的准确开度，生产中料流量与料流阀开度之间的关系一般都是通过实际测定得到的。提高料流阀的制造精度和控制系统的控制准确性是实现准确控制料流量的基本条件。

4.6　均压系统

高压炉顶操作的高炉，为了使料钟或密封阀能顺利打开装料，必须采取炉顶均压措施。均压的方法是在大小料钟之间或上下密封阀之间用半净煤气和氮气进行充压和排压。均压系统就是用来完成炉顶均压任务的设备。均压系统的主要设备是充压阀、排压阀、管道及其他附属设备等。

4.6.1　高炉均压系统

均压系统的布置与均压阀的结构形式和炉顶其他设备的布置有关。图4-25为钟式炉顶均压系统的布置形式之一。

无料钟炉顶为了适应高压操作的要求和避免罐内棚料，料罐分别设置了上密封阀和下密封阀，料罐即为均压室。图4-26为无料钟炉顶的均压、放散工艺图。其工作过程是当上罐向下罐漏料时，下罐处于常压状态，接近大气压；下罐向炉内卸料时，罐内处于高压状态，略高于炉顶压力0.001～0.002 MPa。为此，无料钟炉顶装料时必须进行两次均压。

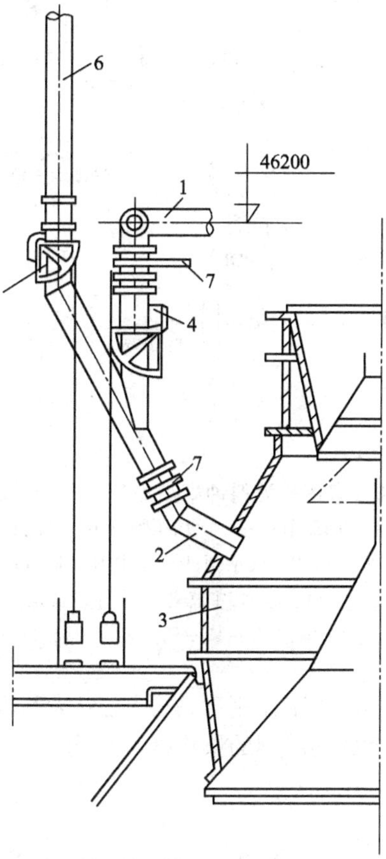

图4-25 钟式炉顶均压系统的布置形式之一

1—充压管道；2—均压管道；3—煤气封罩；4—大料钟均压阀；5—小料钟均压阀；6—排压用垂直管；7—安装检修均压阀用插板阀

国外一些大型高炉，在一条均压管道上都安有两个均压阀。两者的安装方向相反，以防止炉内煤气产生倒流。为了降低通过放散阀的气流速度，还在一根放散管上并联安装两个放散阀。这样不仅可以做到采用结构和尺寸均相同的放散阀和均压阀，而且降低了噪声。

4.6.2 均压制度

炉顶均压制度是指炉顶均压阀充压和排压操作制度。均压制度分为基本工作制和辅助工作制。钟式炉顶采用基本工作制均压时，大小料钟之间的空间经常保持大气压力，只在大料钟打开前才充压，大料钟关闭后立即排压。因此，采用基本工作制均压对保护小料钟密封有利，而对保护大料钟密封不利，所以它更适合于大料钟与大料斗密合条件较好的高炉采用。采用辅助工作制均压时，大小料钟之间的空间经常保持高压状态，只在小料钟打开前排压，小料钟关闭后立即充压，因而对保护大料钟密封有利，对保护小料钟密封不利，所以这种操作制度适合于小料钟与小料斗以及大小料钟拉杆之间密封条件较好的高炉采用。

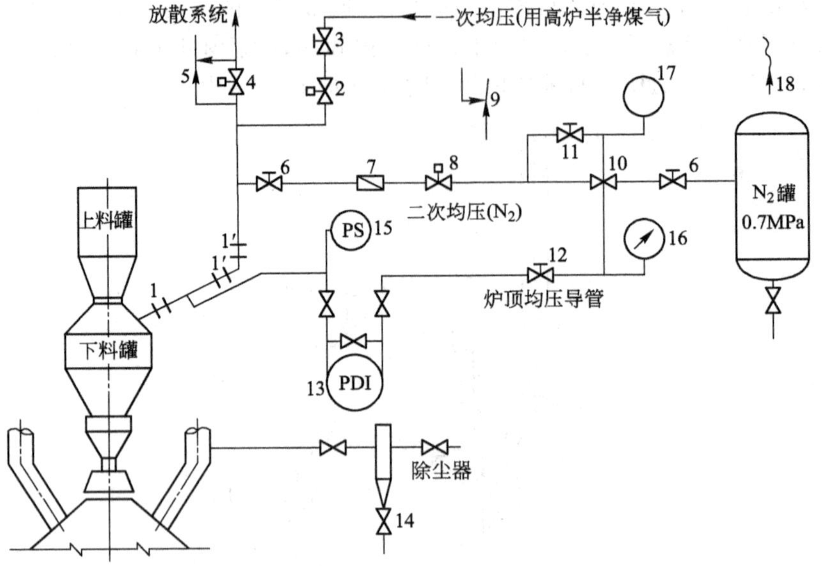

图 4-26　串罐式无料钟高炉炉顶均压、放散示意图

1—万向膨胀节；1′—单向膨胀节；2—一次均压阀；3、6—蝶阀；4—放散阀；5—安全阀；7—单向阀；8—二次均压阀；9—安全阀；10—差压调节阀；11—差压阀 N_2 入口阀；12—差压阀高炉煤气入口；13—差压器；14—除尘器放水阀；15—压力继电器；16—压力表(N_2 压力)；17—压力表(炉顶)；18—安全阀

钟阀式炉顶和无料钟炉顶的均压工作制度，一般也分为基本均压制和辅助均压制。均压阀的操作与钟式炉顶相应均压制度的均压阀的操作基本相同。

4.6.3　均压煤气回收

过去高炉均压后的放散煤气一般直接排入大气中，这不仅污染了环境，也不利于能源的回收利用。近年来，大型高炉的炉顶均压系统设计了均压煤气的回收工艺。回收均压煤气的好处不仅回收了二次能源，降低吨铁生产能耗，而且避免了放散煤气对环境的污染和消除了煤气放散时产生的噪声。目前，回收均压煤气的工艺流程有两种方式，即自然回收法和自然回收与强制回收相结合的回收法。

自然回收法工艺流程如图 4-27 所示。这种均压煤气回收工艺是将均压煤气排气管道接至减压阀组后面的低压净煤气主管道上，借助于两点煤气压力之差来实现均压后煤气的回收。自然回收法回收均压煤气的操作采取两次排压：第一次排压是打开煤气回收阀 5，使小料钟均压室的煤气经过旋风除尘器 4 进入到净煤气主管，当闸阀 3 的煤气出口压力降到 8000 Pa 时，关闭煤气回收阀 5，然后进行第二次排压操作。第二次排压是打开排压阀 2，将小钟均压室内的剩余均压煤气通过排压管道放入大气中，并使均压室内的煤气压力降至与大气平衡为止。这种方法回收均压煤气，一次排压能回收到均压煤气总量的 97%，只有 3% 的均压煤气被放散到大气中。均压煤气回收时，净煤气主管的煤气压力一般要增加 1000 Pa 左右。但是均压煤气回收操作所需要的排压时间，比过去不回收均压煤气时煤气放散操作所需要的时间要延长 15 ~ 20 s。

自然加强制回收均压煤气流程如图 4-28 所示。这种均压煤气回收方法，其回收操作也是采取两次回收方式。第一次煤气回收仍是借助于小钟均压室内煤气压力与净煤气主管煤气压力之差进行自然回收,第二次煤气回收是通过喷射器的动能进行强制回收。具体回收煤气操作是:打开一次回收阀5,使小钟均压室的煤气通过旋风除尘器入口阀4、喷射器6(不打开喷射器气源阀)和回收煤气出口闸阀9进入净煤气主管,进行均压煤气的第一次(自然)回收,当小钟均压室内的煤气压力降到某一规定值时,打开喷射器气源阀7,强制回收小钟均压室内剩余的低压煤气,并使之达到与大气压力相等时,关闭一次回收阀5和喷射器气源阀7,均压煤气回收操作结束。自然加强制回收均压煤气的优点是可回收全部均压煤气,煤气回收操作所需要的排压时间只较不回收时均压煤气放散时间延长3 s左右,并使煤气回收时的净煤气主管压力升高1500 Pa左右。日本水岛2号高炉(2857 m^3),炉顶煤气压力为0.25 MPa,采取自然回收方式,每年回收均压煤气0.74亿 m^3;日本大分2号高炉(5070 m^3),炉顶煤气压力0.3 MPa,每年回收均压煤气达1.1亿 m^3,均获得了良好的经济效益。

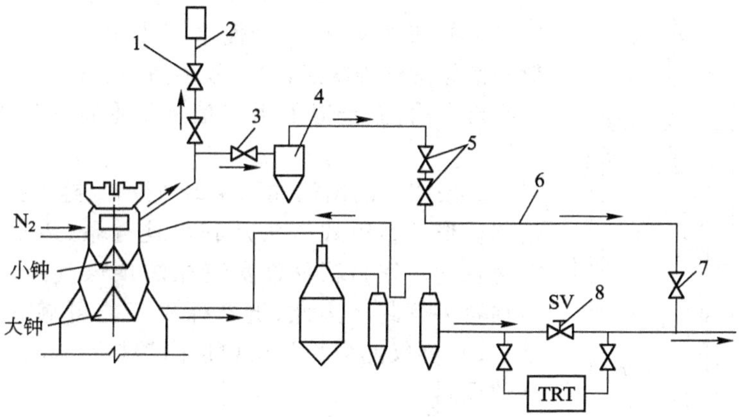

图4-27 均压煤气自然回收流程图

1—排压阀;2—排压管;3—特殊闸阀;4—旋风除尘器;5—回收阀;6—回收煤气管;7—闸阀;8—减压阀组

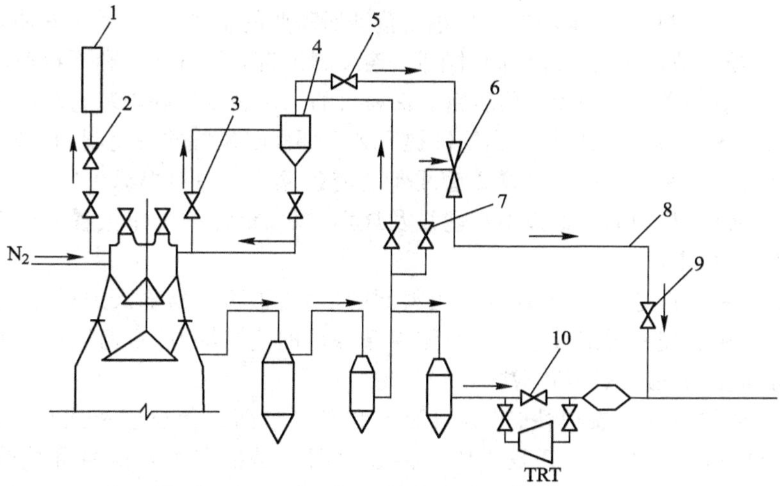

图4-28 自然加强制法回收均压煤气流程图

1—消音器;2—排压阀;3—旋风除尘器入口阀;4—旋风除尘器;5—一次回收阀;6—喷射器;7—喷射器气源阀;8—回收煤气管;9—回收煤气出口闸阀;10—减压阀组

4.7　探料装置

探料装置是探测炉喉料面位置及形状的设备。为了使高炉在冶炼过程中顺利装料，稳定装料制度，必须准确掌握炉喉料面的位置及形状。高炉探料装置的种类较多，其探料形式主要有机械直接接触式探料、同位素放射仪探料、红外线探料、雷达探料及激光探料等。目前国内高炉普遍采用的探料装置是机械直接接触式探料尺，简称机械探尺。机械探尺分为垂直式机械探尺和水平式机械探尺两种。垂直式探尺只能探测料面的位置高低。水平式探尺可以探测料面的大概形状。国内除少数高炉设置有水平式机械探尺外，绝大多数高炉都采用垂直式机械探尺。垂直式机械探尺中的硬探尺（即钢钎探尺），由于存在着难以密封、易变形和操作困难等缺点，除一些小高炉仍在采用外，大多数高炉已不再采用，而普遍采用的是链条垂直式软探尺，简称链条探尺。

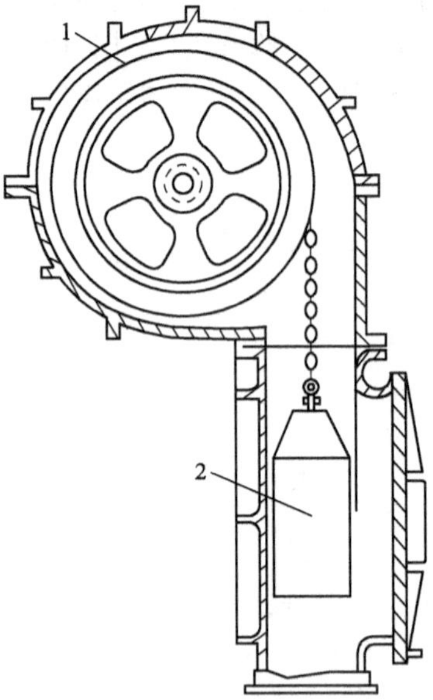

图 4-29　链条探尺
1—链条的卷筒；2—探料重锤

链条探尺的结构如图 4-29 所示。链条探尺的结构特点是圆柱形的重锤式探头及其吊挂链条、传动卷筒等均装在密封箱内。密封箱垂直安装在炉顶煤气封罩上，链条的卷筒轴容易密封。因此，链条探尺工作可靠，结构简单，易于维护，它不仅能满足常压炉顶高炉探料，也能满足高压炉顶高炉探料。

在链条探尺的密封套管上安装有旋塞阀或闸阀，其作用是在检修和更换探头等设备时，将探头提升到阀门之上部管道，关闭闸阀切断炉内煤气，方便检修设备操作。链条探尺重锤升降，一般由电动卷扬机驱动。探尺卷扬机的特点是：当重锤下降时，电动机在制动状态（即发电状态）下运转，当重锤到达料面时，电动机力矩小于重锤所需要的工作力矩，并刚好使其吊挂链条拉紧，同时能使重锤随着炉料面的下降而同时下降，连续测出料面位置变化和下料速度。探尺的探料信号通过传输装置传送到高炉操作值班室。探料尺的工作制度按高炉装料制度通过电气设备连锁控制。探尺卷扬机的电动机，只是当重锤提升到上部极限位置并关闭制动器时才断电，其余时间均为通电状态。一座高炉一般设置 2 套或 4 套链条探尺。探料操纵可以连续进行，也可以定时点探。为了控制装料和保护重锤不被埋没及烧坏，探尺重锤的工作位置应设有上部机械零位、料线零位和下部极限位。

链条探尺的主要缺点是：点探不能反映出料面的形状，重锤容易陷入炉料之中造成假尺；重锤在高温下容易发生断裂而脱落等。为了克服链条探尺的这些缺点，目前国内外有的高炉采用了放射性同位素等更为先进的探料方法。

目前料面探料的技术发展很快，微波料面计和激光料面计都已经有成功运用，利用遥感技术对料面进行成像的技术也在开发之中。微波料面计是根据发射信号和接收信号的相位差（调幅式微波料面计）或频率差（调频式微波料面计）来测定料面的位置，其工作原理如图 4-30所示。

激光料面计早在 20 世纪 80 年代就已经开发成功，在我国的鞍山等高炉上均有运用，工作原理是利用光学三角法，如图 4-31 所示。

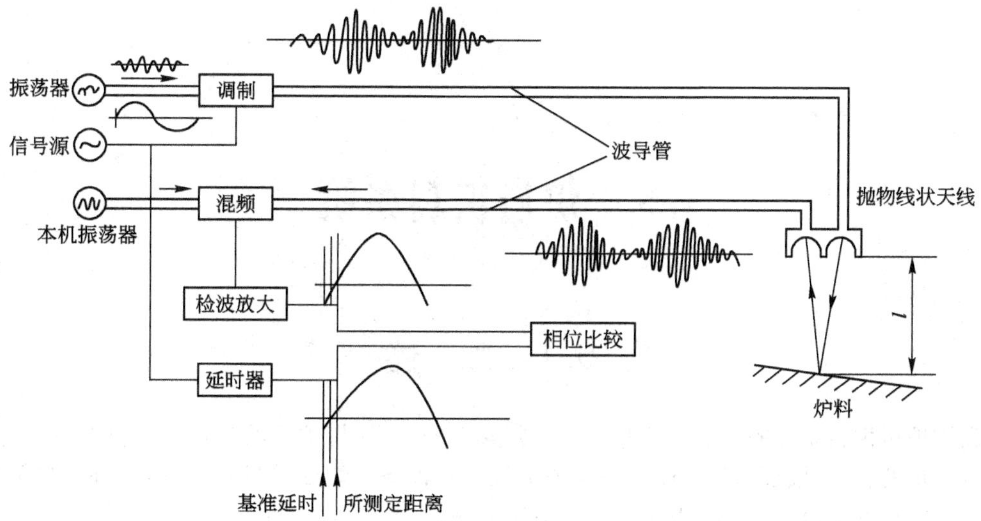

图 4-30 微波料面计测量原理

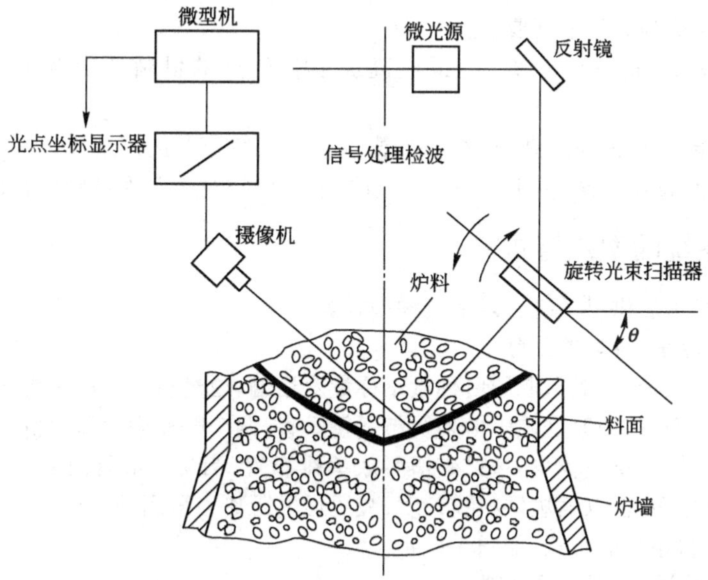

图 4-31 激光料面计测量原理

思考题

4-1 空转布料器与马基式布料器比较有哪些优点?

4-2 双钟高炉炉顶设备的哪些部位需要加强密封处理?分析在这些部位可以采取的密封措施。

4-3 无料钟炉顶的主要优点是什么,并罐式和串罐式无料钟炉顶在结构和炉料分布方面有何不同?

4-4 无料钟炉顶的溜槽传动齿轮是如何进行密封和冷却的?

4-5 无料钟炉顶旋转溜槽布料有哪几种基本布料方式,这几种基本布料方式各有何特点?举例说明螺旋布料操作方法。

4-6 什么是均压的基本工作制和辅助工作制?

4-7 目前国内有哪些常用的探料方式?简述这些探料方式的工作原理。

5 炉后供料系统

5.1 概 述

高炉炉后供料系统的职能是按照高炉工艺操作的要求,将炉后的各种原燃料按重量计量方式组成一定的料批,按规定的程序送到高炉炉顶装料设备。炉后供料系统主要包括:贮矿槽,贮焦槽,筛分机,称量设施,斜桥,料车和胶带输送机等。

5.1.1 对供料系统的要求

炉后供料系统应当满足下列要求:

(1) 生产能力大,能连续供料,能适应高炉强化生产的供料要求和原料品种变化后的要求;

(2) 抗磨性能好,机械强度高,并能在高温、多粉尘条件下长时间地连续工作;

(3) 结构简单、操作方便、易于维护。应废除人工操作,全面实现机械化和自动化供料。

5.1.2 供料系统的型式与布置

目前我国高炉炉后供料系统有以下三种型式。

5.1.2.1 称量车、料车式上料

我国过去建的高炉,一般采取炉后称量车称量及运输,通过料车和斜桥将炉料运到炉顶。这种炉后供料系统的布置,一般是贮矿槽列线与斜桥垂直,两个贮焦槽紧靠斜桥两侧。当矿石品种单一,贮矿槽容积较大,槽数较少时,贮矿槽可成单排布置,当矿石品种复杂,贮矿槽容积小而个数较多时,可成双排布置,以缩短供料线长度,减短运输距离。采用炉后称量车称量,料车式上料的高炉,其炉后供料系统的布置,如图 5-1 所示。

5.1.2.2 称量漏斗、料车式上料

炉后采用称量漏斗称量,槽下运料采用胶带运输机。这种供料方式将称量和运输分开,设备职能单一,可以简化设备构造,增强使用的可靠性,并为提高生产能力和实现自动化操作创造了条件。这种炉后供料系统的布置,如图 5-2 所示。

采用这种供料系统时,设置两个容积比较大的主焦仓和主矿仓和一些容积比较小的备用焦仓和备用矿仓。在料车坑两侧分别设置矿石称量漏斗和焦炭称量漏斗,在杂矿仓出口处设置杂矿及熔剂称量漏斗。焦炭和矿石称量漏斗中的料,靠落差向料车供料,而杂矿称量漏斗中的料靠胶带运输机向料车供料,主焦炭仓和主矿石仓的料可以直接放入其称量漏斗,其余焦、矿仓的料则靠胶带运输机或链板机(热烧结矿)运入其称量漏斗。

这种设置集中称量漏斗的供料方式,适合于矿石品种比较单一的高炉,不适于矿石品种复杂的高炉。矿石品种复杂时,可以采取分散称量,即在每个矿仓下设置独立的称量漏斗,或者采取分散称量与集中称量相结合设置称量漏斗的方式。

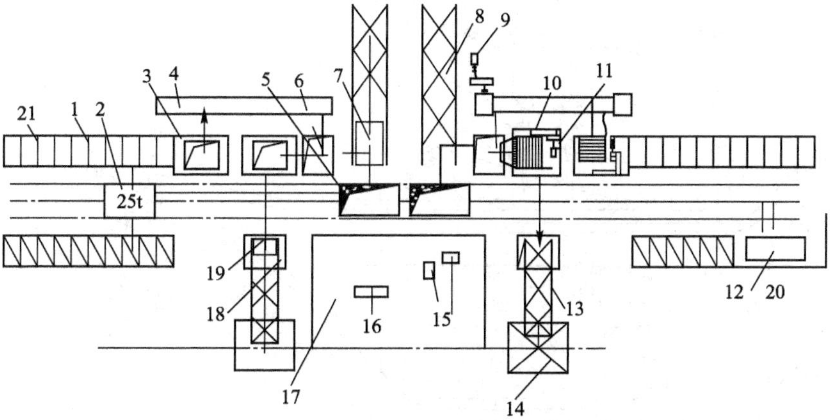

图 5-1 称量车沟下运料系统布置示意图

1—贮矿槽；2—称量车；3—焦炭仓；4—焦炭运输胶带；5—矿石中间漏斗；6—焦炭称量漏斗；7—料车；8—斜桥；9—焦炭运输带马达；10—滚子筛；11—滚子筛马达；12—称量车修理库；13—碎焦斜桥；14—碎焦仓；15—焦炭称头；16—指示盘；17—操作室；18—料车坑；19—碎焦车；20—称量车引渡机；21—贮矿槽

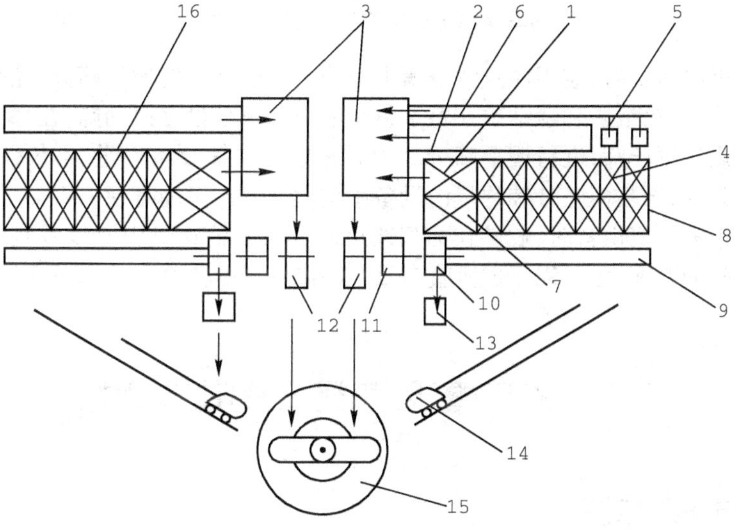

图 5-2 槽下运输与称量分开的供料方式

1—主矿仓；2—链带运输机；3—矿石称量漏斗；4—杂矿仓；5—杂矿称量漏斗；6—杂矿运输皮带机；7—主焦仓；8—备用焦仓；9—焦炭胶带运输机；10—焦炭筛；11—焦炭称量漏斗；12—料车；13—焦末仓；14—焦末料车；15—高炉；16—备用矿仓

5.1.2.3 称量漏斗、胶带机上料

高炉容积的大型化，要求提高炉后供料能力，为此，国内外大型高炉采用胶带运输机供料的已越来越多。我国宝钢 1 号高炉采用胶带机供料系统如图 5-3 所示。

采用胶带运输机供料的炉后供料系统，一般矿石采取分散称量，分别设置矿石称量漏斗和矿石中间料斗，将料卸入到上料胶带输送机的胶带上，焦炭靠设置在上料胶带运输机上的集中称量漏斗称量后，借助于自身的落差卸入到上料胶带输送机上，熔剂和杂矿设置一个称量漏斗，靠落差卸入到上料胶带输送机的胶带上输送。

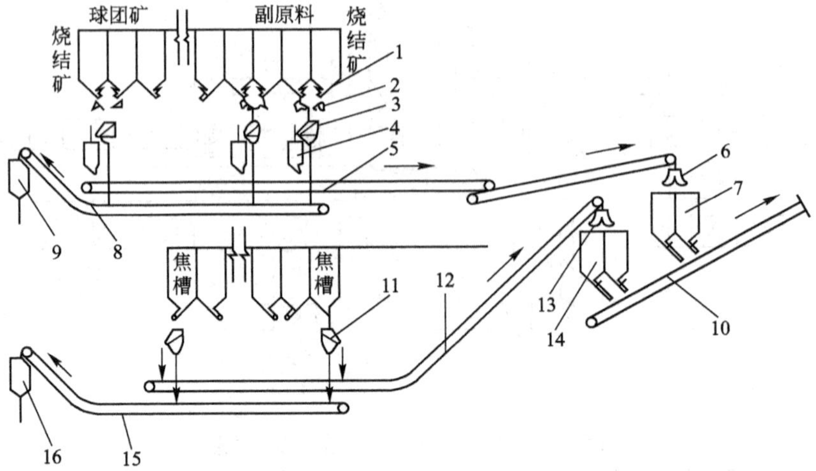

图 5-3　胶带运输机供料系统示意图

1—闸门;2—电动振动给料机;3—烧结矿振动筛;4—称量漏斗;5—矿石胶带输送机;6—矿石转换流槽;7—矿石中间料斗;8—粉矿胶带输送机;9—粉矿料斗;10—上料胶带输送机;11—焦炭振动筛;12—块焦胶带输送机;13—焦炭转换流槽;14—焦炭中间称量漏斗;15—粉焦胶带输送机;16—粉焦料斗

在设计炉后供料系统时,应当注意考虑槽下筛分。目前高炉的槽下筛分,除杂矿和熔剂可以不设置槽下筛分外,一般生矿和烧结矿在每个料仓下面都单独设置振动筛,在每个焦炭仓下也单独设置振动筛或焦炭辊子筛,进行槽下筛分。炉后采取分散筛分和称量,不仅使其职能分开,给检修和维护带来方便,而且使筛分和称量的设备小型化,制造、运输方便。

炉后采用胶带输送机供料时,贮矿仓的列线可以与胶带输送机中心线垂直布置。为了缩短贮矿仓与高炉之间的距离,也可以不成垂直布置。贮矿仓与贮焦仓可以布置在同一列线上,也可布置在不同的列线上。

5.2　贮矿槽、贮焦槽及其附属设备

5.2.1　贮矿槽与贮焦槽

高炉炉后贮矿槽和贮焦槽是用来接受和贮存炉料的,用以缓冲烧结厂和焦化厂与高炉间的生产不平衡,以及运料胶带运输机事故或检修时所带来的影响。此外,还应设置一定数目的杂矿槽,以贮存熔剂和洗炉料等。

贮矿槽的容积及个数主要取决于高炉的有效容积、矿石品种及需要贮存的时间。单个贮矿槽的容积可以相同,也可以不相同。当设置主矿槽和辅助矿槽(备用矿槽)时,一般是主矿槽的容积比较大,并靠近料车坑设置。烧结矿槽和生矿槽,根据条件可以分开设置。杂矿槽的数目应根据杂矿品种和需要量来确定。杂矿槽一般设置在贮矿槽列线远离料车坑的末端,或单独成列设置(如用胶带输送机上料时)。

贮矿槽可以成单列设置,也可以成双列设置。双列设置时,槽下运输显得比较拥挤,工作条件较差,检修设备不方便。贮矿槽的数目在有条件时,应尽量减少。单个贮矿槽的容积,一般小高炉为 50～100 m^3,大中型高炉为 100 m^3以上。贮矿槽的总容积相当于高炉有效容积的倍数,一

般小型高炉为高炉有效容积的3.0倍以上，中型高炉为2.5倍左右，大型高炉为1.6～2.0倍，可以满足高炉12～24 h的矿石消耗量。

贮焦槽的数目与高炉的上料方式有关。当炉后采用称量车称量、料车式上料时，一般只在料车坑两侧各设置一个贮焦槽，当炉后采用称量漏斗称量、胶带输送机供料时，贮焦槽个数可以多些，并不一定都要设置在料车坑两侧，也可单独成列设置。贮焦槽的总容积根据高炉有效容积而定。贮焦槽总容积一般为高炉有效容积的0.53～1.5倍。我国某些高炉的贮矿槽、贮焦槽的容积与个数见表5-1。

贮矿槽和贮焦槽，一般采用钢筋混凝土结构，近年也有采用钢板壳体结构的。贮焦槽和贮矿槽内壁均衬以耐磨铸铁板、钢轨、铁屑混凝土块、耐火砖和其他抗磨材料。贮矿槽和贮焦槽下部一般为锥形，其壁倾斜水平角常为50°～55°，贮焦槽不小于45°，以使炉料能顺利下滑放出。贮矿槽的宽度取决于槽上供料的运输形式和运输线路，一般要求矿槽宽度要能布置下2～3条胶带运输机或2～3条铁路线，以便于槽上供料运输。矿槽的高度要适应于槽上运输形式和槽下供料设施的需要，但矿槽的高度一般不宜大于14 m。

表5-1 我国某些高炉的贮矿槽及贮焦槽

高炉有效容积/m^3	矿槽				焦槽			
	一个矿槽容积/m^3	一座高炉矿槽数/个	总容积/m^3	为高炉容积的倍数	一个焦槽容积/m^3	一座高炉焦槽数/个	总容积/m^3	为高炉容积的倍数
4063			4696	1.16	450	6	2700	0.66
2025			2664	1.32	170×2 102×12	14	1564	0.78
1513	75	37	2775	1.83	400	2	800	0.53
1436	75	38	2850	1.96	400	2	800	0.56
1385	75	38	2850	2.06	400	2	800	0.58
1053	75	30	2250	2.13	400	2	800	0.76
620	105	110	1155	1.87	192	2	384	0.62
300	42.5	16	680	2.26	97	2	194	0.64

向贮矿槽和贮焦槽供料，一般生矿、冷烧结矿和焦炭采用2～3条胶带运输机分别向贮矿槽及贮焦槽供料。只有在原料车间或焦化车间距高炉相当远时才采取火车运输。热烧结矿可以采用火车或链板机向矿槽供料。槽上采用胶带运输机供料，是通过电动卸料小车将胶带上的炉料卸入到料槽的。槽上供料胶带运输机的胶带宽度一般为800～1400 mm。

为了减少矿槽上面的环境污染，在扬尘点处应设置密封式吸尘罩，或在供料胶带机两侧的矿槽口设置密封胶带覆盖。

5.2.2 给料机

为控制物料从料槽中排出，并调节料流量，必须在料仓排料口安装给料机。由于它是利用炉料自然堆角自锁，所以关闭可靠。当自然堆角被破坏时，物料借自重落到给料机上，然后又靠给料机运动，迫使炉料向外排出。故它能均匀、稳定而连续地给料，从而也保证了称量精度。因此，它被广泛应用于现代高炉生产中。

给料机按结构形式可分为链板式给料机、往复式给料机和振动式给料机三种，如图5-4所示。

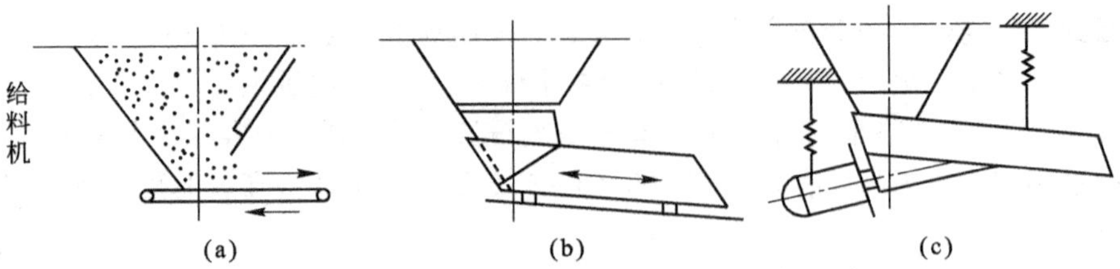

图5-4 常用的给料机示意图

(a)链板式给料机；(b)往复式给料机；(c)振动式给料机

链板式给料机[见图5-4(a)]是由许多链板组成的链带，工作原理类似于胶带运输机。链板式给料机的特点是给料连续均匀，对物料破碎较少，适应于各种物料的给料。但由于组成部件较多，容易磨损，维修工作量大，设备笨重，因此它已逐步被淘汰。

往复式给料机[见图5-4(b)]是在给料机的槽体下面装有四个支承滚轮，滚轮在固定的轨道上往复滚动，给料机槽体作往复直线运动，将料卸出。由于往复式给料机工作时槽体作往复运动，所给出的炉料是周期性的，而不完全均匀连续，但由于往复运动的行程一般只有100～200 mm，所以也并不影响给料的连续性。往复式给料机一般由电动机驱动。

往复式给料机的特点是设备简单、重量轻、工作可靠，能承受较大的仓压，使用效果良好。其主要缺点是在排料过程中炉料对槽体产生较大的摩擦，槽体容易被磨损，消耗功率也较大。

目前广泛使用的是电磁振动式给料机，主要由槽体、激振器和减振器三部分组成，其结构如图5-5所示。激振器与槽体用弹簧连接在一起。激振器的作用是使槽体连续不断地产生振动，驱使槽内炉料连续向前跳动，由于振动频率很高，振幅很小，炉料跳起的高度也很小，所以排料时只能看到炉料在槽体内连续不断地向前流动。

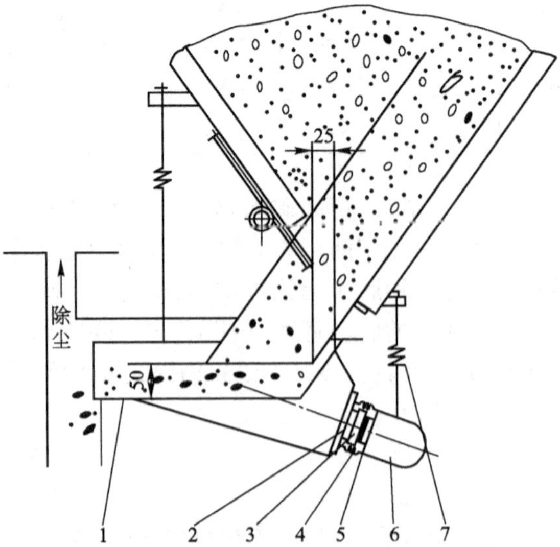

图5-5 电磁振动给料机结构示意图

1—给料槽；2—连接叉；3—衔铁；4—弹簧组；5—铁心；6—激振器壳体；7—减振器

当把给料机底板换成筛网时，在给料的同时还能起到筛分作用。给料机的安装应保持横向水平，否则排料时炉料将偏向一侧流动。给料槽体一般向下0°~10°倾斜安装。矿石最大给料能力可达400~700 t/h。

电磁振动式给料机的优点是没有转动部件，不需润滑，结构简单，重量轻，功率小，给料均匀，占空间少，易于实现自动化联锁控制等。它的主要缺点是有噪声、弹簧寿命短、电磁铁易发热、调节复杂，且不宜用于黏性过大的矿石或其他散状料。

我国已有电磁振动式给料机的定型设计，主要系列有 DZ_1 ~ DZ_5，DZL 和 D 型，其中 D 及 DZ 型为板状弹簧，DZL 型为螺旋弹簧。

目前国内部分高炉贮矿槽下面还有采用电机式振动给料机的。电机式振动给料机也主要由槽体、激振器和减振器三部分组成。激振器与槽体通过螺栓联结在一起。实际上这里的激振器是由普通电机轴上装有的偏心质量轮产生振动构成激振源的。激振器的作用(类似振动筛)是驱动槽体产生往复运动，将炉料排出。振动电机可以安装在槽体的端部或两侧。

电机式振动给料器的优点主要是激振器更换方便，振动方向角容易调整，激振力可根据需要进行无级调整。

链板式、往复式及电磁振动式给料机的主要特性参数见表5-2。

表5-2 各种给料机主要特性表

名 称	生产能力/$m^2 \cdot h^{-1}$	外形尺寸(长×宽×高)/mm×mm×mm	驱动功率/kW
链板式给料机	25	3476×2655×980	5.5
往复式给料机	25	1266×820×740	2.2
电磁振动式给料机	25	1370×590×580	0.2

5.3 槽下筛分、称量与运输

5.3.1 槽下筛分

槽下筛分是炉料在入炉前的最后一次筛分，其目的是进一步筛除炉料中的粉末，以改善炉内料柱透气性。有时筛子还起给料作用。

对槽下筛子的要求是：耐磨性能好，对炉料的破碎尽可能少，筛分效率高，筛分能力应留有高炉扩容的余量，筛分时噪声低。当采用筛子直接向称量设备供料时，还要求余振量要小，以减少称量误差。

目前常用的槽下筛分的筛子类型有辊筛和振动筛两种。辊筛过去常用于槽下筛分焦炭，由于辊筛结构复杂消耗电能多，而且焦炭破碎率大，焦末量大，所以我国新建的多数高炉已不采用辊筛而改用振动筛。振动筛根据结构来分，可分为惯性振动筛、自定中心振动筛、概率筛以及电磁振动筛等。自定中心振动筛由框架、筛体和传动部分组成。这种振动筛的转轴是偏心的，平衡重与偏心轴是对应的，在振动时，平衡轮的空间位置基本上不变，只做单一的旋转运动，皮带不会时松时紧而疲劳断裂。惯性振动筛取消了固定的轴承，利用固定在传动轴两端的偏心质量振动，因此当皮带轮旋转中心与筛子一起运动时，皮带张力不稳定，时松时紧，甚至会脱落。概率筛是一种多层筛分机械，利用颗粒通过筛孔的概率差异来完成筛分。筛箱上通常安置3~6层筛板，筛板从上到下的倾角逐渐递增，而筛孔尺寸逐层递减。概率筛的主要特点是多层筛面、大筛孔和大倾角。这种大筛孔、大倾角的筛面大大减小了物料在筛孔中堵塞的可能性，使物料能迅速透筛,从而提高了筛分机的分离效率和单位面积的处理能力。目前多用于筛分烧结矿、生矿和焦炭等物料。由于它体积小,可以分别安装在每个贮矿槽的下面。

首钢新2号高炉用的惯性共振式概率筛主要技术性能,如表5-3所示。

表5-3 概率筛主要技术性能

项 目	每层筛板工作面积/m²	孔径/mm	
		焦 炭	烧结矿
一层	1.25	50	25
二层	1.40	35	12
三层	1.40	25	5
生产能力/t·h⁻¹		80~120	200~270
筛分效率/%		80~90	80~90
入炉粒度/mm		0~80	
电动机功率/kW		3.0	

国内部分高炉焦炭槽下筛分设备技术性能见表5-4。

表5-4 国内部分高炉焦炭槽下筛分设备技术性能

名 称	单位符号	炉容/m³				
		620	1000	1500	2000	2516
筛子类型		滚动筛	振动筛	滚动筛	振动筛	滚动筛
筛孔尺寸	mm		25×25		25×25	35
筛面尺寸(长×宽)	mm×mm	1449×1230	3600×1800	1449×1530	4000×2000	1449×1530
筛面倾角	(°)	15	25	15	20	15
辊子数	个	8		8		8
辊子转速	r/min	447		447		447
生产能力	t/h	140	300	175		176

5.3.2 槽下称量

槽下称量设备主要有称量车和称量漏斗。称量车主要用于称量矿石和熔剂等,称量漏斗可以称量矿石和焦炭。

5.3.2.1 称量车

称量车是一种带有称量和装卸机构的电动运输车辆。称量车主要由称量斗及其操纵机构、行走机构、车架、操作室及开闭矿槽闸门机构等几部分组成。

称量车适用于高炉原料品种较多或热烧结矿和球团矿的供料。由于称量车称料量小、结构复杂、维修工作量大、人工操作条件差及实现机械化自动化操作较为困难等,一般新建的高炉,槽下供料已很少采用。但是,有的厂对称量车进行了技术改造,采用遥控和程序控制,实现了称量车的机械化和自动化操作,也取得了较好的生产效果。

国内高炉采用的称量车按最大载重量分为2.5 t、5 t、10 t、24 t、25 t,30 t和40 t几种类型。

高炉采用的称量车容量，一般根据炉容确定。

5.3.2.2　称量漏斗

称量漏斗可以用来称量烧结矿、生矿、球团矿和焦炭等。焦炭称量漏斗一般安装在料车坑内或贮焦槽下面，用来称量经过槽下筛分后的焦炭，然后将焦炭卸入料车或上料胶带输送机，运往高炉炉顶。

称量漏斗按其传感原理的不同，分为机械式称量漏斗和电子式称量漏斗。机械式称量漏斗又称杠杆式称量漏斗。杠杆式称量漏斗主要由漏斗本体、称量机构和漏斗闸门启闭机构等三部分组成。漏斗闸门启闭机构是在漏斗的卸料嘴处装有插板式闸门，靠插板的上下移动实现闸门的开启和关闭。闸门的启闭由电动机或液压缸驱动。

杠杆式称量漏斗的主要缺点是每个承载杠杆或传力杠杆的支点、力点以及作用点，均由刀口构成，使用后刀口会被磨损而变钝，使称量精度下降，影响生产，因此，必须加强维护检修。另外，它的结构比较复杂，整体尺寸较为庞大，占据空间大，所以目前国内外高炉的炉后称量广泛采用电子式称量漏斗来代替杠杆式称量漏斗。

电子式称量漏斗，如图5-6所示。其结构主要由传感器、称量漏斗本体和启闭闸门等组成。传感器安装在称量斗本体外面，三个传感器互成120°安装，以构成稳定的受力平面。传感器的工作原理，是在其上面贴有电阻丝应变片，当传感元件受力变形时，贴在传感元件上的应变片亦随之产生相同的变形，即伸长或缩短。贴在传感器上的应变片可以构成电桥，然后接入放大器和指示仪。当传感元件变形时，应变片电阻发生改变，电桥失去平衡，从而输出电压信号，通过二次放大仪表，将重量转化为电参量变化，再由电参量把炉料重量反映出来。

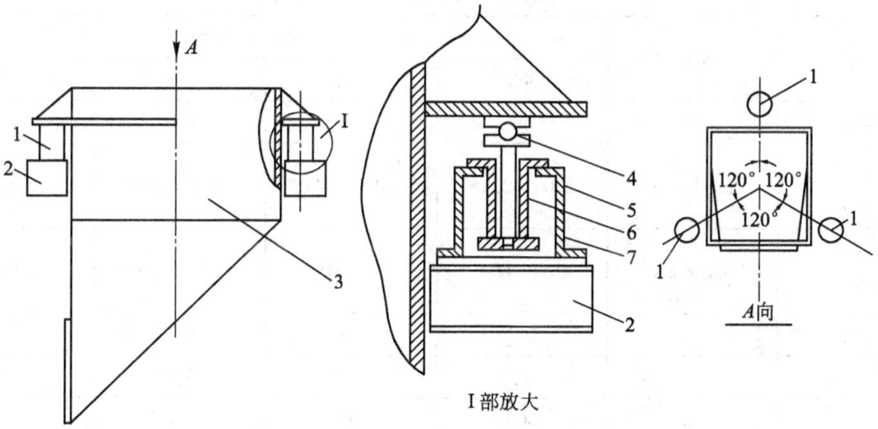

图5-6　电子式称量漏斗

1—传感器；2—固定支座；3—称量漏斗；4—传力滚珠；5—传力杆；6—传感元件；7—保护罩

电子式称量漏斗的优点主要是：不存在刀口的磨损和变钝，其计量精度高，一般误差不超过5/1000。另外，它的体积小，结构简单，重量较轻，拆装也方便。

我国一些高炉焦炭称量漏斗技术性能见表5-5。矿石称量漏斗技术性能，如表5-6所示。不论采用何种类型的称量漏斗，都应当满足下列工艺要求：

（1）称量漏斗的有效容积应与料车有效容积相适应。

（2）为防止在料斗内积料，漏斗及流料槽底板与侧壁的交线与水平面的实际夹角应大于45°。

（3）称料漏斗的卸料口及流料溜槽口尺寸应与料车受料口相适应，以避免卸料时把料撒到料车外。

(4) 称料漏斗的上口尺寸应与有关设备相适应。

(5) 设置在胶带机上的称料漏斗的排料口及溜槽应与胶带机的宽度相适应,防止卸料时把料溅到胶带机外面。

表 5-5 一些高炉的焦炭称量漏斗技术性能

名称	单位符号	炉容/m^3				
		550	620	1000	2000	2500
有效容积	m^3	4.5	5.5	6.5	12	12
漏斗上口尺寸(长×宽)	mm×mm	3200×2100	2300×2180	2700×1800	2334×1414	4025×2718
排料口尺寸(高×宽)	mm×mm	840×900	840×900	900×850	900×900	700×1200
漏斗斜壁角度		46°30′	45°	45°	46°47′	40°
漏斗安装形式		吊挂	支座	支座	支座	吊挂
闸门行程	mm	800	900	900	900	700
质量	kg	5109	6594	6649	9200	4070
秤的形式		电子秤	机械秤	机械秤	机械秤	电子秤

表 5-6 一些高炉的矿石称量漏斗技术性能

名称	单位符号	炉容/m^3			
		300	550	1000	2500
有效容积	m^3	2	4.5	6.5	15
漏斗上口尺寸(长×宽)	mm×mm	2700×2025	3240×2600	2600×2000	3500×3300
排料口尺寸(高×宽)	mm×mm	700×600	720×900	835×900	1262×808
漏斗斜壁角度		50°	46°30′	51°	53°
漏斗安装形式		吊挂	吊挂	支座	吊挂
闸门行程	mm	600	710	900	1275
质量	kg	3487	6710	6728	12276
秤的形式		电子秤	机械秤	机械秤	电子秤

5.3.3 槽下运输

槽下供料运输普遍采用胶带运输机供料。胶带运输机供料与称量漏斗称量相配合,是高炉槽下实现自动化操作的最佳方案。

对于双料车上料的高炉,由于料槽分别设置在料车坑的两侧,如果原料品种较单一,在一般情况下,可在料车坑两侧各设置一条胶带机供料,称量漏斗可以在料车坑两侧集中设置或分散设置。如果原料中某种原料较多,如烧结矿,可单独为该种原料设置一条胶带机供料,其他矿石则另外设置胶带机供料。

槽下筛除的筛下物矿粉和焦粉应分别设置胶带机运出车间,或者在矿槽附近分别设置矿末料仓和焦末料仓,暂时贮存,然后用胶带机或汽车等运输机械运出车间。

国内部分高炉的槽下胶带机性能见表5-7。

表5-7 某些高炉的槽下胶带机性能

炉容/m^3	胶带长度/mm	胶带宽度/mm	头轮中心标高/mm	头轮直径/mm	胶带速度/$m \cdot s^{-1}$	运输能力/$t \cdot h^{-1}$
300	275550	800	750	500	1.6	350
550	15500	800	950	500	1.6	540
	41200	650	1000	500	1.6	360
1000	38000	1000	750	500	1.2	310~620

5.3.4 料车坑

采用料车式上料的高炉,在斜桥底部设置有料车坑。料车坑的作用是容纳焦炭称量漏斗、矿石称量漏斗、停放料车、碎焦运输设施、排污水泵等设备。其大小与深度根据坑内所容纳设备的多少以及维护操作方便等因素确定。料车坑内的设备布置,应着重考虑各漏料斗溜嘴在漏料过程中能准确地将炉料卸入到料车内并避免料车与其他设备之间发生碰撞。料车与各漏斗之间的相关尺寸如图5-7所示。

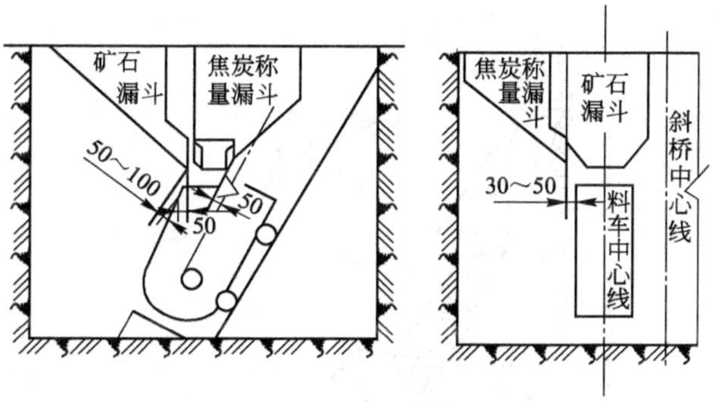

图5-7 料车坑内料车与漏斗之间的尺寸图

料车坑壁一般为钢筋混凝土结构,地下水位高的地区,料坑壁应设防水层,料车坑底面应有1%~3%的排水坡度,把水集中到坑的一角,由污水泵排出。

5.4 高炉上料设备

5.4.1 概述

贮料槽内炉料经过槽下筛分和称量后,经高炉上料设备送到炉顶。高炉上料设备的类型有料罐式上料机、料车式上料机和胶带运输机。料罐式上料机因其生产能力低,已被淘汰。料车式上料机由于间断性上料而使上料能力受到限制,在逐渐退出现行高炉工艺过程。国内新建和改建的大型高炉已广泛采用胶带运输机上料。国外大型高炉几乎都采用胶带运输机上料。

料车式上料机的优点是使高炉周围设施布置集中，车间布置紧凑。其缺点是：炉料周转次数较多，炉料的破碎性较大，大型高炉供料量大，尽管增加了料车容积和料车速度，但仍难以满足供料要求，对于有三个出铁场的大型高炉，采用料车式上料，把料仓和斜桥布置在高炉近旁，设计和操作都十分困难。

大型高炉采用胶带运输机上料，其优点是：胶带机上料为连续运输，不受加减速度的影响，可大幅度提高生产率，更好地满足上料要求，允许贮矿槽距离高炉较远，高炉车间布置分散，特别是对多出铁场的高炉车间布置有利，同时可以改善高炉周围的工作环境。但是，在平原地区采用胶带运输机上料，胶带总长度较长，胶带的消耗量较大。另外，胶带机上料，要求用冷烧结矿入炉，烧结矿的温度不得高于 120 ℃，以免烧坏胶带。

高炉上料设备，都应满足下列要求：

（1）要有足够的上料能力，既能满足正常生产的需要，又能满足高炉低料线操作时迅速赶上料线的需要；

（2）工作必须可靠，以保证高炉连续生产；

（3）有可靠的自动控制和安全装置，并能实现上料自动化；

（4）结构简单，易于维护，检修工作量少。

5.4.2　料车式上料机

料车式上料是利用料车在斜桥上行走，将炉料送到高炉炉顶。料车式上料机系统主要由料车、斜桥及料车卷扬机等几部分组成。料车式上料机系统，如图 5-8 所示。

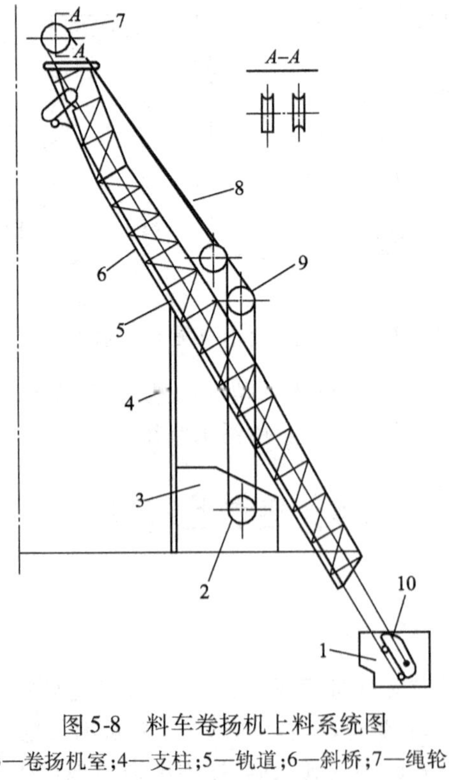

图 5-8　料车卷扬机上料系统图

1—料车坑；2—料车卷扬机；3—卷扬机室；4—支柱；5—轨道；6—斜桥；7—绳轮；8—钢绳；9—滑轮；10—料车

料车卷扬机室的布置，有的布置在斜桥上方，也有的布置在斜桥下方，考虑多种因素的影响，大多数新建高炉都把卷扬机室布置在斜桥的下方。

5.4.2.1 斜桥

斜桥是铺设料车走行轨道的钢制构件。斜桥结构有桁架式和实腹式两种。桁架式斜桥是用型钢铆成的,料车行走轨道铺设在桁架的下弦上,料车在桁架内行走。实腹式斜桥用钢板焊接而成,料车的行走轨道铺设在钢梁的上弦上。实腹式斜桥结构简单、节省钢材。高炉一般多采用桁架式斜桥。

斜桥通常有两个支承点,下部支承点在料车坑的壁上,上部支承点在从地面单独设置的门形架上,或炉体大框架上,而上端悬臂部分与高炉不发生刚性连接,允许斜桥有一定的纵向变形,以避免斜桥对炉顶设备产生推力。

斜桥上的料车行走轨道一般分为三段,即料车坑内直线段、中部直线段和炉顶卸料曲轨段。料车坑内直线段的水平倾角一般为60°,最小不宜小于50°,以能充分利用料车装料容积。中部直线段的倾角主要取决于斜桥跨过的铁路线条数。一般跨过2~3条铁路时,其倾角为50°~60°,倾角过小,影响料车装料容积的充分利用;倾角过大,增加电动机负荷,同时可能使料车前轮出现负轮压,影响料车行走的稳定性。当中部直线段与料车坑内直线段的倾角不一致时,两段轨道的相交区段应采取弧线过渡。卸料曲轨段的作用是使料车到达炉顶时能顺利自动地卸料和返回。对卸料曲轨段的要求如下:

(1) 料车在曲轨上运行平稳,不出现负轮压和严重冲击现象,不与炉顶其他设备发生碰撞。

(2) 料车卸料迅速,炉料偏析小,倒料干净,并不将炉料倒在受料漏斗之外。一般要求料车到达顶部极限位置时,料车底面倾角应达到60°。

(3) 料车能在自重力作用下,具有较大的自返力矩,能自动平稳地退出卸料曲轨而返回。

(4) 形状简单,制造加工方便。为防止曲轨形变,曲轨要有较大的刚性。

高炉通常采用的几种卸料曲轨形式如图5-9所示。其优缺点比较见表5-8。

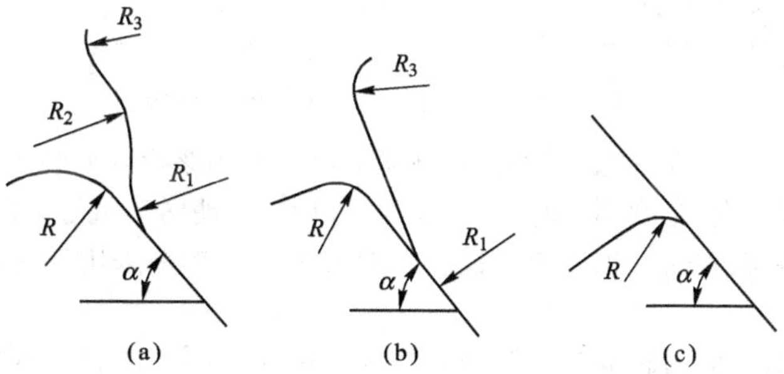

图5-9 卸料曲轨形式

表5-8 常用的几种卸料曲轨形式优缺点比较表

曲轨形式	图5-9(a)	图5-9(b)	图5-9(c)
结 构	比较复杂	简单	最简单
卸料偏析	较小	较大	大
前轮移动距离	小	较大	最大
钢绳张力变化及空料车自返条件	较好	较差	差

图5-9(a)为卸料曲轨,虽然结构比较复杂,但由于性能较好,一般在大型高炉上采用。图5-9

(b)为卸料曲轨,虽然性能不如图5-9(a)好,但结构比较简单,制作加工方便,容易保证尺寸要求,我国大中型高炉通常采用此种卸料曲轨。图5-9(c)为卸料曲轨,虽然性能差,但结构最简单、制作容易,因此,一般小型高炉都采用这种形状的卸料曲轨。同时,小高炉的受料漏斗和小料斗直径都很小,卸料偏析影响小。

5.4.2.2　料车

料车由车体、车轮及辕架等组成,其结构如图5-10所示。

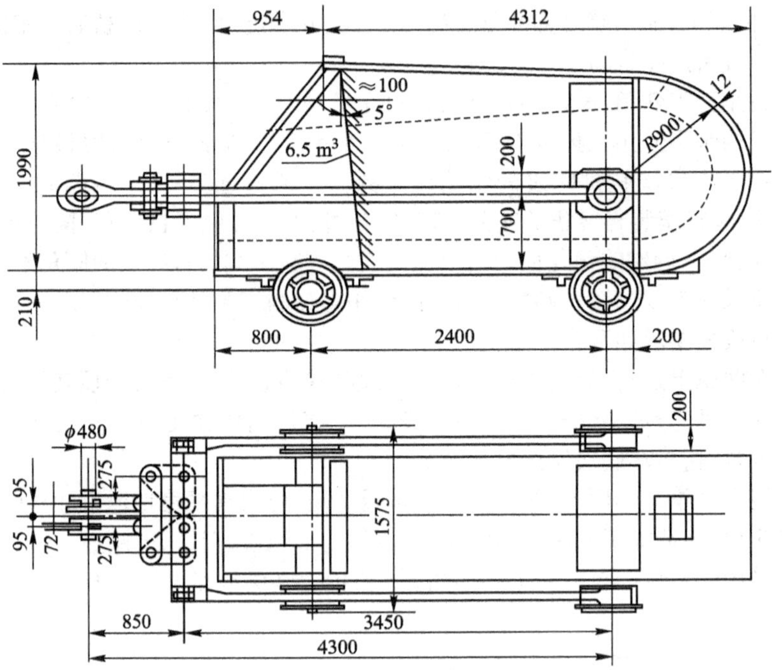

图5-10　有效容积为6.5 m^3的料车结构图

车体,一般用钢板焊成,内衬是可更换的高锰钢板。车体形状有平底式和斜体式。斜体式车体在保持其有效容积不变、宽度不变时,车体长度可以减短,使料车重心倾向于前方,增加料车行走时的稳定性,同时装料和卸料也比较方便。一般大中型高炉多采用斜体料车。小高炉多采用平底式料车。

料车的有效容积,一般为它的几何容积的70%～80%。料车的有效容积与高炉有效容积有关,常为高炉有效容积的0.6%～1.0%。

料车的底部安装有四个车轮,前面两个车轮只有一个轮面,轮缘在轨道内侧。后面两个车轮都有两个轮面,轮缘在两个轮面之间。当料车进入卸料曲轨时前轮继续沿着内曲轨运行,后轮则利用外侧轮面沿着外轨运行,使料车能倾斜卸料。车轮的安装方式,小型料车一般为轮动轴不动的形式;大型料车,均为轴动,而车轮固定在轴上,并随轴一道旋转。轮动轴不动的优点是轮子磨损较均匀、结构较简单,其缺点是轮轴侧向端面固定较差,车轮容易脱落。轮轴相互固定、一起旋转的结构,其优点是转轴结构固定牢固、安全可靠,并采取整体更换。其缺点是当卸料曲轨安装不平行时,车轮磨损不均匀。

料车的牵引辕架,一般为门形钢框,与车体活动连接。牵引料车的钢绳连接在辕架拉杆横梁的中部。当采用双钢绳牵引时,钢绳连接在拉杆横梁中部的张力平衡装置上,以使两条钢绳受力平衡。采用双钢绳牵引料车,既安全,又可减小每根钢绳的直径,因而卷筒的直径也减小。

5.4.2.3 料车卷扬机

料车卷扬机是牵引料车在斜桥上走行的卷扬设备。对料车卷扬机的要求是运行安全可靠，调速容易，终点位置停车准确。

料车卷扬机系统，主要由驱动电机、减速箱、卷筒、钢绳等组成，具有以下一些特点：

（1）采用双电机传动，要求两台电机的型号和特性相同，并同时工作，以提高卷扬机工作的可靠性。对于255 m^3以下的高炉，可以采用单电动机传动的卷扬机。

（2）采用直流电动机。用发电机—电动机组控制，调速范围大，并具有灵活、平稳和准确等调速特点。对于255 m^3以下的小高炉，可以采用一台交流电动机传动。

（3）采用人字齿传动，以适应传动力矩大的需要。并只把卷筒轴上的一个轴承固定住，其余轴承可作轴向窜动，以适应人字齿由于加工精度不够和安装产生的偏差而使人字齿两侧受力不均产生的推力。

（4）设置有速度控制、防止过载、防止料车超越极限位置和钢绳松弛等安全保护装置。

料车卷扬机系统，主要由驱动电机、减速箱、卷筒、钢绳、安全装置及控制系统等组成。双电动机传动的料车卷扬机系统，如图5-11所示，单电动机传动的料车卷扬机系统，如图5-12所示。

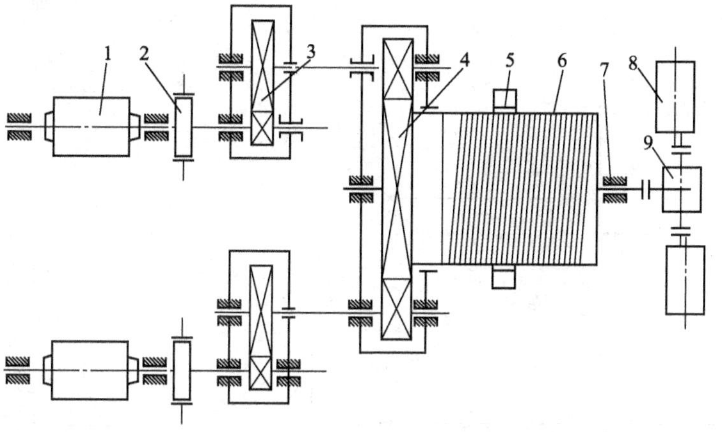

图5-11　22.5 t料车卷扬机结构示意图

1—电动机；2—工作制动器；3—减速器；4—齿轮传动；5—钢绳松弛断电器；6—卷筒；7—轴承座；8—行程断电器；9—水银离心断电器

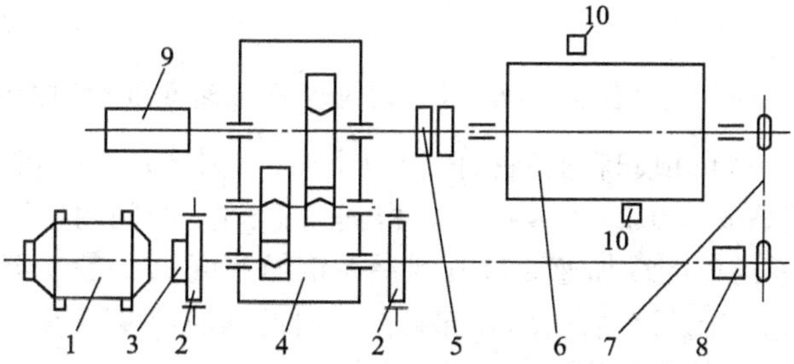

图5-12　单电机传动的料车卷扬机示意图

1—电动机；2—工作制动器；3—弹性联轴器；4—减速器；5—齿轮联轴器；6—卷筒；7—链条传动；8—行程指示器；9—行程断电器；10—钢绳松弛断电器

料车卷扬机的传动方式有两种，一种是依靠卷筒上的大齿轮传递扭矩；另一种是由卷筒轴传递扭矩。一般大中型高炉的料车卷扬机都采用前者，只有 255 m^3以下的小型高炉料车卷扬机才采用后者。

为了保证料车按规定的速度制度运行，避免卷扬机的正常工作遭到破坏，卷扬机装有行程断电器和水银离心断电器。它们通过传动机构与卷筒轴相连接。行程断电器按行程的函数实行速度控制。水银断电器的工作原理是利用离心力的作用，使容器内边缘和中心的水银升降来实现速度控制的。水银离心断电器的特点是结构简单，而工作相当可靠。小高炉的料车卷扬机一般不安装水银断电器，而采用链传动的行程指示器。

钢绳松弛断电器，安装在卷筒下面的两边，分别供左右料车钢绳产生松弛时断电。造成钢绳松弛的原因是由于料车在下降过程中可能被卡住，钢绳松弛后，如果料车被卡住的因素一经消除，料车会由于突然下降而产生严重冲击，致使钢绳断裂或引起其他事故。这是相当危险的。

在低速轴卷筒的两端设置制动器，当高速级的传动部件断裂时，不会造成事故。并取消了过去设置在高速轴上的事故制动器，使制动更加可靠和安全。

料车提升一次所需要的时间取决于料车的运行速度和加速度，其变化曲线的形状决定于高炉上料的要求和料车卷扬机的性能。

采用直流电动机驱动的料车卷扬机的钢绳速度、加减速度和行程曲线如图 5-13 所示。

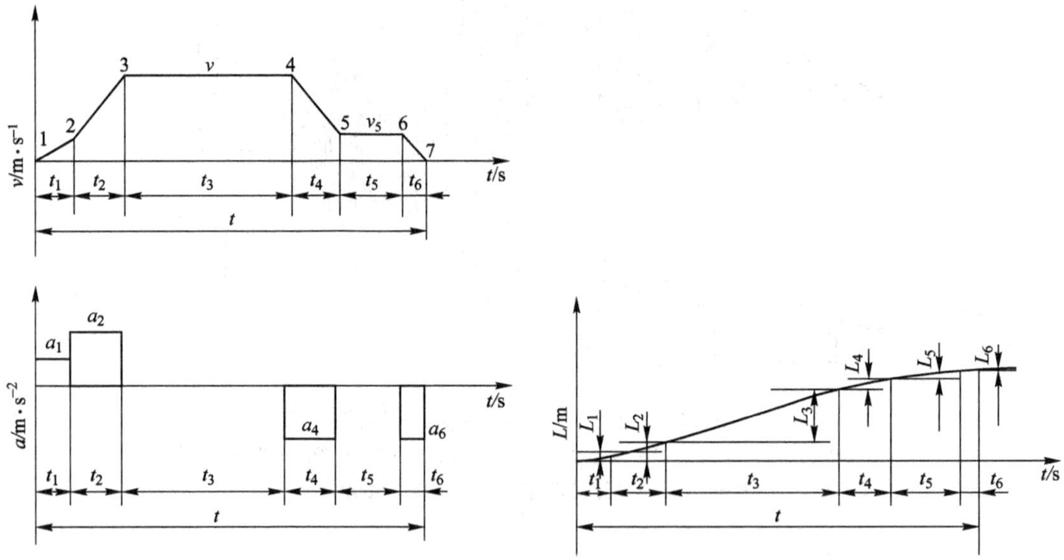

图 5-13 直流电动机驱动时，钢绳速度、加速度和进程曲线

在 t_1时间内，空料车从炉顶卸料曲轨极限位置下行，重料车从料车坑内启动，为防止钢绳松弛，其加速度较小，一般取 $a_1 = 0.2 \sim 0.4$ m/s^2。根据经验，在 t_1时间内钢绳行程取 $L_1 = 1$ m 左右。

在 t_2时间内，料车卷扬机继续加速而过渡到最大钢绳速度 v，一般 $v = 2 \sim 3.5$ m/s，加速度取 $a_2 = 0.4 \sim 0.8$ m/s^2，但应控制料车后轮离开卸料曲轨时的钢绳速度不得超过 1.5 ~ 1.6 m/s。

在 t_3时间内，料车以最大速度运行。

t_4时间为重料车进入卸料曲轨前的减速时间，一般取 $a_4 = 0.4 \sim 0.8$ m/s^2。v_5为重料车在卸料曲轨区段内行走时的钢绳速度，取 $v_5 = 0.5 \sim 1.0$ m/s。

t_5时间为重料车在卸料曲轨段以 v_5行走的时间。

t_6时间为料车进一步减速到停车的时间，一般取 $a_6 = 0.4 \sim 0.8$ m/s^2。

料车提升一次所需的总时间为：

$$t = t_1 + t_2 + t_3 + t_4 + t_5 + t_6 \quad \text{s}$$

料车卷扬机用交流电动机驱动时，钢绳的速度、加减速度和行程曲线，如图5-14所示。

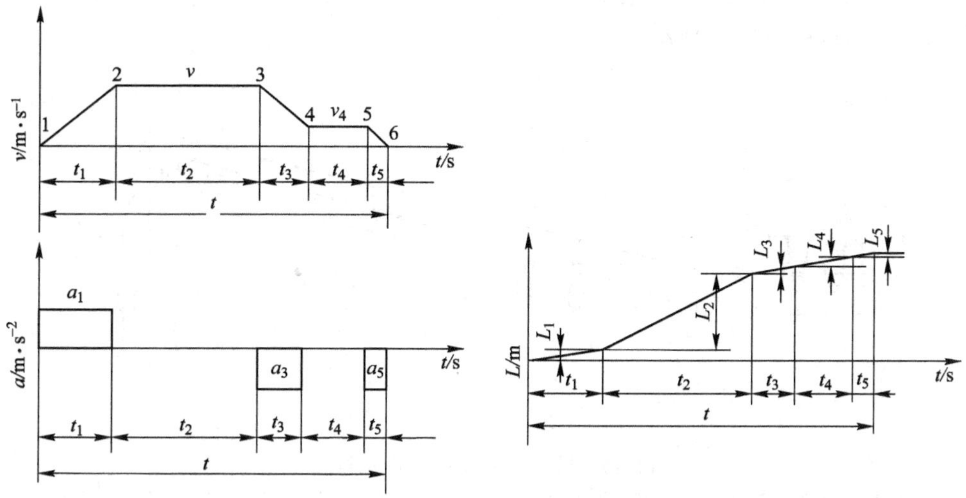

图5-14 交流电动机驱动时的钢绳速度、加速度和行程图

在t_1时间内，料车卷扬机以$a_1 = 0.3 \sim 0.5\ \text{m/s}^2$的加速度直接过渡到最大钢绳速度$v$，中小型高炉一般取$v = 1.0 \sim 7.5\ \text{m/s}$；在$t_2$时间内，料车以最大的钢绳速度行走，在$t_3$时间内，料车卷扬机减速，一般取$a_3 = 0.2 \sim 0.4\ \text{m/s}^2$；$t_4$为重料车在卸料曲轨区段内以钢绳速度为$v_4 = 0.5 \sim 1.0\ \text{m/s}$的走行时间；$t_5$为料车卷扬机进一步减速到停车的时间，一般取$a_5 = 0.3 \sim 0.5\ \text{m/s}^2$。

料车提升一次所需的总时间为：

$$t = t_1 + t_2 + t_3 + t_4 + t_5 \quad \text{s}$$

有的小型高炉的钢绳速度图中取消了v_4速度段，而以最大速度v接减速到停车。

料车提升一次需要的时间，一般中小型高炉$t = 40 \sim 46$ s，大型高炉为$t = 34 \sim 35$ s。

料车卷扬机的作业率不应过高，以适应高炉赶料线和今后高炉强化冶炼时生产率进一步提高的需要。在设计时，料车卷扬机的作业率一般不应超过60%～70%。

国内部分高炉的料车卷扬机主要技术参数见表5-9。

表5-9 国内部分高炉料车卷扬机主要技术参数表

炉　容	m^3	620	1000	1500	2580
料车额定负荷	kg	10000	15000	225500	35000
料车最大负荷	kg	11000	19000	25000	40000
卷扬机速度	m/s	2.5(最大)	2.5	3.5	3.8
卷筒直径	mm	1850	2000	2000	2600
钢绳直径	mm	30	39	43.5	52
钢绳行程	m	68	88	95	88
卷筒绳槽			双行程左螺旋槽	双线左旋	双头左旋
料车有效容积	m^3	4.5	6.5	10～12	15
电动机功率	kW	125(直流电机)	190(直流电机)	260(直流电机)	500(直流电机)

5.4.3 胶带式上料机

由于高炉的大型化和自动化,胶带机上料系统已经成为一种主流配置。胶带上料机主要由胶带、驱动卷筒、驱动电机及传动装置等组成。胶带上料机的工作示意图,如图 5-15 所示。胶带上料机的传动装置,如图 5-16 所示。

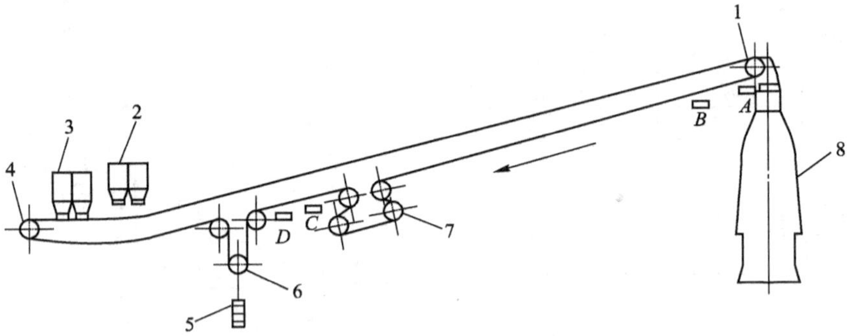

图 5-15 胶带上料机的工作示意图

1—炉顶头轮;2—矿石漏斗;3—焦炭漏斗;4—尾轮;5—配重;6—胶带张紧装置;7—胶带传动装置;8—高炉;A—原料到达炉顶检测;B—炉顶装料准备检测;C—矿石终点检测;D—焦炭终点检测

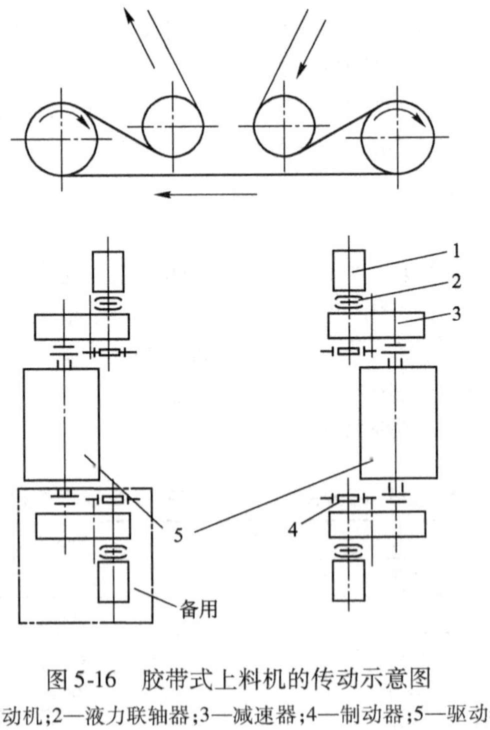

图 5-16 胶带式上料机的传动示意图

1—电动机;2—液力联轴器;3—减速器;4—制动器;5—驱动卷筒

胶带上料机的头轮设置在炉顶上,尾轮设置在炉后贮矿槽供料漏斗下面。机械传动装置和电器控制系统设置在位于尾轮一侧的中部控制室内。胶带机的传动装置室一般都布置在地面上,以便于维修。

胶带机的传动装置,由于传动功率较大,一般都采用双卷筒、多电动机驱动方式。驱动装置的组合形式，一般有三电机驱动和四电机驱动两种。在传动配置时，要使第一个传动卷筒有两台驱动装置同时工作，第二个卷筒可为两台或一台驱动装置工作。驱动装置的选择要力求统一，尽量选用同一种形式的驱动装置，以便于驱动装置的组合。采用四台电动机驱动时，其中一台为备用，设计计算时按三台电动机工作来计算和选择电动机。

采用多台电机双卷筒传动时，由于几个电动机的机械性能不一致，两个卷筒直径大小有差别，以及胶带刚性等原因，都会造成各个电动机的功率不平衡，给传动带来不利影响。为了解决这一问题，可以采取的措施有：选择特性误差尽量小的电动机，几台电动机的相对误差应控制在0.5% ~1.0%以内，设计时电动机的功率应比理论计算值大15% ~20%，以调节实际运行中的功率不平衡；选择足够大重量的平衡重，使两个卷筒的张力变化小，采用绕线型电机加电阻和液力耦合器，使电动机的特性变软等。

胶带上料机，由于炉料提升的高度大，胶带倾角又不能太大，所以胶带较长。同时，加上高炉的大型化和大料批上料，胶带的运行张力和胶带宽度也随之增加，所以目前一般均采用夹钢绳芯的高强度胶带作为高炉上料机胶带。这种钢绳芯胶带具有强度大、伸长率小、弯曲疲劳性好、耐冲击、横向成直性好及寿命长等优点。其缺点是由于夹钢绳芯胶带沿横向无骨架，胶带的横向强度较小，用时要注意防止胶带纵向撕裂。

夹钢绳芯胶带我国已有系列产品生产，其代号用GX表示。我国生产的钢绳芯胶带系列的许用张力，见表5-10。

为了防止炉料在胶带上滚动或散落，胶带的倾角一般不宜超过12°。胶带运行速度一般以2.0 ~2.5 m/s为宜。电动机在启动、制动时，加速度或减速度要合理选择。满载启动时，加速度为0.2 ~0.4 m/s^2，空载启动时，加速度为0.4 ~0.6 m/s^2，启动或制动时的胶带动张力不应超过最大工作张力的1.2 ~7.6倍。

表5-10 我国生产的钢绳芯胶带系列的许用张力（$\times 10^4$N）

型号		GX650	GX800	GX1000	GX1250	GX1600	GX2000	GX2500	GX3000	GX3500	GX4000
胶带宽度/mm	800	5.2	6.4	8	10	12.8	16	20	24	28	32
	1000		8.0	10	12.5	16	20	25	30	35	40
	1200			12	15	19.2	24	30	36	42	48
	1400				17.5	22.4	28	35	42	49	56
	1600					25.6	32	40	48	56	64
	1800					28.8	36	45	54	63	72
	2000						40	50	60	70	80

钢绳芯胶带的连接不能像帆布胶带那样用钢卡子连接，对接头质量要求很高，连接后的接头既要保持原有强度，又不能过长。连接方法，一般采用硫化法，即把钢绳芯胶带端头按一定方式排列在连接段内并连接起来，再覆以胶层，然后在硫化机上进行硫化处理，使之形成一个整体。这种接头方法是利用橡胶对钢丝绳的黏着力来承受胶带的张力的。

胶带的运行是靠胶带与卷筒之间产生的摩擦力来实现的。为了加强胶带机的传动能力，除充分利用包角外，还需要增大胶带和卷筒之间的摩擦系数。为此，对卷筒表面加以衬胶。衬胶方法有铸胶法和包胶法两种。铸胶法是将抗磨性较高的橡胶硫化紧贴于卷筒表面上，使部分橡胶能牢固地嵌入卷筒的交叉螺旋形沟槽内。铸胶法的主要缺点是橡胶老化后，贴合面容易产生松动。包胶法是将衬胶用埋头螺栓固定在卷筒表面上。此法衬胶,胶带使用寿命低,但拆卸衬胶方便。一般非钢绳芯胶带采用包胶法连接,高强度钢绳芯胶带采用铸胶法连接。卷筒的铸胶(或包胶)厚度根据卷筒的直径确定,卷筒直径为800~1000 mm时,其铸(包)胶厚度为10~12 mm;卷筒直径为1250~1600 mm时,铸(包)胶厚度为15~20 mm。

胶带上料机是连续运转的,上料操作主要是靠炉料的料头和料尾在胶带上所处的位置来控制炉顶装料设备和料仓下给料设备的动作来实现的。为此,在胶带机的头部和尾部分别设置有炉料位置检测装置(见图5-15)。图中*A*、*B*、*C*、*D*四个料位检测点的作用是:

(1)*A*点为炉料到达炉顶的检测点。当料头达到*A*点时,如果炉顶的装、布料设备的有关动作的完成信号未返回时,胶带机便停止运行。若其动作的完成信号已返回,料头顺利通过*A*检测点。当料尾通过*A*检测点时,向炉顶装料设备装置发出装料动作信号。

(2)*B*点为炉顶设备动作的准备检测点。例如向炉顶均压放散阀或布料器发出工作信号。并把这些信号返回。

(3)*C*点为矿石终点检测点,为下批矿石输送作出判断。当装矿时,必须在*C*点发出指令后,才能往胶带机上装矿石。

(4)*D*点为焦炭终点检测点,是控制焦炭输送的。根据料批程序,当装焦炭时,必须在检测点*D*发出指令后才能往胶带机上装焦炭。

国内外部分高炉胶带式上料机的主要参数见表5-11。

表5-11 国内外部分高炉胶带上料机的主要技术性能表

钢铁公司	高炉容积 /m^3	胶带宽 /mm	带速 /$m \cdot min^{-1}$	水平长度 /m	倾 角	能力 /$t \cdot h^{-1}$	点击容量台数 /kW·台$^{-1}$
中国首钢	1327	1200	120	344	12°	1100	380×2
中国唐钢	1260	1200	96	263.3	11°43′39″	1200	132×4
中国宣钢	1260	1200	96	232	11°	1200	132×4
中国宝钢	4063	1800	120		12°		250×4
日本水岛	2156	1600	145	343	10°34′	2300	150×4
法国敦刻尔克	3765	2400	90	300	12°		
德国不莱梅	3367	2000	130	370	13°		
日本君津	4063	2000	120	325.5	11°52′34″	4530	200×4
某　厂	2500	1600	120	350		2400	216×3

为了保持胶带机胶带和滚筒清洁,减少污物对胶带和运动部件的磨损,一般在卸料滚筒的后面安装刮板、电动橡胶螺旋滚筒、回转刷等清扫器,或者用压缩空气和高压水冲洗,如图5-17所示。比较先进的办法是在胶带离开卸料滚筒后的回路途中的一定位置处,将胶带扭转180°,使污面向上,清洁面与托辊接触,当胶带在进入尾部卷筒之前,再将胶带扭转回180度。使胶带承载面恢复原位,这样,避免了胶带的污面与滚筒接触。

此外,在胶带机的上部应安装金属密封罩壳,并将壳内废气抽走除尘,以净化工作环境。

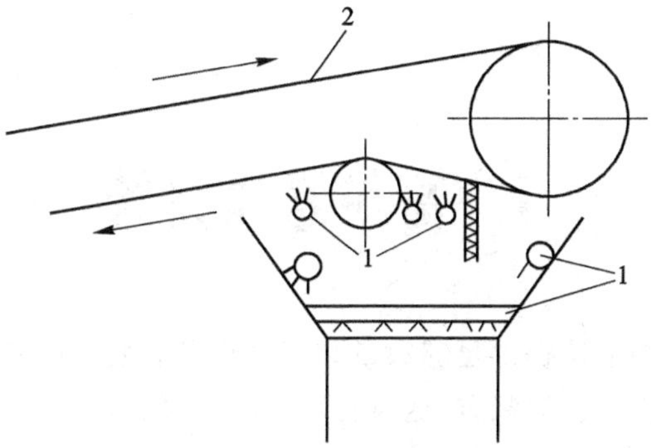

图 5-17 胶带机头部清洗装置
1—冲水管;2—胶带

思考题

5-1 炉后供料系统的工作条件如何,炉后供料系统应满足的要求是什么?

5-2 炉后贮矿槽有哪几种布置形式,各有何特点?

5-3 在贮矿槽和贮焦槽的设计中,通常需要考虑哪些因素?

5-4 高炉采取料车式上料机上料和胶带运输机上料各有哪些优点和缺点?

5-5 槽下筛分和槽下称量对高炉冶炼有何意义？比较电子式称量漏斗和杠杆式称量漏斗的优缺点。

5-6 比较胶带式上料机和料车式上料机的工作特点。说明料车式上料机常用的三种卸料曲轨形状的性能特征。

5-7 胶带上料机为了配合高炉的上料操作,分别在胶带机的头部和尾部设置了检测装置,说明这些检测点的作用。

6 高炉送风系统

高炉送风系统是为高炉冶炼提供足够数量和高质量风的鼓风设施。送风系统的设备主要包括高炉鼓风机、热风炉、加湿或脱湿装置、送风管道和阀门等。

6.1 高炉鼓风机的选择

6.1.1 对高炉鼓风机的要求

高炉鼓风机是高炉冶炼最重要的动力设备。它不仅直接为高炉冶炼提供所需要的氧气，而且还要为炉内煤气流的运动克服料柱阻力提供必需的动力。高炉鼓风机是高炉的心脏。

高炉鼓风机不是一般的通风机，它必须满足下列要求：

（1）有足够的送风能力，即不仅能提供高炉冶炼所需要的风量，而且鼓风机的出口压力要能够足以克服送风系统的阻力损失、高炉料柱阻力损失以及保证有足够高的炉顶煤气压力。

（2）风机的风量及风压要有较宽的调节范围，即风机的风量和风压均应适应于炉料的顺行与逆行、冶炼强度的提高与降低、喷吹燃料与富氧操作以及其他多种因素变化的影响。

（3）送风均匀而稳定，即风压变动时，风量不得自动的产生大幅度变化。

（4）能保证长时间连续、安全及高效率运行。

6.1.2 高炉鼓风机及其特性

常用的高炉鼓风机类型有离心式、轴流式及定容式三种。下面简单介绍它们的工作原理及特性。

6.1.2.1 离心式鼓风机

离心式鼓风机的工作原理，是靠装有许多叶片的工作叶轮旋转所产生的离心力，使空气达到一定的风量和风压，离心式鼓风机的叶轮结构如图 6-1 所示。高炉用的离心式鼓风机一般都是

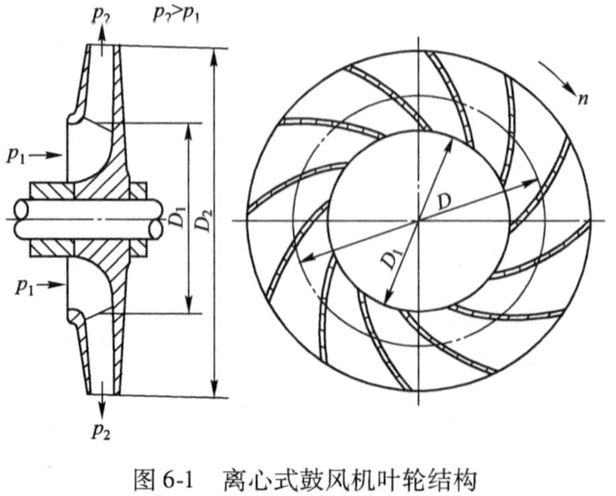

图 6-1 离心式鼓风机叶轮结构

多级的，级数越多，风机的出口风压也越高。风的出口压力为 0.015～0.35 MPa 的，一般称为鼓风机，风的出口压力大于 0.35 MPa 的，一般称为压缩机。

我国生产的 D400-41 型离心式鼓风机的结构如图 6-2 所示。该鼓风机为四级，它主要由叶轮、主轴、机壳、密封、吸气室及排气室等部分组成。鼓风机工作时，气体由吸气室 1 吸入，首先通过叶轮 3 第一级压缩，提高其风的压力、速度及温度，然后进入扩压器 4，流速降低，压力提高，同时进入到下一级叶轮继续压缩。经过逐级压缩后的高压气体，最后经过排气管 9 进入输气管道送出。

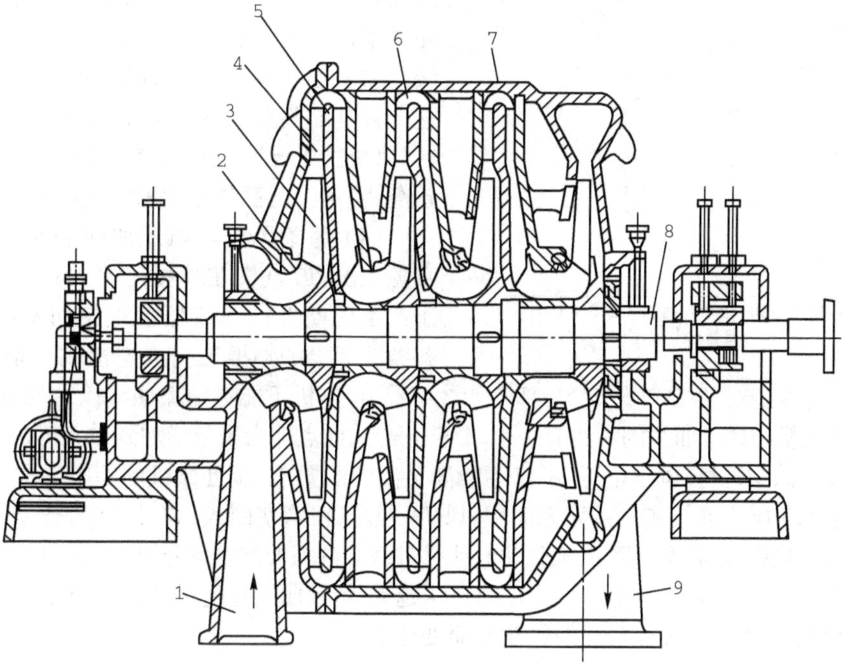

图 6-2　D400-41 型离心式鼓风机结构图

1—吸气室；2—密封；3—叶轮；4—扩压器；5—隔板；6—弯道；7—机壳；8—主轴；9—排气管

鼓风机的性能，一般用特性曲线表示。该曲线能表示出在一定条件下鼓风机的风量、风压（或压缩比）、效率（或功率）及转速之间的变化关系。鼓风机的特性曲线，一般都是在一定试验条件下通过对鼓风机做试验运行实测得到的。测定特性曲线的吸气条件是：吸气口压力为 0.098 MPa（绝对压力），吸气温度为 20 ℃，相对湿度为 50%。每种型号的鼓风机都有它自己的特性曲线。鼓风机的特性曲线是选择鼓风机的主要依据。图 6-3 所示的是 D400-41 型离心式高炉鼓风机的特性曲线，由于其转速不可调，风量与风压之间的变化关系曲线只有一条。图 6-4 所示的是 K-4250-41-1 型离心式高炉鼓风机特性曲线，由于其转速可调节，所以能获得不同转速下的多条特性曲线。

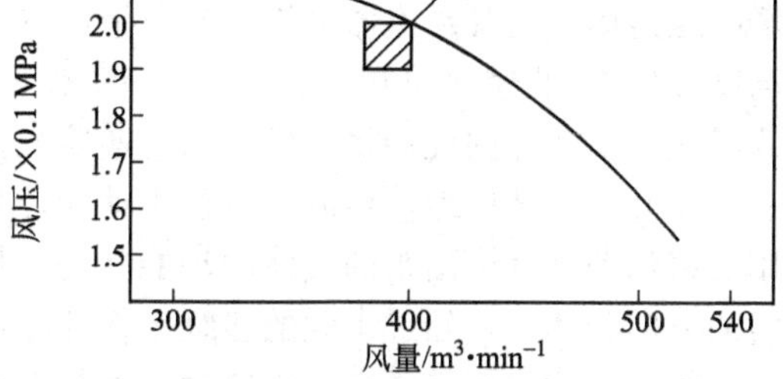

图 6-3　D400-41 型离心鼓风机性能曲线

离心式鼓风机的特性曲线具有下列特点：

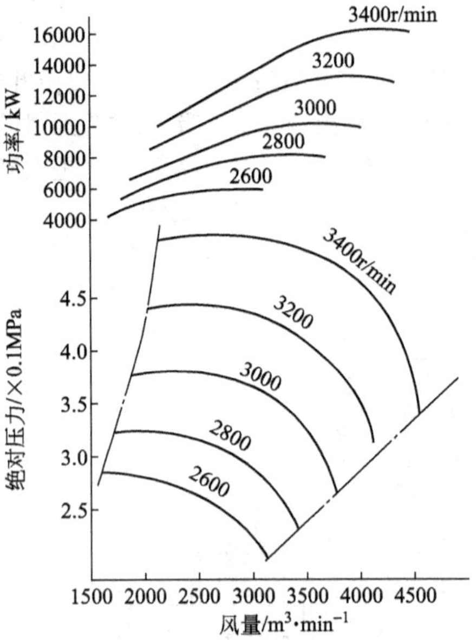

图6-4 K-4250-41-1型离心式高炉鼓风机特性曲线

(1) 在一定转速下,风量增加,风压降低;反之,风量减少,则风压增加。风量为某一值,其风机效率为最高,此点流量为风机设计的工况点。

(2) 可以通过调节风机转速的方法来调节风机的风量和风压。

(3) 风机转速越高,风量与风压变化特性曲线的曲率越大,并且末尾段曲线变得越来越陡。即风量过大时,风压降低得很多,中等风量时,曲线比较平坦。中等风量区域,风机的效率较高,这个较宽的高效率风量区称为风机的经济运行区,风机的工况区应在经济运行区内。风机转速越高,稳定工况区越窄,特性曲线向右移动。

(4) 每条风量与风压曲线的左边都有一个喘振工况点,风机在喘振工况点以左运行时,由于产生周期性的气流振荡现象而不能使用。将各条曲线上的喘振工况点连接成一条喘振曲线,可看出,风机不能在喘振曲线以左的区域运行。

(5) 每条风量与风压曲线的右边有一个堵塞工况点,此点即为风量增加到最大值的工况点。风机在堵塞工况点以右运行,风压很低,不仅不能满足高炉的要求,而且风机的功率增加很多。将各条曲线上的堵塞工况点连接成一条堵塞曲线,风机一般只在堵塞曲线以左区域运行。如果风机放风启动或大量放风操作,将会导致风机驱动电动机过载。喘振曲线与堵塞曲线之间的运行区域,称为风机的稳定工况区。风机的级数越多,出口风压越大,特性曲线越陡,稳定工况区也越狭窄。

(6) 风机的特性曲线随吸气条件的改变而变化。

6.1.2.2 轴流式鼓风机

轴流式鼓风机,当出口压力较高时也称轴流式压缩机。大型高炉一般采用轴流式压缩机鼓风。轴流式鼓风机的工作原理,是依靠在转子上装有扭转一定角度的工作叶片随转子一起高速旋转,叶片对气流作功,获得能量的气体沿着轴向方向流动,达到一定的风量和风压。转子上的一列工作叶片与机壳上的一列导流叶片构成轴流式鼓风机的一个级。级数越多,空气的压缩比越大,出口风压也越高。多级轴流式风机的工作原理见图6-5。

我国生产的Z3250-46型轴流式压缩机构造如图6-6所示。这种轴流式压缩机为九级,其中的进气管、收敛器、进气导流器、级组(动叶和导流器)、出口导流器、扩压器以及出气管等均称通流部件,总称通流部分,各通流部件都有它各自的功用。压缩机工作时,从进气管吸入的大气均匀地进入环形收敛器,收敛器使气流适当加速,以使气流在进入进气导流器之前具有均匀的速度场和压力场。进气导流器由均匀分布于汽缸上的叶片组成,它的功用是使其气流能沿着叶片的高度,以一定的速度和方向进入第一级工作叶轮。工作叶轮是由装在转盘上的均匀分布的动叶片组成。动叶片的旋转将其机械功传递给气体,使气体获得压力能和动能,并通过导流器进入下一级动叶片继续压缩。导流器由位于动叶片后均匀固定在汽缸上的一列叶片组成,导流器的功用是将从动叶片中出来的气体的动能转化为压力能,并使气流在进入下一级动叶片之前具有一定的方向和速度。经过串联的多级工作叶轮逐级压缩后的气体,最后通过出口导流器、扩压器和出气管进入输气管道送走。出口导流器是在最后一级导流器的后面,装在汽缸上的一列叶片,其功能是使从末级导流器出来的气流能沿叶片的高度方向转变成为轴向流动,以避免气流在扩压器中由于产生旋绕而增加压力损失，而且还能使后面的扩压器中的气流流动更加稳定，以提高压缩机的工作效率。扩压器的功能是使从出口导流器中流出来的气流能均匀地减速，将余下的部分动能转化为压力能。出气管是将气流沿径向收集起来，输送到高炉。

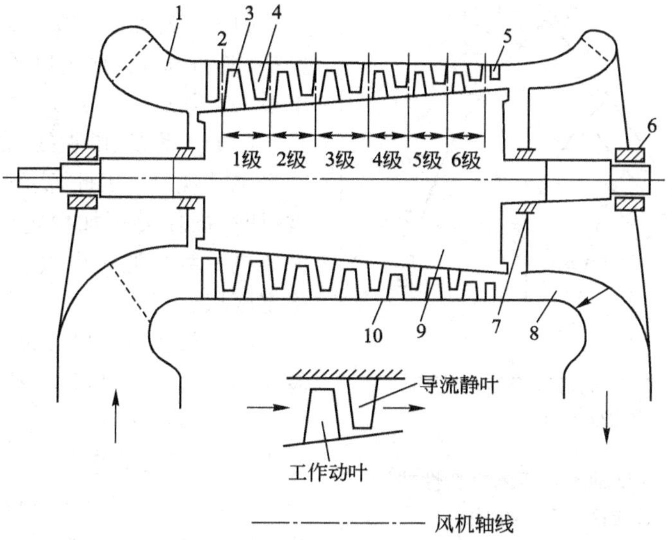

图 6-5　多级轴流式风机工作原理图

1—进气收敛器；2—进口导流器；3—工作动片；4—导流静片；5—出口导流器；6—轴承；7—密封装置；8—出口扩压器；9—转子；10—机壳

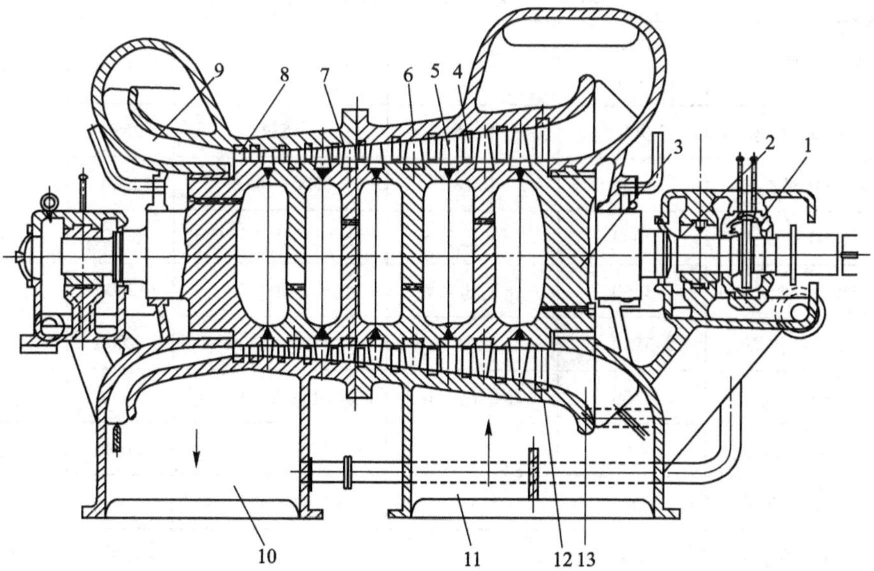

图 6-6　Z3250-46 型轴流式压缩机

1—止推轴承；2—径向轴承；3—转子；4—导流器(静叶)；5—动叶；6—前汽缸；7—后汽缸；8—出口导流器；9—扩压器；10—出气管；11—进气管；12—进气导流器；13—收敛器

作为高炉鼓风用的轴流式压缩机，可以由汽轮机驱动，也可以是电动机驱动。

Z3250-46 型轴流式压缩机的特性曲线，见图 6-7。轴流式压缩机（或轴流式鼓风机）的特性曲线，除了有离心式鼓风机的特性曲线的共同特点外，其不同之处是：

（1）特性曲线较陡，允许风量变化的范围更窄，增加风量会使出口风压（或压缩比）及效率很快下降；

（2）飞动线（喘振线）的倾斜度很小，容易产生飞动现象。因此，高炉使用轴流式鼓风机鼓风时，操作要更加稳定。在生产中，轴流式鼓风机一般是通过电气自动控制来实现其在稳定区域运行的。

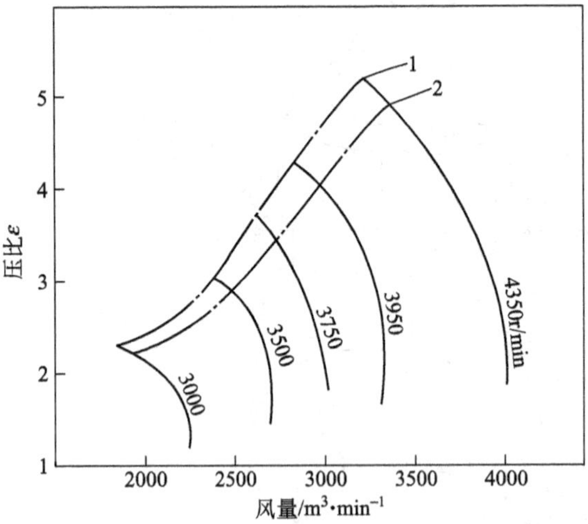

图 6-7　Z3250-46 型轴流式压缩机特性曲线
1—飞动曲线；2—反飞动曲线

高炉鼓风机的风量、风压允许变化的范围越大，对高炉的适应性也越大。

高炉鼓风采用轴流式压缩机的优点是风量大、风压高、效率高、风机重量轻及结构紧凑。因此，轴流式压缩机很适合于大型高炉采用，并有取代离心式鼓风机的趋势。所以我国新建 1000m^3 以上的高炉，均采用轴流式鼓风机。同时，采用同步电动机来驱动全静叶可调轴流式压缩机的高炉比例也越来越大。有一点需要特别注意，那就是轴流式压缩机对灰尘的磨损很敏感，要求吸入空气需经很好地过滤。国内不同容积高炉的风机配置情况见表 6-1。

表 6-1　高炉容积与鼓风机配置

炉容 /m^3	鼓风机型号	风量 /$m^3 \cdot min^{-1}$	风压/MPa	转速/ $r \cdot min^{-1}$	功率/kW	传动方式
310	D900-2.5/0.97 离心式	900	0.15	5534	2500	电　动
620	AK-1300 离心式	1500	0.18	2200 ~ 3000	4500	汽　动
	AK-1300 轴流式	2000	压缩比 3.5	调速汽轮机直接传动	6000	汽　动
1000	Z-3250-46 轴流式	3250	压缩比 4.2	4400	12000	电　动
1000	K-3250-41-1 离心式	3250	0.28	2500 ~ 3400	12000	汽　动
1500	静叶可调轴流式	4500	压缩比 4.0	调速汽轮机直接传动		汽　动
1500	K-4250-41 离心式	4250	0.3	2500 ~ 3250	17300	汽　动
2000	静叶可调轴流式	6000	压缩比 4.0 ~ 5.0	调速汽轮机直接传动		汽　动
2500	静叶可调轴流式	6000	0.45		32000	同步电动
3200	AG120/16RL6 轴流式	7710	0.48	3000	39460	同步电动
4063	全静叶可调轴流式	8800	0.51		48000	同步电动

6.1.3 高炉鼓风机的选择

6.1.3.1 鼓风机出口风量的计算

鼓风机出口风量包括高炉入炉风量、送风系统漏风量和热风炉换炉时的充风量之和。计算风量时用标准状态下的风量表示。

(1) 高炉入炉风量计算用下式

$$q_v = \frac{V_u \cdot I \cdot q_j}{1440}$$

式中 q_v——高炉入炉风量,m^3/min;

V_u——高炉有效容积,m^3;

I——冶炼强度,$t/(m^3 \cdot d)$,其值按高炉可能达到的最高值计;

q_j——每吨干焦的耗风量,m^3/t。

每吨干焦的耗风量与焦炭的灰分含量和风的湿度有关,焦炭灰分为10% ~16%时,每吨干焦的干风耗风量一般为2750 ~2604 m^3/t。

(2) 送风系统管路漏风损失量计算用下式

$$q_0 = \eta \cdot q_v$$

式中 q_0——送风管路系统漏风损失风量,m^3/min;

η——漏风系数,正常情况,大型高炉为10%,中小型高炉为15%左右。

(3) 热风炉换炉充风量热风炉换炉操作时,若风机仍按原来的风量送风,高炉风口的风压势必会降低,从而会导致炉内煤气流波动,影响炉况稳定。这种情况虽然对于中小型高炉的影响并不严重,但对于大型高炉来说,影响则不可忽视。大型高炉热风炉换炉操作时,为了维持高炉风口风压不变,风机从定风量调节,自动地转变为定风压调节,即增加风机的供风量,充入送风的热风炉。热风炉换炉充风量多少与热风炉的充风空间容积、热风炉内温度及充风时间长短等有关。按理论准确计算充风量比较复杂,生产中一般是根据经验公式估算,或按经验取值确定。其经验公式如下:

$$q_0' = C \cdot q_v$$

式中 q_0'——热风炉换炉充风量,m^3/min;

C——充风量占高炉入炉风量的百分数,%,大型高炉 C 值一般取10%左右。

(4) 鼓风机出口风量计算用下式

$$q_c = q_v + q_0 + q_0'$$

式中 q_c——要求鼓风机出口风量,m^3/min。

6.1.3.2 鼓风机出口风压的确定

高炉鼓风机的出口风压值等于高炉料柱阻力损失、炉顶煤气压力和送风系统的管路阻力损失三者之和。

(1) 炉顶煤气压力 p_1 常压操作的高炉炉顶压力一般为0.02 ~0.03 MPa,高压操作的高炉炉顶煤气压力,大型高炉为0.15 ~0.25 MPa,中型高炉为0.1 ~0.15 MPa,小型高炉为0.06 ~0.12 MPa。

(2) 高炉料柱阻力损失 p_2 高炉料柱阻力损失的大小与高炉有效容积、原燃料条件和高炉操作情况等有关。生产中高炉料柱的煤气阻力损失太小,一般是根据生产的实际条件取值确定的,大型高炉为0.11 ~0.16 MPa,中型高炉为0.1 ~0.11 MPa,小型高炉为0.045 ~0.085 MPa。

(3) 送风系统管路阻力损失 p_3送风系统的管路阻力损失，一般可根据管路条件经验取值，大中型高炉为0.02 MPa左右，小型高炉为0.01～0.015 MPa。

(4) 要求鼓风机出口风压 p_c用下式计算：

$$p_c = p_1 + p_2 + p_3$$

不同炉容的高炉的炉顶压力，料柱阻力损失、送风系统管路阻力损失及要求鼓风机出口压力，见表6-2。

表6-2 国内一些高炉所需风压

炉容/m^3	原料条件	料柱阻力损失/MPa	送风系统阻力损失/MPa	炉顶压力/MPa	风机出口压力/MPa
5000	自熔性烧结矿	0.15～0.17	0.02	0.25～0.30	0.57
4000	自熔性烧结矿	0.15～0.17	0.02	0.25	0.51～0.55
2500	自熔性烧结矿	0.14～0.16	0.02	0.15～0.25	0.31～0.43
2000	自熔性烧结矿	0.14～0.15	0.02	0.15～0.25	0.31～0.37
1500	自熔性烧结矿	0.13～0.14	0.02	0.10～0.15	0.25～0.31
1000	自熔性烧结矿	0.11～0.13	0.02	0.10～0.15	0.23～0.30
620	自熔性烧结矿	0.10～0.11	0.02	0.06～0.12	0.18～0.25
300	自熔性烧结矿	0.065～0.085	0.015	0.025～0.08	0.11～0.18

6.1.3.3 鼓风机选择

(1) 大气状况对高炉鼓风机工作的影响。前面介绍的高炉入炉风量和风压是按标准状态下的空气量计算的。但是由于各地区的大气温度、湿度和压力的变化，即风机的吸气条件发生了变化，必须用气象修正系数对风量和风压分别加以修正。我国主要地区的风量修正系数和风压修正系数值见表6-3。

表6-3 各类地区风量修正系数 K 值及风压修正系数 K' 值

季 节	一类地区		二类地区		三类地区		四类地区		五类地区	
	K	K'	K	K'	K	K'	K	K'	K	K'
夏 季	0.55	0.62	0.7	0.79	0.75	0.85	0.8	0.9	0.94	0.95
冬 季	0.68	0.77	0.79	0.89	0.90	0.96	0.96	1.08	0.99	1.12
全年平均	0.63	0.71	0.73	0.83	0.83	0.91	0.88	1.0	0.92	1.04

注：地区分类是按海拔标高划分的。

高原地区：

一类——海拔高度约在3000 m以上的地区，如西昌、西藏等；

二类——海拔高度在1500～2300 m的地区，如昆明、兰州、西宁等；

三类——海拔高度在800～1000 m的地区，如贵阳、包头、太原等。

平原地区：

四类——海拔高度在400 m以下的地区，如重庆、武汉、湘潭等；

五类——海拔高度在100 m以下的地区，如鞍山、上海、广州等。

(2) 鼓风机工况点风量和风压计算高炉鼓风机必须根据鼓风机的特性曲线来选择，不能直接用铭牌风量、风压来选择，因此对标准风量和风压必须进行修正换算。

按下式将要求的鼓风机的出口风量换算为鼓风机工况点的容积风量：

$$q = \frac{q_c}{K}$$

式中 q——鼓风机特性曲线上工况点的容积风量，m^3/min；

q_c——要求鼓风机在标准状态下的容积风量，m^3/min；

K——风量修正系数。

将鼓风机特性曲线上工况点的风压（绝对大气压力）换算为某地区鼓风机实际出口风压（绝对大气压力）：

$$p_c = K'p$$

式中 p_c——某地区要求鼓风机实际达到的出口风压，MPa；

p——鼓风机特性曲线上工况点的风压，绝对大气压力，MPa；

K'——风压修正系数。

(3) 鼓风机工况区的确定高炉在不同季节和不同冶炼条件下操作时，要求鼓风机的风量和风压均能在较大范围内变动，这个允许变化的范围称为鼓风机运行的工况区。鼓风机运行的工况区必须在鼓风机的安全运转范围以内。确定鼓风机运行工况区的目的之一，是为了能根据现有鼓风机的特性曲线来选择高炉鼓风机。高压高炉鼓风机的工况区示意图如图6-8所示。常压高炉的只有一条特性曲线的电动离心式鼓风机的工况区示意图如图6-8所示。鼓风机运行在安全线上的风量称为临界工况。临界工况一般为经济工况的50%～75%。

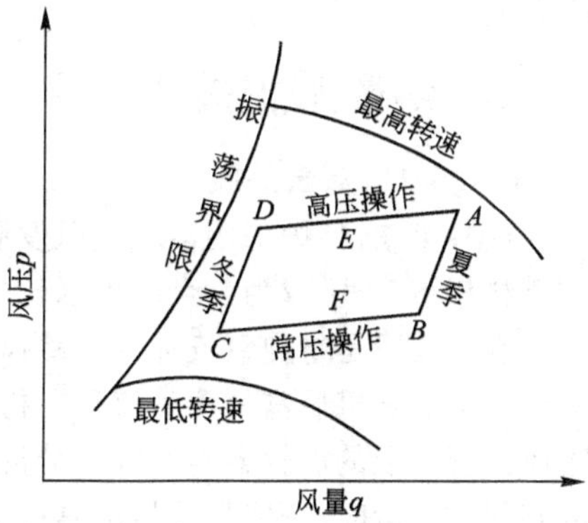

图6-8 高压高炉鼓风机的工况示意图

为了确保高炉正常生产，对选择出来的高炉鼓风机的运行工况区应当满足下列要求：

(1) 在夏季最热月份最高平均气象条件下，高压操作高炉的最高冶炼强度时的运行工况点为 A 点，常压操作高炉的最高冶炼强度时的运行工况点为 B 点，如图6-8所示。

(2) 在冬季最冷月份最低平均气象条件下，高压操作高炉的最低冶炼强度时的运行工况点为 D 点，常压操作高炉的最低冶炼强度时的运行工况点为 C 点。

(3) 在年平均气象条件下，高压操作高炉年平均冶炼强度时的运行工况点为 E 点，常压操作高炉年平均冶炼强度时的运行工况点为 F 点。

(4) 鼓风机的送风能力工况点 A、B、C、D 点必须在鼓风机的安全范围以内，E、F 点应在鼓风机的经济（高效率）运行区内。

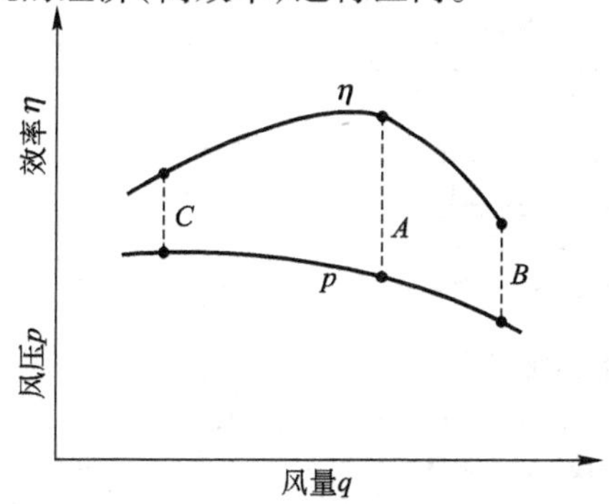

图6-9 电动离心式鼓风机的工况示意图

(5) 对于常压操作的中小型高炉，一般采用电动离心式鼓风机，只有一条特性曲线，如图6-9所示。在夏季最热月份最高平均气象条件下，高炉最高冶炼强度时的运行工况点为 B 点，B 点的传动功率应小于鼓风机电动机功率，在冬季最冷月份最低平均气象条件下，高炉最低冶炼强度和最高阻力损失时的运行工况点 C 必须在鼓风机的安全运行范围内。在年平均气象条件下，高炉年平均冶炼强度的运行工况点 A 应与最高效率点对应。

在选择高炉鼓风机时应当考虑使高炉容积和鼓风机的能力都能同时发挥作用。为了确保高炉安全生产，应设置备用鼓风机,其台数与炉容大小和高炉座数有关。一般相同炉容的2~3座高炉设一台备用鼓风机。

6.1.4 鼓风机的串联与并联

高炉鼓风机串联的主要目的是提高主机的出口风压。风机的串联是在主机的吸风口处增设一台加压风机,使主机吸入气体的压力和密度提高,在主机的容积风量不变的情况下,风机出口的质量风量和风压均增加,从而提高了风机的出力。风机串联时,一般要求加压风机的风量比主机的风量要稍大些,而风压比主机的风压要小些。两机之间的管道上应设置阀门,以调节管道阻力损失和停车时使用。

风机并联是把两台鼓风机的出口管道沿风的流动方向合并成一条管道向高炉送风。风机并联的主要目的是增加风量。为了增强风机并联的效果,要求并联的两台风机的型号相同或性能非常接近。每台风机的出口管道上均应设置逆止阀和调节阀,以防止风的倒流和调节两风机的出口风压。同时,为了降低管道气流阻力损失,应适当扩大送风总管直径和尽可能地减小支管之间的夹角。

6.1.5 富氧、脱湿鼓风

6.1.5.1 富氧鼓风

近些年来,高炉采用富氧鼓风发展很快。富氧鼓风不仅能增强冶炼强度,而且富氧鼓风与喷吹燃料相结合,已成为当今高炉强化冶炼的重要途径。

富氧鼓风是将纯氧气加入到冷风中,与冷风混合后送往高炉。富氧鼓风按氧气加入位置分为机前富氧和机后富氧两种流程。机前富氧是将从氧气站来的低压氧气直接送入高炉鼓风机的吸风口管道上的混合器与空气充分混合,经过高炉鼓风机加压后送往高炉。当高炉鼓风机站距离制氧站较近时,一般采取机前富氧。机前富氧的优点是减少了氧气加压机的台数,节省能耗。

机后富氧是将从氧气站来的低压氧气先经过氧气加压机加压,然后再将高压氧气通入高炉鼓风机出风口后的冷风管与冷风混合后送往高炉。我国高炉富氧,一般都是采取机后富氧方式。我国某厂高炉机后富氧鼓风管道系统示意图如图6-10所示。为了保证高炉供氧安全,在送氧管道上设置有截止阀及电磁快速切断阀,以应付突然断氧气时能迅速切断供氧系统。在输送氧气

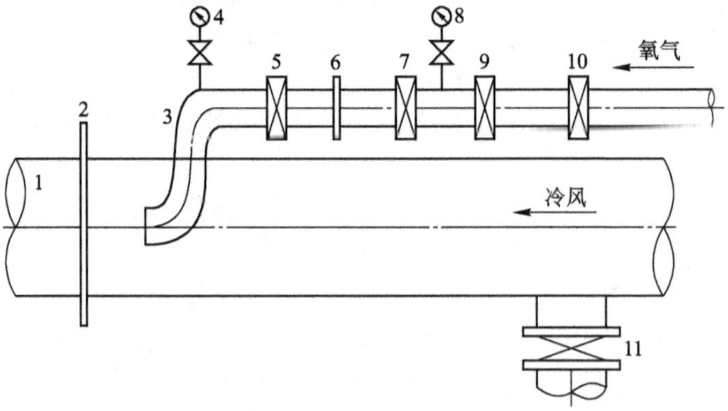

图6-10 某厂高炉机后富氧鼓风管道系统示意图

1—冷风管;2—冷风流量孔板;3—S型氧气插入管;4、8—压力表;5—P25Dg150截止阀;6—氧气流量孔板;7—电磁快速切断阀;9—P40Dg125电动流量调节阀;10—P16Dg100截止阀;11—放风阀

的管路上还应设置通氧气的副管,以便于阀门检修。高炉富氧量的控制方法一般有两种,一种是固定氧气流量不变,即加入的氧气量与风量无关。另一种是保持风中的含氧率不变,即加入的氧气流量与风量成比例增减。调节氧气流量一般采用电动流量调节阀。

6.1.5.2　脱湿鼓风

高炉进行脱湿鼓风是人为地减少鼓风中的水分绝对含量,使水分含量稳定在一个较低的数值范围内。其目的是减少炉缸热量消耗和稳定鼓风湿度,促进炉况稳定和降低焦比。高炉脱湿鼓风按脱湿的原理分为干式、湿式氯化锂吸附法、冷却法和冷却与氯化锂吸附联合脱湿法等。干、湿式氯化锂吸附法脱湿的原理相同,都是用氯化锂作为吸附剂利用吸附剂饱和水蒸气压力小于空气中水的分压力来实现空气中的水分向吸附剂转移,脱除空气中的水分。干式与湿式脱湿法的区别主要是,干式脱湿是采用含浸了氯化锂吸附剂的旋转轮旋转进行轮换吸附水分和加热除水,而湿式脱湿则是采用含有一定浓度的氯化锂水溶液喷淋成雾状与空气接触,吸附其水分后本身被稀释,稀释溶液加热再生后重用。氯化锂吸附脱湿法的装备复杂,管理和维护工作量大。国内高炉一般不采用氯化锂吸附脱湿法而较多采用冷却法脱湿。

冷却法脱湿原理是将空气通过冷却机冷却到露点温度以下,使空气中水蒸气被冷凝成液态水,进而被脱除。冷却法脱湿的优点是不消耗化学药品,工艺和设备简单,并可机前脱湿能增加鼓风机的风的质量流量。冷却脱湿法,有在风机出风口侧冷却脱湿和在风机入风口侧冷却脱湿两种形式。由于前者会导致风的热量损失及增加风压损失,因此高炉鼓风的脱湿,一般都不采取机后脱湿法,而普遍采取机前脱湿法。机前冷却脱湿是在鼓风机的吸风管道上设置通以氨或氟利昂的空气冷却器,使空气中的水分冷凝被脱除。我国宝钢1号高炉机前冷却脱湿鼓风工艺流程如图6-11所示。其脱湿效果为:入口风含水量32.5 g/m^3,出口风含水量9 g/m^3,脱掉水72%。

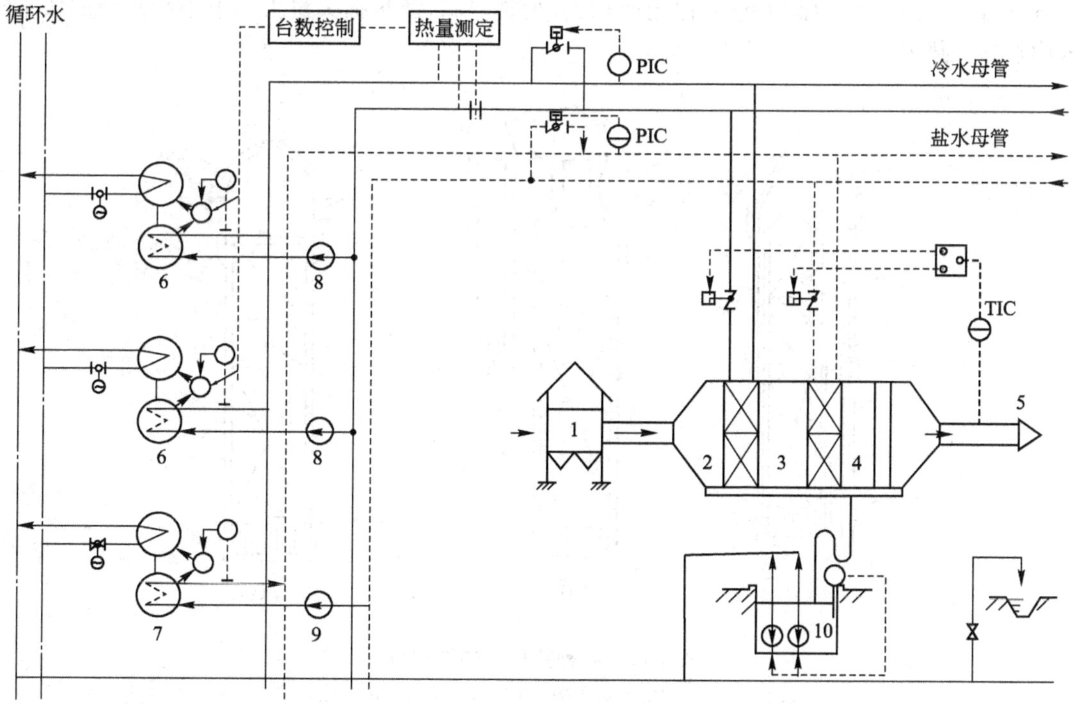

图6-11　宝钢1号高炉机前冷却脱湿鼓风工艺流程图

1—布袋式空气过滤器;2—冷水冷却器;3—水冷却器;4—除雾器;5—鼓风机;6—冷水冷冻机;7—盐水冷冻机;8—冷水泵;9—盐水泵;10—排水池与排水泵

机前冷却脱湿法的优点是不仅增加了风量，而且不会降低出风口风温和风压。冷却法脱湿鼓风，一般只适合于在气温较高、空气绝对含湿量较大的地区和季节采用，脱湿装置在冬季一般是不运行的。

6.2 蓄热式热风炉

6.2.1 概述

高风温是强化高炉冶炼、降低焦比的重要措施。蓄热式热风炉就是用来加热高炉鼓风的普遍采用的加热设备。蓄热式热风炉，一般是指蓄热室内砌筑耐火格子砖的热风炉，而把蓄热室内堆积耐火球的热风炉称为球式热风炉。

蓄热式热风炉按燃烧室所处位置不同分为内燃式、外燃式及顶燃式三种类型。我国高炉普遍采用的是内燃式热风炉，少部分大型高炉采用外燃式热风炉。顶燃式热风炉（除球式热风炉外）已有成熟的卡鲁金热风炉，其使用也日益广泛。

各种类型热风炉的结构特征如图 6-12 所示。

图 6-12(a)为内燃式热风炉。其主要特点是燃烧室位于热风炉内的一侧，具有热损失小、结构简单、占地面积小和投资省等优点。但蓄热室内气流分布不够均匀，隔墙结构复杂并容易损坏，难以适应长期 130090 高风温要求，特别是过去的一般内燃式热风炉应当加以改造。

图 6-12(b)为外燃式热风炉。其主要特点是燃烧室与蓄热室相互分开，单独设置燃烧室。外燃式热风炉的蓄热室内气流分布合理，免除了内燃式热风炉的隔墙被烧坏的弊病，为高风温和长寿创造了条件。但其结构复杂，占地面积大，投资费高，散热损失量大。中小型高炉一般不宜采用外燃式热风炉。

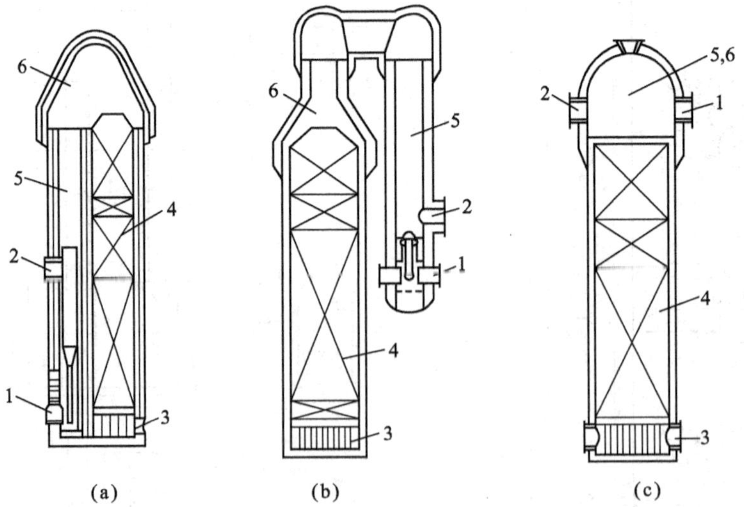

图 6-12　各种热风炉的结构特征

(a)内燃式热风炉；(b)外燃式热风炉；(c)顶燃式热风炉

1—燃烧口；2—热风出口；3—冷风入口(或废气出口)；

4—蓄热室；5—燃烧室；6—拱顶

图6-12(c)为顶燃式热风炉。其主要特点是不设置专门的燃烧室,而将拱顶的空间部分作为燃烧室。外燃式热风炉相对于传统内燃式热风炉而言,克服了火井倾斜掉砖、烧穿短路的弊端,更容易获得1200 ℃以上的高风温。外燃式热风炉由于燃烧室和蓄热室的连接和拱顶的形状不同,形成了四种主要的结构形式,即地德式、柯柏式、马琴式和新日铁式,如图6-13所示。

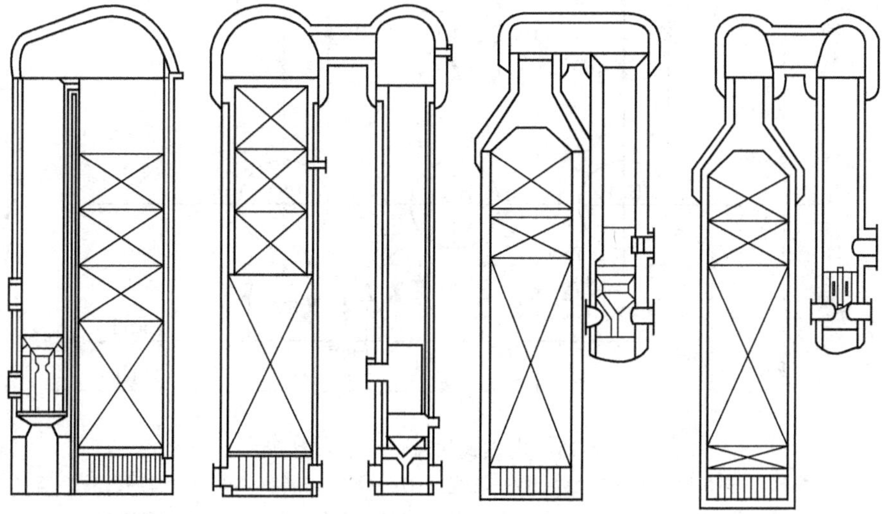

图6-13　外燃式热风炉结构示意图

(a)地德式;(b)柯柏式;(c)马琴式;(d)新日铁式

热风炉的座数,我国一座高炉一般设置3座热风炉,只有少部分大型高炉为避免热风炉的结构过于庞大,考虑热风炉工作的可靠性和使用灵活性,一座高炉设置4座热风炉。

热风炉系统的布置方式,主要取决于热风炉的结构形式。顶燃式热风炉系统的布置如图6-14所示,内燃式热风炉系统的布置如图6-15所示,外燃式与内燃式热风炉系统的布置大体相同。

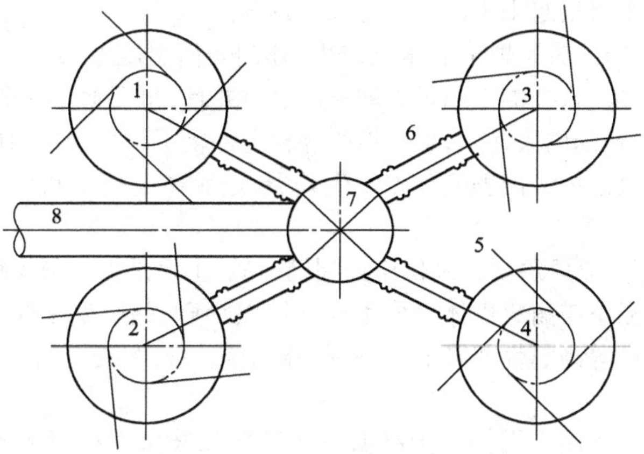

图6-14　顶燃式热风炉系统布置图

1、2、3、4—四座热风炉;5—燃烧器中心线;6—热风支管;7—热风竖管;8—热风总管

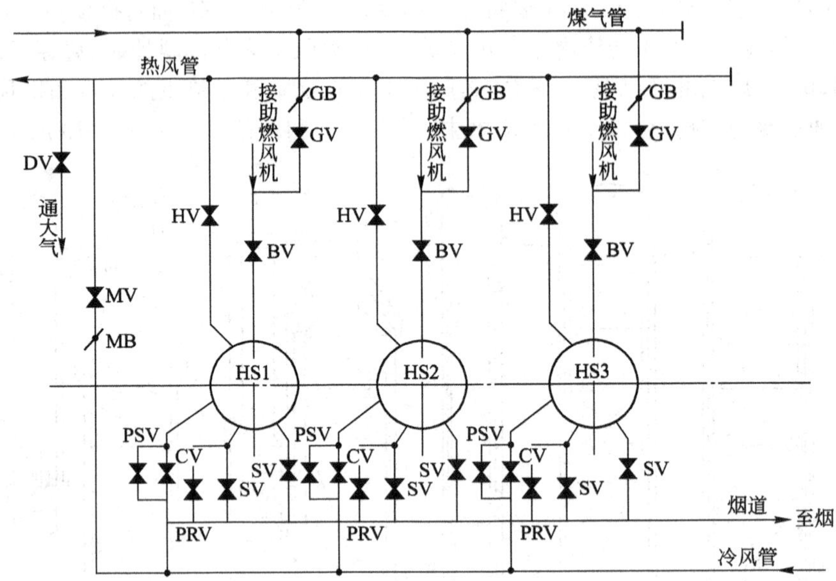

图 6-15 内燃式热风炉系统布置图

HS—热风炉;HV—热风阀;CV—冷风阀;BV—燃烧阀;GV—煤气切断阀;GB—煤气蝶阀;SV—烟道阀;MV—混风阀;MB—混风蝶阀;DV—倒流休风阀;PRV—废气阀;PSV—旁通阀

6.2.2 热风炉耐火砌体的破损因素及耐火材料的选择

6.2.2.1 热风炉耐火砌体的破损因素

热风炉各部位耐火砌体的破坏因素及破损情况,随热风炉结构形式和结构特征的不同而不同。热风炉耐火砌体的破损情况是:一般的内燃式热风炉,最容易在隔墙部分产生开裂、短路,在拱顶产生裂纹和垮塌等,外燃式热风炉的两室拱顶及其接管等部位砌体容易产生开裂和脱落;顶燃式热风炉的破损,主要是在拱顶以及拱顶与接管口处。引起热风炉破坏的因素很多,而且在热风炉的不同部位,其主要原因也不相同。因此,要详细分析热风炉各部分耐火砌体的破坏原因及破坏机理十分复杂,这里概括起来可以归纳为以下几方面。

(1) 高温热应力作用。热风炉炉墙耐火砖内、外侧表面温度差很大,产生很大的热应力,即砖衬内侧受到很大的压应力,外侧受到很大的拉应力。并且,耐火砌体受到的膨胀力和荷重力主要集中于热风炉内层砖衬的内表面上,加之换炉操作更加剧了耐火砖衬内侧面的冷、热变化。在这些因素的作用下,耐火砌体的内侧面首先发生开裂,进而产生松动和脱落,严重时造成拱顶垮塌、隔墙倾倒等。

(2) 化学侵蚀作用。热风炉耐火砌体所处周围介质,主要是煤气灰尘中含有碱性氧化物、碱金属及硅酸盐等,在高温下与耐火砌体成分生成低熔点物质,并产生相变,致使耐火砖组织遭到破坏,使耐火砖衬的强度等高温性能降低。特别是格子砖的表面被渣化后形成玻璃质,使其热交换能力大大减弱。

(3) 机械冲刷、磨损作用。主要是指高温燃烧废气和鼓风对砖衬表面的强烈冲击和磨损。特别是内燃式热风炉的燃烧室下部隔墙,由于燃烧高温气流的冲击,产生振动,使燃烧室隔墙下部开裂、脱落和短路。

(4) 蠕性变形作用。目前,对热风炉的破损研究结果,认为耐火砌体在高温、高压的作用下,产生的蠕变是导致热风炉砌体破坏的重要原因。

6.2.2.2　热风炉耐火材料的选择

由于热风炉各部位的工作条件和主要破坏因素不同，选择热风炉耐火材料的原则应该是根据热风炉各部位的工作条件和破损机理，综合评价各种耐火材料的质量指标，分别选择出能满足各部位的工作条件所要求的耐火砖和填充材料。耐火砖表面所承受的最高工作温度是选择热风炉耐火砖的重要依据。

砌筑热风炉用的耐火砖类型主要有：黏土砖，高铝砖，硅砖，半硅砖，莫来石砖，硅线石砖及镁砖等。此外，还包括各种材质的隔热砖、填充材料及喷涂料等。我国高炉热风炉各部位使用的耐火砖质量见表6-4。当前我国热风炉从高温区到低温区的耐火砌体结构主要有两种：

(1) 硅砖—低蠕变高铝砖（中档）—高铝砖—黏土砖；

(2) 低蠕变高铝砖（高档）—低蠕变高铝砖（中档）—高铝砖—黏土砖。

一般认为第一种结构更好，因为硅砖具有很好的抗蠕变性能和高温下的热稳定性，而且价格更便宜（注：50 h蠕变率1550 ℃下小于1%为高档，50 h蠕变率1450 ℃下小于1%为中档）。

表6-4　我国热风炉用耐火材料的性能指标

种　类	黏土砖①			高铝转②			硅　砖③		
牌　号	RN-42	RN-40	RN-36	RL-65	RL-55	RL-48	GZ-95	GZ-95	GZ-95
Al_2O_3（不小于）/%	42	40	36	65	55	48			
SiO_2（不小于）/%							95	94	93
耐火度（不低于）/℃	1750	1730	1690	1790	1770	1750	1710	1710	1690
0.2MPa荷重软化温度（不低于）/℃	1400	1350	1300	1500	1470	1420	1650	1640	1620
2h重烧线收缩率/%	0～0.4（1450℃）	0～0.3（1350℃）	0～0.5（1350℃）	+0.1～0.4（1500℃）	+0.1～0.4（1500℃）	+0.1～0.4（1450℃）			
显气孔率（不大于）/%	24	24	26	24	24	24	22	22	22
常温耐压强度（不小于）/℃	29.4	24.5	19.6	49.0	44.1	39.2	29.4	24.5	19.6
抗热震性	必须进行此项试验，将实测数据在质量证明书中注明								
平均线膨胀系数/℃④	$(4.5～6.6)\times10^{-6}$			$(5.5～5.8)\times10^{-6}$			$(11.5～13)\times10^{-6}$		
蠕变率（0.2 MPa，50 h）/%④	≤0.8～1.0（1000 ℃）			≤0.8～1.0（1350 ℃）			≤0.5（1350～1550 ℃）		

①GB 4416—87；②GB 2990—87；③GB 2608—87；④国标中无规定。

砌筑热风炉用的隔热砖种类主要有硅藻土砖、轻质黏土砖、轻质高铝砖、轻质硅砖等。隔热砖的特点是气孔率大、体积密度小、导热系数小、机械强度差。特别是重烧收缩率大，当超过其开始收缩温度时，产生显著收缩。因此，隔热砖的工作温度不能很高，温度过高会使隔热砖很快遭到破坏。隔热砖用于耐火砖的外侧，起隔热作用，减少散热损失。隔热材料还有石棉板、陶瓷纤维等其他耐火材料。

为了防止热风炉炉壳和热风管道的钢壳被烧坏，近年来，在热风炉炉壳、热风管道及烟道的钢壳内表面喷涂不定形耐火材料的越来越多，喷涂材料的种类也不断地增加。喷涂料按用途分为隔热和耐酸两大类。隔热喷涂料的导热系数小，能隔热，减少热损失；耐酸喷涂料喷在金属壳表面，能防止酸性氧化物腐蚀钢壳。日本钢铁厂热风炉采用的喷涂料性质见表6-5。我国也生产与日本类似的喷涂料。

表 6-5 日本热风炉用喷涂料的性质

牌　号		CN130	CL130	酸性不定形耐火材料
性　质		耐火	隔热	耐酸
假密度/$g \cdot cm^{-1}$		>1.7	<1.4	
导热率/$W \cdot (m^2 \cdot ℃)^{-1}$			350℃时<0.3	
安全使用温度/℃		1300	1300	1300
1300 ℃时加热 3 h 后的线变化率/%		±0.1	±0.1	±0.1
耐火度	/℃	>1530		>1530
抗弯强度/MPa	110℃干燥后	>3.9	>19.6	>14.7
	1300℃热状态	>2.9	>2.9	酸处理后>9.8
化学成分/%	Al_2O_3	>35		>35
	SiO_2			

6.2.3 蓄热式热风炉构造

不同类型的蓄热式热风炉的构造虽然不完全相同，但都包括有燃烧室和蓄热室的组成，其工作过程都是由燃烧期格子砖蓄热和送风期格子砖放热交替进行来完成对鼓风加热的。

内燃式热风炉的结构（见图 6-16）主体部分由炉墙、燃烧室、蓄热室、拱顶耐火砖砌体以及炉基、炉壳等组成。热风炉系统的主要附属设备包括助燃风机、阀门、管道及空气和煤气预热器等。

6.2.3.1 炉基

炉基的主要作用是承受炉壳传递的设备载荷，炉底传递的耐火砌体载荷，以及承受其他附属设备的载荷等。

炉基一般为钢筋混凝土结构，其表面的正常工作温度通常都小于 250 ℃。为了防止热风炉炉基产生不均匀下沉致使管道变形、撕裂，一般都把一座高炉的热风炉组（3 座或 4 座）的炉基做成一个整体。基础对土壤的耐压力，一般应不小于 0.2～0.25 MPa，否则应进行打桩等加固处理。

固定热风炉钢壳的地脚螺栓，在炉基内有多种埋设方式。一般是在热风炉钢壳的下部埋设加固钢圈，地脚螺栓伸到钢圈的上面直接与炉壳钢圈连接。另一种是地脚螺栓与基础钢圈形成一个整体，埋设在炉基混凝土内，并被钢筋加固，基础钢圈与炉壳之间再用螺栓连接，如图 6-17 所示。在设计热风炉基础时，要考虑的一个重要问题是改革地脚螺栓的固定方式，防止在生产过程中因热应力的作用，使热风炉钢壳底板产生向上翘起、开裂漏风的现象。

6.2.3.2 炉壳

热风炉炉壳的作用是确保密封，安装设备，承受耐火砖砌体膨胀压力及炉内气体压力等载荷。

炉壳是用钢板焊成的一个密封壳体。炉壳下段为直筒形，顶部形状为球形、锥形等。其内部的耐火砌体形状与炉壳形状相适应。过去热风炉拱顶为半球形，炉壳也大体做成半球形。近年来，为适应热风炉拱顶形状的变化，炉壳的顶部也相应做成了锥形、锥球结合形和悬链形等。炉壳底部为圆形密封钢板，底板钢板与炉壳下部直段焊接为整体。炉壳各部位钢板的厚度，应根据其所受载荷大小进行计算确定。为了确保炉壳在生产时有良好的气密性，在炉壳制成后，砌耐火砖前，应作试漏、试压等性能检查及焊缝探伤检查。

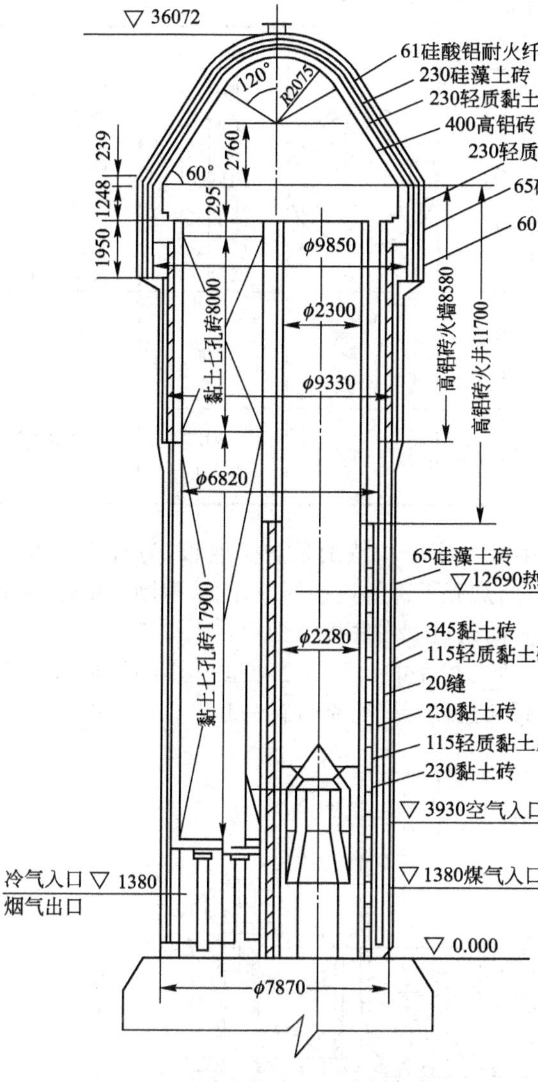

图 6-16 鞍钢 9 号高炉热风炉结构图

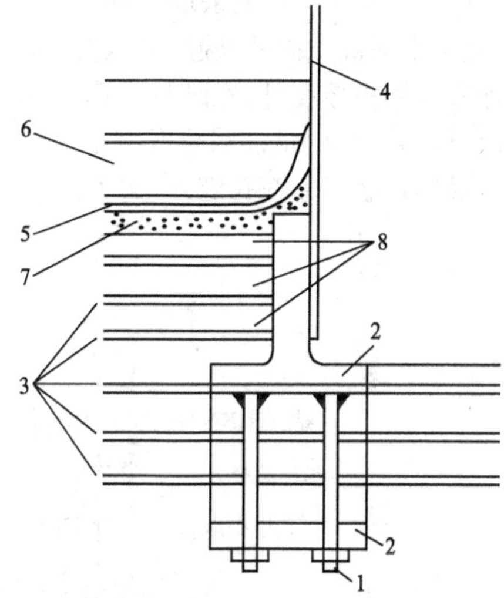

图 6-17 热风炉基础地脚螺栓的固定方式

1—地脚螺栓；2—基础钢圈；3—钢筋；4—炉壳；5—底板；6—钢梁；7—砂子；8—螺栓

为了适应高风温，在高风温热风炉炉壳设计中，采取了下列改进措施：

(1) 炉壳材质，选择焊接性能好、晶粒细、耐高压及抗腐蚀的低合金钢材料制作。

(2) 在高温区域炉壳内侧表面，先进行喷砂除锈处理，然后涂抹耐酸漆，最后喷涂不定形耐火材料。

(3) 在炉壳外侧表面用0.5 mm厚的铝板包覆。在铝板与炉壳之间留3 mm左右宽的间隙，在间隙内填充保温毡，使炉壳温度能保持在150～250 ℃范围，防止在炉壳内表面产生结露腐蚀，和外表面因骤然冷却而产生温度应力致使炉壳开裂破坏。

为了使热风炉炉壳内侧的喷涂料能附着牢固，在喷涂施工前应先在炉壳上焊接锚固件，各部位锚固件的结构形式见表6-6。

表 6-6 热风炉壳上焊接锚固件形式及部位

形式	1	2	3	4	5	6	7
示意图	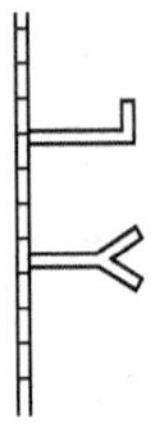	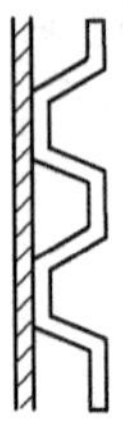	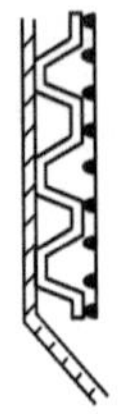	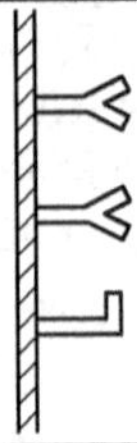	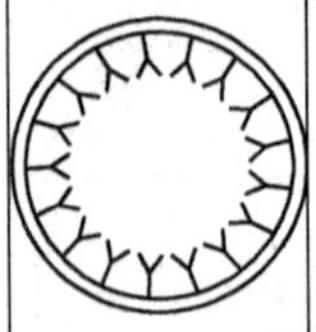	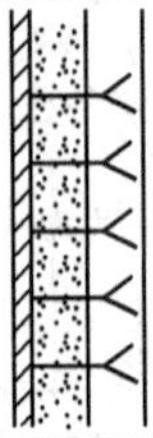	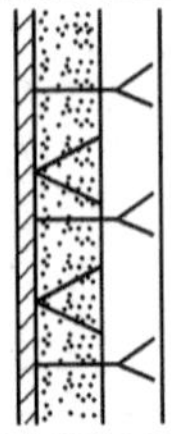
锚固件形式	L 形 Y 形	V 形	V 形上面敷设金属网	L 形 Y 形	Y 形 L 形 V 形	Y 形	Y 形 V 形
使用部位	用于直筒部位	用于直筒部位	用于高温区转角附近	用于斜壁部位	用于圆管壁	用于两层喷涂料的部位	用于两层喷涂料的部位

(4) 炉壳转折点处采取曲线过渡连接,以减小应力集中。特别是炉壳底板,为避免钢板变形,底板中央部位向外鼓起,导致开裂漏风,在底板与炉壳下部的连接区段,除采取圆弧形过渡和增加底板钢板厚度外,在结构方面还作了如图 6-18 的改进。在底板上面焊接大型工字钢和浇注一层 400 mm 厚的钢筋耐热混凝土加固。在底板下面与炉基的上表面之间垫一层干沙,以吸收膨胀。最后在底板上开孔灌入,耐火水泥泥浆,使底板与垫沙层紧密结合在一起。

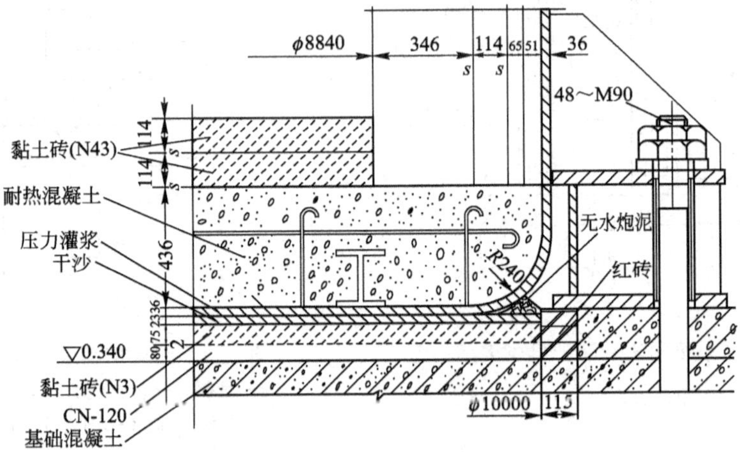

图 6-18 改造后的蓄热室底部结构图

6.2.3.3 炉墙

热风炉炉墙是用耐火材料砌筑而成的沿炉壳内侧圆周的围墙,也称大墙,其作用是隔热和承受高温载荷。

炉墙结构主要取决于炉墙的工作温度和所受的重力载荷。炉墙各部位耐火砌体的材质和厚度,应根据该部位炉壳允许承受的工作温度和不同耐火材料的允许界面温度确定。一般要求高温区炉壳的安全工作温度为 90 ~ 100 ℃,低温区为 50 ℃左右。各种耐火材料的允许界面温度取决于耐火材料的理化性质,一般耐火砖允许工作温度比隔热砖要高得多。

炉墙的工作温度分布,由下至上逐步升高,由内向外逐步降低。因此,在炉墙下部 5 低温区段，应采用耐火度较低而机械强度高的黏土砖，而且适当增加耐火砖厚度，减薄隔热砖层厚度。在热风炉的中、上部区域，由于温度高、荷重小，炉墙结构主要考虑的是加强隔热，减少散热损失，降低炉壳温度。因此，在高温区段应采用耐火度高的高铝砖或硅砖等，并适当减薄耐火砖层厚度，增加隔热层及填料层厚度。炉墙径向，砌体由内往外各层耐火材料的砌筑顺序一般为：耐火砖、轻质高铝砖、轻质黏土砖、膨胀填料缝、硅藻土砖、喷涂料、炉壳，如图 6-19 所示。

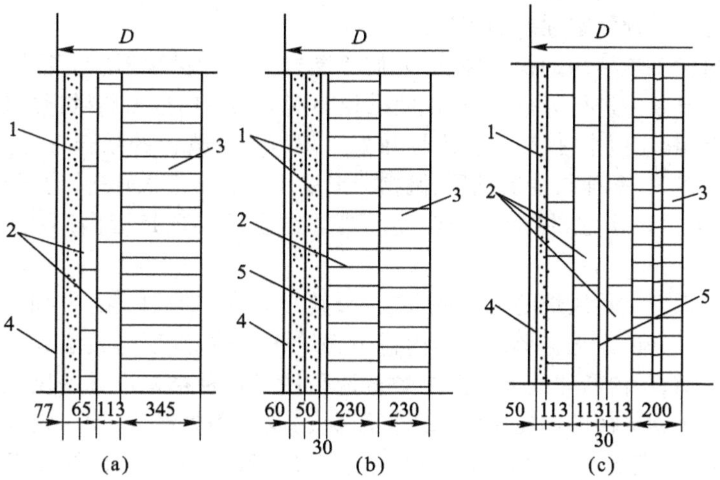

图 6-19 热风炉炉墙砌砖

(a)低温区；(b)中温区；(c)高温区

1—喷涂层；2—隔热砖；3—耐火砖；4—炉壳；5—填料层

炉墙砌筑时，砌体砖缝一般要求应小于 2 mm，缝内填充与砌体性质基本相同的耐火泥浆。为了吸收膨胀，在耐火砖与隔热砖之间应留有一定宽度的膨胀缝。在高温区的膨胀缝内一般填充陶瓷纤维等高级隔热材料；在低温区的膨胀缝内填充水渣-石棉等低级隔热材料。

6.2.3.4 拱顶

内燃式热风炉的拱顶是连接燃烧室和蓄热室的空间。拱顶的形状要有利于气流进入蓄热室分布均匀、砌体结构稳定及散热损失少。过去的内燃式热风炉拱顶多为半球形，如图 6-20 所示。

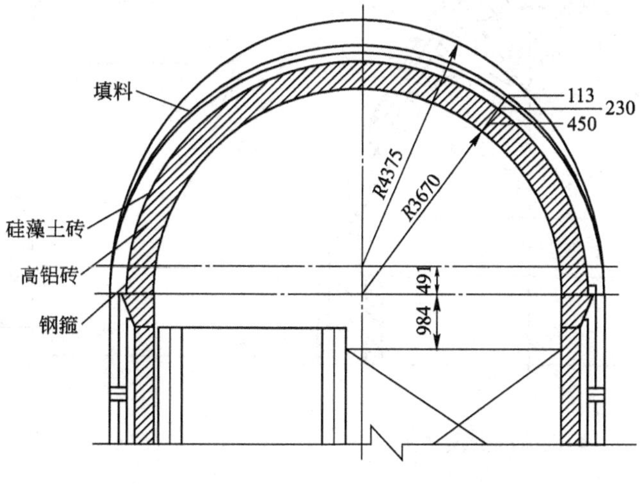

图 6-20 1200 m^3高炉热风炉半球形拱顶结构

半球形拱顶气流分布较均匀,但结构的稳定性差。根据受力分析,半球形拱顶在中心角小于104°的范围内,各层砌体砖衬受到均匀的压力,砌体稳定性好。但当中心角大于104°以下部分的范围,各层砌体砖衬将受到均匀的向外推力,砌体变得不稳定。这是因为耐火砌体具有抗压力强,抗拉和抗弯曲能力差的特点所致。当其所受推力超过砌体的抗拉能力时,此推力则由炉壳来承受,可能导致炉壳变形,此时拱顶砌体稳定性被破坏。为了抵抗半球形拱顶下部砌体所受到的横向推力,一般是在半球形拱顶砌体的最下部的拱脚砖上面设置可以上下移动的钢圈。但这样并没有根本解决半球形拱顶稳定性差的问题。

为了增强热风炉拱顶结构的稳定性能,人们不断探索新的拱顶形状。根据对拱顶圆周上的径向推力和拱顶的自重力进行分析结果,说明拱顶圆周上的径向推力与拱顶的自重力之比值大,拱顶的稳定性较差,其比值小,拱顶的稳定性较好。根据这一规律并结合考虑到其他因素,近些年来设计出了锥形拱顶、锥球结合形拱顶、抛物线形拱顶及悬链形拱顶等。其中悬链形拱顶稳定性能最好,抛物线形拱顶次之,锥形拱顶较差。锥球结合形拱顶是国内广泛采用的结构,如图6-21所示。

悬链形拱顶是霍戈文热风炉的主要特点之一,其气流分布均匀,保温性能好,结构的稳定性是所有拱顶结构中最好的。悬链形拱顶的内衬由钢结构支撑,拱顶与大墙分开消除了大墙膨胀对拱顶的影响。目前,国内新建的大中型高炉普遍采用了这种结构形式的拱顶。悬链形拱顶的设计思想就是指拱顶耐火砖的内轮廓线(或外轮廓线)是一条悬链线,即一根均匀的、柔软的、不能延伸的绳索,两端固定自然下垂后形成的曲线,如图6-22 所示。设计的过程中悬链线按照曲线的数学表达式 $y = \frac{a}{2}(e^{\frac{a}{x}} + e^{-\frac{a}{x}})$ 进行设计。悬链形所需要的异性砖量较大,施工比较复杂。因此,为了简化一般都用多圆拟合悬链线,这样既保证了稳定性,又降低了拱顶高度,同时还简化了设计和施工。

拱顶耐火材料的质量选择,取决于要求拱顶所需要达到的最高工作温度,同时还要求砌体重量轻、隔热性能好和结构稳定。一般情况是:送风温度小于1000 ℃时拱顶采用黏土质耐火砖砌筑,送风温度为1000~1100 ℃时,拱顶采用高铝质耐火砖砌筑,送风温度为1200~1300 ℃或更高时。拱顶普遍采用硅砖砌筑。

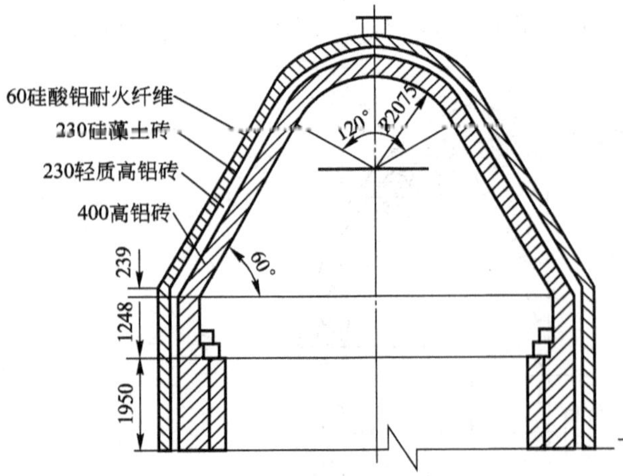

图6-21 高炉热风炉锥球形拱顶结构

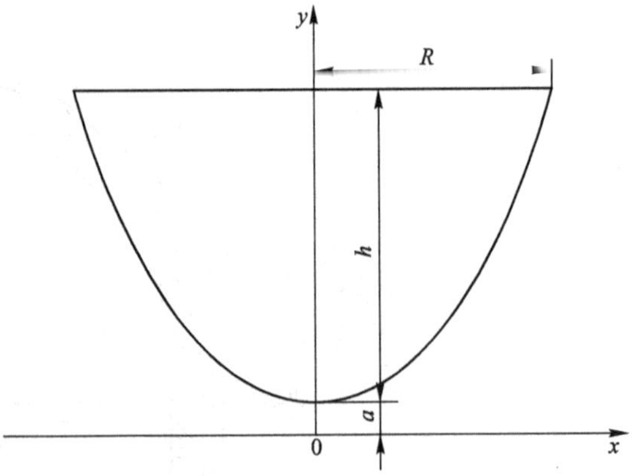

图6-22 悬链线示意图

确定拱顶砌体各种耐火材料层的砌筑厚度时，既要着重考虑高温区的隔热保温，又要同时考虑砌体的应力分布和重量载荷。总的原则是减薄耐火砖层厚度，增加隔热层厚度，增强结构稳定性，多种因素综合考虑。生产中，一般中小型高炉的热风炉拱顶砌体厚度是：内层砌一层300～350 mm厚的黏土砖或高铝砖，其外砌1～2层隔热轻质黏土砖（230 mm或113 mm）和硅藻土砖（113 mm或65 mm）。大型高炉的热风炉拱顶砌体厚度为：内层砌一层厚度为350～400 mm的高铝砖或硅砖，其外再砌2～3层轻质高铝砖、轻质黏土砖和硅藻土砖等，并在紧靠炉壳处填以40～60 mm厚的陶瓷耐火纤维，隔热层总厚度可达到100～500 mm，从而大大增强了隔热作用。为了提高拱顶砖衬的稳定性和气密性，拱顶的耐火砖可以作成阶梯状，相互咬砌，如图6-23所示。

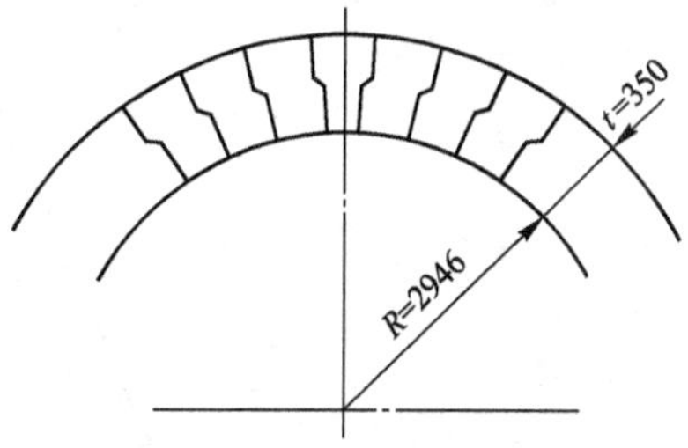

图6-23　拱顶阶梯形耐火砖

拱顶与大墙之间的连接结构方式，过去采用半球形拱顶，拱顶与大墙连接成一个整体，即拱顶坐落在大墙上，由大墙支承，如图6-20所示。这种结构的主要缺点是由于炉墙各方位受热不均匀，燃烧侧炉墙温度高，膨胀量大，炉墙对拱顶砖衬的向上膨胀推力也大，而在它的对面其情况不同，炉墙温度低些，炉墙对拱顶砌体的向上膨胀推力也要小些。拱顶在不均匀受力作用下，其结果势必造成拱顶砖衬开裂，严重时会使拱顶砖衬垮塌破坏。

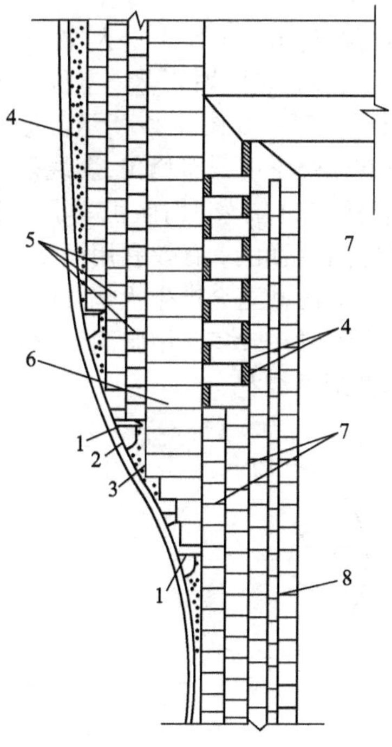

图6-24　拱顶砌体的独立式支承结构
1—砖托；2—喷涂层；3—SiC 填料；
4—陶瓷纤维；　5—拱顶隔热砖；
6—拱顶耐火砖；7—炉墙隔热砖；
8—炉墙耐火砖

为了避免热风炉拱顶与炉墙整体性连接的弊端，目前的高风温热风炉拱顶已改为炉墙与拱顶分离的独立式结构，如图6-24所示。独立式拱顶结构的特点是拱顶砌体的重量由炉壳支承，炉墙顶端可以自由向上膨胀，炉墙不起支承拱顶的作用，仅起隔热保温、减少热损失和保护炉壳的作用。需要指出的是，为了适应炉壳受力的增加，炉壳钢板的厚度要增加，同时炉壳的直径也要增大，并需在炉壳上焊接支承拱顶砖衬的环形钢板。拱顶的独立式结构，拱顶与炉墙之间需要密封，通常采取的密封方式为迷宫密封结构，迷宫的间隙内一般填充以陶瓷耐火纤维等耐火材料。

这里须指出的是，对于由炉墙支承的半球形拱顶砌体，为了适应炉墙和拱顶砌体的向上膨胀，根据炉墙高度和砌体性质计算的膨胀量，需在拱顶砌体的最上面与炉壳之间留出300～600 mm的间隙空间，在空间的下部一定高度填以水渣、石棉等散状耐火材料。此外，唐钢的2560 m^3高炉上采用了HST的专有技术——关节砖，从而使拱脚砖与关节砖、关节砖与拱顶上部砖之间能相对转动，有效地吸收了膨胀，其结构如图6-25所示。同时，拱顶砖带有凹凸口能上下左右互相咬合，相邻砖之间有自锁和互锁作用，增强了砌体的整体性和结构强度。

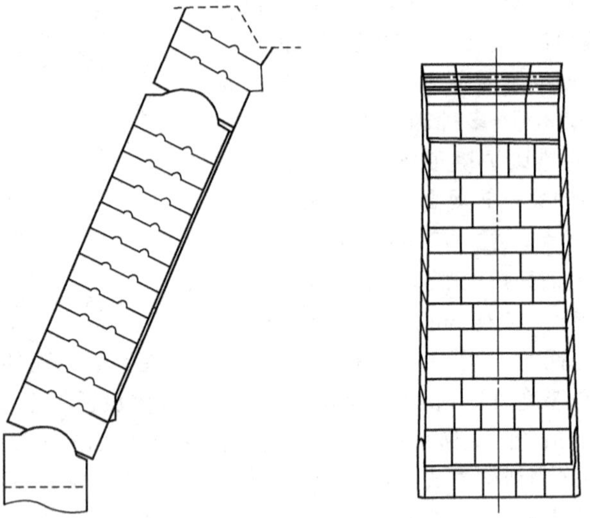

图 6-25 关节砖示意图

6.2.3.5 燃烧室

燃烧室是热风炉燃烧煤气的空间。对燃烧室的要求是燃烧强度[$m^3/(m^2 \cdot h)$]大，在燃烧室和进入蓄热室高温废气流分布均匀，温度分布合理，结构稳定。内燃式热风炉的燃烧室位于热风炉内的一侧，其横断面形状有圆形、眼睛形及复合形（或称苹果形）三种，如图 6-26 所示。这三种形状的燃烧室，目前均有采用。圆形燃烧室，燃烧能力大，气流在燃烧室内分布均匀，燃烧效果较好。但蓄热室的死角大，燃烧废气进入蓄热室分布不均匀，使蓄热室的有效利用面积减小。眼睛形燃烧室，占面积较小，燃烧废气进入蓄热室分布较均匀，蓄热室的死角小，有效利用面积增加，但燃烧室的通道当量直径减小，烟气阻力损失增加，对燃烧不利，有时甚至会产生火焰外喷，烧坏设备。复合形燃烧室兼有前两种燃烧室的优点。小型高炉的热风炉一般多采用眼睛形燃烧室，大、中型高炉的热风炉普遍用复合形燃烧室。外燃式热风炉为圆形燃烧室。

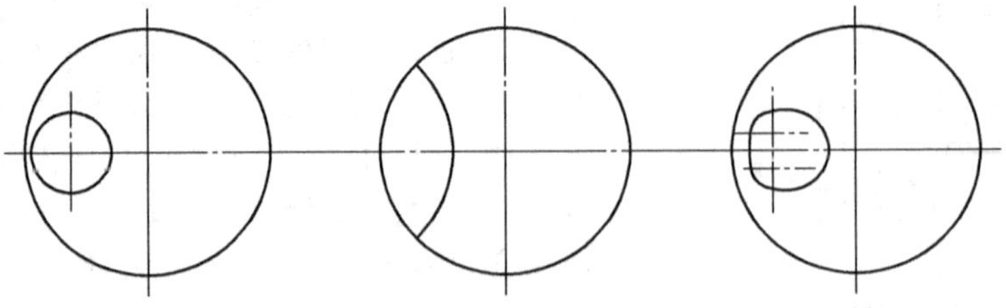

图 6-26 燃烧室断面形状块

(a) 圆形；(b) 眼睛形；(c) 苹果形

燃烧室的通道横断面积，应根据燃烧强度计算确定，以保证热量的需要。在生产实际中，有的燃烧室的通道横断面积是根据经验，按照燃烧烟气在燃烧室内的流速来确定的。当采用套筒式燃烧器时，烟气在燃烧室内的流速：眼睛形燃烧室为小于 3.0 m/s；复合形燃烧室为小于 3.5 m/s；采用陶瓷燃烧器时，不应大于 7.4 m/s。

燃烧室一般由两层耐火砖砌筑成火井。火井内侧及上部高温区域墙采用耐火度高的高铝砖或硅砖等砌筑，火井外侧低温区域墙可采用耐火度较低的黏土砖砌筑。内燃式热风炉的圆形或复合形燃烧室，由两层耐火砖砌成独立的火井；火井墙与大墙之间留有 10 mm 左右宽的间隙，同时构成火井墙的两层耐火砖砌筑而不相互咬砌，以使它们在生产过程中各自都能自由膨胀，增加其稳定性能，如图 6-27 所示。眼睛形燃烧室火井墙的两端眼角处应与大墙交替咬砌，以加强隔墙与大墙之间的连接，增加隔墙的稳定性。但构成隔墙的两层耐火砖之间仍不相互咬砌而互相靠紧，如图 6-28 所示。燃烧室火井墙耐火砖砌体总厚度一般为 460 mm 或为 575 mm。为了有利于燃烧室的烟气在进入蓄热室时分布均匀，燃烧室隔墙的高度一般应高出蓄热室格子砖上表面 300 ~ 500 mm。

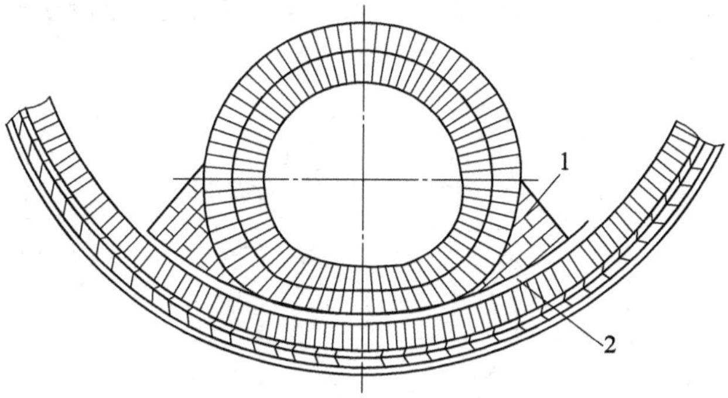

图 6-27　燃烧室墙砌砖

1—尖角部分填充黏土泥料；2—填充黏土泥料或草袋

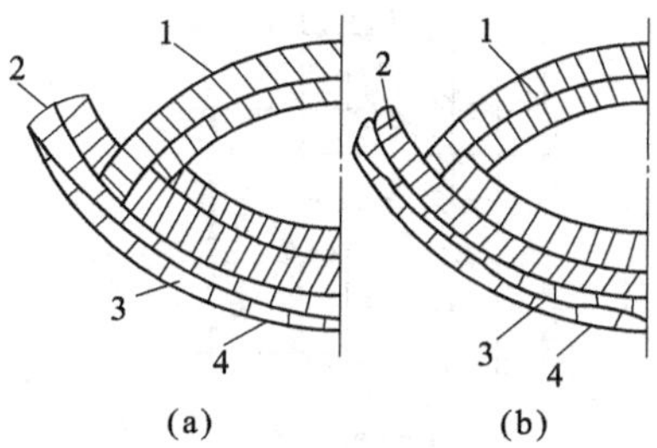

图 6-28　眼睛形燃烧室砌砖

(a)奇数层；(b)偶数层

1—燃烧室隔墙；2—炉墙；

3—隔热砖；4—炉壳

一般内燃式热风炉，当采用金属套筒燃烧器时，燃烧器中心线与燃烧室纵向轴线垂直，即与隔墙垂直，煤气在燃烧室的底部燃烧，高温烟气流对隔墙产生强烈冲击，使隔墙产生振动，引起隔墙机械破损；同时，隔墙下部的燃烧室侧为最高温度区，蓄热室侧为最低温度区，两侧温度差很大，产生很大的热应力，再加上荷重等多种因素的影响，隔墙下部很容易发生开裂，进而形成隔墙两侧短路，严重时甚至会发生隔墙倒塌等事故。

针对过去一般蓄热式热风炉燃烧室隔墙所存在的问题，近些年来国内外对隔墙结构的改造都提出了不少好的措施。如荷兰提出的，即霍戈文式（改造型）内燃式热风炉，国内外都一致认为是比较成功的，并获得广泛采用。我国改建和新建的大中型高炉的热风炉采用霍戈文式燃烧室，取得了良好的使用效果。霍戈文式热风炉采用眼睛形燃烧室，其特点是在隔墙的两层耐火砖之间加设隔热层和密封耐热钢板，如图 6-29 所示。设置隔热层的主要作用是减少隔墙耐火砖中的温度

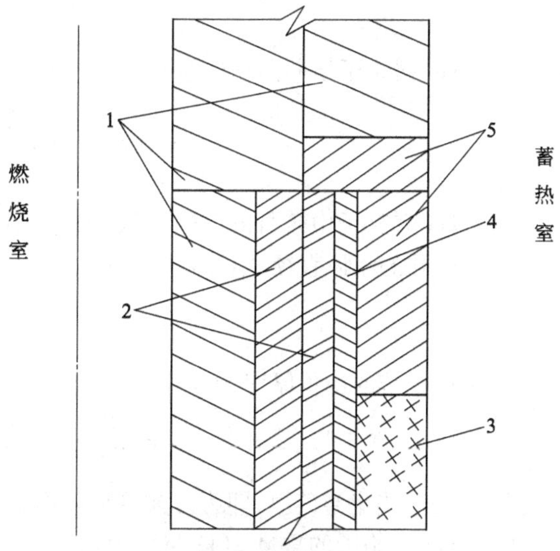

图 6-29　霍戈文式内燃式热风炉燃烧室隔墙砌砖

1—硅砖；2—隔热层；3—黏土砖；

4—耐热合金钢板；5—高铝砖

梯度，以减小热应力作用。在隔墙下部段的靠近蓄热室侧的隔墙内加设耐热合金钢板的作用，是加强燃烧室与蓄热室之间的密封，防止隔墙烧穿和短路。为了增强隔墙的气密性和整体性，燃烧室的隔墙采用带锁键的耐火砖砌筑。

高风温热风炉，在采用霍戈文式燃烧室时，同时还普遍采用了陶瓷燃烧器，以强化燃烧。

6.2.3.6　蓄热室

蓄热室是热风炉蓄热并进行热交换的部分。蓄热室内充填满耐火格子砖作为贮热体。格子砖的格孔通道为气流通道，格孔形状一般为矩形或圆形，如图6-30和图6-31所示。

格子砖的热工特性对热风炉的工作效果有着直接的影响。格子砖的热工特性通常用热工参数来表示，热工参数是选择格子砖的重要依据。格子砖常用的热工参数及其计算方法如下：

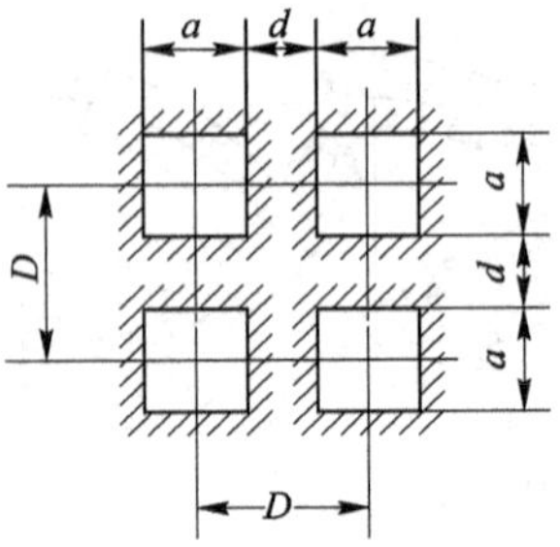

图6-30　格子砖方孔通道

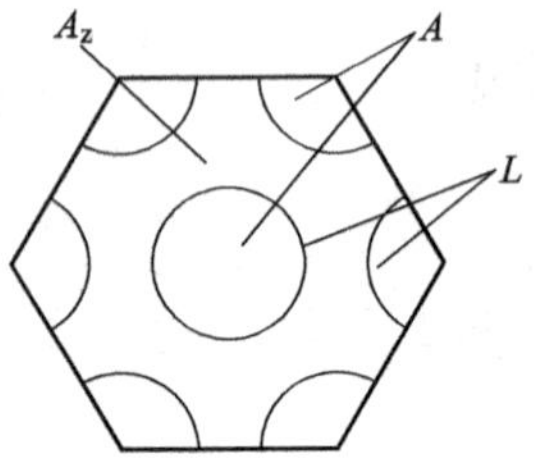

图6-31　格子砖圆孔通道

A—计算单元中格孔的通道面积，m^2；　A_z—计算单元中的砖面积，m^2；
L—计算单元中气流与格孔通道的接触周边长度，m

(1) 正方形格孔的格子砖（见图6-30）的热工参数及其计算。

1) $1m^3$砖格子的加热面积f(m^2/m^3)：

$$f = \frac{4a}{D^2} = \frac{4a}{(a+d)^2}$$

2) $1m^2$砖格子横断面积中格孔所占的通道面积（或称活面积）φ(m^2/m^2)：

$$\varphi = \frac{a^2}{D^2} = \frac{a^2}{(a+d)^2} = \frac{1}{\left(1+\frac{d}{a}\right)^2}$$

3) $1m^3$砖格子中砖所占有的体积（或称填充系数）为$1-\varphi$，(m^3/m^3)：

4) 格孔的流体直径d_h(m)：

$$d_h = \frac{4a^2}{4a} = a$$

5) 格子砖的当量厚度S(m)：

$$S = 2\delta = \frac{2(1-\varphi)}{f} = d\left(1+\frac{d}{2a}\right)$$

式中　δ——当量半砖厚，即为分摊给加热面积的格子砖厚度。

6) $1m^3$砖格子的重量g(kg/m^3)：

$$g = (1-\varphi)\gamma$$

式中　γ——格子砖的密度，kg/m^3。

(2) 任意形状格孔的格子砖（见图6-31），热工参数符号与正方形孔的格子砖相同的热工

参数

$$\varphi = \frac{A}{A + A_z};\ d_h = \frac{4A}{L};\ S = 2\delta = \frac{2(1-\varphi)}{f};\ f = \frac{L}{A + A_z} = \frac{4\varphi}{d_h}$$

其余各热工参数及其计算公式与正方形格孔的格子砖均相同。

格子砖各热工参数之间的关系是：只要热工参数 φ、d_h、f、S 中的任意两个参数确定之后，其他的热工参数即为定值，而与格孔的形状无直接联系。热工参数 φ、d_h、f、S 值之间的关系如图 6-32 所示。

在设计格子砖时，既要充分考虑格子砖的热工参数要有利于传热和蓄热，提高热效率，又必须同时考虑格子砖砌体结构的稳定性及其制造、加工方便。为了提高热效率，目前格子砖的结构有越来越复杂的趋势。通常用的格子砖有板状及块状两类。国内常用格子砖热工特性参数见表 6-7。

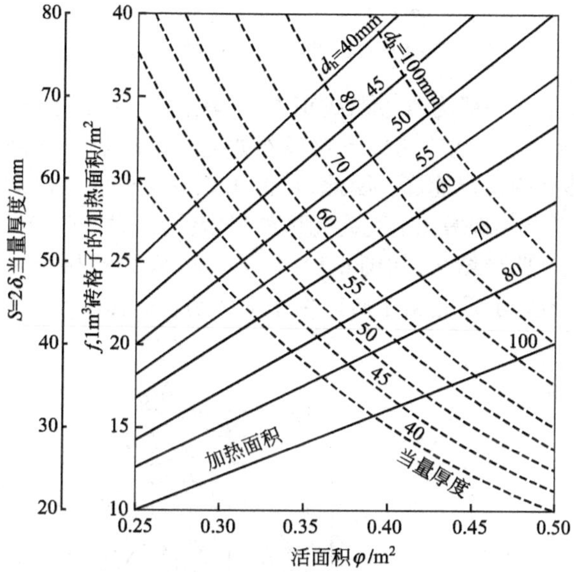

图 6-32 热工参数 φ、d_h、f、2δ 的关系图

表 6-7 国内常用格子砖热工特性

名　称	格孔尺寸 /mm	格砖厚度 /mm	f /$m^2 \cdot m^{-3}$	φ /$m^2 \cdot m^{-2}$	u_k /$m^3 \cdot m^{-3}$	G /$kg \cdot m^{-3}$	单砖重量 /kg·块$^{-1}$	S/mm	d_h/mm
平板型	60×60	40	19.82	0.298	0.702	1474		54.2	60
波纹平板	60×60	40	26.40	0.360	0.640	高铝 1728 黏土 1408		53.3	60
五孔高铝砖	52×52	80	24.65	0.330	0.670	1809	9.3	38	
五孔黏土砖	50×70	80	28.73	0.432	0.568	1250	7.04	39.536	60.13
五孔硅砖	55×55	80	30.60	0.410	0.590	1120	5.2	38.6	53.2
七孔高铝砖	ϕ43	90	38.07	0.409	0.5907	1535.8	7.84	31.02	

注：f—1 m^3 格子砖加热面积；φ—活面积；u_k—填充系数；G—1 m^3 格子砖重量；S—当量厚度；d_h—流体直径。

过去中小型热风炉一般采用板状格子砖。考虑到有利于热交换，蓄热上段为平板砖，下段为波纹砖，它们的形状如图6-33所示。由板状格子砖砌成的蓄热室格孔，一般为正方形或矩形，每个格孔由4块板状砖组成。板状格子砖的特点是结构简单，制造方便。但蓄热室砌体稳定性差，容易产生错位、垮塌等。因此，不论大中小型高炉热风炉已很少采用板状格子砖，而普遍采用块状格子砖。

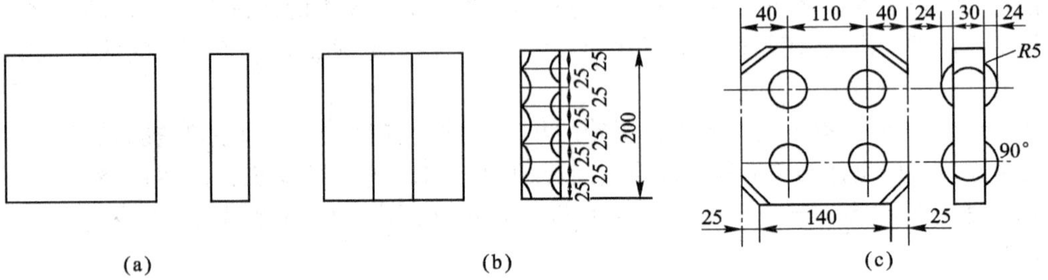

图6-33 各种板状格子砖

(a)平板砖；(b)波纹砖；(c)切角豆点砖

块状格子砖，单块砖形状一般为六边形或矩形，一块格子砖上有5个或7个孔，孔的形状为矩形或圆形，如图6-34所示。五孔砖的传热效率不如七孔砖传热效率高，并且七孔砖砌成的蓄热室砌体整体性强，砌体结构稳定性好。因此，目前采用五孔砖的热风炉越来越少，采用七孔砖的热风炉更加普遍。为了进一步增加七孔砖砌体的稳定性，在设计时，在砖的上面设计了两个凸台，在砖的下面设计了两个凹形结构，如图6-34(b)所示。在砌筑格子砖时，将上下相邻两层砖上的凸台与凹形结构配合咬砌，防止格子砖产生水平移动。七孔砖的主要缺点是结构比较复杂，制造和加工都比较困难。

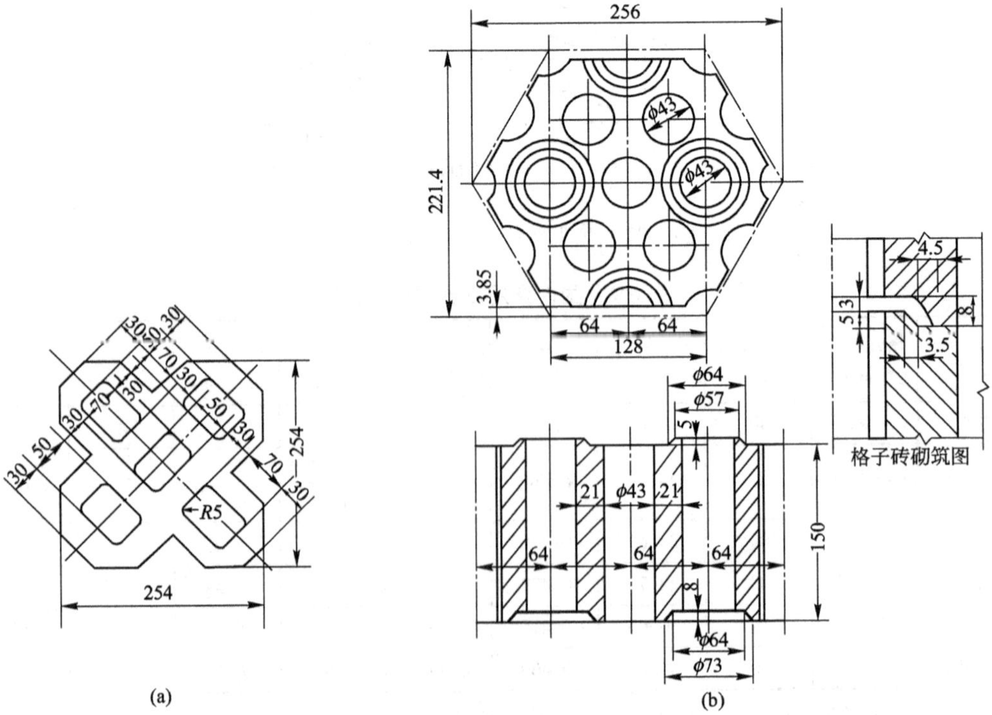

图6-34 块状格子砖

(a)五孔块状格子砖；(b)七孔块状格子砖

格子砖的格孔尺寸大小，除了要能满足传热和蓄热的要求外，还要考虑燃烧煤气中的含尘量，防止格孔被堵塞及便于清灰。目前，一般高炉净煤气含尘量小于 10 mg/m^3，适宜的格子砖格孔直径为 43 ~ 45 mm。当净煤气含尘量较高时，格孔直径尺寸可以相应增大些。为了保证格子砖砌体结构稳定，必须保证格子砖有足够的承受压力载荷的面积，因此，格子砖的格孔壁的厚度不能太薄。对于板状格子砖，单块砖高度为 150 ~ 200 mm 时，格孔壁厚度一般为 40 mm 左右，对于块状格子砖，单块砖高度为 100 ~ 150 mm，由于其稳定性较好，格孔壁厚度可以适当减薄些，但格孔壁的厚度最小一般也不得小于 20 mm。

在设计蓄热室时，主要是考虑格子砖的材质、热工特性和结构稳定性。格子砖上部高温区域一般采用高铝砖和硅砖，下部温度较低的区域一般采用黏土砖。由于格子砖在热交换过程中，同时存在着气体与格子砖表面的热交换和格子砖内部的传热和贮热，因此，在确定格子砖的热工特性时，应当使格子砖的传热和贮热的能力都能充分发挥，同时要求蓄热室体积要尽可能小，砌体结构稳定。在蓄热室上部高温区，具有强烈的传热条件，应着重考虑提高格子砖的蓄热能力，即应适当缩小格孔当量直径，增加砖的当量厚度和砖重，采用热容量大的耐火材料。对于蓄热室下部低温区，由于温度低，主要考虑加强气流与格子砖之间的对流传热，而格子砖的蓄热作用则不主要，即应尽可能地增大气流的湍流程度，适当减小格子砖的当量厚度，以减少单位体积砖格子的重量。蓄热室下段采用波纹砖和豆点砖等的作用就是为了增大气流的湍流程度的。为了达到蓄热室上、下段格孔具有不同当量直径的要求，可以采用多段格孔直径的蓄热室结构，即上段格孔小，下段格孔大。但是，这种结构，不仅使格子砖的砖型复杂化，而且清除集灰困难，所以，目前大多数热风炉的蓄热室格孔为单段式，只有少部分热风炉采用两段或三段式。为了增大热风炉蓄热室下设格孔中气流的湍流程度，除了采取增加孔壁的粗糙程度外，在砌筑格子砖时，还采取将相邻两层格子砖格孔截面交替砌筑的办法。

蓄热室的横断面积，主要取决于格子砖格孔的通道面积，即活面积。活面积的大小，应保证烟气及鼓风在通道内的流速能保持在湍流范围，以提高传热效率。另外，蓄热室横断面积大小，还应当考虑热风炉的稳定性，即热风炉的高径比应控制在合适的数值范围内。热风炉的高径比一般以 4.5 ~ 5.5 为宜。

蓄热室格子砖的砌筑是在炉子安装合格后进行的。砌筑格子砖时，不使用耐火泥浆填充砖缝而是干砌。格子砖与炉墙、隔墙之间留有 10 ~ 15 mm 的膨胀缝隙，缝隙内塞以木楔固定，开炉后木楔即被烧掉。第一层格子砖按炉箅子的格孔砌筑。砌筑时先确定出通过炉箅子格孔中心的两条相互垂直的十字中心线，作为格子砖撂底的控制线，再从中心开始砌成十字形砖列，然后在四个区域内沿十字砖列依次向炉墙方向砌筑。砌完第一层格子砖后，应清点、记录好完整格孔数。板状格子砖的砌筑，每个格孔由四块砖围成，连续砌筑。块状格子砖的砌筑方法，有独立砖柱式和交错砌筑式两种。当每块炉箅子为独立支柱支承时，一般采取独立砖柱式砌筑法。即从炉箅子的表面至蓄热室最上层格子砖表面的整个格子砖高度上，格子砖均不错缝，形成独立的砖柱。此法砌筑的优点是：对格子砖在高度方向的制造公差的要求不十分严格，砌体的通孔率高；其主要缺点是格子砖砌体的稳定性较差，容易发生格子砖的倾斜和扭转。炉箅子采用钢梁结构支承时，钢梁与其支柱连成一个整体，格子砖的砌筑一般采用交错砌筑法。交错法砌筑的方式可以是一层砖交错一次，也可以是两层砖交错一次，如图 6-35 所示。当一层砖交错时，图 6-35 中的 $m=1$；当两层砖交错时，则 $m=2$，格子砖交错砌筑三次就又回复到原来的位置。例如起始位置为，第一次交错为 $n+1$，第二次交错为 $n+2$，第三次交错又重复到起始点位置了。格子砖的交错有三种排列方式。采用交错砌筑的格子砖的上下面分别有两个带凸台和凹形的孔，使上下相邻两层格子砖通过凹形孔和凸台很好的咬合为一整体，可以防止格子砖产生水平位移和倾斜。因此，蓄热室格子砖采取交错砌筑法得到广泛采用。格子砖采取交错法砌筑时，要求格子砖在高度方向上的尺寸公差要小，并在砌砖前要选砖，以保证每层砖的公差在允许范围内。由于要求格子砖精度高，给格子砖制造加工增加了复杂程度。

蓄热室的全部格子砖砌筑完毕后，应进行完整格孔数目的统计和清理工作。完整格孔的数目应不少于第一层格子砖完整格孔数目的97%。

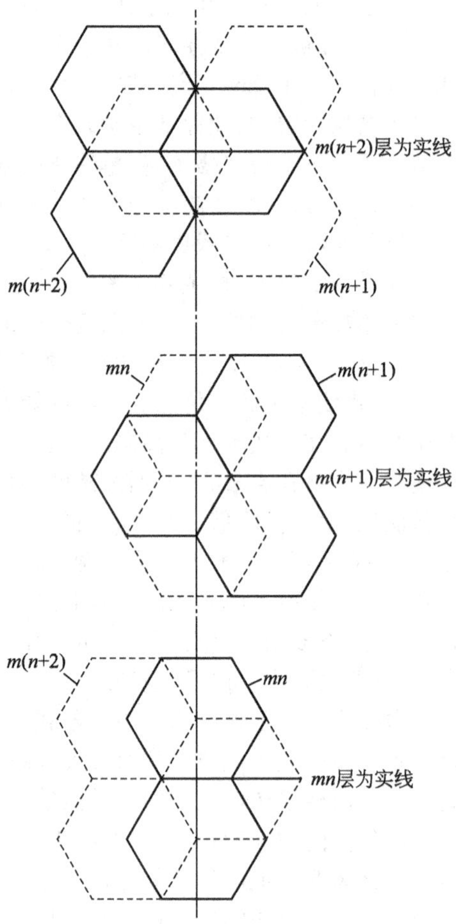

图6-35　格子砖交错砌筑法

6.2.3.7　燃烧器

燃烧器是使煤气与助燃空气混合，并将混合后的气体送入燃烧室的燃烧装置。对燃烧器的要求是：能燃烧足够的煤气量，保证供热充足，煤气与助燃空气混合迅速而充分，燃烧完全，不在格孔中产生二次燃烧，燃烧产物在蓄热室的入口处温度最高；燃烧气流稳定，不产生振动现象；空气、煤气的比例调节灵活，压头损失小。

用于热风炉的燃烧器类型较多，按材质分为金属燃烧器和陶瓷燃烧器，按结构形式分为套筒式、栅格式和三孔式等燃烧器。

金属套筒燃烧器曾经是国内热风炉广泛采用的燃烧器。这种燃烧器的中心线与燃烧室隔墙垂直，结构也不合理，空气与煤气混合不充分，燃烧不稳定，振动大，容易引起隔墙破坏，燃烧能力难以满足生产要求。因此，金属套筒燃烧器已逐步被陶瓷燃烧器所代替。

陶瓷燃烧器是用陶瓷质耐火材料制成的。一般是采用磷酸盐耐火混凝土或矾土水泥耐火混凝土预制而成，也有采用耐火砖砌筑成的。下面着重介绍几种常用的陶瓷燃烧器。

(1) 套筒式陶瓷燃烧器。它是目前国内高炉热风炉用得最普遍的一种燃烧器。这种燃烧器由两个套筒和空气分配帽组成，如图6-36所示。燃烧时，空气从一侧进入到外面的环形套筒内，从顶部的环状圈空气分配帽上的狭窄喷口中喷射出来。煤气从另一侧进入到中心管道内，并从其顶部出口喷出，由于空气喷出口中心线与中心煤气管中心线成一定交角(一般为30°)，所以空气与煤气在进入燃烧室时能充分混合，燃烧完全。有的还在空气道与煤气道之间的管壁上部段开设与煤气道轴向正交的矩形一次空气进入口，形成空气与煤气两次混合，这就进一步提高了空气与煤气的混合及燃烧效果。目前，这种带预混合装置的陶瓷燃烧器得到推广采用。

套筒式陶瓷燃烧器的主要优点是结构简单，构件较少，加工制造方便。但燃烧能力较小，一般适合于中、小型高炉的热风炉采用。

(2) 栅格式陶瓷燃烧器。这种燃烧器的空气道与煤气道呈间隔布置，如图6-37所示。燃烧时，煤气和空气都从被分隔成若干个狭窄的通道中喷出，在燃烧器上部的，格处得到混合后进行燃烧。这种燃烧器与套筒式燃烧器比较，其优点是空气与煤气混合更均匀，燃烧火焰短，燃烧能力大，耐火砖脱落现象少。但其结构复杂，构件形式种类多，并要求加工质量高。大型高炉的外燃式热风炉，一般都采用栅格式陶瓷燃烧器。而一般内燃式热风炉则较少采用。

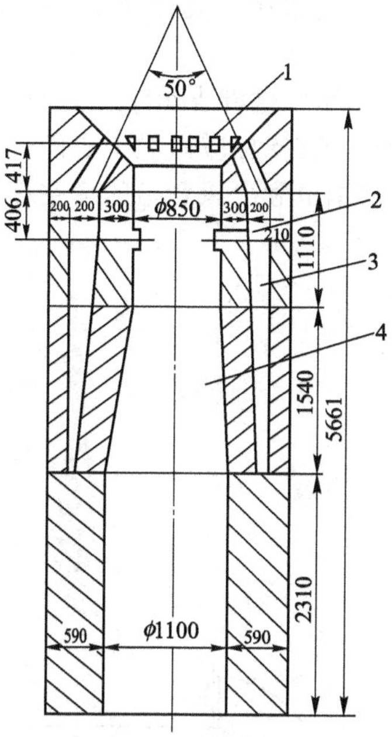

图 6-36 套筒式陶瓷燃烧器
1—空气分配帽;2—一次空气入口;
3—空气通道;4—煤气通道

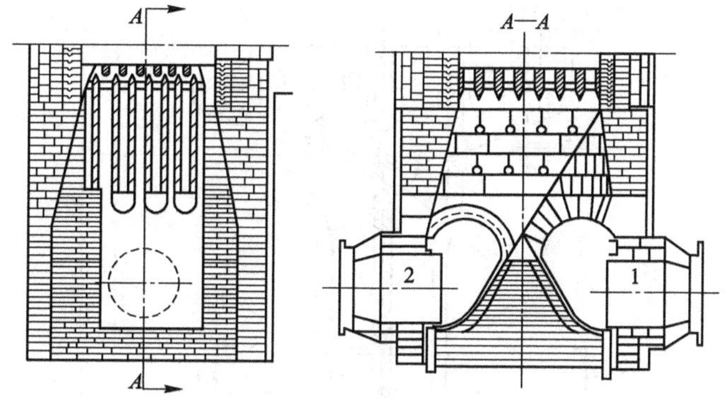

图 6-37 栅格式陶瓷燃烧器
1—煤气进口;2—助燃空气进口

(3) 三孔式陶瓷燃烧器。三孔式陶瓷燃烧器示意图,如图 6-38 所示。这种燃烧器的结构特点是有三个通道,即中心部分为焦炉煤气通道,外侧圆环为高炉煤气通道,二者之间的圆环形空间为助燃空气通道。在燃烧器的上部设有气流分配板,各种气流从各自的分配板孔中喷射出来,被切割成小的流股而使其充分的混合,同时进行燃烧。

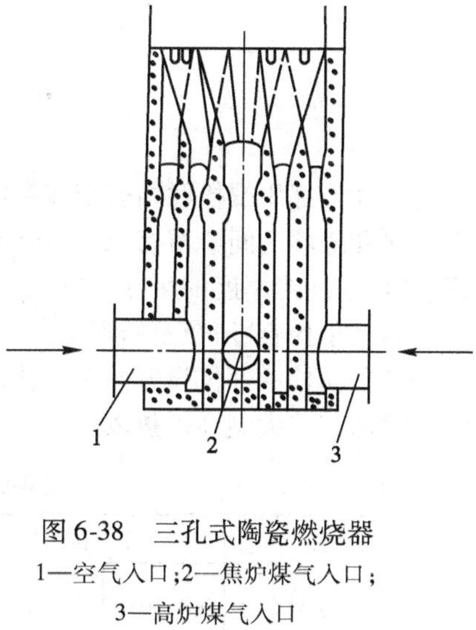

图 6-38 三孔式陶瓷燃烧器
1—空气入口;2—焦炉煤气入口;
3—高炉煤气入口

三孔式陶瓷燃烧器的优点是不仅使气流混合均匀,燃烧充分,燃烧火焰短,而且是采取了低发热值的高炉煤气将高发热值的焦炉煤气包围在中间燃烧的形式,避免了高温气流烧坏燃烧室墙,特别是避免了热风出口处的砖被烧坏的弊病。另外,采取高炉煤气和焦炉煤气在燃烧器内混合,要比它们在管道中混合,控制混合煤气的发热值的变化速度要快得多。燃烧时,由于焦炉煤气是从燃烧器的中心部位喷出的,所以燃烧气流的中心温度要比边缘温度高 200 ℃左右。这种燃烧器的主要缺点是结构复杂,使用砖型种类多,施工复杂,目前只有部分大型高炉的外燃式热风炉采用。

6.2.3.8 炉箅子及其支柱

炉箅子及其支柱都是蓄热室格子砖的支承结构。它们的材料材质和结构形式均取决于热风炉的出炉废气温度和承受的重力载荷。由于热风炉的出炉废气温度一般都不超过 350 ~ 400 ℃,所以制作炉箅子及其支柱的材料一般可以选择普通铸铁;当出炉废气温度较高时,可以选择耐热铸铁或耐热球墨铸铁。炉箅子及其支柱一般都为铸造件,有的大型高炉的热风炉,炉箅子是由钢质横梁结构支承的；过去有的小高炉热风炉，由于废气温度过高，也有采用耐火砖砌成的拱顶形式的。

我国高炉热风炉普遍采用的炉箅子及其支柱结构如图6-39所示。这种支承结构是每根支柱支承一块炉箅子，炉箅子与支柱用销钉固定。为避免堵塞格子砖孔，支柱应做成空心的，同时支柱和炉箅子孔应与格子砖孔相适应。支柱高度要求能满足安装烟道和冷风管道的净空需要，还要保证气流畅通。炉箅子的最大外形尺寸要考虑能从烟道口进出。

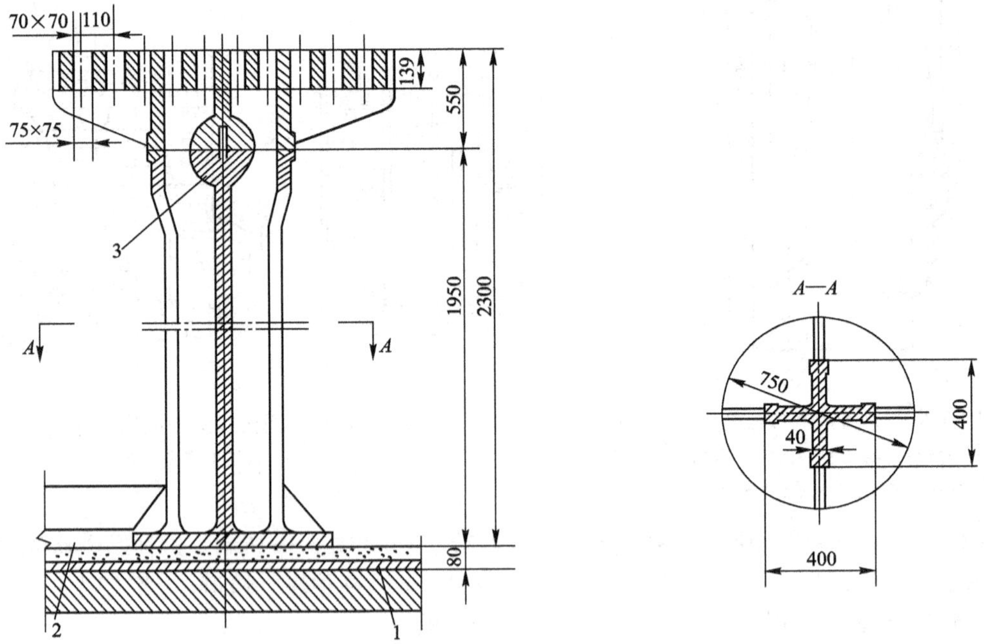

图6-39 热风炉支柱及炉箅子

1—热风炉底板；2—砌砖；3—销子

支柱下部用螺栓联结安装在热风炉底板上，并用楔铁垫致使炉箅子表面保持水平。炉箅子与大墙和隔墙之间应留有10～30 mm间隙，以适应加热后的膨胀。支柱和炉箅子安装固定完毕后，再浇注适当厚度的耐热混凝土，将支柱底板覆盖。

为便于检查、清灰及修理等操作，在拱顶部分的蓄热室上方设置两个人孔，在蓄热室下面安装炉箅子支柱的部位设置两个人孔，在燃烧室下部也应设置一个人孔。

目前某些大型高炉热风炉的主要特征见表6-8。

表6-8 某些大型高温热风炉主要特征

国 名	中 国		日 本		俄罗斯	法 国	美 国	南 非
厂名及炉号	鞍钢10号	宝钢1号	加古川1	大分1号		敦刻尔克4号	格里13号	牛卡琴
高炉有效容积/m^3	2580	4063	2843	4158	5000	4615	3289	2075
热风炉型式	AW-Ⅱ型外燃式	新日铁外燃式	马琴外燃式	柯柏式外燃式	外燃式	地德式外燃式		柯柏式外燃式
座 数	4	4	3	3	4	4	4	3

续表 6-8

国名	中国		日本		俄罗斯	法国	美国	南非
热风炉总蓄热面积/m^2	229228	305200	240000	262500	522864	313740	246950	264711
每 1 m^3 炉容的加热面积/m^2	88.85	75.1	84	63.2	104	68	75.2	127.6
拱顶最高温度/℃	1400	1450	1550	1550	1550	1550		
设计最高风温/℃	1200	1310	1350	1250	1440	1300	1150	1300
高温区耐火砖材质	硅砖	硅砖	硅砖	硅砖	硅砖	硅砖	硅砖	硅砖
每座热风炉蓄热面积/m^2	57307	76300	80000	87500	130716	78435	61736	88237
燃烧室断面积/m^2			10.4		11.5		6.04	
燃烧器形式	陶瓷	陶瓷	陶瓷	陶瓷	陶瓷	陶瓷	陶瓷	陶瓷
燃烧能力/$m^2 \cdot h^{-1}$	90000		100000		180000		81180	

6.2.4 热风炉附属设备

6.2.4.1 概述

热风炉的附属设备主要包括助燃风机、阀门、预热器及管道等。对附属设备的要求是：工作可靠，密封严密，操作、调节灵活，重量轻，维修方便，使用寿命长。阀门的启闭传动装置，除设有自动操作机构外，还应设手动操作机构，以满足高炉生产特殊情况操作的需要。

热风炉附属设备的装备水平，主要取决于高炉炉容的大小、生产效率高低、高炉工艺要求及投资费用的多少等。目前，国内大中型高炉热风炉，其助燃风机及各阀门的启动，一般都采用全部电动，或部分电动部分液压驱动的连锁半自动或全自动操纵。而小型高炉的热风炉，除混风阀均采用自动调节外，其他附属设备一般都采用部分电动或全部手动操纵。

6.2.4.2 助燃风机

热风炉助燃风机的作用，不仅是为热风炉煤气燃烧提供足够的助燃空气，而且还为燃烧烟气流动克服阻力损失提供必需的动能。因此，所选择的助燃风机的能力，必须满足燃料的燃烧和烟气流动的需要。选择助燃风机时，还应当考虑到助燃风机在生产中工作制度的变动、周期中燃烧的不均匀性以及采取强化燃烧的可能性等。所以，一般都要求所采用的助燃风机的风量和风压都应大于其计算值的 15% ~30%，作为富余量。目前，对热风炉助燃风机的风压要求有增加的趋势。

热风炉助燃风机，一般都采用离心式鼓风机。助燃风机的配置方式，有单炉分散配置和热风炉组集中配置两种。未采取助燃空气预热的热风炉，一般是采取单炉分散配置，即每座热风炉配置一台助燃风机，操作方便，但风机台数增加，也给风机检修带来困难。采取助燃空气预热的热风炉，都采取每座高炉的热风炉组集中配置一定数量的助燃风机。一般是 3 座热风炉的集中配置 1 ~2 台助燃风机，1 台生产，1 台备用；4 座热风炉的集中配置 2 ~3 台助燃风机，2 台运行，1 台备用。但也有的是 4 座热风炉只配置 2 台助燃风机，2 台助燃风机同时运行而不设备用风机。

6.2.4.3 热风炉阀门

热风炉的阀门分为燃烧系统阀门和送风系统阀门两类。燃烧系统阀门主要包括：助燃空气切断闸阀及调节阀，煤气切断闸阀及调节阀，燃烧闸阀，烟道阀及废气阀等。送风系统的阀门，主要包括：冷风阀，热风阀，混风切断闸阀，混风调节阀等。在热风总管上远离高炉的末端的倒流休风管上还安装有倒流休风阀。

在热风炉的燃烧期，关闭送风系统阀门中的冷风阀和热风阀，打开燃烧系统阀门中的煤气闸阀及调节阀、燃烧闸阀、烟道阀，开动助燃风机或打开预热风阀，将煤气与助燃风送入炉内燃烧。在热风炉的送风期，关闭煤气闸阀及调节阀、燃烧闸阀及烟道阀，停助燃风机或关闭预热风阀，并打开冷风阀和热风阀，向高炉送风。混风闸阀及混风调节阀，作为调节热风温度用的，高炉生产时一般都是常开的，为常开阀，只有当高炉休风时才关闭，以防止高炉煤气倒流入冷风管，引起煤气爆炸。冷风阀由闸阀和冷风小门两部分构成，冷风小门只在向热风炉充风时打开，当热风炉内与冷风管之间的压力比较均衡时，才立即全开冷风闸阀。在送风变燃烧时，关闭冷风闸的同时也关严冷风小门。废气阀在送风变燃烧时，打开放净热风炉内废风，以均衡炉内与烟道之间的压力；炉内废风放完后立即关闭，为常闭阀。倒流休风管上的倒流休风阀，只在高炉进行倒流休风时短时间打开，以放散热风总管内的煤气，便于风口检修等操作，倒流休风结束立即关闭，是常闭阀门。

对热风炉系统阀门的要求是：在高温和高压下有良好的气密性，开闭灵活，使用寿命长。为了使处于高温条件下的燃烧阀、烟道阀、热风阀及混风阀等能维持正常工作，这些阀门均须通水冷却，以防止变形后启闭困难或烧坏。特别是热风阀，随着送风温度的不断提高和高压操作，工作条件越来越严酷，成为热风炉设备的薄弱环节。因此改进热风阀结构和加强冷却已是当务之急。其改进措施是改善阀门材质，阀板与阀座采用薄壁结构，与热风接触的部位尽量采用耐火材料隔热，采用软水或纯水冷却，阀盖与阀杆之间采用可浮动的双层填料密封等。过去热风炉的烟道阀，普遍采用的是盘式烟道阀。由于它直径大、密封困难、启闭耗功大，已逐步被密封性能好的闸式烟道阀所代替。

热风炉阀门的驱动装置，有电动卷扬式、液压油缸及手动操纵等。正常生产时，热风炉阀门的开闭一般已不再采取手动操作。

选择热风炉系统阀门的依据，主要是阀门的通径、允许工作压力和工作温度。我国 1200m^3 高炉热风炉阀门性能见表 6-9。

表 6-9　1200 m^3 高炉热风炉的阀门主要规格

序号	阀门名称	通径/mm	工作压力/MPa	工作温度/℃	结构形式	传动方式	备　注
1	热风阀	1300	0.35	1300	水冷垂直闸板阀	电动或液压	
2	倒流休风阀	1300	0.35	1300	水冷垂直闸板阀	电动或液压	1 个/座高炉
3	冷风阀	1200	0.35	300	垂直闸板阀	电动或液压	
4	冷风流量调节阀	1200	0.35	300	蝶　阀	自动调节	
5	冷风旁通阀	150	0.35	300	闸板阀或球阀	电动或液压	
6	放风阀	1400	0.35	300	活塞或盘式蝶阀	电动卷扬	1 个/座高炉
7	废气阀	400	0.35	500	盘式阀	电动或液压	
8	煤气切断阀	1000	0.01	60	杠杆阀	电动或液压	
9	煤气流量调节阀	1000	0.01	60	蝶　阀	自动调节	
10	燃烧煤气放散阀	150	0.01	60	闸板阀	电动或液压	
11	助燃空气流量调节阀	1000	0.01	60	蝶　阀	自动调节	
12	燃烧阀	1200	0.35	250	垂直闸板阀	电动或液压	2 个/座热风炉
13	烟道阀	1300	0.35	250	垂直闸板阀	电动或液压	1 个/座热风炉
14	混风切断阀	700	0.35	250	垂直闸板阀	电动或液压	1 个/座高炉
15	混风调节阀	700	0.35	250	蝶　阀	自动调节	1 个/座高炉

6.2.4.4 烟道、烟囱及管道

热风炉的烟道设置在热风炉组一侧的地面以下，一般为耐热混凝土结构。烟道断面形状有圆形或其他形状。烟道断面积，一般可按烟气在烟道内的流速为 2 ~ 5 m/s 计算确定。但为方便施工和检修，烟道的高度应大于 1200 mm，宽度大于 800 mm。烟道底面向着烟囱的方向应保持 3% ~ 5% 的排水坡度，积水用水泵抽走。

热风炉组的烟囱，一般设置在其烟道远离高炉方向的末端，一般为混凝土或砖结构。烟囱的高度及直径，应根据废气在热风炉系统中的阻力损失计算确定。大型热风炉的烟囱高度一般为 70 ~ 80 m，中小型热风炉烟囱高度一般为 40 ~ 60 m。

热风炉系统的管道，主要有冷风管、热风管、助燃空气管及净煤气管等。这些管道一般均为普通碳素钢板焊成，其直径取决于管道内气体的允许压力和流速。但管道的最小内径应考虑到施工的方便。不同压力下，各类管道内的允许气流速度值见表 6-10。

表 6-10 热风炉系统管道内合适流速

名 称	标准流速 ω_0/m · s^{-1}
热风炉净煤气支管（煤气不预热）	6 ~ 10
助燃空气管道	6 ~ 8
压力 >0.09 MPa 的冷风管道	9 ~ 12
压力 <0.05 MPa 的冷风管道	7 ~ 10
压力 >0.09 MPa 的热风管道	6 ~ 8
压力 <0.05 MPa 的热风管道	5 ~ 7

为了减少热损失和保证人员安全，在热风管道内应砌筑耐火砖衬，砌砖厚度取决于热风温度的高低。送风温度为 1100 ℃左右的热风管道内，从管壁至内侧耐火砌体厚度为：喷涂料 64 mm、轻质高铝砖 114 mm × 2 层、高铝砖 114 mm，总厚度 406 mm。我国某大型高炉热风炉的热风管道内砌筑的耐火材料的材质和厚度见表 6-11。管道内耐火砖的砌筑方法，一般以管壁为导向面错缝砌筑。也有按圆周方向成通缝砌筑的。为了提高管道砌砖的稳定性，沿热风管道的长度方向必须分段设置膨胀缝，其间隔为 2 ~ 4 m。膨胀缝的大小可根据耐火砖的线膨胀系数计算确定，一般以 20 mm 左右为宜。膨胀缝内填充缓冲泥浆或耐火纤维绳。

表 6-11 我国某高炉热风炉热风管道耐火材料的材质和厚度

使用部位	热风支管/mm	热风主管/mm	热风围管/mm
内 层	高铝砖 210	高铝砖 210	高铝砖 210
外 层	隔热砖 114	隔热砖 114	隔热砖 114
填 料	陶瓷纤维 16	陶瓷纤维 16	陶瓷纤维 16
不定形耐火材料	隔热 84	隔热 84	隔热 114

冷风管道，对于常压高炉，由于高炉鼓风机出口风压低，冷风温度低，冷风管道一般不作保温处理。但对于高压高炉，高炉鼓风机送出的风温度较高，为了减少热损失，冷风管应作保温处理。其保温措施是在冷风管道的外面包裹以一定厚度的陶瓷纤维、渣棉等耐火材料。还有，通过预热器预热后的助燃空气和煤气管道的外面也应采取包裹耐火纤维等保温措施。

6.2.4.5 助燃空气、煤气预热

为了获得高风温，除了采用高炉、焦炉煤气混合燃烧外，目前还普遍采取助燃空气和煤气预

热。空气与煤气的预热方法,主要有以下几种:

(1) 利用热风炉送风期结束后自身的余热来预热助燃空气。我国济南铁厂采用此法预热助燃空气到 800 ℃左右。

(2) 用小型辅助蓄热式热风炉预热助燃空气。日本采用此法将助燃空气预热到 900 ℃左右。

(3) 从高炉热风中分出少部分鼓风作为热风炉的助燃风。此法浪费了已加热的高温热风,因此,在一般情况下不宜采用此法预热。

(4) 用高炉煤气在专门设置的燃烧器中燃烧,产生的高温废气再与热风炉的烟道废气同时通入混合室混合,然后将混合后的热废气分别送到助燃空气和煤气预热的金属换热器内,使空气、煤气预热。过去,德国某厂采用此法,将助燃空气预热到 420 ℃,煤气预热到 350 ℃。

(5) 利用热风炉烟道废气,通过各种金属热交换器预热助燃空气和煤气。采用此法,一般可将助燃空气和煤气预热到 150 ~ 200 ℃。

虽然国内外预热助燃空气和煤气的方法众多,但目前广泛采用的预热方法乃是利用热风炉的烟道废气通过各种热交换器来预热空气和煤气的。这是因为,热风炉的烟道废气虽然只有 200 ~ 300 ℃,但废气量相当大,带走的热量相当多,回收其余热来预热助燃空气和煤气,不仅能提高高炉的送风温度和有效地节约炼铁能耗,而且预热设备简单,操作方便,投资费用较低。

热风炉常用的烟道废气热交换器的种类较多,主要的有旋转再生式、热媒式、换热式及热管等四种。

(1) 旋转再生式热交换器。旋转再生式热交换器又称旋转蓄热式热交换器,其工作原理如图 6-40 所示。它是由陶瓷体或钢板为贮热体做成的转鼓,当转鼓转到通过高温废气的通道时,这部分贮热体被加热,转鼓转到低温气体(助燃空气)通道时,贮热体放热,助燃空气被加热,以达到预热的目的。工作时,贮热体转鼓的旋转速度一般为 1 ~ 4 r/min,低速旋转。

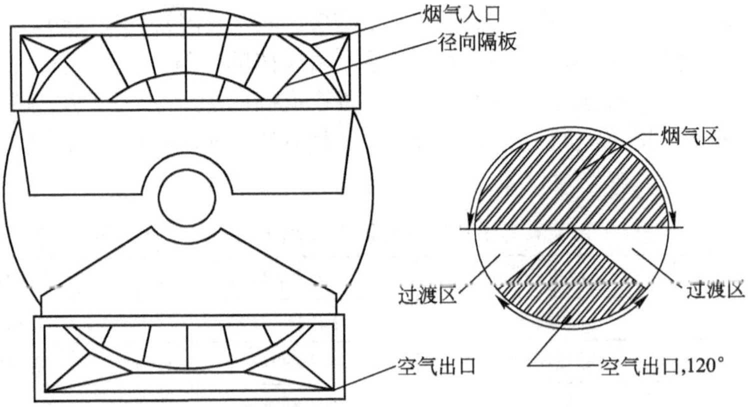

图 6-40 旋转热轮换热器示意图

我国马钢和杭钢使用的热风炉废气旋转式热交换器的性能见表 6-12。

表 6-12 我国马钢、杭钢热风炉使用的旋转式热交换器性能

指 标	马钢二铁厂 2 高炉	杭钢 3 高炉
旋转再生式热交换器形式	水平轴式	WHK-3.2 型
转子直径/m	2.5	3.2

续表 6-12

指　标	马钢二铁厂 2 高炉	杭钢 3 高炉
烟气量/$m^3 \cdot h^{-1}$	30804	76500
空气量/$m^3 \cdot h^{-1}$	17120	75400
总蓄热面积/m^2	1530	2477
烟气入口温度/℃	362	316
烟气出口温度/℃	220	133
空气入口温度/℃	27.4	20
空气出口温度/℃	301	275
蓄热体旋转速度/$r \cdot s^{-1}$	2	2.5
驱动电动机功率/kW	3	3
漏风率/%	7.4～13.4	5～12

(2) 热媒式热交换器。热媒式热交换器按热媒的状态和循环方式分为液相强制循环式、气相循环式及利用蒸发潜热的自然循环式三种类型。对于热风炉废气热量的回收,一般采用的是液相强制循环式,其回收设备及流程如图 6-41 所示。该流程中的热交换原理是:热风炉废气热交换器通过管道与空气预热器和煤气预热器连接。热风炉废气由烟道经过废气热交换器将热媒管(无缝钢管)内的热媒加热,被加热后的热媒在热媒循环泵的作用下分别流入空气预热器及煤气预热器,通过管壁热交换,把各自的热量传递给空气和煤气,使空气和煤气得以预热。在热交换过程中,热媒在循环泵的驱动作用下连续循环使用。热风炉的废气通过烟道废气热交换器后从烟囱排出。

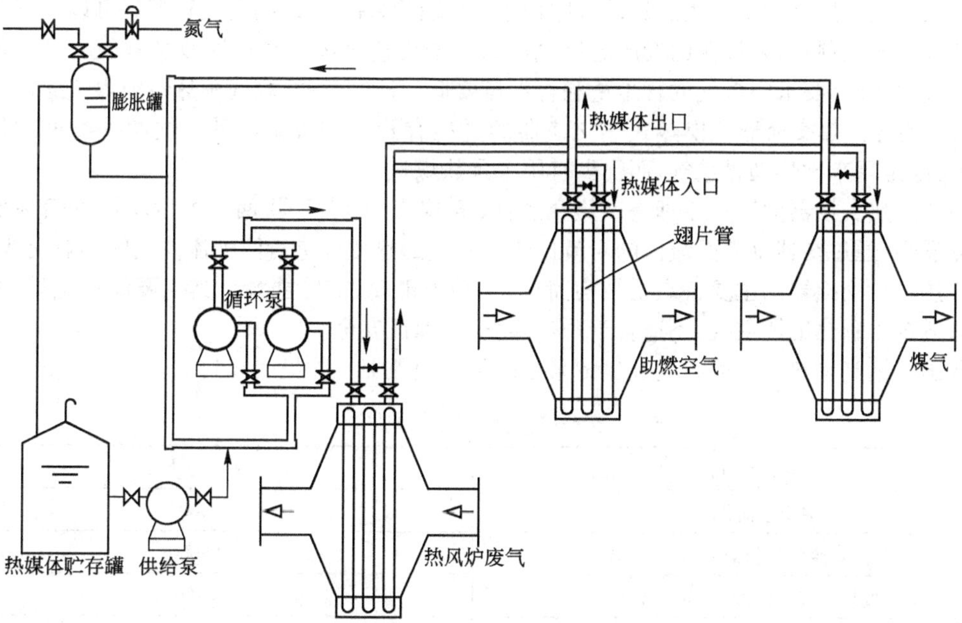

图 6-41　热媒式废气热量回收设备流程图

热媒管根据热媒有无腐蚀性而选用普通钢管或不锈钢管，管壁厚度一般为3～5 mm。为了加强换热效果，在热媒管外表面设置有铝质或钢质的翼片。预热空气的热交换器一般选用铝质翼片，预热煤气的热交换器一般选用能抗煤气腐蚀的钢质翼片。翼片的结构形式要便于清扫集尘。

热媒的选择是热媒式热交换器工作好坏的关键。作为热媒应具备的条件是：在使用的温度范围内，化学性质稳定，如发生程度小的变质，也要易于再生，无毒性或低毒性，使用方便，低温时也要有足够的流动性。热媒的种类很多，分无机物液体、有机物液体和气体等。我国最常用的热媒是纯水或水蒸气，它们均具有无毒、不可燃、价廉和使用方便等优点，是从常温至150 ℃温度范围内最优良的热媒体。

日本大分厂1号高炉热风炉废气热量回收用的热交换器主要技术性能见表6-13。

表6-13　日本大分厂1号高炉热风炉热媒式热交换器技术性能

热交换器		废　气	空　气	混合煤气
使用材质	管　子	锅炉钢管	锅炉钢管	锅炉钢管
	翼　片	铝　质	铝　质	冷轧钢板
设计条件	气体流量/$m^3 \cdot h^{-1}$	354000	172700	205200
	气体入口-出口温度/℃	238～150	22～108	24～108
	热媒循环量/$t \cdot h^{-1}$	305	130	175
	热媒入口-出口温度/℃	100～165	165～100	165～100
	热交换的热量/kW	12830	5417	7290
	热交换面积/m^2	10440	3735	4248

热媒式热交换器的主要优点是设备体积小，热交换效率高，助燃空气和煤气可以分开设置热交换器进行分别预热，并且在已投产的热风炉组上增设这种废气热量回收装置较方便。但是在进行煤气预热时，要求净煤气的含尘量和含水量要低，否则会堵塞煤气预热器内煤气通道。

（3）换热式热交换器。换热式热交换器的类型有管式和板式两种。这两种类型的热交换器，通常都是用来预热助燃空气，而很少有用来预热煤气。

换热式热交换器的工作原理是用热交换件（管或板）的器壁将两种温度不同的流体的流动空间分隔开，通过在器壁表面流体的对流传热和器壁的热传导进行两种流体之间的热交换。

换热式热交换器的主要特点是结构简单，无动力消耗，节约能源。其主要缺点是体积较大，一般只适合于预热助燃空气，不适合于预热煤气，以保证安全。

我国攀钢高炉热风炉回收废气热量采用的板式换热器性能见表6-14。

表6-14　板式换热器性能

项　　目	指　　标
热交换面积/m^2	2000
热风炉废气量（标态）/$m^3 \cdot h^{-1}$	105000
助燃空气量（标态）/$m^3 \cdot h^{-1}$	48400
废气入口温度/℃	200
废气出口温度/℃	140
助燃空气入口温度/℃	30

续表 6-14

项　　目	指　　标
助燃空气出口温度/℃	140
助燃空气阻力损失/Pa	760
废气阻力损失/Pa	850

(4) 热管式热交换器。热管是一种新型的高效率的热交换元件。热管是一根内部抽成真空(真空度大于 10^{-2} Pa),并充以适量热媒(蒸馏水)的密封钢管或钢 - 铜复合管,如图 6-42 所示。一台热管式热交换器内设置有若干根热管。热管的热交换原理是:热废气通过热管的蒸发端(即热端)时,废气与管壁外表面进行对流传热和管壁的热传导,使管内热媒被加热蒸发成蒸汽,蒸汽在管内压差的作用下流向冷端,并将其潜热传递给冷端管外的空气或煤气,使空气或煤气得以预热,而失去热量的热媒在冷端(即凝结段)冷凝为液态,并在重力或毛细管的作用下流回至热端,继续循环使用。由于热媒的连续循环,热量不间断地由热端传递到冷端。某些热管内在蒸发段与凝结段之间设有热媒的传输段,或称绝热段,作为热媒的传输通道,并将冷、热端分开,使热管适应水平布置的需要。热管的外壳作为工作容器,承受管内压力,是从热端到冷端的热流线路。吸液芯通常是紧贴或挤压在热管外壳的内壁上,可以视为由多孔物质构成的许多毛细管通道,将冷凝后的热媒从冷凝端送回蒸发端。吸液芯被具有低导热系数的热媒所浸湿,有较大的热阻。热管的中心部分为蒸汽空间。

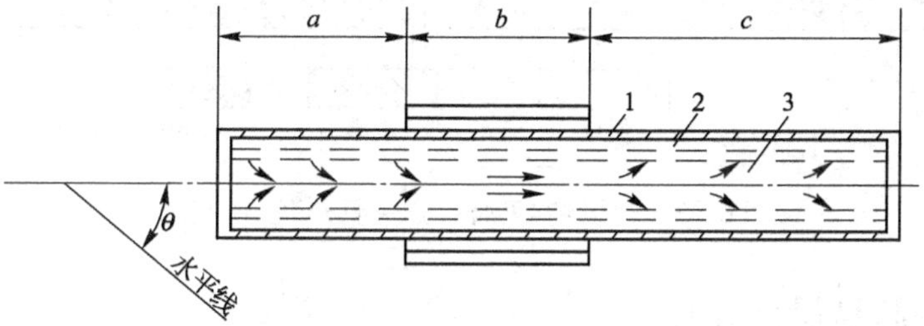

图 6-42　热管工作原理示意图

a—蒸发段;*b*—传输段;*c*—凝结段

1—外壳;2—吸液芯;3—蒸汽空间

热管在热交换器中一般垂直安装,此时热媒的回流主要依靠重力作用来完成,称重力热管,热管倾斜安装时,热媒的回流依靠重力和毛细管作用共同来完成,重力只起辅助作用,称重力辅助热管,热管水平安装时,则全靠毛细管作用使热媒回流,称毛细热管。热管的导热能力,除了受热管外面的气流等因素的影响外,还与热管本身的结构因素有关。

热管外壳材质的选择主要是要求管壳内表面与热媒之间在长期的运行中不发生生成不凝性气体的化学反应,以及能承受饱和蒸汽压力所需的管壁强度,特别是封头焊缝强度。当用蒸馏水作热媒时,热管的外壳材料,往往采用内层为铜、外层为钢的铜-钢复合管,或为内壁镀铜的钢管。有的在水中加入适量的缓蚀剂,并对钢管进行钝化处理,采用钢管作外壳材料也获得了良好效果。

热管式热交换器的主要优点有:传热能力强,传热效率高,单位体积的热交换面积大,结构紧凑,容易避免高温流体及低温流体之间的相互泄漏;当有少量热管失效或损坏时不致影响设备的继续运行;无运动部件,运行时不消耗动力,气体阻损小,结构简单,检修维护方便。因此,热管式热交换器目前已在国内许多高炉的热风炉上推广采用,并取得了良好效果。

(5) 热风炉自身预热法。它就是利用热风炉给高炉送风后的余热来预热助燃空气,提高理论燃烧温度,达到提高风温的目的。对于小高炉和三座热风炉的高炉,可采用“一烧一送一预热”的工作制度进行热风炉自身预热,具体的做法是:一座热风炉烧好后,开始往高炉送风,给高炉送完风后,在改送助燃空气,送完助燃空气后再转为燃烧,如此周而复始。这样可以将助燃空气预热到 800 ~ 900 ℃,风温可以达到 1200 ℃,助燃空气预热期拱顶温度仅降低 30 ℃左右。

此项技术由济钢 20 世纪 60 年代首创,鞍钢 1995 年在 $2580m^3$ 高炉使用了此项技术,其四座热风炉采用“两烧一送一预热”的工作制度,克服了“一烧一送一预热”工作制度下燃烧时间过短、需要燃烧室和燃烧器能力过大、用或不用自身预热时转换困难的弊端,为单一低热值煤气下获得高风温创造了新的途径。“两烧一送一预热”工作制度如图 6-43 所示。

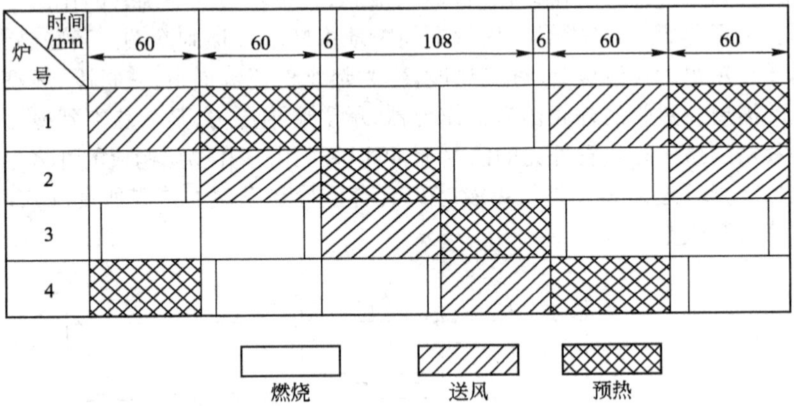

图 6-43 热风炉“两烧一送一预热”工作制度

6.2.5 热风炉简易设计计算

热风炉简易设计计算是热风炉设计的一种方法。在热风炉工艺设计时,一般只要求对热风炉作简易设计计算,确定出热风炉各部分的主要尺寸,而无须作更复杂的热工计算。下面举例说明热风炉简易设计计算的方法。

6.2.5.1 设计计算条件

某高炉有效容积为 1200 m^3,配置四座霍戈文式(改造型)内燃式热风炉,要求送风温度为 1100 ~ 1200 ℃,拱顶最高温度为 1300 ~ 1400 ℃,烟道废气温度为 200 ~ 250 ℃。

6.2.5.2 简易设计计算

设单位炉容的热风炉蓄热室的加热面积为 84 m^2/m^3,蓄热室的总加热面积(m^2)为

$$84 \times 1200 = 100800$$

一座热风炉蓄热室的加热面积(m^2)为

$$100800 \div 4 = 25200$$

选取热风炉外直径(中、上部段)$D = 7900$ mm,钢壳厚度:中部段为 16 mm,下部段为 25 mm,上部段为 20 mm,底板厚度为 25 mm。热风炉钢壳内壁至热风炉炉墙内壁耐火衬砌体厚度(mm)依次为:喷涂料 60 ÷ 硅藻土砖 115 + 耐火纤维毡 40 + 轻质高铝砖 230 + 高铝砖 230 = 675。则热风炉炉墙的内直径 D_1(mm)为

$$D_1 = 7900 - (16 + 675) \times 2 = 6518$$

热风炉炉墙内空横断面积 F_1(m^2)为

$$F_1 = \frac{3.14 \times 6.518^2}{4} = 33.35$$

一般热风炉的燃烧室(含火井墙)横断面积占热风炉炉墙内空横断面积的25% ~30%,今取28%,则燃烧室(含火井墙)的横断面积 F_2(m^2)为

$$F_2 = 33.35 \times 0.28 = 9.34$$

蓄热室横断面积 F_3(m^2)为

$$F_3 = 33.35 - 9.34 = 24.01$$

蓄热室格子砖与炉墙和隔墙之间留有膨胀缝20 ~30 mm,一般此膨胀缝面积占热风炉炉墙内空横断面积的2.0% ~2.5%,今取2.5%,扣除膨胀缝面积后,格子砖所占横断面积F_4(m^2)为

$$F_4 = 24.01 - 33.35 \times 0.025 = 23.18$$

蓄热室选用七孔高效格子砖填充,格子砖尺寸参考图6-30。格子砖的热工参数为:格孔当量直径(圆形孔)$d_h = 43$ mm,当量厚度为 $S = 31.12$ mm;1m^3格子砖的加热面积为 $f = 38.07\ m^2/m^3$;1m^2格子砖通气道面积(活面积)为 $\varphi = 0.409\ m^2/m^2$;1m^3格子砖中砖所占有的体积为$(1-\varphi) = 0.591\ m^3/m^3$。

一块格子砖占有面积(m^2)为

$$\frac{3}{2}\sqrt{3} \times 0.128^2 = 0.042565$$

一块格子砖相当于占有12个完整格孔的面积,一个格孔平均占有面积(m^2)为

$$0.042565 \div 12 = 0.003547$$

蓄热室全部格孔数(个)为

$$23.18 \div 0.003547 \approx 6535$$

一个1m长圆形格孔的加热面积(m^2)为

$$1 \times 3.14 \times 0.043 = 0.13502$$

1m长全部格孔的加热面积(m^2)为

$$0.13502 \times 6535 = 882.36$$

蓄热室整个高度上的格孔尺寸相同(即一段式格孔),则蓄热室格子砖总高度(m)为

$$25200 \div 882.36 = 28.56$$

采用复合形燃烧室,如图6-44所示,按经验取其图中半圆部分(含隔墙)面积占燃烧室(含火井墙)断面积的57%,计算出大圆半径 R(m)为

$$\frac{1}{2}\pi R^2 = 9.34 \times 0.57$$

$$R = \sqrt{\frac{9.34 \times 0.57 \times 2}{3.14}} = 1.84$$

取其图中小圆半径 r 为1.3 m来校核燃烧室的断面积:

$$\frac{1}{2} \times 3.14 \times 1.84^2 + \frac{1}{2} \times 3.14 \times 1.3^2 + 1.3 \times 1.08 = 9.36$$

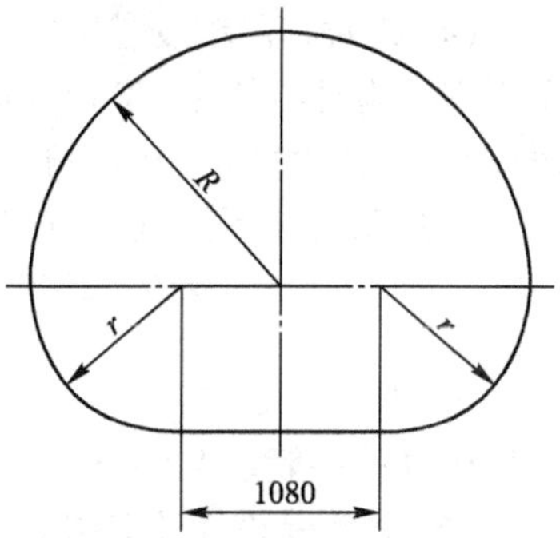

图6-44　热风炉燃烧室计算

校核结果,经校核的燃烧室断面积与原来设计计算的燃烧室断面积十分接近,故取小圆半径 r 为1.3 m合适。若校核的燃烧室断面积与原来设计计算的燃烧室断面积相差较大,

图 6-44热风炉燃烧室计算图即过大或过小，均应调整小圆半径 r 的值，重新进行校核，直到与原来设计计算的燃烧室断面积接近为止。

6.2.5.3 热风炉其他尺寸的确定

(1) 底板、支柱及炉箅子热风炉炉壳底板为普通碳素钢板，底板钢板厚度为 25 mm，底板与炉壳下部以圆弧形过渡焊接，并进行加强刚度处理。炉箅子支柱底板坐落在炉壳底板上，炉箅子厚度加支柱高度总高度为 2900 mm，炉箅子孔的形状及大小与蓄热室格子砖格孔相适应，即为圆形孔，其直径为 43 mm。炉箅子及支柱均采用耐热铸铁。炉箅子及支柱安装完毕后，在热风炉底板上面浇注一层厚度为 450 mm 的矾土水泥耐热混凝土保护层。

(2) 热风炉下部段炉墙结构热风炉 18 m 以上的中、上部段炉墙砌体厚度，在前面设计计算时已确定。18 m 以下部位炉墙砌体从炉壳至内侧耐火材料厚度(mm)为：

炉壳 25 + 耐火纤维毡 50 + 硅藻土砖 65 + 轻质黏土砖 114 + 黏土砖 345 = 599

热风炉 18 m 以下炉壳外径取716 mm。

(3) 拱顶结构热风炉的拱顶结构形式有球形、锥形、抛物线形、悬链形及锥球结合形等。本例采用由两个球面结合的拱顶结构，拱顶钢壳厚度为 20 mm。取上部球形拱顶钢壳内半径 R_1 为 3560 mm，砌体内半径 R_2 为 2742 mm，球顶中心角为 104°，球顶砌体中心比球顶钢壳中心标高要低 60 mm，取下部球形拱顶钢壳内半径 R_3 为 10321 mm，砌体内半径 R_4 为 9513 mm。取下部球形曲面起点水平面至上部球形砌砖中心垂直高度为 2000 mm。

拱顶耐火砌体从钢壳至内侧面厚度(mm)为：

钢壳 20 + 耐酸喷涂料 50 + 硅酸铝耐火纤维 50 + 硅藻土砖 65 + 硅酸铝耐火纤维 50 + 轻质黏土砖 114 + 轻质高铝砖 114 + 高密度高铝砖 345 = 808

拱顶采取大帽子结构，大帽子直段部分高取 5300 mm，炉墙伸入大帽子 3800 mm，大帽子直段部分砌体(不含炉墙)厚度(炉壳至内侧面)(mm)为：

炉壳 20 + 喷涂料(FN - 130)50 + 高炉水渣 50 + 硅藻土砖 65 + 硅酸铝耐火纤维毡 40 + 轻质黏土砖 114 + 轻质高铝砖 114 + 高铝砖 345 = 798

拱顶曲面砌体空间高与其下部砖体内直径之比为 $\frac{2000 + 2742}{7900} = 0.6$，此值一般在 0.5 ~ 0.6 范围比较合适。在炉壳变径部位均采用流线型曲面。

蓄热室格子砖上沿至拱顶上段球形砌砖中心距离取 3800 mm，格子砖上沿比燃烧室隔墙上沿低 300 mm，以有利于烟气进入蓄热室分布均匀。隔墙与炉墙上沿取平齐。炉墙伸入拱顶大帽子部分，炉墙与大帽子之间的滑动缝采取迷宫式填料密封结构，迷宫缝隙内充填陶瓷耐火纤维。

(4) 燃烧室隔墙及燃烧器燃烧室火井墙砌筑两层耐火砖，耐火砖总厚度为 575 mm。燃烧器采用磷酸盐耐热混凝土套筒式陶瓷燃烧器。燃烧器全高为 6000 mm，空气喷出口 24 个，一次进风口 8 个，空气喷出口中心角为 60°。

(5) 热风炉全高 H(mm) 和高径比 H/D 值为

$$H = 25 + 2900 + 28560 + 3800 + 60 + 3560 + 20 = 38925$$

$$H/D = \frac{38925}{7900} = 4.927$$

H/D 值一般在 4.5 ~ 5.5 范围，热风炉比较稳定。

(6) 将简易设计计算结果，绘出热风炉尺寸图(见图 6-45)。

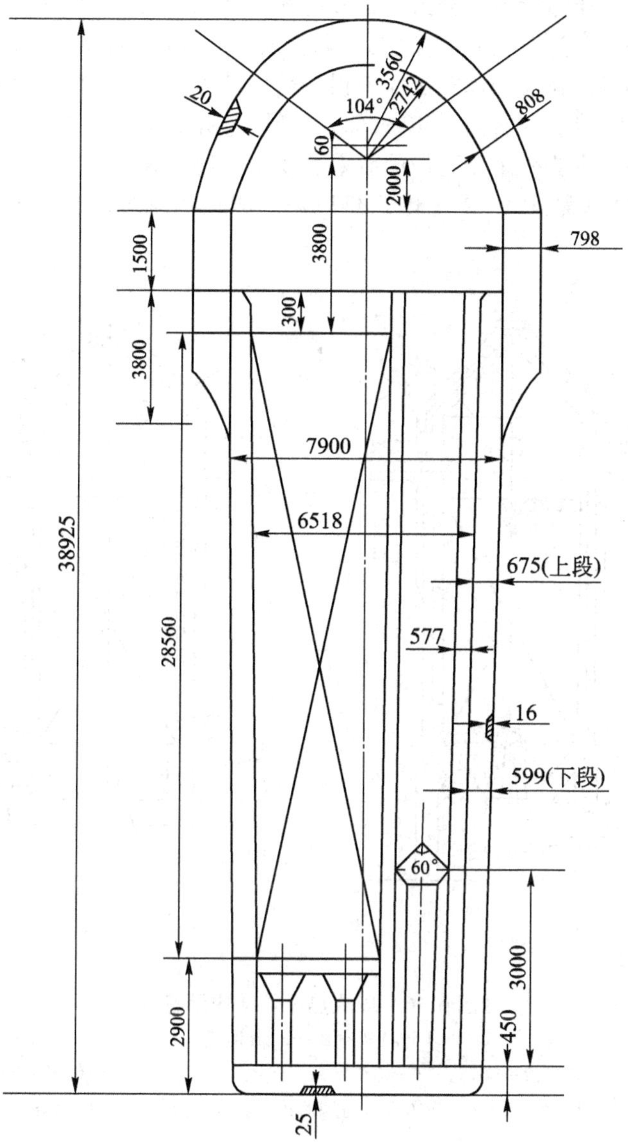

图 6-45 热风炉简易设计计算图

6.3 球式热风炉

6.3.1 概述

球式热风炉已在我国小型高炉上广泛采用多年,实践证明它不仅可以获得 1000 ℃以上的实际送风温度,而且潜力很大。球式热风炉属于顶燃蓄热式热风炉,其工作原理与其他蓄热式热风炉相同,只是用耐火球代替了格子砖。球式热风炉与拷贝式热风炉相比,它与布袋除尘器配合应用,更具有显著的优越性:送风温度高,送风周期长,散热损失小,热效率高,结构简单以及投资省等。

球式热风炉按其球床布置方式分为立式和卧式两类，目前国内普遍采用的是立式的。立式球式热风炉按其结构又分为落地式和架空式两种（见图 6-46）。落地式球式热风炉虽然稳定性好，但是由于卸球不方便，新建的球式热风炉很少采用落地式的，只有由拷贝式热风炉改造成为球式热风炉时，才采用落地式结构。架空式球式热风炉，由于卸球方便，目前获得普遍采用。

球式热风炉的座数主要决定于高炉的有效容积。一座小型高炉一般配置 2 ~ 3 座球式热风炉，炉容较大的高炉可以配置 3 ~ 4 座球式热风炉。球式热风炉的布置原则，应与布袋除尘器靠近。

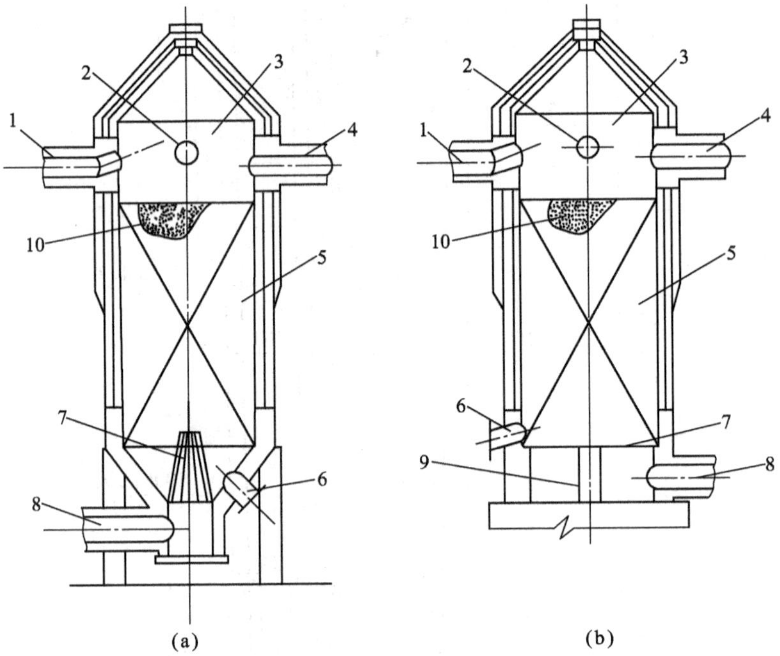

图 6-46 球式热风炉结构示意图

(a)架空式；(b)落地式

1—燃烧口；2—装球孔；3—燃烧室；4—热风出口；5—蓄热室；6—卸球孔；7—炉箅子；8—冷风入口与烟道；9—炉箅子支柱；10—耐火球

6.3.2 球式热风炉的结构特点

球式热风炉结构如图 6-47 所示。它主要由炉墙、球床和燃烧室（即拱顶）几部分组成，各部位耐火砌体的材质、厚度等要求均与拷贝式热风炉基本相同。球式热风炉结构与拷贝式热风炉比较，具有下列特点：

(1) 球式热风炉为顶燃式热风炉，取消了火井墙，燃烧室即为拱顶。燃烧口及热风出口均布置在拱顶下部的直段部分，并且二者标高大体相同，相对或成一定夹角布置。为了使高温烟气进入球床（蓄热室）分布均匀，燃烧口中心线一般应当向上倾斜 30°，并与一定直径的假设圆相切。

(2) 在拱顶的适当部位设置有上部装球孔，在球床下部、炉箅子的上面炉墙上设置有下部卸球孔，大型球式热风炉球床中部还设置有中部装球孔，这些孔道既做装球或卸球用，又做人孔用，生产时用耐火砖堵塞密封。

(3) 球式热风炉的蓄热室(也称球床)内填充耐火球作为贮热体,以代替格子砖。单位体积耐火球的加热面积要比单位体积格子砖的加热面积大得多,但单位高度耐火球球床比单位高度格子砖气流阻力损失也大些。这是球式热风炉在大型高炉上难以得到推广使用的重要原因之一。

(4) 除落地式球式热风炉的底部为平底形,并设置支柱和炉箅子(平面或曲面)外,架空式球式热风炉的蓄热室底部均为锥形。笼罩形的炉箅子放在锥形底部的耐火砌体上,取消了炉箅子支柱。笼罩形炉箅子常用圆钢或扁钢焊制成。

球式热风炉的燃烧口、热风口、装球和卸球孔以及锥形炉底等,一般都为耐热混凝土预制件结构。

为了使拱顶稳定和气流分布合理,球式热风炉已将过去的锥形拱顶改为锥球结合形、抛物线形及悬链形拱顶等。并将拱顶下部直段改成与拷贝式热风炉拱顶相类似的大帽子结构,炉墙与拱顶之间采用滑动缝和迷宫式密封结构,以满足1100 ℃以上的风温要求。

过去球式热风炉普遍采用金属套筒燃烧器,目前有越来越多的球式热风炉已改为陶瓷套筒燃烧器,不仅气流分布合理,而且使用寿命大为延长。

6.3.3　耐火球的热工特性

(1) 1 m^3耐火球的加热面积f(m^2):

$$f = \frac{6(1-\varepsilon)}{d}$$

式中　d——耐火球直径,m;常取 $d = 30 \sim 50$ mm;

ε——耐火球堆积孔隙度,%。

圆形球堆积孔隙度与球直径大小无关,只与堆积方式有关。球按最松散排列堆积时的孔隙度为0.476,按最紧密排列堆积时的孔隙度为0.263。球床内的耐火球为自然堆积,其孔隙度介于0.416和0.263之间,设计时,球床孔隙度取二者之平均值为0.37。据实测,球床孔隙度可以达到0.4~0.42。

(2) 球床孔道当量直径 (m):

$$d_h = \frac{4\varepsilon}{f} = \frac{4\varepsilon}{6(1-\varepsilon)d} = \frac{2\varepsilon d}{3(1-\varepsilon)}$$

(3) 1 m^3耐火球重量 m:

$$m = (1-\varepsilon)\gamma$$

式中　γ——耐火球密度,其值取决于耐火球材质性质,含 Al_2O_3,为65%的高铝球,γ 值为2.4~2.6 t/m^3。

不同直径的耐火球热工特性见表6-15。

表6-15　耐火球热工特性

项　目	指　标		
耐火球直径/m	0.025	0.030	0.040
1 m^3耐火球加热面积/m^2	151	126	94.5
球的孔道当量直径/m	98×10^{-4}	118×10^{-4}	156×10^{-4}
1 m^3耐火球重量/t	1.5~1.6		

6.3.4 球床装球量及球床尺寸的确定

球式热风炉球床装入耐火球的多少，直接影响到热风炉的工作效果。由于1 m^3耐火球的热交换面积要比同体积格子砖加热面积大得多，即球床内耐火球的加热面积是足够的。因此，在考虑耐火球的装入量时，主要不是考虑耐火球的加热面积而着重考虑的是耐火球的重量，即保证装入球床的耐火球量要有足够的贮热能力。一座球式热风炉装球量多少，应根据入炉风量、风温及送风时间等进行热工计算。但在生产实际中，一般都不做复杂的热工计算，而是根据经验确定出一座球式热风炉的装球量。实践证明，这样做也是可靠的。

生产中，当风温为1050～1100 ℃时，三座球式热风炉的总装球量，一般可以按1 m^3高炉有效容积平均装入耐火球量为1.8～2.0 t/m^3计，或者按每分钟1 m^3鼓风平均装入耐火球量为0.75～1.0 t/(m^3·min)计，计算出三座球式热风炉的总装球量后，进而确定出一座球式热风炉的装球量。若一座高炉只配置两座球式热风炉时，其总装球量可以适当减少，而每座球式热风炉的装球量可以适当增加。

球式热风炉的球床尺寸是指球床的直径和球床的高度。确定球床的尺寸时，主要考虑的是有利于球床的热交换和降低气流的阻力损失。球床直径大，高度低，气流速度小，虽然有利于降低气流阻损，但不利于热交换，反之，气流阻损增大。因此，球床设计时，直径和高度必须综合考虑，二者兼顾。确定球床直径一般可按高炉鼓风通过球层气流速度为1.2～2.0 m/s计算，或按鼓风通过空炉流速为0.45～0.74 m/s计算。然后再根据一座球式热风炉的装球量计算出球床的高度。生产实践表明，不论球式热风炉的大小，球床的高度都宜控制在5～6 m的范围，认为这样的高度对传热和气流阻损都是比较合适的。另外，在生产过程中，由于球床周期性的加热，耐火球发生膨胀，球床升高，使拱顶空间减少，影响气流分布和煤气燃烧效果。因此，在考虑球床高度时，应当考虑留足球床上胀的位置。

过去的球式热风炉，球床上下段耐火球的材质和直径均相同，这样既不适应温度分布，也不适应热交换规律。目前，对装入球床的耐火球改为：球床上部2 m高度段装直径较大的硅质耐火球，以下部分段装直径较小的高铝质耐火球或黏土质耐火球。耐火球直径大小，不仅直接影响到传热面积和气流阻损，也影响耐火球制造加工成本。多种因素综合考虑，目前常采用的耐火球直径一般为ϕ25～50 mm范围。硅质耐火球要求含SiO_2大于93%，高铝质耐火球含Al_2O_3量在60%～70%范围。并要求耐火球致密，烧成温度足够。

6.3.5 助燃风机及阀门管道

由于球床气流阻损要比格子砖的气流阻损大，特别是生产一段时间后，部分耐火球破损和灰尘的堵塞，使气流阻损更加大。因此，球式热风炉的助燃风机，不仅风量要能满足煤气燃烧的要求，而且风压要比同类型高炉的拷贝式热风炉的助燃风机的风压要高。球式热风炉助燃风机的风压一般为5000 Pa左右或更高。

球式热风炉的阀门、管道与拷贝式热风炉的阀门、管道的要求相同。球式热风炉的烟道阀，也由过去采用的盘式烟道阀，改为目前采用的闸式烟道阀，减少了漏风率。

6.3.6 球式热风炉存在的一些问题及改进措施

小型高炉采用球式热风炉具有很多优越性，因而被获得广泛采用。但是，球式热风炉目前也还存在着一些亟待解决的问题，否则会影响其优越性的进一步发挥。球式热风炉目前存在的主要问题有：

（1）生产一段时间后，球床产生向上膨胀的同时也产生横向膨胀，对周围炉墙产生很大的侧压力，严重时会使炉墙开裂和发生窜风现象。

（2）由于耐火球的烧成温度不够，耐火球在球床内受高温高压作用，重烧变形严重，使球与球之间的点接触变成为面接触，再加上有的耐火球在生产时的成型压力不足，容易发生破碎，这些都使热交换面积减少，气流阻损增加。

（3）由于布袋除尘器的布袋破损检测未实现自动化，有时燃烧煤气的含尘量较高，在高温下耐火球表面生成低熔点物质，即耐火球被渣化。这不仅使耐火球的热交换能力大为降低，而且球与球之间发生粘结，使气流阻损增加。更为严重的是给更换耐火球的卸球工作造成很大的困难，甚至不得不采取放炮卸球，球的报废率很高。

进一步提高耐火球生产的成型压力及其致密度，保证足够的烧成温度，是提高耐火球质量，避免耐火球形变和破碎的重要措施。提高布袋除尘器的布袋破损检测的自动化水平，加强煤气除尘管理，使净煤气含尘量稳定在5 mg/m^3以下，是减少耐火球被渣化的重要途径。

思考题

6-1 高炉冶炼对高炉鼓风机的性能有哪些主要要求？
6-2 常用高炉鼓风机类型有哪几种？举例说明离心式和轴流式高炉鼓风机特性曲线所具有的特点。
6-3 举例说明高炉鼓风机出口风量及出口风压的计算方法。
6-4 说明脱湿鼓风的冷却脱湿法工作原理及优点。
6-5 分析比较内燃式、外燃式及顶燃式热风炉的工作特点。
6-6 内燃式热风炉主体由哪几部分构成，其热交换流程及热交换原理是什么？
6-7 内燃式热风炉的拱顶形状有哪几种？并比较其性能特征。
6-8 为什么说霍戈文式热风炉比一般内燃式热风炉更有利于使用高风温？
6-9 蓄热室格子砖常用热工参数有哪些，如何计算？
6-10 根据热风炉工作原理分析格子砖热工参数之间的关系。
6-11 举例说明蓄热式热风炉简易设计计算方法。
6-12 陶瓷燃烧器为何取代了金属套筒式燃烧器？
6-13 热风炉空煤气预热有哪些方式？说明各种方式的技术特点。
6-14 球式热风炉的应用越来越广泛，说明使用球式热风炉需要注意哪些问题。

7　高炉喷吹燃料设备

高炉经风口喷吹燃料是20世纪60年代炼铁技术的重大进步,是降低焦比,强化高炉冶炼的有效措施。

高炉喷吹的燃料主要有三类:气体燃料、液体燃料和固体燃料。气体燃料主要有天然煤气和焦炉煤气等,其中以喷吹天然气居多。液体燃料主要有重油和焦油等。固体燃料主要有无烟煤粉和气煤等。目前我国高炉主要喷吹无烟煤粉,有的高炉也喷吹烟煤粉和其他燃料。

高炉无论喷吹何种燃料,作为喷吹设备都应满足下列要求:

(1) 能连续、稳定地把燃料喷入炉内;

(2) 计量准确,调节灵活、方便;

(3) 各个风口喷入量应接近,其误差不应影响炉缸工作的均匀性;

(4) 设备安全、可靠、易于维护。

7.1　煤粉的喷吹

高炉喷吹煤粉,要求煤粉固定碳含量高,灰分及硫分等有害元素少,粒度合适,成分均匀、稳定。因此,原煤在喷吹前必须通过配煤、混匀、制粉等一系列准备处理,成为合格煤粉,然后才由喷煤设施喷入高炉。

高炉喷煤系统主要由供煤系统、制粉系统、喷吹系统、热烟气系统等部分组成。

7.1.1　制粉系统

制粉系统的主要任务是通过磨煤机将原煤加工成粒度和含水量均符合高炉喷吹需要的煤粉,一般煤粉 -200 目(0.074 mm)的占60%以上,水分不大于1.5%。该系统由给料、干燥、收粉等几部分组成。

7.1.1.1　工艺流程

磨机制粉系统的煤粉浓度高达700 ~ 1000 g/m^3,比工业防尘和环保领域的含尘浓度高数十倍以上,而且煤粉收集设备兼有生产和环保两种功能,远非单纯的环保设备所能胜任的,因此,不得不采用多级收粉工艺,如图7-1所示。

原煤由厂外运来后卸入车间贮煤槽1,经锤式破碎机3破碎后,用带式运输机运到原煤仓5,由圆盘给料机6把煤配、卸给球磨机7,进行球磨。在球磨过程中,将经过干燥炉预热的热风(200 ℃左右)用引风机吹入球磨机,维持球磨机出口处气流温度为70 ~ 80 ℃,使煤粉在球磨和输送过程中得到干燥,以保证能顺利进行煤粉的球磨、输送和喷吹,并能减少煤粉水分在风口前热分解的热量消耗。球磨机内的煤粉是靠引风机和排煤风机的风力输送到煤粉仓的。

从球磨机出来的煤粉首先经过粗粉分离器9,把其中大于1 ~ 3 mm粒级的粗粉分离出来,并通过回煤管道返回到球磨机继续球磨;而0 ~ 1粒级的细粉随风依次进入一级旋风式分离器10、二级旋风式分离器11以及布袋收尘器12,分段收尘。并将所收得的煤粉,分别通过管道送入煤

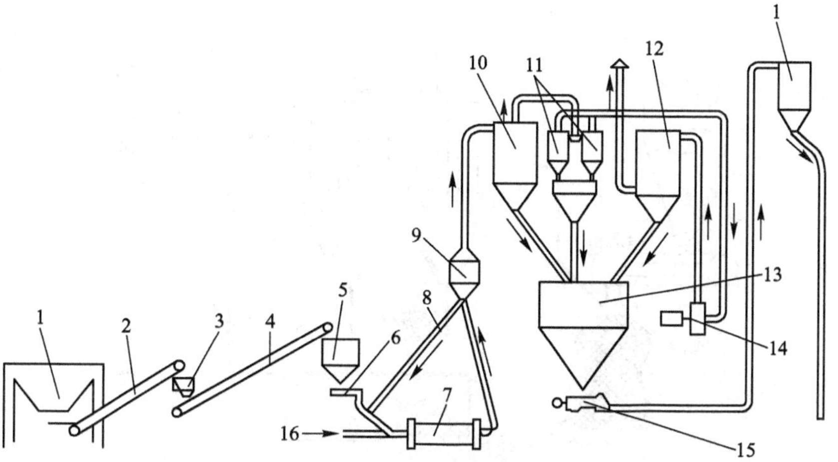

图 7-1 煤粉制备和喷吹流程图

1—贮煤槽；2、4—带式运输机；3—破碎机；5—原煤仓；6—圆盘给料机；7—球磨机；8—回煤管；9—粗粉分离器；10—一级旋风式分离器；11—二级旋风式分离器；12—布袋收尘器；13—煤粉仓；14—排煤风机；15—螺旋泵；16—烟气

粉仓 13，最后经布袋式收尘器过滤后的余气中含尘量已很低，由排气管放入大气。由于布袋收尘器的阻损较大，在二级旋风式分离器与布袋式收尘器之间设置排煤风机 14。为了调节布袋收尘器内的气压，在排煤风机和布袋收尘器之间的管道上还安装有与球磨机入料口管道相连接的返风管道。在布袋收尘器下有星形阀，煤粉通过它进入煤粉仓。在煤粉仓上面的输入管上，分别安装锁气器密封。在煤粉仓下部安装有圆筒阀和螺旋泵，将煤粉输送到喷煤设施。

锁气器结构如图 7-2 所示。

这种工艺流程尽管采用了多级收粉工艺，但是尾气含尘浓度超标的现象仍大量存在，有的高达 2 ~ 3 g/Nm^3，而且由于制粉系统阻力高，容易发生因压力分布失衡而导致的“跑粉现象”，不仅污染环境而且造成物料流失。另外此流程中设备过多，维护管理也很麻烦。

近几年制粉系统设计多采用中速磨制粉 + 一级负压布袋收粉新技术，各卸粉点应设捕集罩，经净化处理后，再经风机、消声器、烟囱向大气排放。排放气体含尘浓度应小于 50 mg/m^3。这种工艺的技术核心是中速磨煤机和高浓度袋式收粉器，其工艺流程如图 7-3 所示。

图 7-2 锁气器结构

1—密封板；2—平衡重锤

原煤仓中的原煤经给料机送入中速磨煤机中进行碾磨，干燥气与冷风混合后对磨煤机内的原煤进行干燥。中速磨煤机自身带有粗粉分离器，从磨煤机出来的气粉混合体进入细粉分离器或直接进入布袋收集器，被捕捉的煤粉落入煤粉仓，净气由抽风机抽入大气。中速磨煤机不能磨碎的粗硬煤粒或杂物从主机下部的清渣孔排出。

7.1.1.2 主要设备

A 中速磨煤机

中速磨煤机（简称中速磨）是近年来用于高炉喷煤制粉的一种新的磨煤设备。国外喷煤的

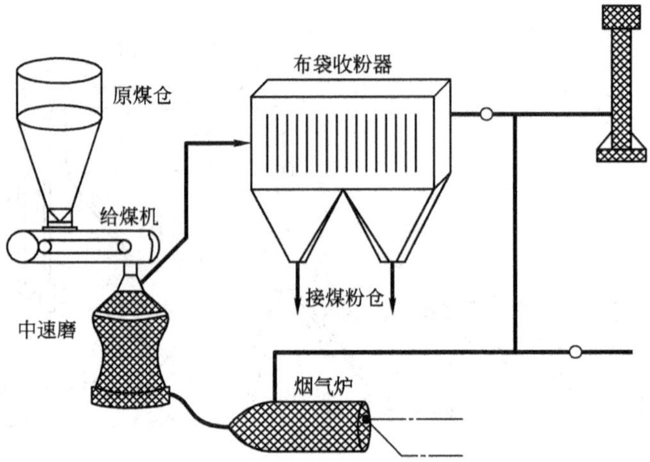

图 7-3 中速磨制粉工艺流程图

高炉几乎都采用中速磨煤机。国内今年所新建和改造的高炉磨煤系统,基本上也都采用了中速磨煤机。

中速磨的结构形式很多,适用于磨煤粉的有 ZGM(或 MPS)型辊式磨煤机和 HP 型(HRM、HPS 型)碗式磨煤机,图 7-4 和图 7-5 所示是常用的 MPS 磨和碗式磨煤机的结构形式。

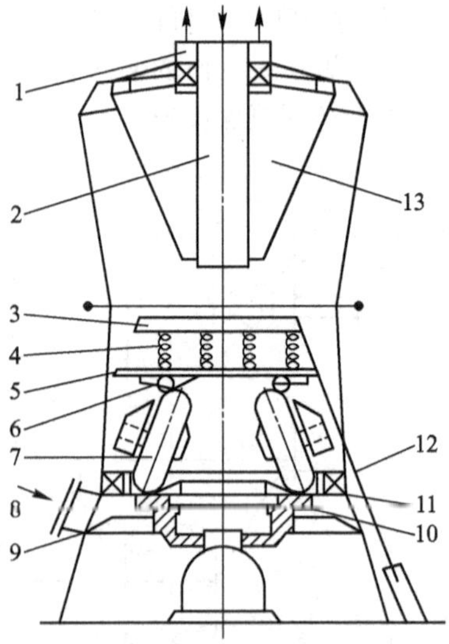

图 7-4 MPS 磨结构示意图

1—煤粉出口;2—原煤入口;3—压紧环;4—弹簧;5—压环;6—辊子;7—磨辊;8—干燥气入口;9—刮板;10—磨盘;11—磨环;12—拉紧钢丝绳;13—粗粉分离器

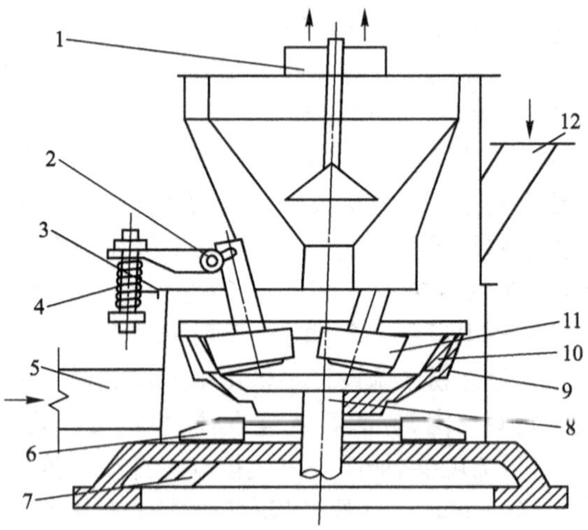

图 7-5 碗式磨煤机结构示意图

1—气粉出口;2—耳轴;3—调整螺丝;4—弹簧;5—干燥气入口;6—刮板;7—杂物排放口;8—转动轴;9—钢碗;10—衬圈;11—辊子;12—原煤入口

国外喷煤制粉多采用辊式,这种形式磨机可磨制硬度高的硬煤。原煤由落煤管进入两个碾磨部件的表面之间,在压紧力的作用下受到挤压和碾磨而被粉碎成煤粉。由于碾磨部件的旋转,磨成的煤粉被抛至风环处。热风以一定速度通过风环进入干燥空间,对煤粉进行干燥,并将其带入碾磨区上部的煤粉分离器中。经过分离,不合格的粗粉返回碾磨区重磨,合格的煤粉由干燥气带出磨外。煤中夹带的杂物(如石块、黄铁矿块和金属块等)被抛至风环处后,由下而上的热风不足以阻止它们下落,经风环由刮板刮落至排渣箱内。

碗式磨煤机由于辊子与磨盘成一定角度吊挂在磨盘上方,作用在磨盘上的是分力,只能磨较软的煤。其磨辊同磨碗衬板不直接接触,故磨损小。停机时机内不积煤,避免了机内存煤产生自燃引起爆炸的可能性。磨辊可翻出机外更换,检修时间短。排渣量少,排渣方便。该型磨机为侧面受料,给料设备和原煤仓的位置较低,上料输送设备短,占地面积小,但是不适用于含水分高(>14%)原煤的磨制。

B 煤粉分离收集设备

煤粉分离收集设备主要有粗粉分离器、旋风分离器和布袋收粉器。

粗粉分离器主要是利用重力分离和离心分离,使不同颗粒的煤粉分离。为避免煤粉过粗,在低速磨煤机的后面设粗粉分离器。而中速磨内部带有粗粉分离器。

旋风收粉器的任务是将由粗粉分离器过来的合格煤粉从气流中分离出来,然后送入煤粉仓。一般采用二级收粉,一级为旋风收粉,二级为多管收粉。这种旋风收粉器主要是利用离心力的作用,使得多数煤粉分离后沿外筒内壁下落,部分小颗粒煤粉随气流经内筒进入排气管。经过旋风收粉器后,没有被收集到的部分煤粉必须由袋式收粉器来收集。

新建煤粉制备系统一般采用高浓度脉冲式布袋收粉器——一次收粉,简化了制粉系统工艺流程。常用的为PPCS型。PPCS气箱式脉冲布袋收粉器由灰斗、排灰装置、脉冲清灰系统等组成。箱体由多个室组成,每个室配有两个脉冲阀和一个带汽缸的提升阀。它的工作原理如图7-6所示。当气体和煤粉的混合物由进风口进入灰斗后,一部分凝结的煤粉和较粗颗粒的煤粉由于惯性碰撞,自然沉积到灰斗上。细颗粒煤粉随气流上升进入滤袋室,经滤袋过滤后,煤粉被阻留在滤袋外侧,净化后的气体由滤袋内部进入箱体,经出口排出,达到收集煤粉的作用。随着过滤的不断进行,滤袋外侧的煤粉逐渐增多,阻力逐渐提高,当达到设定阻力时或者一定时间间隔时,清灰程序控制器发出清灰指令。首先关闭提升阀,切断气源,停止该室过滤,再打开电磁脉冲阀,向滤袋内喷入高压气体—氮气或者压缩空气,以清除滤袋外侧表面捕集的煤粉。清灰完毕,再次打开提升阀,进入工作状态。上述清灰过程是逐室进行的,互不干扰,当一个室清灰时,其他室照常工作。

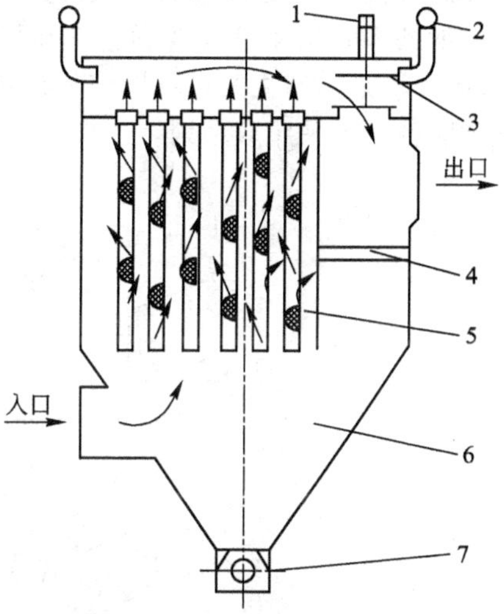

图7-6 气箱式脉冲布袋收粉器结构示意图
1—提升阀;2—灰斗;3—阀板;4—隔板;
5—滤袋及袋笼;6—灰斗;7—叶轮
给料机或螺旋输送机

C 主排风机

先进的磨煤系统只设烟气炉燃烧助燃风机和主排风机,实现负压操作。

主排风机是制粉系统的主要设备,它是整个制粉系统中气固两相流流动的动力来源,工作原理与普通离心通风机相同。它的风叶成弧形,若以弧形叶片来判断风机旋转方向是否正确,则风机的旋转方向应当与普通离心风机的旋转方向相反。

7.1.2 喷吹系统

从制粉系统的煤粉仓后面到高炉风口喷枪之间的设施属于喷吹系统,主要包括煤粉输送、收集、喷吹、分配及风口喷吹等。

7.1.2.1　喷吹装置的类型

喷吹装置按分类方法的不同分为多种类型。

(1) 按制粉部分与喷吹部分合一或分开，分为直接喷吹和间接喷吹。前者将喷吹设施布置在制粉车间的下面，不设煤粉转运站，直接将煤粉通过管道和喷枪喷入高炉。直接喷吹设备简单，投资省，一般新建高炉的煤粉喷吹系统均采用直接喷吹。间接喷吹是在高炉炉台上设置煤粉转运站，从转运站的喷吹罐里将煤粉喷吹入高炉。这种布置形式所用设备复杂，占地面积大，一般在老企业改造增加煤粉喷吹工艺时，由于高炉车间难以布置下制粉车间才采用此种方案。图7-1 为间接喷吹流程。

(2) 按煤粉在喷吹罐内所处压力状态，分为高压和常压喷吹。高压喷吹时，喷吹罐内保持在充压(0.3～0.4 MPa)状态下进行喷吹作业。高压操作的大型高炉必须采取高压喷吹。常压喷吹时，喷吹作业在喷吹罐内处于常压状态下进行，喷煤量通过螺旋泵转速来调节。常压喷吹的高炉炉顶煤气压力一般不得超过0.13～0.15 MPa。

(3) 按喷吹罐的数量及其布置方式分为并罐式和串罐式喷吹。并罐式是每座高炉在煤粉仓下面并列设置两个或两个以上的喷吹罐，其中一个罐在充压状态下进行喷煤作业，其余的罐卸压装煤，交替作业，这种布置方式的优点是高度小，投资少，如图 7-7 所示。串罐喷吹装置的布置形式，如图 7-8 所示，它由煤粉仓、中间罐和喷吹罐上下重叠组成，其特点是占地面积小，设备利用率高。但是当其主要设备检修时必须中断喷吹作业，给高炉操作带来困难。为保证喷吹作业的连续运行，可采用双系列。

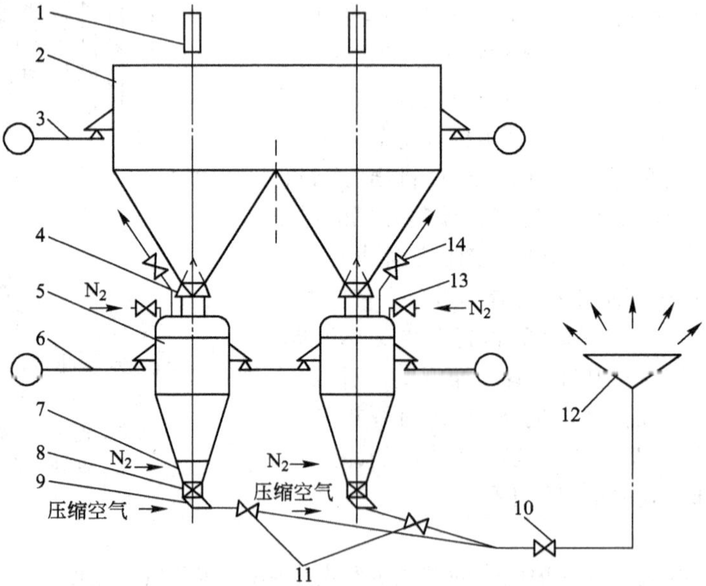

图 7-7　并罐喷吹工艺图

1—塞头阀；2—煤粉仓；3—煤粉仓电子秤；4—软连接；5—喷吹罐；6—喷吹罐电子秤；7—流化器；8—下煤阀；9—混合器；10—安全阀；11—切断阀；12—分配器；13—冲压阀；14—放散阀

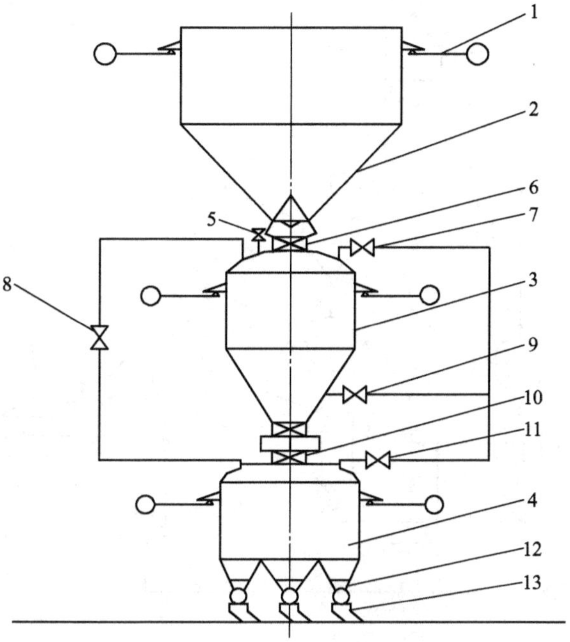

图 7-8 串罐喷吹系统布置图

1—煤粉仓电子秤;2—煤粉仓;3—中间罐;4—喷吹罐;5—放散阀;6—上钟阀;7—中间罐充压阀;
8—均压阀; 9—中间罐流化阀;10—下钟阀; 11—喷吹罐充压阀; 12—流化器; 13—混合器

(4) 按喷吹管路的多少,分为单管路和多管路喷吹。单管路喷吹是每座高炉只用一根喷煤主管与设置在高炉炉台上的煤粉分配器连接,由分配器分出的若干根喷煤支管与风口喷煤枪连接。煤粉通过喷煤主管、分配器、支管及喷枪喷入炉内。单管路喷吹设备简单。

多管路喷吹系统,是指喷吹罐直接与风口数相等的支管相连接而形成的喷吹系统。这种系统的管径小,阻力大,只适合于近距离喷吹。我国高炉多采用单管路系统喷吹。而且,今后是以高压、并罐式、直接喷吹流程为主。

(5) 流态化喷吹。日本钢铁厂高炉流态化喷吹装置如图 7-9 所示。它是从喷吹罐的下面引入氮气(或干空气),使罐内煤粉呈均匀的悬浮状态,即产生流态化,然后由喷吹罐上部的管道将流态化的煤粉直接送到高炉的各风口,通过喷枪喷入炉内。煤粉在罐内的流态化程度通过调节进气量控制。每个风口喷煤量由输送气体量控制。输送气体增加,喷煤量减少,输送气体减少,则喷煤量增加。煤粉流态化喷吹是近期的发展,其优点是:消除了过去依靠罐内充压调节喷吹量所产生的脉冲喷吹现象,使煤粉的输送和喷吹更加稳定;用调节输送气流量来调节喷煤量,调节的灵敏度高并及时,无调节滞后现象,克服了湿煤粉在罐内起拱而难以排出的现象,为喷煤微机控制创造了条件。

(6) 浓相输送和稀相输送。煤粉输送需要消耗一定量的氮气(或压缩空气)。当输送浓度大于 30 kg 粉/kg 气时,称为浓相输送,反之,称为稀相输送。浓相输送的载气量小,煤粉输送速度低,既节省能源,又减少了输粉管道及设备的磨损,此外产生静电小,更有利于烟煤的安全输送。而且,与稀相输送相比,输送相同的煤粉量,采用浓相输送时输送管道的截面积大为减少,节省材料和相关阀门设备投资。国内鞍钢、马钢、杭钢等厂的高炉喷煤都采用了浓相输送技术,固气比达 40 kg/kg。

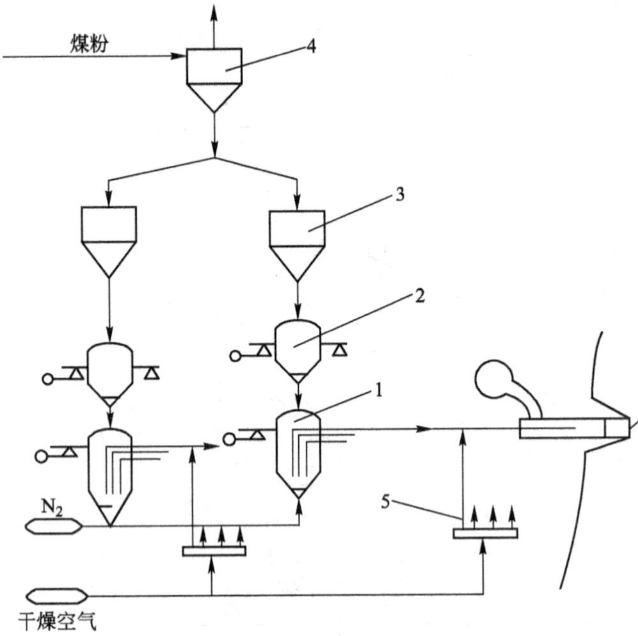

图 7-9 流态化喷煤装置示意图

1—喷吹罐;2—中间罐;3—煤粉仓;4—收粉器;5—输送气体;6—高炉风口

7.1.2.2 喷吹设备

A 喷吹罐组有效容积的确定

喷吹罐组一般包括喷吹罐、中间罐及煤粉仓。它们的有效容积取决于高炉的喷煤量、喷吹流程及工作制度。

喷吹罐有效容积是指喷吹罐在最低和最高料面之间所具有的容积。最低料面是指在料面以下保留 2 ~ 3 t 煤粉时的料面位置,最高料面是指料面距离罐顶部球面转折点处 800 ~ 1000 mm 的料面位置。喷吹罐的容量一般以满足高炉连续喷吹 25 ~ 40 min 为宜。

中间罐有效容积,是指最高和最低料面之间的容积。最低料面是指罐下部钟阀或蝶阀位置,最高料面是指距离罐顶部球面交接处 800 ~ 1000 mm 的料面位置。中间罐的有效容积一般略大于喷吹罐有效容积,常为喷吹罐有效容积的 1.1 ~ 1.2 倍。中间罐有效容积过大,虽然对调剂缓冲有利,但容易发生带粉关闭下钟的现象。

煤粉仓的容积应与贮煤仓的容积统一考虑,煤粉仓的总容积应满足制粉系统发生故障时高炉变料的要求。

B 其他辅助设施

a 螺旋泵

它是常压喷吹时向高炉输送煤粉和系统之间输送煤粉的设备。螺旋泵构造如图 7-10 所示。它由泵箱、螺旋轴、混合室组成,电动机驱动。工作时螺旋轴转动,将煤粉排入混合室,借助于压缩空气将煤粉输运走。

由于螺旋泵的螺旋轴螺距前端至后端是逐步增加的,所以煤粉从后向前输送过程中被逐步压紧,防止了压缩气体进入泵箱内。螺旋泵的输煤能力,是通过调节电动机转速来调节螺旋轴的旋转速度控制的。不同规格螺旋泵的生产能力,见表 7-1。

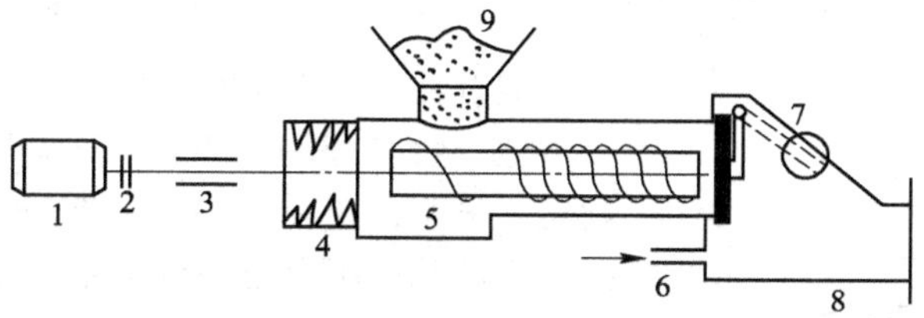

图 7-10 螺旋泵构造示意图

1—电动机;2—联轴节;3—轴承座;4—密封装置;5—螺旋杆;6—压缩空气入口;7—单向阀;8—混合室;9—煤粉仓

表 7-1 不同规格螺旋泵的生产能力

项 目	螺 旋 直 径/mm					
	70	85	100	125	150	190
960r/min 产量/kg · h^{-1}	650	1200	2000	4000	6500	14000
输送风量/m^3 · h^{-1}	65	120	200	400	650	1400
每 kg 气输送浓度/kg	12	12	12	12	12	12
混合室气压/10^5 Pa	3	3	3	3	3	3

b 仓式泵

如果喷煤站另地设置,则煤粉仓下连接仓式泵将煤粉送到另地设置的煤粉收集系统内。仓式泵是一种压力罐式的供料容器,其自身并不产生动力,只是借助于外部供给的压缩空气对装入泵内的粉状物料进行混合、加压,再经管道输送至中转站。

仓式泵有上出料和下出料两种。

上出料仓式泵的底部为一气室,用流化板和仓泵的主体分开。出料口位于流化板上面中央,一般呈喇叭形状,其和流化板的间距可调,仓泵本身充当混合室。在输送过程中仓泵内保持一定的压力,下部气室出来的压缩气体经流化板使下部的煤粉处于流化状态,煤粉和气体在压出前得到充分混合。因此具有送粉能力大、输送过程稳定和易实现浓相输送的优点。输出煤粉量和浓度可以通过仓内压力和流化速度来调节,在输送管出口设二次风以增加输粉能力和清扫输粉管道积粉。上出料仓式泵结构如图 7-11 所示。

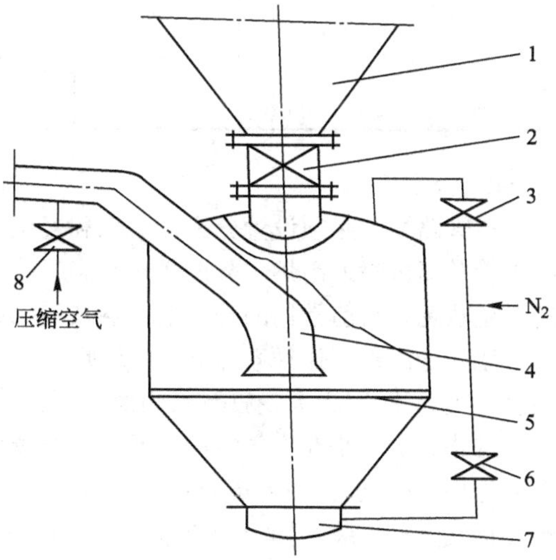

图 7-11 上出料仓式泵

1—煤粉仓;2—给煤阀;3—充压阀;4—喷出口;5—沸腾板;6—沸腾阀;7—气室;8—补气阀

下出料仓式泵,其罐体下部和喷吹罐相似,一般装配流化装置。喷粉时泵内还要保持一定的压力以促进煤粉落入混合器。混合器就是仓式泵的出口。仓式泵的压力越高,喷射气体速度就越大,则输出煤粉量越多。

c 混合器

它是高压喷煤时向高炉输送煤粉的部件,其

结构如图 7-12 所示。混合器一般为焊接件或铸造件，安装在喷吹罐下部。

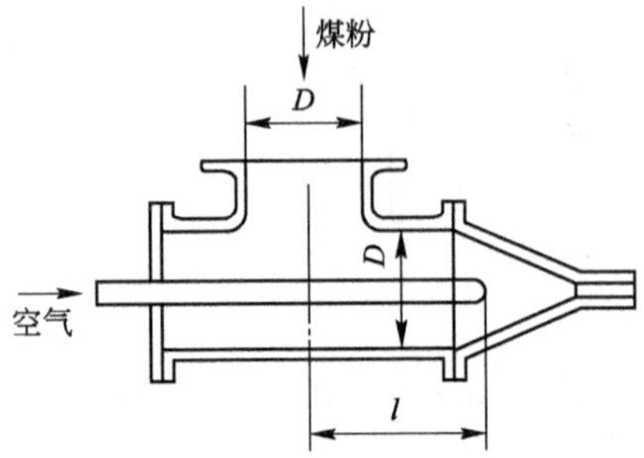

图 7-12　混合器

混合器的喷嘴长度很影响喷吹效果，生产中，喷嘴长度 L 值一般取 135 ~ 175 mm 范围时喷煤量和煤粉浓度较稳定。喷嘴孔直径大小主要取决于喷吹风量、煤粉浓度及要求的气体压力阻损等。生产中喷嘴孔直径一般取 3 ~ 6 mm 为宜。

混合器的直径 D 值，一般与混合器煤粉入口直径相同，生产能力随其直径的增大而增加。设计时，混合器入口直径可按 12 ~ 20 $m^3/(cm^2 \cdot h)$ 能通过的煤粉量进行计算。

混合器喷嘴前端的气体压力即为喷吹压力，其值越高，煤粉浓度降低，喷煤量下降。喷吹压力过高，不仅浪费压缩空气，而且喷吹不稳定，因此，在能满足煤粉气动输送的原则下，应尽可能减小喷吹压力。喷吹罐内的充压应略大于喷吹压力。

部分高炉混合器参数见表 7-2。

表 7-2　部分高炉混合器参数表

项　目	单　位	厂　　名			
		首　钢	邯　钢	阳泉铁厂	宣　钢
喷吹罐压力	$\times 10^5$ Pa	3.0 ~ 5.0	2.0	2.0	2.0
混合器出口压力	$\times 10^5$ Pa	3.0	2.0	1.8 ~ 2.0	1.8 ~ 1.9
输送风量	m^3/h	25 ~ 50			5.0
每 kg 气煤粉浓度	kg/kg	20 ~ 25			
喷吹量	kg/h	1000	800	580	770
喷嘴直径	mm	4	3.5	3.0	6.0
混合器直径	mm	80	60	65	80
每个混合器分配风口数	个	—	6	2	3

d　分配器

单管路喷吹必须设置分配器。煤粉经喷吹总管送入分配器后，再由与分配器相连的若干喷吹支管及喷枪喷入高炉。分配器分配均匀与否直接影响高炉风口的燃烧状况。目前常用的分配器有瓶式、盘式和锥式等几种。

瓶式分配器工作原理如图 7-13 所示。结构简单，但是分配器内易产生涡流，阻力大，易积粉，因此逐渐被其他形式分配器取代。

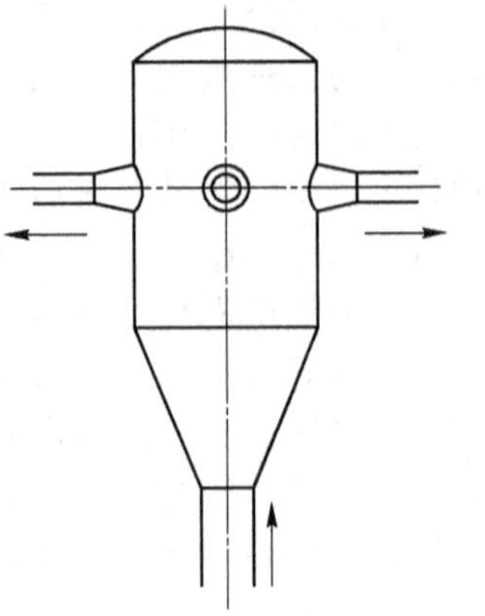

图 7-13　瓶式分配器工作原理

锥式分配器是在进气室的上端装有分配盘，在分配盘的上端装有若干根分配支管，在分配盘中心下端装有分配锥。分配盘、分配锥和进气室均安装在同一中心轴线上，而每根分配支管的中心轴线与分配锥的中心轴线之间夹角均应不大于 30°。这种分配器分配均匀且不易积粉。

盘式分配器和锥式分配器一样具有分配精度高，分配均匀，不容易堵塞等特点。

e 喷枪

喷吹煤粉是通过插入直吹管或风口小套的喷枪进入高炉的。喷枪实际是一根内径为12～15 mm的普通无缝钢管或耐热钢管。喷枪插入直吹管或风口小套的部位如图7-14所示。喷枪插入深度和交角主要是考虑有利于煤粉与气流混合均匀和减少煤粉对器壁的磨损。喷枪与喷煤支管(钢管)之间采用一段适当长度的胶皮管连接,这样不仅操作方便,而且当热风倒入管路时,胶管即被烧断,以避免热风倒入喷吹系统,保证安全。喷吹管道应设逆止阀,防止倒风,保证喷吹作业安全。

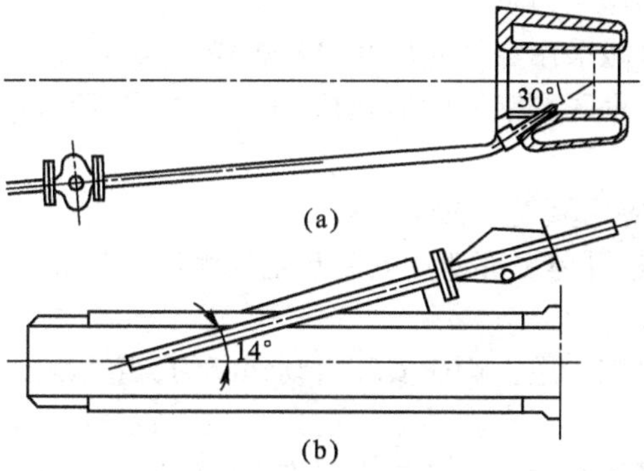

图7-14 喷枪插入部位
(a)喷枪插入风口小套;(b)喷枪插入直吹管

目前国内大部分高炉喷煤仍采用普通单枪,煤比也普遍较低,年平均煤比超过200 kg/t的仅有宝钢一家。国外多采用新型的具有更高煤粉燃烧率的双枪喷吹,使煤比提高,特别是日本、西欧等一些国家部分高炉煤比已达到200 kg/t以上。

新型富氧喷煤装置,目前是在直吹管处设置一支或二支喷枪;喷枪形式有喷煤枪加喷氧枪,或同轴套管式氧煤喷枪(或内管为供煤粉气流管,内、外管间环缝为供氧通道,或内管为供氧管,内、外管间环缝为供煤粉气流通道,根据流体力学原理,使输入的压缩空气或氧气经套管及旋流喷嘴后产生旋流,使煤粉与氧气充分接触,以提高煤粉燃烧率)。其材质为一般金属,或为耐热合金,或配合使用陶瓷或耐火材料。

尽管同轴氧煤枪由于有集中富氧,效果比普通单枪好,但氧与煤从一个枪口喷出,两者混匀程度差,并未发挥集中富氧的优势。今后大高炉喷煤量普遍提高到200kg/t以上,双枪喷吹无疑将是一项有效的技术措施。

7.1.3 热烟气系统

由于煤粉含水量要求低于1.5%,所以要用干燥气对煤粉进行干燥,要求系统含氧量应不大于12%,磨机出口温度应低于80 ℃。为防止煤粉自燃,送入磨机的干燥气温度应控制在270 ℃左右,最高不超过300 ℃。

一般煤粉干燥气由热风炉废气、高温烟气混合而成。为了适应安全制备烟煤的要求,根据热风炉废气具有含氧量少、温度较高等特点,干燥气主要由热风炉废气组成,占85%～90%,高温烟气占10%～15%。高温烟气由烟气发生炉生成,发生炉的型式以双重圆筒侧烧旋流混合卧式炉最好。使用热风炉废气可使高炉与喷吹同步,同时节省了能源。因此,采用燃烧炉热风和热风炉废气一起作为干燥介质是目前制粉系统干燥煤粉的最佳选择。

煤粉输送介质可用氮气或压缩空气,到达风口前的压力应比热风压力高50～100 kPa。

当采用压缩空气时，应单独设置喷煤专用空气压缩机组。压缩空气应经脱水、脱油处理。

7.1.4　安全措施

煤粉是易燃易爆物质。在高压喷吹系统中，中间罐及喷吹罐均处于高压状态，一旦发生爆炸，会给人民生命财产造成很大损失。因此，在设计和操作时都必须严格遵守安全规程。

引起煤粉爆炸的因素，主要是煤粉性质、空气和温度条件。挥发分含量高、粒度越细的煤粉越容易发生爆炸。烟煤粉一般比无烟煤粉更易于发生爆炸。

防止煤粉爆炸的安全措施可以从以下几方面考虑：

(1) 高压喷吹系统尽可能采用氮气充压和输送煤粉；

(2) 增大贮煤罐和喷吹罐底部锥体壁的倾角，一般应大于75°，以避免煤粉在死角处沉积时发生煤粉自燃，引起爆炸；

(3) 停喷时间较长时，应用氮气清扫干净；

(4) 为检查罐内温度，在罐体下部四周安装热电偶测温，当温度大于规定值时必须立即停止喷吹，进行排煤清扫；

(5) 在混合器至高炉输煤管道上均应安装自动切断阀，当喷吹压力低于规定值时，该阀便自动地切断管路；

(6) 在中间罐和喷吹罐体侧面或顶部应设置安全防爆膜。防爆膜材料和厚度应根据爆破试验结果确定。一般防爆膜为1～2 mm厚的铝板或铜材料做成。

7.2　液体及气体燃料喷吹设备

7.2.1　液体燃料喷吹

高炉喷吹的液体燃料主要有重油、焦油和沥青等。我国高炉喷吹的液体燃料主要是重油，目前由于炼铁用的重油来源受到限制，已不推广高炉喷吹重油而推广喷吹煤粉。

高炉喷吹重油的工艺流程如图7-15所示。

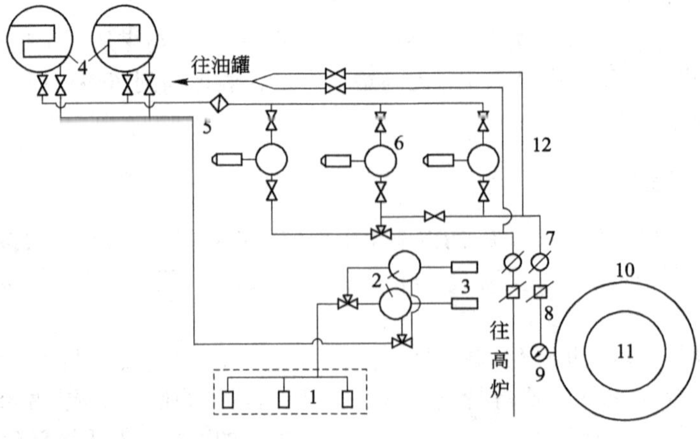

图7-15　重油喷吹流程

1—油罐车；2—卸油泵；3—电动机；4—储油罐；6—过滤器；6—送油泵；7—自动压力计；8—自动流量计；9—压力表；10—环管；11—高炉；12—回油管

重油由油罐车运至车间卸油站，经过滤器过滤后，用卸油泵将油卸入储油罐备用。喷吹时，储油罐中的油再经过 1 ~ 2 次过滤，由输油泵通过总油管、炉台环管、支油管及喷枪将油输送进高炉。为了使整个供油系统管路经常都能保持有油流动，防止管道凝团堵塞和保证供油、喷吹稳定，在流程中还设置了回油管路。回油通过回油管路流回储油罐继续使用。

喷油系统的主要设备有储油罐、油泵、喷枪及管道等。储油罐的作用是储存重油，并将油加热到规定温度。高炉车间储油站内一般配备两个储油罐，一个进行喷吹作业，另一个进行油的升温和脱水。油的升温和脱水，一般是靠在油罐内设置蛇形钢管，在钢管内通以低压蒸汽，油受热温度升高，同时油中水分被蒸发脱除，水汽从油罐顶部的管头排出。

喷油系统设置有卸油泵和送油泵，其中卸油泵是专门用来将油罐车内油卸至储油罐的，送油泵是为高炉喷吹供油的。它们都是蒸汽油泵或齿轮油泵。喷吹用的送油泵一座高炉至少应配备两台，一台工作，一台备用，也有配备四台的，两台工作，两台备用。

喷油枪一般是用耐热无缝钢管制成的，前端有喷油嘴。为防止喷枪烧坏，喷枪应进行水冷或风冷。当为风冷时，通常采取套管式风冷，即内管通油，内外管之间的环道通冷风，冷风既作冷却介质，又是油的雾化剂。喷油枪插入直吹管或风口的方式及要求与喷煤枪大体相同。喷油枪前端的喷油嘴与喷枪之间的连接为螺纹联结。喷嘴的作用是使油雾化。我国高炉喷油常用的雾化喷嘴有机械雾化喷嘴、空气雾化喷嘴和氧气雾化喷嘴等。喷嘴孔直径取决于喷油量和油的性质，一般喷吹重油用的喷嘴孔径为 3 ~ 4 mm，机械雾化喷嘴孔径为 5 ~ 6 mm。

为了满足油在喷嘴处的黏度要求，输油管道应进行保温。保温的方式有两种，即跟管保温和套管保温，如图 7-16 所示。跟管保温是在油管侧设置蒸汽管道，并用保温材料将两根管道包裹在一起。套管保温是在油管外面套上蒸汽管。两种保温方法，都是采用在保温管内通过一定压力的蒸汽进行加热保温的。

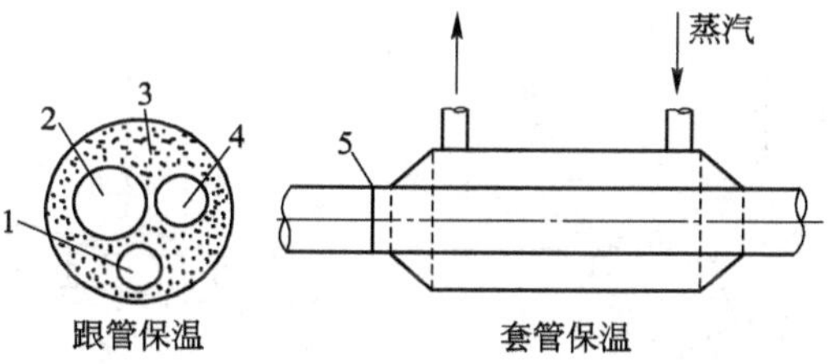

图 7-16 输油管保温方法示意图

1—蒸汽管；2—送油管；3—泡沫混凝土；4—回油管；5—焊接缝

7.2.2 气体燃料喷吹

高炉喷吹用的气体燃料主要有天然气、焦炉煤气和裂化还原性气体等。这些气体不仅有很高的发热值，而且含氢量高，喷入高炉后是很好的还原剂和发热剂，对强化高炉冶炼、降低焦比都是十分有利的。

我国有较丰富的天然气资源，但是，考虑到天然气的合理综合利用，目前我国并不主张高炉大量喷吹天然气。图 7-17 是 60 年代我国某厂高炉喷吹天然气流程。天然气由车间外管道输送至高炉车间调压站，调压至 2.5×10^5 Pa 左右，然后再通过炉台围管、支管、喷枪及风口小套喷入高炉。为控制天然气的流量和保证安全，在调压站至炉台围管之间的管道上安装有流量调节阀和逆止阀。

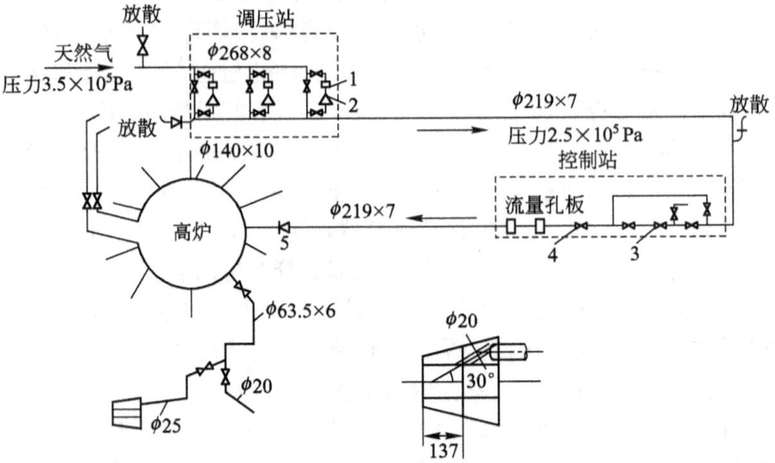

图 7-17 我国某厂高炉喷吹天然气流程图

1—过滤器;2—调压器;3—流量自动调节阀;4—自动调节阀;5—逆止阀

我国某厂高炉喷吹焦炉煤气的流程,如图 7-18 所示。从焦化厂经管道送至高炉车间的低压焦炉煤气,通过加压机加压至 0.3 ~0.6 MPa 输入储气罐(两个)储存,喷吹用的焦炉煤气从储气罐引出,经输气管道送至炉台围管,再分配到各个管,通过喷枪和风口进入高炉。在喷吹管路上设有流量调节阀和逆止阀。为防止管道被堵塞,在管道上还设置了蒸汽吹扫装置。

由于焦炉煤气中含有焦油等杂质,喷吹前应进行脱油等净化处理。

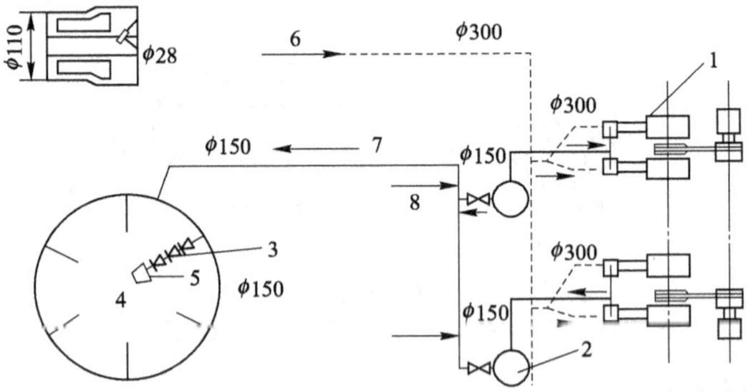

图 7-18 某厂高炉喷吹焦炉煤气流程图

1—加压机;2—储气罐;3—球阀;4—高炉;5—风口;6—低压焦炉煤气管;7—高压焦炉煤气管;8—蒸汽吹扫管

高炉喷吹裂化还原气体是指将天然气和重油等通过裂化炉裂化转变为 CO 和 H_2,然后再喷吹入炉,以提高炉内煤气的还原能力。裂化还原性气体一般是从高炉中部或炉腹部位喷吹入高炉的。由于天然气的裂化喷吹工艺及设备都比较复杂,国内在这方面做了一些试验和研究工作,但没有在生产高炉上普遍采用和推广。

高炉天然气部分氧化法裂化喷吹工艺流程示意图,如图 7-19 所示。

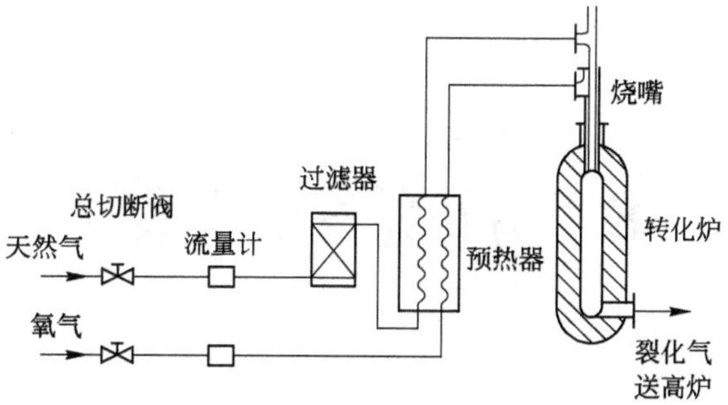

图 7-19 高炉天然气裂化喷吹工艺流程示意图

思考题

7-1 高炉冶炼对喷吹设备有哪些要求?

7-2 高炉煤粉制备及喷吹有哪几种工艺流程,各适应于何种条件?

7-3 磨煤机有哪些主要的结构形式,各自的技术特点如何?

7-4 什么是浓相输送,什么是稀相输送,比较两种方式的优缺点。

7-5 混合器有何作用,设计混合器主要应考虑哪些参数对喷煤效果的影响?

7-6 喷吹煤粉应注意采取哪些安全措施?

8　高炉煤气除尘系统

8.1　概　述

高炉冶炼产生大量煤气。高炉煤气中含有一氧化碳（CO）氢气（H_2）和甲烷（CH_4）等可燃气体成分，其发热值一般为3360～4200 kJ/m^3，可以作为热风炉、烧结点火和锅炉的燃料。但是，未经除尘的高炉煤气中含有10～30 g/m^3（高的可达60～100 g/m^3）的灰尘，如直接使用，不仅运送时堵塞管道，而且会使热风炉和燃烧器等的耐火砖衬被侵蚀破坏。因此，高炉煤气必须除尘后才能作为燃料使用。

高炉煤气除尘后变为净煤气。为了提高净煤气的发热值、方便输送及保证用户燃烧安全，要求净煤气含尘量一般应小于10 mg/m^3，温度应低于35 ℃，机械水含量小于30 g/m^3，压力大于8000 Pa。高压炉顶的净煤气还应考虑利用煤气余压发电，回收能源问题。

高炉煤气的除尘，一般都是利用高炉煤气流出高炉时所具有的压力作为动能，克服煤气除尘系统的阻力损失来完成的。因此，在选择高炉煤气除尘系统的工艺流程时，应当充分考虑高炉炉顶煤气压力水平的高低。

目前，高炉煤气除尘工艺主要有湿法和干法两种。湿法除尘系统设备包括重力除尘器、洗涤塔、文氏管、脱水器、电除尘器、高压阀组等，有煤气余压发电的还包括透平机。采用干法除尘的煤气除尘系统，其设备主要包括重力除尘器、布袋箱体或板式电除尘器。采用这些不同形式的除尘设备，是为了有利于清除煤气中的不同粒级的灰尘。

高炉煤气除尘工艺，由于炉顶压力和对煤气含尘量的要求不同，其流程也不完全一样。

一般中小型高炉采用常压炉顶操作时，炉顶煤气压力为0.2×10^5～0.3×10^5 Pa，采用重力除尘器、洗涤塔、并联或调径文氏管除尘系统，如图8-1所示。也有采用塔后文氏管、电除尘器流程的（见图8-2）。如果炉顶煤气压力能经常保持在0.2×10^5 Pa以上，还可以采用重力除尘器、一级溢流文氏管和二级调径文氏管系统，取消电除尘器，如图8-3所示。

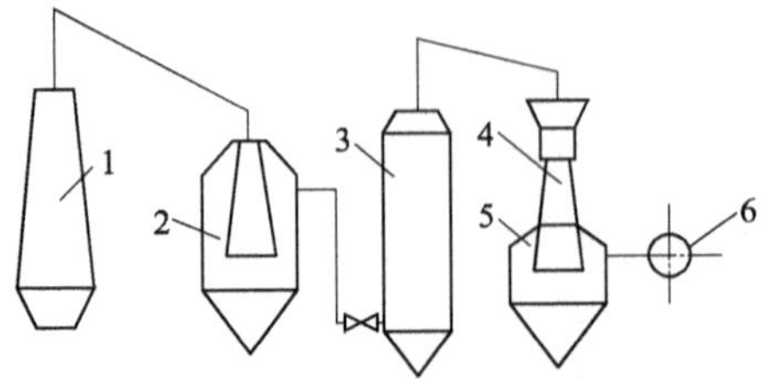

图8-1　塔后文氏管除尘系统

1—高炉；2—重力除尘器；3—洗涤塔；4—文氏管；5—灰泥捕集器；6—净煤气总管

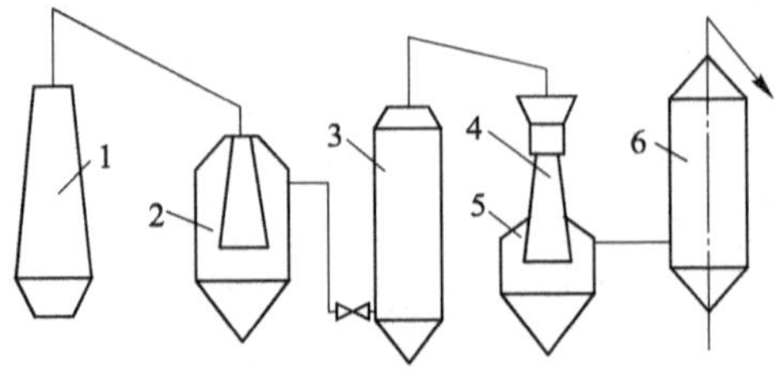

图8-2　塔后文氏管和电除尘器系统

1—高炉；2—重力除尘器；3—洗涤塔；4—文氏管；5—灰泥捕集器；6—电除尘器

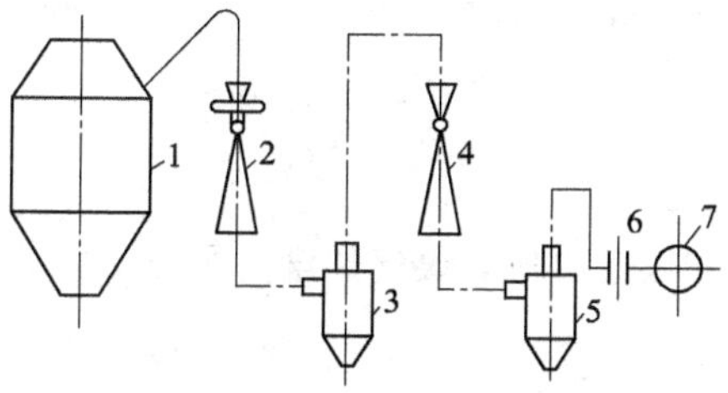

图 8-3 溢流文氏管除尘系统

1—重力除尘器；2—溢流文氏管；3—旋风脱泥器；4—可调文氏管；
5—旋风脱水器；6—叶形插板；7—净煤气总管

大型高压高炉煤气除尘系统可采用双级串联文氏管流程，如图 8-4 所示为某厂 4063 m^3高炉煤气除尘系统简图。

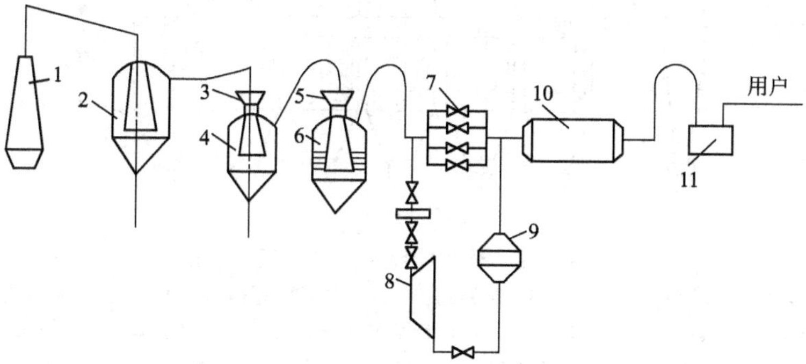

图 8-4 双文氏管串联除尘系统

1—高炉；2—重力除尘器；3——级文氏管；4—重力式灰泥捕集器；5—二级文氏管；6—填料式灰泥捕集器；
7—减压阀组；8—透平；9—脱水器；10—消声器；11—煤气切断水封

高炉煤气干式除尘系统，如图 8-5 所示。干式煤气除尘系统主要由重力除尘器、旋风除尘器和布袋箱体组成。我国 300 m^3以下的小型高炉普遍采用干式除尘系统，在少数大型高炉上也有采用的，已取得较好的效果，如莱钢 1880 m^3 高炉采用干式除尘法后，煤气含尘量小于 3 mg/m^3；日用水量仅为 4 ~ 6 m^3。除尘后煤气平均温度 140 ℃，比湿法除尘高 100 ℃，用于锅炉、热风炉加热，可节省煤气和提高风温 50 ℃左右，并提高 TRT 发电量 30% 以上。与高炉煤气“湿法除尘”工艺相比较，干法除尘具有节水、环保、高炉煤气除尘效果好的优点。

除尘设备，根据除尘后煤气所能达到的净化程度可分为粗除尘设备、半精除尘设备和精除尘设备三种。

粗除尘设备主要是指重力除尘器和旋风除尘器。粗除尘后的煤气含尘量一般为 1 ~ 10 g/m^3。从高炉出来的荒煤气首先经过粗除尘设备，除去粒径较大的灰尘。

半精除尘设备主要是指洗涤塔和溢流文氏管。经半精除尘后的煤气含尘量一般为0.05 ~ 1 g/m^3。

精除尘设备主要包括文氏管、电除尘器和布袋除尘器。经精除尘后的煤气含尘量为 5 ~ 10 mg/m^3。

除尘设备的生产能力，一般用每小时所通过的标准状态的煤气体积流量 m^3/h 来表示。除尘设备的除尘效果，一般用除尘效率来表示。除尘效率是指标准状态下单位体积的煤气通过除尘设备所捕集下来的灰尘重量占除尘前所含灰尘重量的百分数。除尘效率用下式计算：

$$\eta = \frac{m_1 - m_2}{m_1} \times 100\%$$

式中 η——除尘设备的除尘效率，%；

m_1、m_2——分别为煤气入口和煤气出口处煤气的含尘量，g/m^3。

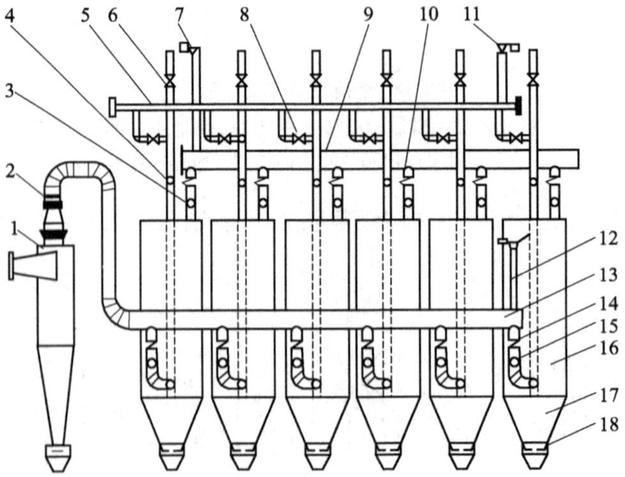

图 8-5 布袋除尘器系统(下进气式)图

1—旋风除尘器；2—荒煤气管总阀；3、4、15—眼镜阀；5—反吹荒煤气管；6、8—闸阀；7—净煤气管末端放散阀；9—净煤气总管；10—净煤气出气阀；11—反吹荒煤气管放散阀；12—半净煤气管末端放散阀；13—半净煤气总管；14—半净煤气进气阀；16—箱体；17—集灰斗；18—二次灰斗

这里必须指出的是，用这个公式来表示除尘效率是很不严格的，因为它没有说明灰尘粒径的大小及灰尘的物理性质。因此，对于不同的粒径和不同物理性质的灰尘是不能用这个公式来加以比较的。

各种除尘设备对不同粒径灰尘的除尘效率见表 8-1。

表 8-1 部分除尘设备的除尘效率

除尘器名称	除尘效率/%		
	灰尘粒径/50 μm	灰尘粒径/5 μm	灰尘粒径/1 μm
重力除尘器	95	26	3
旋风除尘器	96	73	27
空心洗涤塔	99	94	55
湿式电除尘器	>99	98	92
文氏管除尘器	100	99	97
布袋除尘器	100	99	99

对高炉煤气除尘设备的要求是：生产能力大，除尘效率高，压力损失小，耗水量和耗电量少，密封严和耐高压等。

高炉煤气除尘系统总的发展趋势是降低系统气流阻损，提高除尘设备的除尘效率，发展余压透平发电。设计应尽量采用高炉煤气干式除尘装置,并保证可靠地运行。使煤气干式除尘系统的作业率与高炉一致。

8.2 煤气除尘设备

8.2.1 重力除尘器

重力除尘器是荒煤气进行除尘的第一步除尘装置,中心导入管为直型的重力除尘器结构见图8-6。其除尘原理是利用煤气流通过重力除尘器时流速突然降低和气流转向180°,使煤气中的灰粒在重力和惯性力作用下而离开气流并沉降于除尘器的底部,通过清灰阀和螺旋清灰器定期排出。煤气流从除尘器顶部的煤气导出管进入下一级除尘设备。

重力除尘器壳体一般采用普通碳素钢板焊制而成,钢板厚度根据壳体直径和承受的压力确定。重力除尘器为圆筒形,圆筒直径按煤气流速不大于0.6~1.0 m/s确定,直筒部分的高度按煤气流在除尘器内停留12~15 s时间考虑。重力除尘器上部和下部均为圆锥形,要求锥面水平夹角一般不应小于50°,以避免积灰和有利于集灰排出。

除尘器中心煤气导入管,有直的和喇叭口形的两种。一般为向下逐步扩大倾斜角为5°左右的喇叭管,其目的是降低煤气流在中心管出口处的流速,以防止将已经沉积的灰尘被重新吹起。但是,直形中心管,由于煤气流在管端部的流速较大,灰尘到出口时有较大的惯性,因此,除尘效果并不一定比喇叭口形的差。我国中小型高炉的重力除尘器多采用喇叭口形中心管,大型高炉多采用直管形中心管。中心管的长度应与除尘器的结构和清灰周期相适应,以避免中心管被集灰堵塞。

我国部分高炉的重力除尘器尺寸见表8-2。

重力除尘器可以除去大于30 μm的大颗粒灰尘,除尘效率一般为80%~85%,出口煤气含尘量为1~10 g/m^3,阻损为200~500 Pa。增加重力除尘器的直径,减小煤气流在重力除尘器内的流速,可以提高其除尘效率。

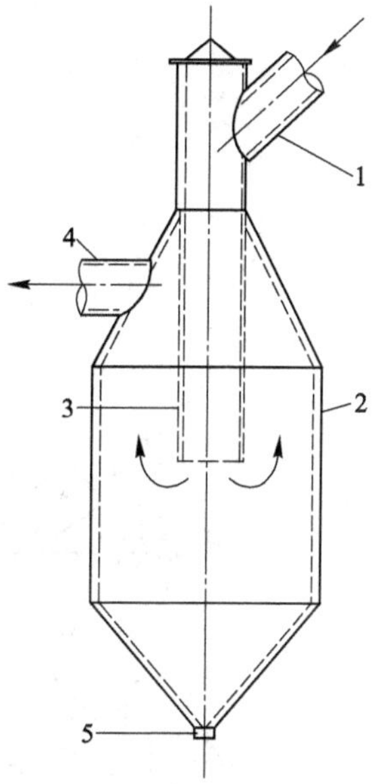

图8-6 重力除尘器结构
1—煤气下降管;2—除尘器壳体;3—中心管;4—煤气出口管;5—排灰口

表8-2 我国部分高炉重力除尘器的主要尺寸

高炉容积/m^3	620	1000	1513	2000	2025	2516
除尘器内径/mm	7750	8000	10734	11754	11744	13000
中心导管内径/mm	2510	3200	3274	3400	3270	3274
煤气出口内径/mm	2180		2274	2620	2450	3000
排灰口外径/mm	850	1385	967	内940×2	600	890
上锥体高度/mm	5050	4000	5965	8510	8245	7596
直筒段高度/mm	10000	11484	12080	10451	13400	13860
下锥斗高度/mm	4263	3958	5961	6576	6640	7309
锥斗壁倾角/(°)	50		50		50	

重力除尘器内侧，过去采取砌筑一层耐火黏土砖保护，由于砌砖容易掉脱卡住清灰阀口，给清灰造成困难，因此，目前重力除尘器内一般已不再砌耐火砖，而是在内侧壁分段焊接积灰钢板，依靠沉积在托板上形成的灰垫来保护壳体。

重力除尘器的锥形集灰斗下部，常压高炉通常设置锥形盘式排灰阀，其结构如图 8-7 所示。清灰阀靠配重关闭，定期打开清灰阀，煤气灰从排灰口排出。清灰阀的操纵可以是手动，也可以是电动的。这种清灰阀放灰时灰尘飞扬严重，不适合于高压高炉。高压高炉的重力除尘器普遍采用螺旋清灰器（见图 8-8）。清灰时，带有叶片的一对轴相对转动，煤气灰被螺旋叶片推向前进，同时不断喷水冷却，灰尘被湿润降温，避免了灰尘飞扬。螺旋清灰器由电动机驱动。

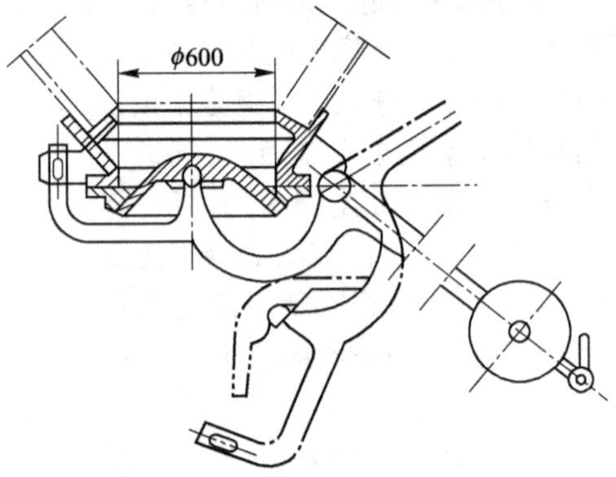

图 8-7　除尘器盘式清灰阀

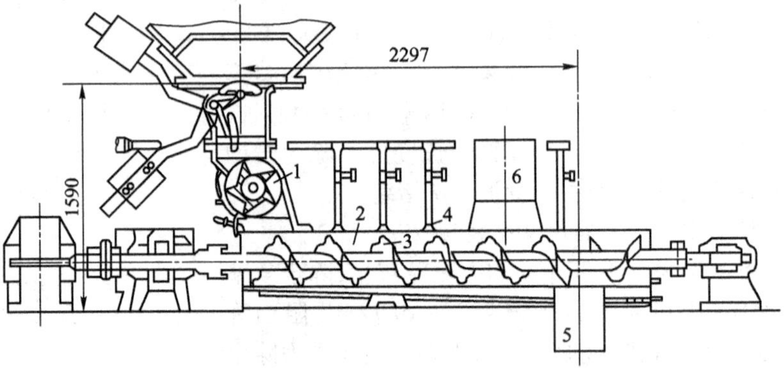

图 8-8　螺旋清灰器

1—筒形给料器；2—出灰槽；3—螺旋推进器；4—喷嘴；5—加水后灰泥的出口；6—排气管

8.2.2　旋风除尘器

高炉煤气湿法除尘系统，一般不设置旋风除尘器。干式煤气除尘系统，一般在重力除尘器后面设置旋风除尘器。

旋风除尘器（见图 8-9）的除尘原理是煤气流沿除尘器的切线方向引入，利用煤气流的部分压力能，使气流沿器壁向下作螺旋形运动，灰尘在离心力作用下，与器壁接触失去动能，沉积在壁上，然后落入除尘器底部；煤气流旋转到底部后则转向上，在中心部位形成内旋气流往上运动，最后从顶部的出气口排入下一级除尘设备。

旋风炉除尘器的除尘效率可达 95% 以上，可以清除 30 μm 以下的灰尘，压力损失一般为 1000 ~ 1500 Pa。

旋风除尘器一般采用10 mm左右的普通钢板焊制而成，上部为圆筒形，下部为圆锥形，其顶部的中央为圆形排气管。煤气由顶部一侧的矩形断面进气管引入。矩形管断面积一般按气流速度14～16 m/s计算确定。圆筒部分的高度一般与圆筒直径接近。锥体部分的长度一般为圆筒部分直径的2.5倍。顶部排气管通常插入到除尘器的圆筒内，与圆筒壁构成气流的环形通道。环形通道越小，气流速度越大，除尘效率越高，但气流阻损增加。一般排气管直径为除尘器圆筒直径的40%～50%。排气管插入除尘器的深度越小，气流阻损越小，但至少应低于进气口的下沿，以避免气流短路，降低除尘效率。插入深度的最大值不得接近圆锥部分的上沿，以免影响气流运动。

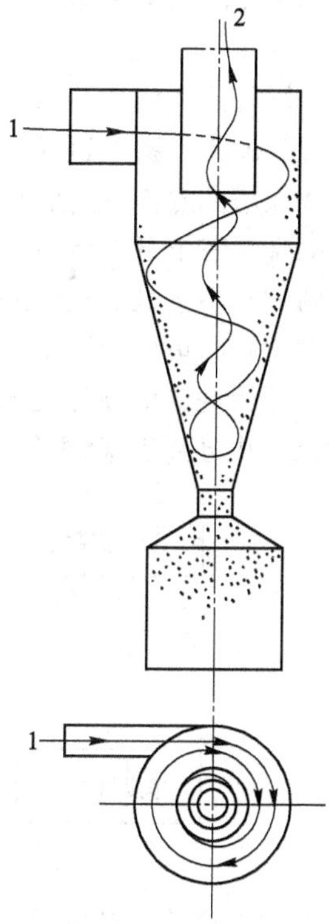

图8-9 旋风除尘器除尘原理示意图
1—煤气进口；2—煤气出口

8.2.3 洗涤塔

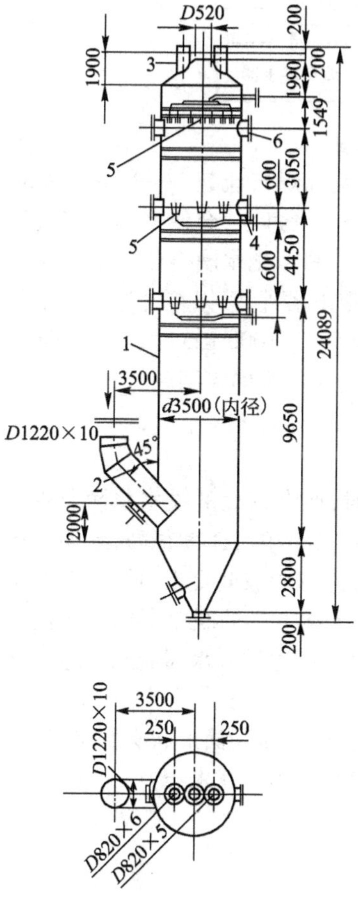

图8-10 空心洗涤塔
1—洗涤塔外壳；2—煤气导入管；3—煤气导出管；4—喷嘴给水管；5—喷嘴；6—人孔

高炉煤气除尘一般采用空心洗涤塔，如图8-10所示。空心洗涤塔的除尘原理是煤气流由塔下部进入塔内，自下而上流动，与向下喷洒的水滴和塔壁上的水膜接触，煤气中的灰粒被水滴或水膜捕集，并凝聚成较大的泥团，在重力作用下沉降于塔的底部，然后被水流带走。经除尘后的煤气从塔的顶部煤气导出管进入到下一级除尘器。煤气在除尘过程中与水滴进行热交换，煤气温度得以降低。

空心洗涤塔入口煤气含尘量一般为2～10 g/m^3，清洗后煤气含尘量常为0.8 g/m^{3}左右，除尘效率为80%～90%，压力损失为100～200 Pa。塔内煤气流速一般为1.5～2.0 m/s，高的可以达到2.5 m/s。

空心洗涤塔一般由普通钢板焊制而成。中间部分为圆形筒体，上下两端为锥形。上端锥面水平夹角为45°，下部锥面水平倾斜角为60°左右，以便污泥顺利排出。圆形筒体直径按煤气流速确定，高度按气流在塔内停留10～15 s时间考虑。一般洗涤塔的高径比为4～5。

大中型高炉的煤气洗涤塔一般设置三层喷水嘴，下面两层向上喷水，最上面一层向下喷水，以充分利用塔的高度。小型高炉的洗涤塔一般设置两层喷水嘴，上面一层向下喷水，下面一层向上喷水，三层喷水嘴的喷水量，最上一层为全部喷水量的50%，中下层各占25%。两层喷水嘴的喷水量，上层喷水量占全部喷水量的70%，下层占30%。喷水嘴的布置原则是使喷出的水滴能布满洗涤塔内的整个横断面。常采用的喷水嘴有螺旋形及碗口形等。

为使煤气流在塔内分布均匀,在洗涤塔的下部设有 2 ~ 3 层相互错开一定角度的煤气分配板。煤气分配板由弧形钢板构成。

在洗涤塔的底部,根据煤气压力的大小,设置有不同结构形式的密封式排污水倒流管。在高压高炉的洗涤塔下部的倒流排水管上还设置有自动调节塔内压力的排污水闸阀,以使洗涤塔排污水管内的水不会被放空,保证洗涤塔内的煤气密封。

宝钢 4 号高炉(4747 m^3) 煤气清洗系统采用的是比肖夫环缝洗涤塔,工艺流程见图 8-11。粗煤气从环缝洗涤塔顶部进入,在预洗涤段被若干层大流量单向和双向洗涤水雾化冷却,较大直径的尘粒雾化分离出来,汇集在水槽后送到水处理厂。

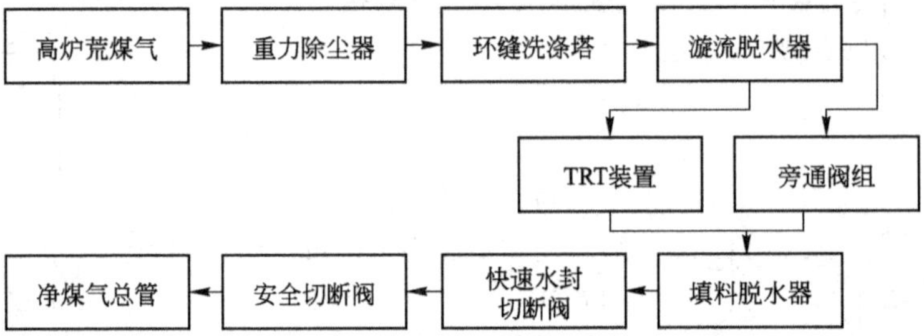

图 8-11 宝钢 4 号高炉煤气清洗系统

影响洗涤塔除尘效率的主要因素是水的耗量、水的雾化程度和煤气流速。一般是耗水量越大,除尘效率也越高。水的雾化程度应与煤气流速相适应,因为水滴过小,会使水滴和煤气流的相对速度降低,影响除尘效率。甚至由于过高的煤气流速和过小的雾化水滴会使已捕集到灰尘的水滴被吹出塔外,除尘效率下降。为防止载尘水滴被煤气流带出塔外,可以在洗涤塔上部设置挡水板,将载尘水滴捕集下来。根据试验,洗涤塔的水滴直径为 500 ~ 1000 μm 时,它与不同粒径的灰粒碰撞效率最高,除尘效率也最高,可见,在洗涤塔中不需要非常细的雾滴。

8.2.4 文氏管

文氏管除尘原理是高速煤气流自上而下通过文氏管喉口时,使喉口处的喷水水滴及水膜被雾化,雾化后的水滴在被加速到最大速度之前,与煤气流中的灰粒的相对速度很高,致使灰粒能与雾状的微小水滴得到充分的接触而被捕集。含尘水滴在下降过程中彼此凝聚,重量增加,沉降于底部并排出。在文氏管内未沉降下来的部分水滴,最后在文氏管下部的脱水器内使水滴脱离煤气流而被截留下来,污水从文氏管下面的污水倒流管排走,煤气流通过脱水器脱水后进入净煤气管送走。煤气通过文氏管除尘后,温度进一步降低。

一般文氏管由收缩管、喉管和扩张管组成,如图 8-12 所示。喉管横断面形状有圆形、矩形和椭圆形等。喉管直径尺寸取决于煤气流量和流速大小。喉管直径可由下式求出:

$$d_0 = \sqrt{\frac{V_0}{2826 v_0}}$$

式中 d_0——喉管直径,m;

V_0——处理煤气流量(标准状态),m^3/h;

v_0——喉管处煤气流速(标准状态),m/s,其值作为煤气精除尘前的预处理时为 6 dm/s 左右,作为精除尘时为 100 ~ 120 m/s。

喉管长度为250~350 mm,喉管长度L_0也可以用下面经验式计算:

$$L_0=(0.75\sim1.0)d_0$$

收缩管的收缩中心角为25°~28°,最大可取30°。收缩管的长度可根据下式计算:

$$L_1=\frac{d_1-d_2}{2\tan\frac{\alpha_1}{2}}$$

式中 L_1——收缩管长度,m;

d_1、d_2——入口管直径和喉管直径,m;

α_1——收缩管中心角,(°)。

扩张管的扩张中心角一般为6°~7°,扩张管的长度可由下式求出:

$$L_2=\frac{d_2-d_0}{2\tan\frac{\alpha_2}{2}}$$

式中 L_2——扩张管长度,m;

d_2、d_0——煤气出口管直径和喉口直径,m;

α_2——扩张管中心角,(°)。

文氏管一般由普通碳素钢板焊制而成。

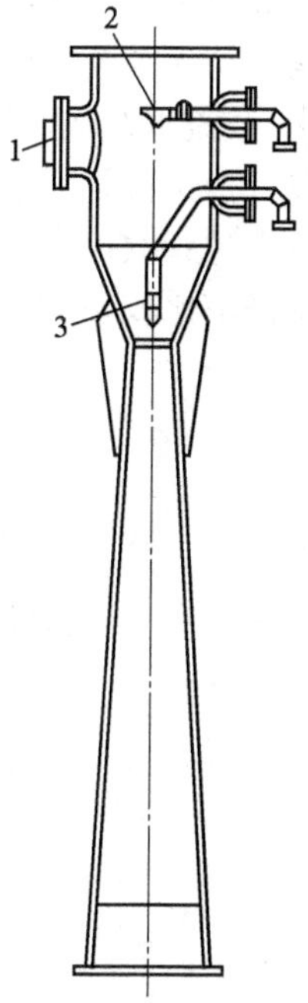

图8-12 文氏管
1—人孔;2—螺旋形喷水嘴;3—弹头式喷水嘴

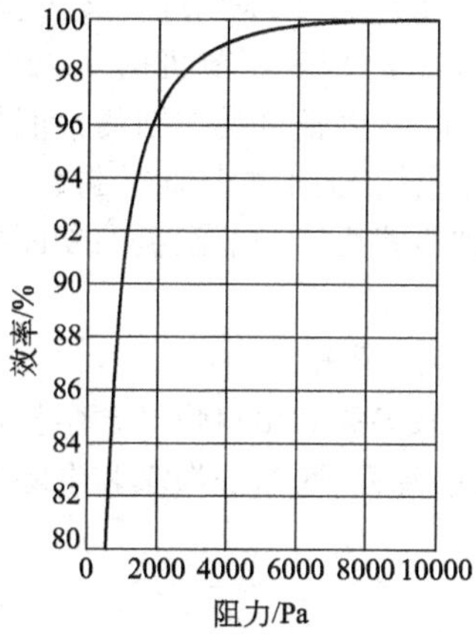

图8-13 文氏管阻损与除尘效率的关系图

影响文氏管除尘效率的主要因素是气流速度、水气比及水滴的雾化程度。煤气流速大、耗水量大,水滴雾化程度越高,除尘效率越高。但是,煤气流速提高,煤气阻损增加,对煤气的使用不利。煤气阻损与除尘效率的关系如图8-13所示。文氏管的阻损一般为8000~12000 Pa,其水气比一般为0.5~1.0 dm^3/m^3为合适,煤气喉口处流速,中小高炉为80~100 m/s,大型高炉为100~120 m/s。文氏管作为半精煤气除尘设备时,煤气通过喉口流速可以适当降低。促使水滴雾化的主要措施是提高供水压力、选择雾化性能好的喷水嘴和合理布置喷水嘴。文氏管的供水压力为$3\times10^5\sim5\times10^5$ Pa。采用的喷水嘴为弹头式和螺旋形喷水嘴。喷水嘴设置在喉口的上部。

文氏管的类型较多,在高炉煤气清洗系统中采用的文氏管主要有无溢流文氏管、溢流文氏管、叶板式可调文氏管和椭圆板式可调文氏管等四种形式,其示意图如图8-14所示。

无溢流文氏管安装在溢流文氏管或洗涤塔的后面,组成串联文氏管系统或洗涤塔后文氏管系统,可以作为精除尘装置,也可作为煤气精除尘前的预处理装置。当作为精除尘装置时,只要能维持煤气流速在100~120 m/s,阻损在8000~12000 Pa时,净煤气含尘量可以达到小于15 mg/m^3,满足热风炉用煤气的要求。必须指出的是,由于文氏管的压力降大,在常压高炉上,炉顶煤气压力一般为20000 Pa左右,而要求除尘后进入煤气总管的净煤气压力保持在6000 Pa左右,以保证用户使用净煤气安全,故不允许煤气通过文氏管有大的压力降,因此,常压高炉一般不用文氏管作为精除尘设备。常压高炉的煤气除尘,一般是采取在文氏管的后面串联电除尘器,把文氏管作为精除尘设备前的预处理装置,把电除尘器作为精除尘装置。

溢流文氏管是由无溢流文氏管发展而成的。溢流文氏管的除尘原理与无溢流文氏管相同，结构也与无溢流文氏管大体相似。不同的是溢流文氏管在喉口的上部设置有溢流水箱。除尘过程中，溢流水在喉口周边形成一层均匀的连续不断的水膜，避免了灰尘在喉口壁上积聚，同时降温以保护文氏管。溢流文氏管一般安装在重力除尘器后面，作为半精除尘设备代替洗涤塔工作。溢流文氏管喉口煤气流速较低，一般为 40 ~ 50 m/s，煤气压力降为 3000 ~ 4000 Pa。溢流文氏管与洗涤塔比较，具有结构简单、除尘效率高及投资省等优点。

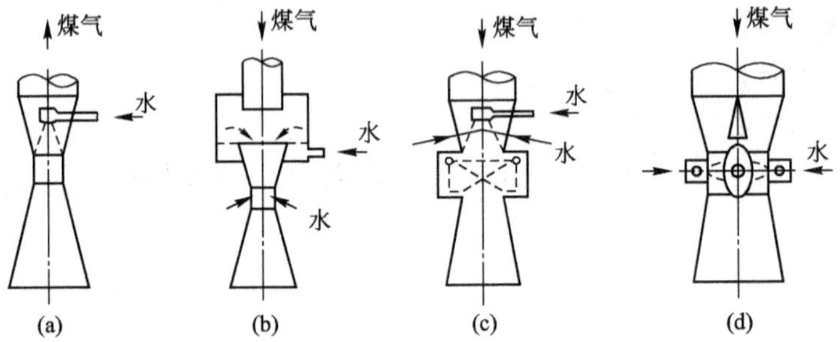

图 8-14 四种形式文氏管简图

(a)无溢流文氏管；(b)溢流文氏管；(c)叶板式可调文氏管；(d)椭圆板可调文氏管

为了适应高炉煤气流量和压力的变化，保持文氏管喉口煤气流速恒定，保证煤气清洗质量，过去一般采取 2 ~ 3 根文氏管并联，但这样造成设备庞大而复杂，最好的办法是采用调径文氏管。即在文氏管的喉口部位安装叶板[见图 8-14(c)]或椭圆板[图 8-14(d)]作为调节机构，改变喉口的断面积，以适应煤气流量和压力的变化。调节机构的动作是由电气设备自动控制的。值得注意的是，喉口叶板或椭圆板的工作只能是使喉口通道断面积扩大或减少而不能将通道封死，否则煤气无法流通。对于喉口断面积的调节，上述两种方式比较，椭圆板式由于调节阀板的断面呈椭圆形，调节喉口时可以减少煤气流的阻力损失。

调径文氏管由于具有结构简单、操作方便、调节灵敏等优点，得到广泛采用。

文氏管除尘与洗涤塔和电除器比较，前者有处理煤气量大、除尘效率高和出口煤气含尘量低（可 $<5\ mg/m^3$）等优点。所以，高压高炉采取文氏管串联的煤气处理流程、取消洗涤塔和电除尘器的方案被越来越多的高炉所采用。

8.2.5 静电除尘器

静电除尘器的除尘原理是煤气流通过由正负电极形成的高压电场，由于电晕电极放电，气体绝缘被破坏，使电极间通过的煤气发生电离，形成正负离子。负离子气体一部分聚集在灰尘上，使灰尘带负电，被阳极所吸引，并在阳极上失去电荷后沉积于阳极板上；正离子气体少部分附着于灰尘上，使灰尘带正电，被阴极所吸引，并在阴极上失去电荷，沉积于阴极丝上。沉积的灰尘通过振动或用水冲洗，使灰尘从电极上脱下，从除尘器中排出。电除尘器的除尘过程可归纳为：灰尘被气态的离子或电子加以电荷—带电灰尘在电场的作用下移向与所带电荷符号相反的电极—带电灰尘放电—灰尘从电极上除去。

电除尘器有多种类型，高炉煤气除尘中使用的电除尘器主要有管式、板式和套筒式三种。

管式电除尘器，如图 8-15 所示。它是在圆形钢管的中心设置放电极，钢管作为集尘电极。钢管直径为 150 ~ 300 mm，长度为 2 ~ 5 m，而放电电极为钢、铜、铬等材料制成的金属线，因为这些材料机械强度高，耐腐蚀性和导电性能好，容易放电。放电电极线的直径为 2 ~ 4 mm，直径越小，放电强度越高，但机械强度变差。放电电极的长度与集灰电极管长度相适应。管式电除尘器由多根除尘管并列构成。

套筒式电除尘，如图 8-16 所示。它是由直径大小不相同的多根圆形钢筒套装成同心圆形环道，在各同心圆形环道内安装放电电极线，圆形钢筒为集尘电极，电极线为放电电极。

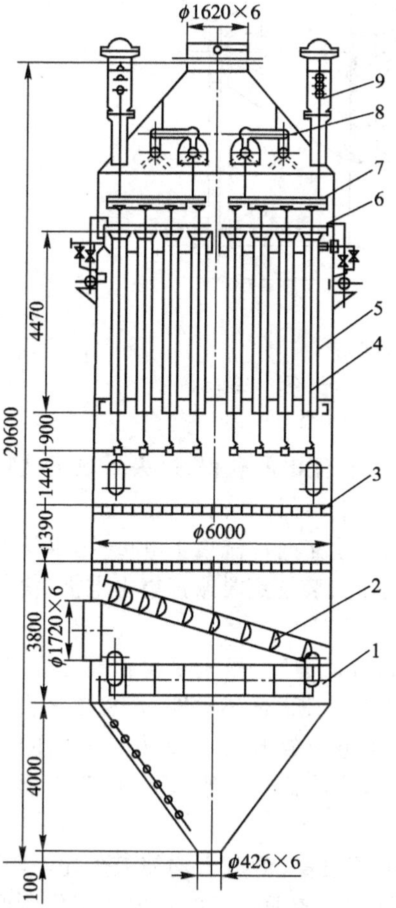

图 8-15 D152 型管式电除尘器

1—外壳；2—导流板；3—分配板；4—放电极；5—集尘极；6—冲洗喷嘴；7—电晕极上部框架；8—定期冲洗嘴；9—绝缘箱

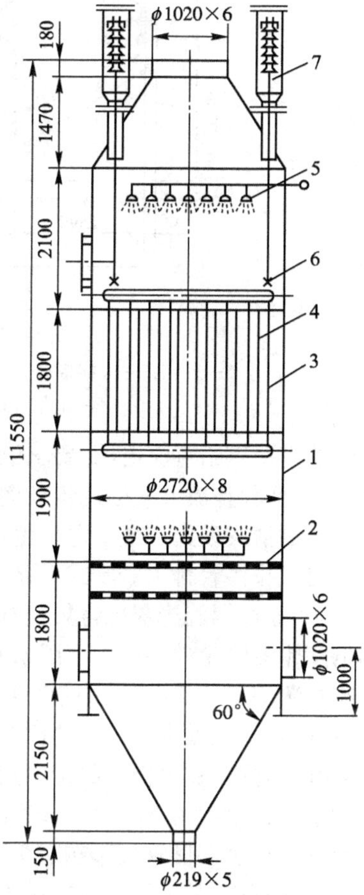

图 8-16 5.5m² 套筒电除尘器

1—外壳；2—分配板；3—电晕极；4—集尘极；5—连续冲洗嘴；6—框架；7—绝缘箱

板式电除尘器，如图 8-17 所示。它是在一系列平行安装的金属板之间的通道内设置放电电极线，金属板为集尘电极，灰尘借助于振打或喷水清除。

管式、套筒式及板式电除尘器生产指标比较见表 8-3。

表 8-3 电除尘器部分生产指标

项　目	单　位	管式电除尘器	套筒式电除尘器	板式电除尘器
集尘电极比面积	$m^2/10^3\times(m^3\cdot h)$	21.5	15	13
电耗量（以煤气量计）	$kW\cdot h/(10^3\times m^3)$	0.24	0.32	0.45
水耗量（以煤气量计）	$t/(10^3\times m^3)$	0.134	0.45	0.35

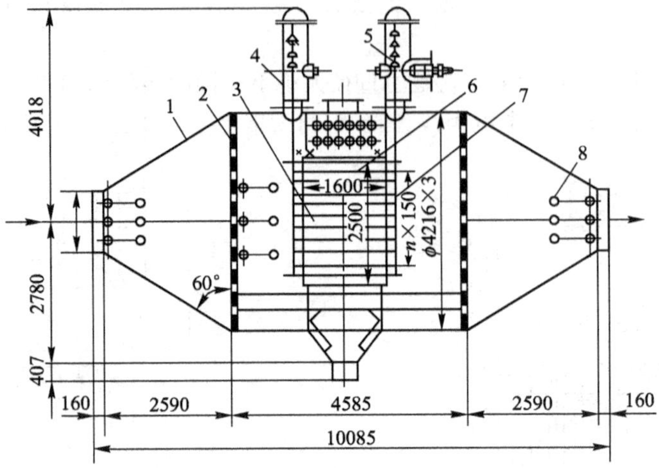

图 8-17　7.5 m^2板式电除尘器

1—外壳;2—分配板;3—集尘极;4—无馈电绝缘箱;5—有馈电绝缘箱;6—电晕线(放电极);7—框架;8—喷水嘴

电除尘器需要供给直流电压,要求电压为 60 ~ 70 kV。直流电的获得,过去采取机械整流和电子管整流,这两种整流方式已逐步被淘汰,目前主要是采用半导体整流。

电除尘器的清灰设施。湿式电除尘器的清灰,采用高压水定时冲洗集尘电极,污水从电除尘器下部的密封式排污管排出。干式电除尘器清灰,是采用振打装置定时振打集尘电极,使灰尘落入集灰斗,然后通过螺旋清灰机将集灰排出。

影响电除尘器除尘效率的主要因素有灰尘的比电阻,气流速度、气流温度和湿度等,其中以比电阻影响最为突出。比电阻过低时,灰尘在集尘电极放电迅速而成为中性,容易被气流重新吹起带入气流,降低除尘效率。灰尘的比电阻过大时,在集尘电极放电困难,即灰尘长时间仍保持其电性,排斥随后降落在电极上的带电灰粒,从而使除尘效率降低。一般认为,电除尘器工作时比较适宜的灰尘比电阻为 $10^4 \sim 5\times10^{10}$ Ω · cm。

煤气流的温度和湿度直接影响灰尘的比电阻,煤气的温度高,湿度大均使灰尘比电阻降低。湿法煤气清洗流程中,从洗涤塔或文氏管出来的煤气都具有比较适合于电除尘器工作所要求的温度和湿度,所以电除尘器一般都设置在洗涤塔和文氏管后面,作为煤气的精除尘设备。当电除尘器用于干法煤气除尘系统时,可以采取喷水雾增湿和加退的办法,把灰尘的比电阻控制在有利于电除尘器收尘的范围内,以提高除尘效率。

煤气流在电除尘器内的流速过大,不仅有碍于灰尘向收尘电板运动,而且有可能将已经沉积的灰尘被重新吹起带走,降低除尘效率。当然,煤气流速减小,会使除尘效率提高,但降低了除尘器的工作效率。一般要求煤气流在电极间的流速为 1 ~ 2 m/s,在电极间的停留时间为 3 ~ 4 s。

静电除尘器是一种除尘效率很高的精除尘设备。高炉煤气除尘采用电除尘器的主要优点是:除尘效率高,净煤气含尘量低,小于 10 mg/m^3;煤气压力降小,小于 800 Pa;处理煤气量大,并适合于较高温度(350 ~ 400 ℃)煤气的处理。其主要缺点是造价高,制造、安装以及运行要求严格。

电除尘器一般用于常压高炉,安装在洗涤塔、文氏管的后面,作为精除尘设备,以保证净煤气的含尘量小于 10 mg/m^3。目前,在一部分高压高炉的煤气除尘系统中也有采用静电除尘器的。

8.2.6 布袋除尘器

我国300 m^3以下的小型高炉煤气除尘，普遍采用的是布袋式除尘器。近年来国内外部分大型高炉煤气除尘也有采用布袋除尘器的。我国太钢1200 m^3高炉煤气除尘采用布袋除尘器，净煤气含尘量小于5 mg/m^3。日本千叶钢铁厂在4500 m^3高炉上采用布袋除尘器，净煤气含尘量小于5 mg/m^3。

高炉煤气除尘采用布袋除尘器有很多优点：除尘效率高，净煤气含尘量低，一般小于5 mg/m^3，适应性强，可以除去不同性质的灰尘，不受入口煤气量和煤气含尘量的影响，为干式除尘，防止污水污染环境，可以提高余压透平发电机煤气的入口压力和温度，透平机效率高，结构简单、工作可靠，节省电能。

布袋除尘器的除尘原理是，含尘煤气流通过布袋时，灰尘碰到布袋纤维体被阻留在纤维体上，而煤气流与灰尘分离通过纤维孔继续运动。煤气中灰尘主要靠惯性力、扩散和重力等作用而被截留在纤维体上。

布袋除尘器在工作过程中，当布袋清洁时，灰尘被阻留，起阻留作用的主要是纤维体。随着纤维体上灰尘的不断增加，部分灰尘嵌入到布袋内部，而部分灰尘在布袋表面上形成一层灰尘层，这时煤气流中的灰尘被阻留主要是靠灰尘层来完成的。布袋处于清洁阶段，除尘效率低，阻损也低。布袋处于脏的阶段，除尘效率高，但阻损也高。因此，当煤气流通过布袋的压力降达到规定值时需要进行反吹清灰，以降低煤气流的压力降。

布袋除尘器的箱体构造，如图8-18所示。它主要由布袋、箱体、清灰装置及反吹装置等构成。

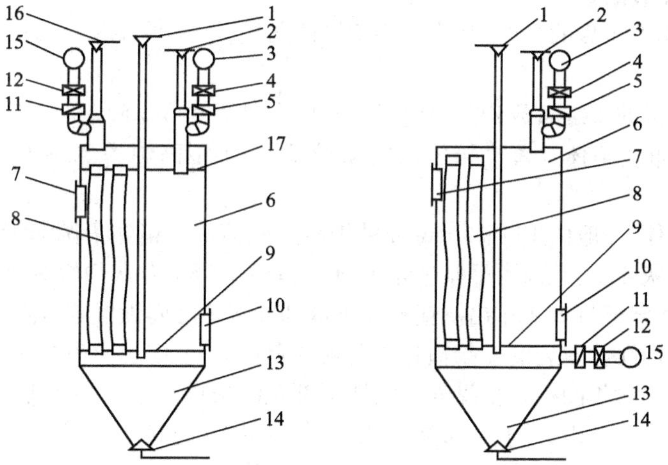

图8-18 布袋除尘器箱体结构图

(a)上进气式；(b)下进气式

1—荒煤气放散；2—净煤气放散；3—净煤气总管；4—净煤气出气阀；5、11—眼镜阀；6—箱体；7—爆破孔；8—布袋；9—下花格板；10—人孔；12—半净煤气阀；13—集灰斗；14—清灰阀；15—半净煤气总管；16—半净煤气放散；17—上花格板

布袋是布袋除尘器的主要部件，必须认真选择。对布袋性能的要求是：除尘效率高，容尘量大，有合适的透气率，耐温性和耐腐蚀性能好，抗拉抗折强度高，吸湿性弱，易于脱掉灰尘及造价

低等。

布袋材质的种类较多，高炉煤气除尘一般选用无机纤维布袋，即玻璃纤维中碱布袋。这种布袋具有耐高温、吸湿性弱、抗拉强度大、延伸率小、耐酸性能好及造价低等优点。其主要缺点是抗折及抗磨性较差。为了提高它的抗折和抗磨性能，一般采取浸袋或浸纱处理。浸渍液的主要成分是硅油、石墨和聚四氟乙烯。

布袋的尺寸规格，一般有直径为 $\phi230$ mm、$\phi250$ mm 和 $\phi300$ mm 几种。其长度根据除尘器箱体结构确定。

布袋除尘器的总过滤面积可以根据布袋可能承受的过滤负荷进行计算。过滤负荷是指每平方米布袋每小时允许过滤的煤气量（标准状态下，$m^3/(m^2 \cdot h)$）。布袋总面积按下式计算：

$$A = \frac{q_v}{i}$$

式中 A——除尘器总的布袋面积，m^2；

q_v——除尘器过滤煤气总流量（标准状态），m^3/h；

i——布袋的允许过滤负荷，其值的选择与多种因素有关，高炉煤气除尘，一般取 30 ~ 35 $m^3/(m^2 \cdot h)$为宜。

除尘器的总过滤面积确定之后，即可求出布袋的总条数，令其计算式如下：

$$n = \frac{A}{\pi dl}$$

式中 n——布袋除尘器总的布袋条数，条；

A——除尘器总的布袋面积，m^2；

d——圆形布袋的直径，m；

l——每条圆形布袋的长度，其值取决于箱体结构，小高炉取 3 ~ 6 m，大型高炉可在 10 m 以上。

每个箱体内设置的布袋条数和需要设置的箱体个数统筹考虑确定。一般一座高炉的布袋除尘器设置 4 ~ 6 个布袋箱体。每个箱体内的布袋条数：小型高炉为 20 ~ 30 条，大型高炉 50 条以上。

布袋除尘器箱体，一般由 10 ~ 15 mm 厚的钢板焊制而成。箱体为圆筒形，也有矩形断面的。箱体下部为锥形集灰斗，其锥面水平倾斜角为 60°，以便于清灰时灰尘容易下滑排出。集灰斗下部设置螺旋清灰器，定期将集灰排出。在箱体下部和集灰斗之间设置花板隔开，花板上开有与布袋套头相适应的圆形孔。布袋的下端箍扎在花板的套头上，上端套头吊挂在顶部的吊架钩上，布袋的上端是用吊挂头封闭的。含尘煤气从箱体下部花隔板以下进入除尘器内（下进气式），然后通过花板套头孔进入布袋内，并通过布袋过滤后进入箱体空间混合，最后从箱体顶部的净煤气支管进入净煤气总管输送走。箱体中心设置有反吹清灰管。

为了防止灰尘在布袋上凝结和在箱体壁上结块，箱体外面应包以耐火纤维、石棉等保温材料，并在壁上安装振动器，便于卸灰。

为了防止在高炉空料线操作等异常情况下进入箱体的煤气温度过高而烧坏布袋，可以在重力除尘器内设置喷水装置，控制喷水量，使进入布袋箱体的煤气温度限制在允许的范围（270 ℃）以下。

布袋反吹清灰系统，对于小型高炉布袋除尘器的反吹清灰，过去是通过反吹管、反吹放散阀进行反吹，即脏煤气放空反吹，严重污染了环境。目前已逐步改为密闭反吹，即将反吹出来的脏煤气引入反吹煤气除尘的布袋箱体（靠近净煤气总管的箱体）内，经过除尘变为净煤气后再进入净煤气总管,既节约了煤气,又消除了对环境的污染。为了清灰干净,有的高炉布袋除尘器反吹清灰,将从净煤气管道专门引出的净煤气,经煤气加压机加压(两台加压机,一台工作,一台备用)后再通过反吹阀等进入箱体,穿过布袋,反吹掉布袋上的集灰,最后排出箱体。

布袋破损是造成布袋除尘器除尘效率降低的最主要因素,因此,应当随时检查布袋有无破损。目前,检查布袋破损的普遍方法,是采用干净的玻璃片吹净煤气,若玻璃片变污,表明该箱体内的布袋有破损,应立即停止运行,更换破损布袋;若玻璃片吹净煤气后仍很干净,说明该箱体内的布袋无破损。但这种方法很不理想,应当采用自动连续监测系统检查布袋破损,以提高净煤气的质量。

在高炉煤气干除尘系统中,布袋除尘器均设置在重力除尘器或旋风除尘器的后面,作为精除尘设备,见图8-5。上进气式的气流方向和灰尘降落的方向一致,反吹时有利于灰尘降落,但灰斗部分易形成煤气死区,温度低,易结露,卸灰困难;下进气式的反吹效果差,但灰斗温度高,易卸灰。

我国部分高炉布袋除尘器性能,见表8-4。

表8-4 部分高炉煤气布袋除尘器的主要技术性能

名　称	涟　钢	韶　钢	北　台	太　钢
高炉有效容积/m^3	314	308	350	1200
布袋箱体	6 × φ3386	7 × φ3316	8 × φ3316	6 × φ3500
滤袋规格/m × m	φ250 × 8000	φ250 × 8000	φ250 × 8000	φ306 × 10000
滤袋过滤面积/m^2	251.2	251.2	251.2	442.2
过滤煤气量/ $m^3 \cdot h^{-1}$	50000	55000	64000	150000 ~ 180000
反吹清灰方式	加压闭路反吹	加压闭路反吹	加压闭路反吹	加压闭路反吹

高炉煤气除尘采用布袋除尘器,需要解决的主要问题是进一步改进布袋材质,延长布袋使用寿命,准确监测布袋破损,以及控制进入布袋除尘器的煤气温度及湿度等。

8.3 除尘系统附属设备

8.3.1 捕泥脱水器

高炉煤气经洗涤塔和文氏管除尘后,煤气中含有部分带泥浆的细微水滴,若不脱除,将会降低净煤气的发热值,腐蚀和堵塞煤气管道。因此,除尘后的煤气必须采用灰泥捕集器、脱水器使净煤气中的带泥浆的水滴从煤气中分离出来。

高炉煤气除尘系统采用的灰泥捕集器、脱水器,主要有重力灰泥捕集器、旋风灰泥捕集器、挡板脱水器、伞旋脱水器、填料脱水器以及旋流板脱水器等。部分灰泥捕集器、脱水器示意简图如图8-19所示。

重力式灰泥捕集器的工作原理是气流进入捕集器后,气流中的带泥水滴在重力和惯性力作用下沉降,与气流分离。其特点是结构简单,不易堵塞,但脱泥、脱水的效率不高。它通常安装在文氏管后,其筒内气流平均流速一般为4 ~6 m/s。

旋风式灰泥捕集器的工作原理是煤气从切向引入捕集器,水、泥在离心力作用下与圆筒壁碰撞而沉降,使灰泥和水与煤气流分离。其特点是脱泥、脱水效率较重力式灰泥捕集器高。它一般安装在文氏管后或净煤气管道上,并多用于中小型高炉脱泥、脱水。

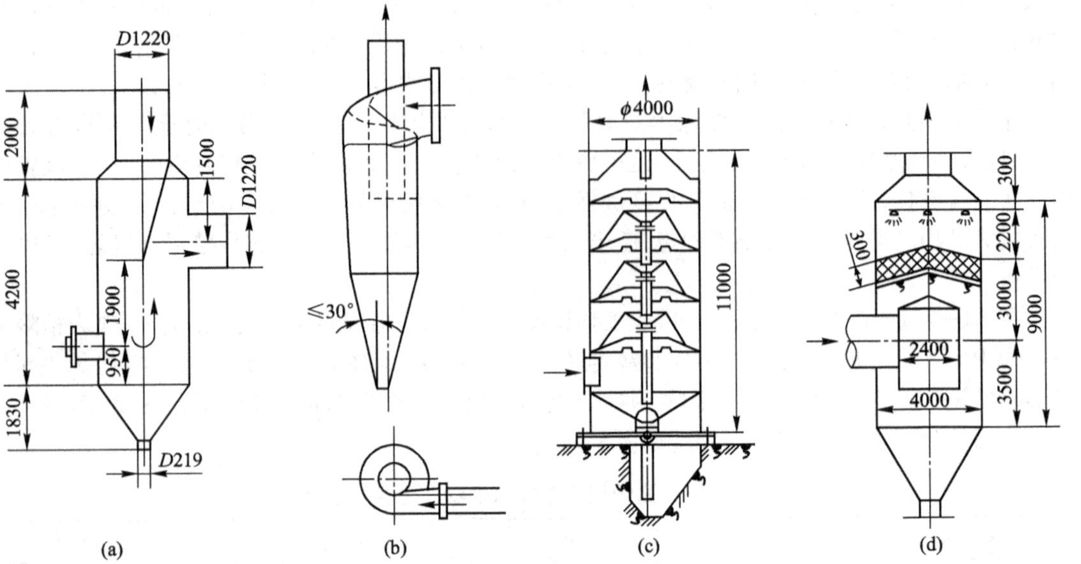

图 8-19　灰泥捕集及脱水器

(a)重力式脱水器;(b)旋风式灰泥捕集器;(c)伞旋脱水器;(d)填料脱水器

挡板脱水器和伞旋脱水器均属同种类型,其工作原理是利用伞形挡板改变煤气流方向,使水滴与挡板相撞,失去动能与煤气流分离。挡板脱水器的煤气入口为直入式,而伞旋脱水器的煤气入口则为切线方向,其他结构,二者相同。挡板脱水器多用于中小型高炉净煤气脱水,伞旋脱水器多用于高压高炉调压阀组后净煤气脱水。

填料脱水器筒内装有木柴或角钢,目前装角钢的较多。靠煤气流中的水滴与填料相撞失去动能,使水滴与气流分离。填料脱水器安装在调压阀组后,作为最后一级脱水设备,其脱水效率为 85%,煤气压力降至 500～1000 Pa。

旋流板脱水器是近年来发展起来的一种新型脱水器,如图 8-20 所示。它一般用在中小型高炉上,设置在精除尘器的煤气出口处或煤气管道上,用于净煤气脱水。旋流式脱水器是在净煤气管道内设置数块带有一定倾角的固定叶片,脱水时是利用这些固定叶片. 使净煤气流得以旋转流动,在离心力的作用下,使气流中的水滴与叶片和管壁发生碰撞,失去动能,与气流分离。旋流板脱水器的结构形式有圆柱形和圆锥形两种。圆柱形旋流板脱水器的有效断面最佳气流速度为 5 m/s,圆锥形的最佳气流速度为 12～18 m/s,脱水效率为 55%～60%,气流压力降为 98～290 Pa。旋流板式脱水器的主要特点是结构简单、适应性强和节省材料。

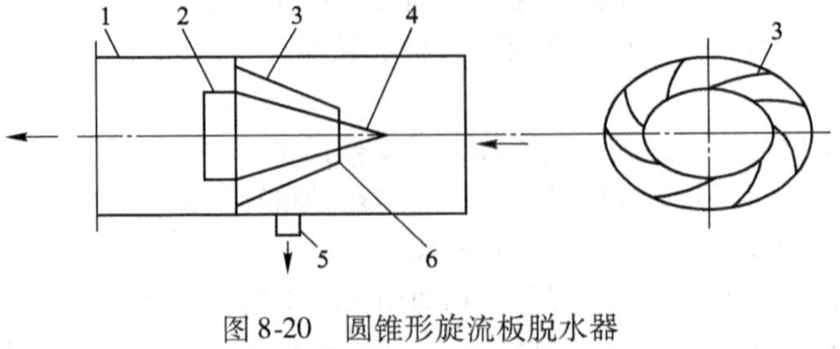

图 8-20　圆锥形旋流板脱水器

1—外壳;2—筒环;3—旋流叶片;4—分流器;5—排水口;6—圆板

8.3.2 阀门与粗煤气管道

高炉煤气除尘系统的阀门主要有遮断阀、煤气放散阀、高压调节阀组及叶形插板等。粗煤气管道是指高炉至重力除尘器之间的煤气管道。

8.3.2.1 煤气遮断阀

煤气遮断阀设置在重力除尘器顶部,高炉与重力除尘器之间的荒煤气管道上,为常通阀,只有在高炉休风时落下关闭,将高炉与煤气除尘系统隔开。遮断阀关闭时必须密封严密,开启时煤气通过的压力降要小。

遮断阀一般采用钟罩式结构,如图8-21所示。遮断阀的启闭采用电动卷扬机驱动。遮断阀特性见表8-5。

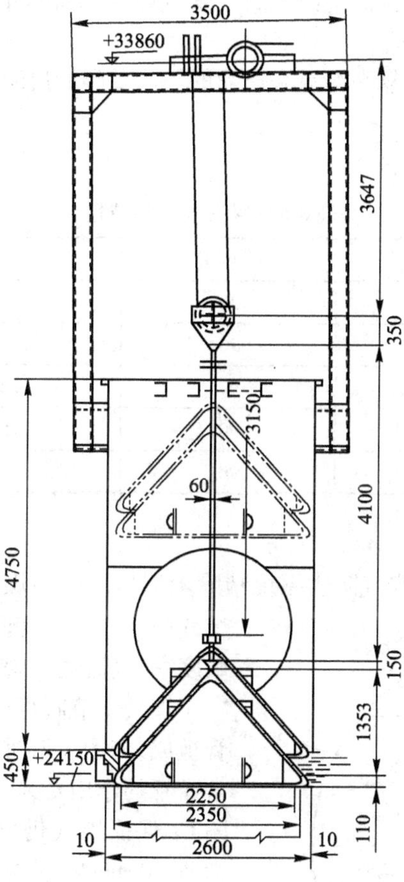

图8-21 煤气遮断阀

表8-5 除尘系统煤气遮断阀的系列特性

阀门直径/mm	890	1300	1790	1790	2460	2750
阀盖提升行程/mm	2000	3000	3600	4200	7000	5500
提升部分质量/kg	417	720	2346	4573		
设备总质量/kg	516	1227	4678	8418	9840	
通用卷扬机的牵引力/N	7000	10000	35000	35000	35000	35000

8.3.2.2 煤气放散阀

煤气放散阀设置在高炉炉顶煤气上升管顶部或煤气除尘系统的煤气放散管的顶部,开启时将系统内的煤气放入大气中。放散阀为常闭阀。对煤气放散阀的要求是关闭时密封性能好,工作可靠,放散时噪声小。

煤气放散阀的结构形式较多,主要有揭盖式、内开式、外开式、垂直开启式及外开双重密封式等。目前国内高炉使用最广的是垂直开启式放散阀。高压高炉采用内开式煤气放散阀,它的主要特点是阀盖的开启方向与煤气流动的方向相反,阀盖不会因炉内煤气的压力过大而被顶开,是一种强迫开启的放散阀。国内新建的大型高炉,一般采用的是直径为 ϕ650 mm、吹氮气清扫的外开双重密封式炉顶放散阀。由于采取双重密封,密封性能良好,工作可靠。

煤气放散阀的阀盘与阀座接触面处的密封处理,一般设有硬、软两级密封。硬密封是镶焊硬质合金的圆锥面,软密封是硅橡胶的平面密封。煤气除尘系统放散阀结构类型与均压放散阀大体相同。

煤气放散阀的密封压力,是靠平衡重来压紧的。放散阀的启闭,大中型高炉采取电动卷扬机驱动,小型高炉为手动。

煤气放散阀特性见表 8-6。

表 8-6 煤气放散阀特性

阀口通径/mm	型 式	开启度	工作压力/ $\times 10^5$ Pa	工作温度/℃
ϕ250	揭盖式	30		
ϕ400	垂直开启式	90	1.5	300 ~ 400
ϕ600	垂直开启式	90	1.2	300
ϕ650	垂直开启式	90	2.5	200 ~ 300
ϕ800	垂直开启式	90	1.3	400

8.3.2.3 煤气调节阀组

煤气调节阀组设置在高炉煤气除尘系统精除尘器后面的净煤气管道上,用以调节高炉炉顶煤气压力。对煤气调节阀组的基本要求是调节灵敏度高,气流通过阀组的压力降小。

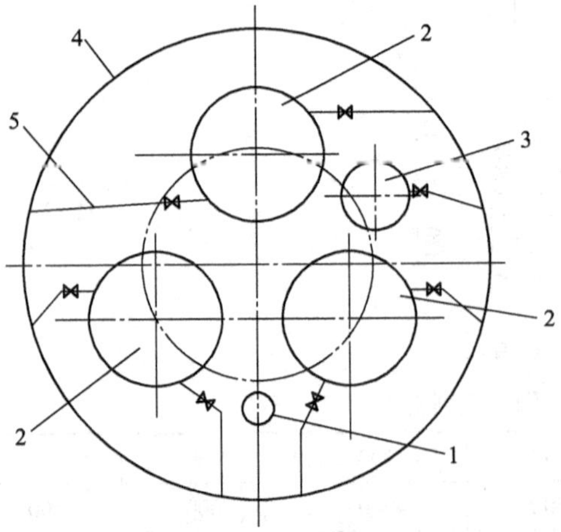

图 8-22 煤气调节阀组蝶形阀布置图
1—ϕ250mm 常通阀;2—ϕ750mm 调节阀;
3—ϕ400mm 调节阀;4—给水环管;
5—冲洗阀板给水支管

煤气调节阀组一般由四个蝶形阀和一根常通管组成,如图 8-22 所示。其中直径为 ϕ250 mm 的常通管的作用是为了防止其他四个蝶形阀因故关闭时,保证煤气仍可流通而不被切断。三个直径为 ϕ750 mm 蝶形阀为电动操纵,直径为 ϕ400 mm 的蝶形阀为自动控制的,当三个 ϕ750 mm 蝶形阀逐次关闭后,高炉进入高压操作,ϕ400 mm 的自动控制阀则通过不同开启程度来维持炉顶压力在规定的水平。

在调节阀组的每个阀前均设有中心喷水装置,当煤气高速流动时,水气扰动,起着煤气除尘作用。这里必须指出的是,为了适应煤气余压透平机工作,在采用透平机的煤气除尘系统中,煤气调节阀组前不能再设置喷水嘴,以避免增加净煤气的湿度,防止透平机被灰尘粘结。

我国部分高炉煤气调节阀组的特性,见表8-7。

表8-7 煤气调节阀组特性表

炉容/m³	煤气主管直径/mm	调节阀组的蝶形阀配置	设备质量/kg
620	φ1720	3×φ600 电动 1×φ300 自动、电动 1×φ250 常通	4642
1000~1500	φ2170	3×φ750 电动 1×φ400 自动、电动 1×φ250 常通	6142
2516	φ2300	4×φ750 电动 1×φ500 自动、电动 1×φ250 常通	9400

8.3.2.4 叶形插板

为了把高炉煤气除尘系统与煤气管网隔开,在精除尘设备后的净煤气管道上设置叶形煤气切断阀,即叶形插板。叶形插板一端为通孔板,另一端为无孔板,开通时用通孔端将两侧煤气管道接通,煤气顺利通过,需要切断煤气时,则用无孔端板将两侧煤气管道切断。插板处于切断状态时,煤气只能漏入大气而不能进入对面管道内。叶形插板的夹紧机构形式,有机械夹紧式和热力夹紧式,国内高炉的叶形插板一般采用前者。机械夹紧式叶形插板是依靠人力经机械传动,将插板的两个法兰分开或压紧;热力夹紧式叶形插板则是借助蒸汽管道的热膨胀,将插板的两个法兰分开,依靠管内通水冷却,使管道产生收编将两个法兰压紧。在煤气管道切断处,均需安装叶形插板。

8.3.2.5 粗煤气管道

高炉煤气系统的粗煤气管道包括煤气导出管、煤气上升管和煤气下降管等。煤气导出管,小型高炉设置两根,大中型高炉设置四根,并均与炉喉圆周对称布置。为了使炉喉煤气能均匀分布,在设计煤气导出管、上升管和下降管的布置时,应尽量使其各通路系统中的气流阻力损失相等或接近。

为了减少炉尘吹损,煤气导出管的煤气流速不宜太大,常为3~4 m/s,煤气导出口处的总截面积不应小于炉喉截面积的40%。导出管中心水平倾角一般为50°~53°,以使灰尘不致沉积堵塞而返回炉内。

上升管内的煤气流速为6~8 m/s,上升管总截面积为炉喉截面积的25%~35%,上升管的高度应保证下降管有足够大的坡度。

为了防止煤气灰尘在下降管道内沉积堵塞管道,下降管内的煤气流速应大于上升管内的煤气流速。下降管内的煤气流速为6~9 m/s,或按下降管总截面积为上升管总截面积的80%考虑。下降管的中心线倾斜角应大于45°,以使灰尘能流入重力除尘器。

为避免煤气管道被磨损,在煤气导出管内应砌筑一层耐火砖,在其余部分的粗煤气管道内焊接灰尘托板,利用沉积在托板上的灰尘垫保护钢壳。

8.3.3 煤气清灰搅拌机

煤气清灰搅拌机设置在重力除尘器、旋风除尘器、布袋除尘器箱体等干式煤气除尘设备的集灰斗下面，用以排出集灰斗内的集灰。其结构如图 8-8 所示。

常用的两种规格的煤气清灰搅拌机性能，见表 8-8。

表 8-8 常用煤气清灰搅拌机性能

清灰阀直径/mm	生产能力/$m^3 \cdot h^{-1}$	耗水量/$m^3 \cdot h^{-1}$	煤气压力/$\times 10^5$Pa	螺旋直径/mm	清灰阀钢绳拉力/kN
ϕ360	100	25	1.5	ϕ360	10
ϕ350	100	25	0.7	ϕ360	10

8.3.4 煤气清洗系统污水处理

高炉煤气湿法除尘系统，从洗涤塔、文氏管及捕泥器等煤气清洗设备和脱泥脱水设备排出来的污水中，含有矿粉、焦粉及其他固态悬浮物，既不能直接排放污染环境，又不能直接再用，因此，对这些污水必须进行净化处理。经净化处理后回收的清水，可用于清洗煤气，也可用于高炉炉前冲水渣，回收的污泥经过烘干处理后，可用于烧结配料。高炉煤气清洗系统的污水，由于经处理后回收的清水作为循环水使用，因此，只要求去除污水中的悬浮物即可。煤气清洗污水的处理，通常采用沉淀法，其工艺流程如图 8-23 所示。

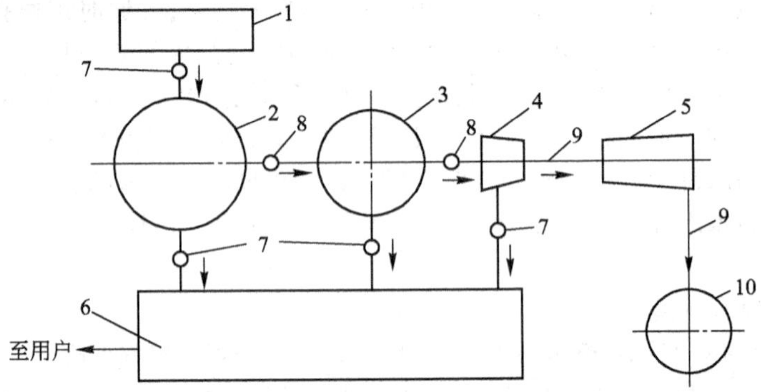

图 8-23 煤气除尘系统污水处理流程示意图

1—除尘系统污水池；2—污水澄清池；3—污水浓缩池；4—真空式脱水机；5—圆筒烘干机；
6—清洁水回收池；7—水泵；8—泥浆泵；9—胶带输送机；10—干污泥贮存仓

清洗煤气的污水首先进入澄清池沉淀。澄清池是普通钢筋混凝土结构的水池，其横断面形状有矩形和圆形两种。污水进入澄清池的方式有中心进水式和周边进水式，如图 8-24 所示。

矩形澄清池，图 8-24(a)，污水从池的一端底部引入池内，清水从池的另一端上部的清水溢流槽排走。污泥用可转动的耙式刮泥机械，从排水端底部刮向进水端底部排走。也可以采用桥式桁车电抓斗取出底部沉淀的污泥。这种取污泥的方法，严重影响澄清效果。新建的高炉已很少采用矩形澄清池，而普遍采用的是圆形澄清池。

圆形澄清池，如图 8-24(b)、(c)所示，其上部为圆形，直径一般为 ϕ20 ~ 40 m，中心深度为 3 ~ 4 m，其底部为圆锥形，底部坡度不应小于 9%，以使沉淀的污泥滑向中心排污泥口，顺利排出。中心进水的圆形澄清池，污水从池中央的管道下部进入池内，清水从池上沿的溢流槽排走。周边进水的澄清池则相反，污水从周边上沿的进水槽流入后往下流动，绕过隔板进入澄清池底部，清水从池中央的清水槽排走。圆形澄清池底部的浓泥浆从池子底部中央的排浆口排出，进入浓缩池。为使污泥顺利排出，在池子底部设置有由桁架支承的犁式刮泥机械，刮泥机下部由若干

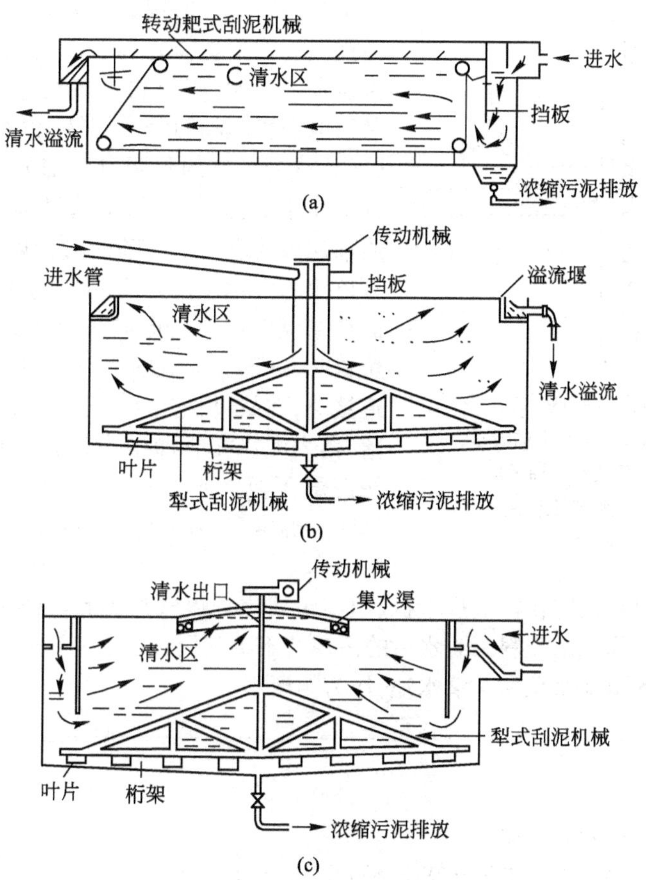

图 8-24　污水澄清池类型

(a)矩形澄清池;(b)圆形澄清池(中心进水);(c)圆形澄清池(周边进水)

片刮泥板组成。刮泥机架由电动机驱动缓慢运行,刮泥板的运动速度为 0.3 m/min,将污泥刮向中心浓缩泥浆排放管口,用泥浆泵送走。

为了提高澄清效果,要求澄清池内污水进入区的水流平稳,分布均匀,清水集水均匀,防止发生进出水短路。经过澄清后的清水,悬浮物含量一般为 10 ~ 20 mg/dm^3,排出的浓泥浆含泥量为 8% ~12%。

为了减轻污泥脱水系统设备负荷,从澄清池排出的浓泥浆还须进浓缩池进一步浓缩处理。浓缩池即澄清池,浓泥浆中的悬浮物是依靠重力作用沉淀的。浓缩池是采用钢筋混凝土结构的圆形水池。污水进入方式、清水排放及清除污泥方法等均与澄清池大体相同。不同的是浓缩池比澄清池的容量要小得多,其直径为 ϕ6 ~ 12 m,深度为 3 ~ 4 m。经过浓缩后的泥浆含泥量为 50% 左右。浓缩后的浓泥浆送入脱水机进行脱水处理。

一个煤气污水处理车间,设置澄清池 2 ~ 3 个,浓缩池 3 ~ 4 个。

污泥脱水处理一般采用圆盘式或滚筒式真空过滤脱水机,其脱水简单原理是在一定的真空度下,泥浆中的水能透过滤布而污泥不能透过滤布被截留,使水和污泥分离。常用的脱水滤布有尼龙布、涤纶布、钢丝网及其他金属丝网等。

我国高炉煤气清洗污泥脱水普遍采用圆盘式真空脱水机,其工作示意图如图 8-25 所示。真空脱水机的圆盘支承在空心轴上,空心轴由两个内通道组成,上部通道与鼓风机管道接通,下部

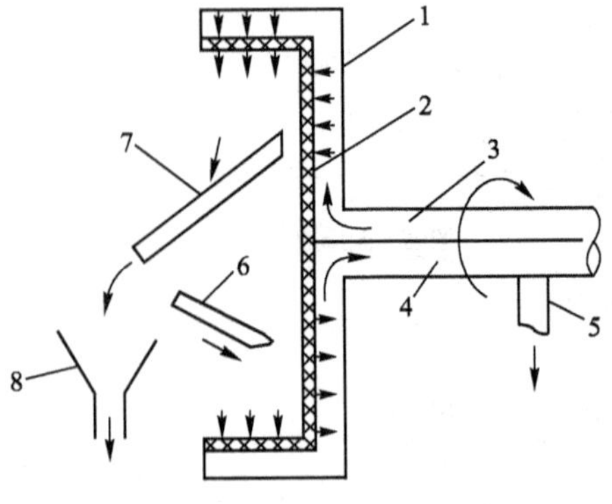

图 8-25　圆盘真空脱水机
1—真空脱水圆盘;2—圆盘上的滤布、金属丝网;3—鼓风道;4—抽风道;5—排清水管;6—喷浓泥浆管;7—污泥溜槽;8—污泥槽

通道与抽风机管道接通。圆盘由数块扇形钢板构成,钢板上有许多直径为 $\phi3$ mm 左右的孔、紧靠钢板表面覆盖金属丝网,其上再覆盖滤布。脱水时,脱水圆盘借助电动机驱动而缓慢旋转,浓泥浆喷在圆盘下面部分的滤布上(有的是圆盘下部分浸入泥浆槽中)。在真空作用下,泥浆中的水透过圆盘下面部分的滤布,通过钢板孔进入空心轴内的抽风通道,然后通过清水管道流入清水池。污泥由于透不过滤布则在滤布上面粘结成泥饼。当形成泥饼部分的圆盘旋转到上部位置时,这部分圆盘的气流通道与空心轴内的鼓风通道接通,在鼓风作用下,粘结在滤布上面的泥饼便脱落,落入泥饼接收溜槽内,然后通过胶带运输机送往污泥烘干机。脱水后的污泥含水量一般为 10% ~ 15%。通常采用的圆盘真空度为 $0.33\times10^5 \sim 0.66\times10^5$ Pa。

污泥烘干机一般采用回转窑式烘干机,用高炉或焦炉煤气作燃料。烘干后的污泥用胶带机或汽车运往烧结车间作烧结配料。脱水后的污泥若不再利用,可运往弃渣场。澄清、浓缩和脱水等回收得到的清水均由清水泵送至清水池,作为循环用水。

思考题

8-1　高炉煤气的基本理化性质如何?

8-2　目前高炉煤气除尘有哪几种工艺流程,各种除尘工艺流程的特点是什么?

8-3　什么是除尘设备的除尘效率,影响文氏管除尘效率的因素有哪些?

8-4　布袋式除尘器除尘原理是什么,怎样才能延长布袋使用的寿命?

8-5　高压煤气调节阀组一般由哪几个蝶阀组成,如何操作?

8-6　净煤气脱水的意义何在,伞旋式脱水原理是什么?

8-7　高炉煤气湿法除尘的污水怎么处理?

9 铁、渣处理系统

铁、渣处理是高炉生产的重要环节。铁、渣处理系统的设施主要包括：风口平台与出铁场，开铁口机，堵铁口机，堵渣口机，换风口机，渣罐车，铁水罐车，铸铁机以及炉渣水淬设施等。

铁、渣处理系统设备与设施应当满足下列要求：

（1）出铁、出渣设备工作必须可靠；

（2）必须有足够的渣铁处理和运输能力；

（3）有利于提高生铁质量，增加生铁的回收率；

（4）有利于炉渣的综合利用；

（5）改善劳动条件，有较高的机械化和自动化水平。

9.1 风口平台与出铁场

在高炉下部，沿高炉炉缸周围风口平面以下设置的工作平台为风口平台，操作人员要通过风口观察炉况，更换风口，放渣，维护渣口、渣沟，检查冷却设备，操纵一些阀门等。为了操作方便，风口平台一般比风口中心线低 1150～1250 mm，除上渣沟部位外，应保持平坦，只留卸水坡度，其操作面积随炉容大小和渣沟布置而异，一般从炉壳外径算起，净空宽度为 3～7 m。风口平台上布置 1～2 条上渣沟，渣沟位置与渣口位置相适应。上渣沟出渣口段的坡度为 10%～15%，以使熔渣能顺利流走。风口平台上的上渣沟，由于深度较大，应设置横跨渣沟的人行过桥，过桥用钢板铺成。

出铁场是布置铁沟及下渣沟、安装炉前设备、进行放渣出铁操作的炉前工作平台。由于铁口、渣口标高不同，出铁场一般比风口低约 1500 mm。出铁场面积取决于渣铁沟的布置和炉前操作的需要，其长度，大中型高炉为 40～60 m，宽度为 15～25 m，高度则要求保证任何一个渣铁流嘴下沿不低于 5 m，以便渣铁罐车通过。出铁场上面布置有出铁沟和下渣沟。在出铁场主铁沟区域应保持平坦，其余部分保持由中心线向两侧和由出铁口向端部随渣铁沟走向一致的坡度。我国某公司高炉风口平台与出铁场的设备布置如图 9-1 所示。中小高炉一般只有一个出铁场，大型高炉有 2～3 个出铁场。日本福山厂 4 号高炉（4197 m^3）出铁场布置如图 9-2 所示。

风口平台和出铁场的结构形式有两种。一种是实心的，用石块或建筑砖砌筑成挡墙，中间填充以石块及砂子等，这种结构常用于在炉前铸块的小高炉。另一种是架空的，是支承在钢筋混凝土柱子上的预制钢筋混凝土板，上面填充 1.0～1.5 m 厚的砂子，最上面地坪立砌一层建筑砖或废耐火砖。在渣铁沟底面与楼板之间要砌筑耐火砖作基础，以防止渣铁沟下沉和隔热。风口平台及出铁场楼板的下面，可作堆放物品的仓库等。大中型高炉的风口平台与出铁场均为架空式结构。

渣沟一般是生铁铸成的铁槽，其壁厚为 40～50 mm，沟内铺以沟泥。铁沟的构造是采用 10 mm以上的钢板焊成槽，槽内砌筑 2～3 层厚的耐火砖，然后铺以铁沟料。小型高炉的铁沟只用耐火砖和铁沟泥做成。大型高炉的渣铁沟用金属板覆盖，以改善操作人员的劳动条件。

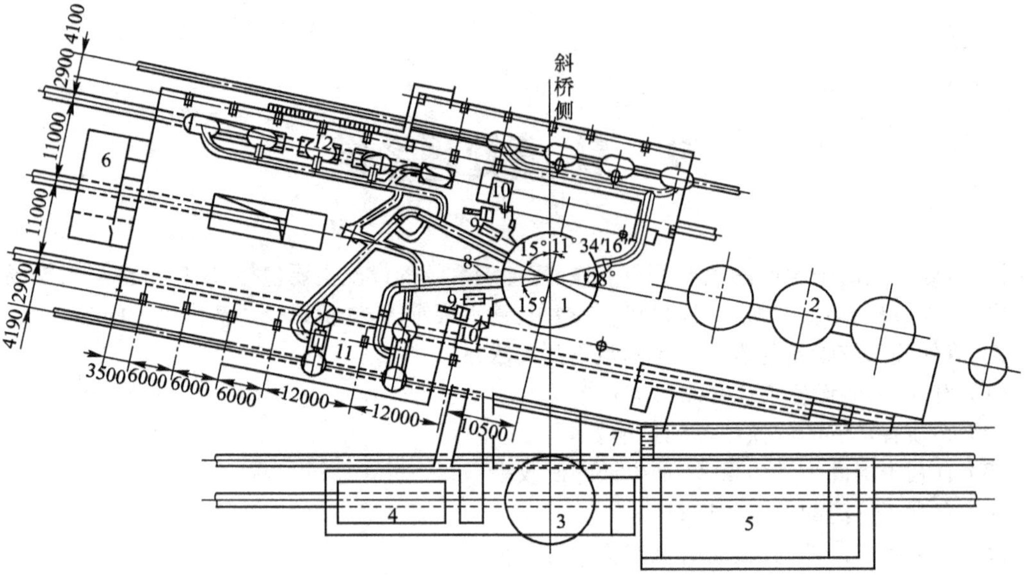

图 9-1 某公司 3 号高炉出铁场布置

1—高炉；2—热风炉；3—重力除尘器；4—液压站；5—高炉计器室；6—工人休息室；7—卷扬机平台；8—主铁沟；9—泥炮；10—泥炮操作室；11—铁罐摆动流嘴；12—渣罐

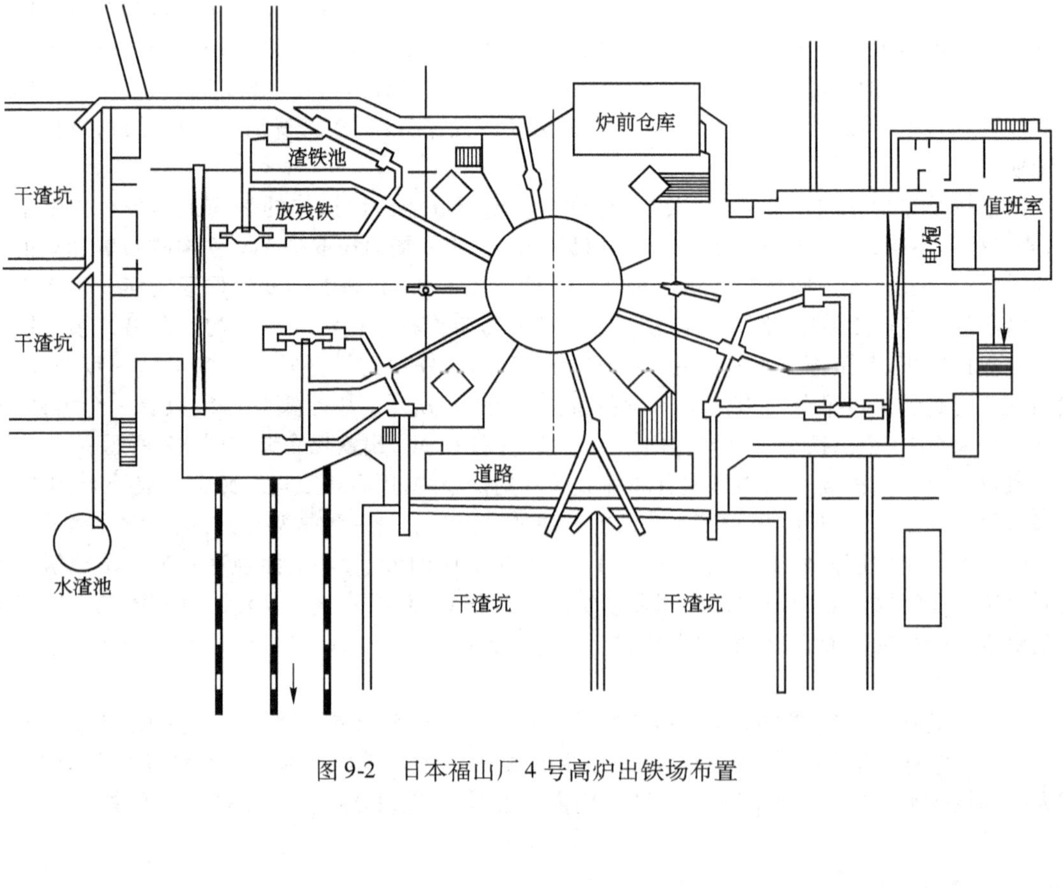

图 9-2 日本福山厂 4 号高炉出铁场布置

铁沟和渣沟应有合适的坡度，以使渣铁能顺畅流走。坡度过大不仅要增加铁口标高，而且渣铁沟被冲刷严重，增加修补工作量，坡度过小，容易积存残渣和残铁，清理渣铁沟的工作更为繁重。主铁沟段（铁口至挡渣板段）坡度，大型高炉为9% ~12%，中小型高炉为9% ~10%。渣铁分离器后的支铁沟坡度为6% ~7%。下渣沟的坡度为7% ~8%。

为保证渣铁在主铁沟段流动稳定，以促进渣铁能很好地分离，必须保证主铁沟有足够的长度和宽度。大中型高炉的主铁沟净空宽度为1 ~1.2 m，长度10 ~12 m，小型高炉主铁沟长度和宽度应适当减少。

上下渣沟在较平坦的地方均应设置沉铁坑，以使熔渣中带的铁能沉积下来，不仅能减少生铁损失，而且使冲渣或流进渣罐时，避免发生遇水爆炸或烧穿渣铁罐车事故。为了控制渣铁能流入指定的流嘴，在渣铁沟的适当部位设置渣、铁流控制闸板。

为了使铁水和熔渣能够很好地分离，设有渣铁分离器。渣铁分离器是在主铁沟的端部，用铁沟泥或更高级的耐火泥料等耐火材料捣打成槽，在槽中设置一块大闸板，如图9-3所示。由于铁水密度大于熔渣密度，铁水能通过大闸板下面的通道流入支铁沟，而熔渣则浮于铁水的上面不能通过，被大闸板撇向渣坝，流入下渣沟。

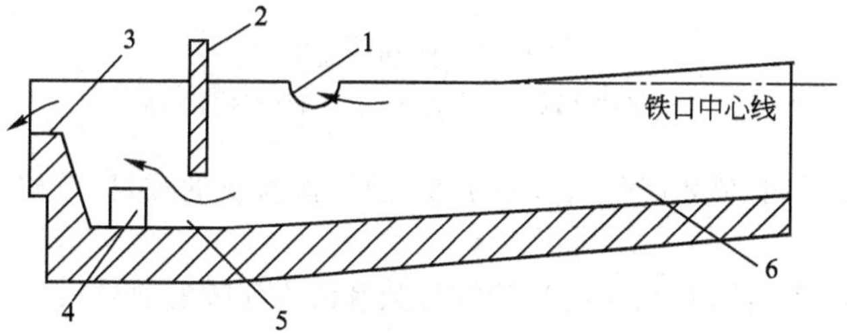

图9-3 渣铁分离器

1—渣坝；2—大闸板；3—小坝；4—放残铁口；5—铁水通道；6—主铁沟

由于主铁沟和渣铁分离器的清理和修补工作在高温下进行，劳动条件十分恶劣，有时由于修理、更换工作过长而影响按时出铁，因此，目前大中型高炉做成活动的主铁沟和渣铁分离器，定期更换。更换时分别将它们整体吊走，换以新做好的主铁沟和渣铁分离器。这样，主铁沟和渣铁分离器的修补工作可在冷状态下进行，方便又安全。

在渣铁沟的末端均设有渣铁流嘴。过去高炉普遍采用的是固定流嘴。为了减少渣铁沟长度，大型高炉目前已普遍采用活动流嘴。活动流嘴的形式有移动式、回转式和摆动式三种。活动流嘴的操纵可以是电动、气动和手动。活动流嘴的外壳体采用钢板焊成，内砌筑耐火砖和捣打不定形耐火材料。我国宝钢高炉采用的气动马达驱动的摆动式流嘴构造，如图9-4所示。

采用固定流嘴出铁时，铁沟流嘴的数目与铁水罐位的数目相同，按下式计算：

$$N = \frac{P\alpha}{n_r Q}$$

式中 N——铁沟流嘴数目，个；

P——高炉日产铁量，t/d；

α——出铁不均匀系数，一般取α为1.2；

Q——每个出铁罐有效容铁量，t；

n_r——高炉日出铁次数，次。

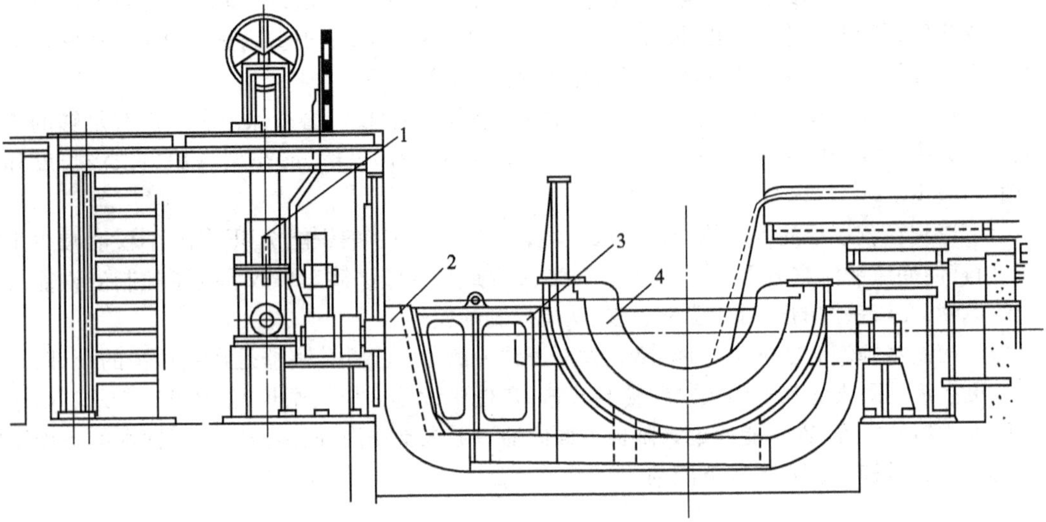

图 9-4 摆动式流嘴
1—驱动装置;2—耳轴;3—楔子;4—流嘴本体

采用活动流嘴出铁时,铁水罐位的数目不变,而铁沟流嘴的数目,可按每个铁口设置一套活动流嘴考虑。

高炉采用固定流嘴出渣时(放干渣),渣罐位数和渣沟流嘴的数目相等,并用下式计算:

$$N_1 = \frac{Pu\alpha_1 n_1}{n_z Q_1 r_1 \varepsilon_1}$$

$$N_2 = \frac{Pu\alpha_1 n_2}{n_r Q_1 r_1 \varepsilon_1}$$

式中 N_1、N_2——上、下渣罐位数目,个;

P——高炉日产铁量,t;

u——单位生铁出渣量,t/t;

α_1——出渣不均匀系数,取 α_1 为 1.2;

n_1——上渣分配系数,取 0.6~0.7;

n_2——下渣分配系数,取 0.3~0.4;

Q_1——渣罐容量,m^3;

r_1——渣液容重,取 1.8~2.0 t/m^3;

ε_1——渣罐装满系数,取 0.9;

n_z——高炉日出渣次数,次;

n_r——高炉日出铁次数,次。

高炉采用活动流嘴出渣时,上、下渣罐位的数目不变,而渣沟流嘴的数目,可以减少到每个渣口设一套活动流嘴,每个铁口设一套下渣活动流嘴。采用炉前冲水渣时,上、下渣沟均应设置水冲渣设施,而且下渣沟仍应设置 2~3 个干渣沟流嘴罐位,以便当渣中带铁时放干渣。

9.2　炉前机械设备

9.2.1　开铁口机

设在高炉炉缸一定部位的铁口，是用于排放铁水的孔道。在孔道内砌筑耐火砖，并填充耐火泥封住出口。在铁口内部有与炉料及渣铁水接触的熔融状态结壳。结壳外是呈喇叭状的填充耐火泥。在其周围为干固的旧堵泥套和渣壳及被侵蚀的炉衬砖等（见图9-5）。打穿铁口出铁时要求孔道按一定倾角开钻，放出渣铁后能在炉底保留部分铁水俗称死铁层，目的是保持炉底温度，防止炉底结壳不断扩大而影响出铁量。

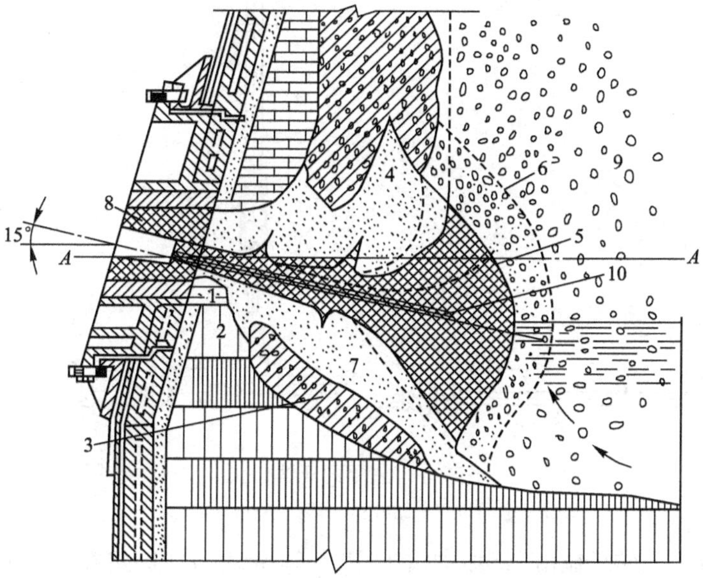

图9-5　出铁口内堵口泥的分布状况

1，2—砌砖；3—渣壳；4—旧堵口泥；5—堵口时挤入的新堵口泥；6—堵口泥最多可能位置；7—出铁后被侵蚀的边缘线；8—出铁泥套；9—炉缸中焦炭；10—开穿前出铁口孔道

开铁口机就是高炉出铁时打开出铁口用的设备，开铁口机按其动作原理常分为钻孔式和冲钻式两种。目前高炉普遍采用的为钻孔式，部分高炉采用气动冲钻式。不管用哪一种开铁口机，都应满足以下要求：

（1）开孔的钻头应在出铁口中开出具有一定倾斜角度的直线孔道，其孔道孔径应小于100 mm；

（2）在开铁口时，不应破坏覆盖在铁口区域炉缸内壁上的耐火泥；

（3）开铁口的一切工序都应机械化，并能进行远距离操纵，以保证操作工人的安全；

（4）开铁口机尺寸应尽可能小，并在开完铁口后远离铁口。

9.2.1.1　钻孔式开铁口机

钻孔式开铁口机结构比较简单，它吊挂在可作回转运动的横梁上，送进和退出由人力或卷扬机来完成。钻孔式开铁口机主要由回转机械、移送机构和钻孔机构三部分组成，如图9-6所示。

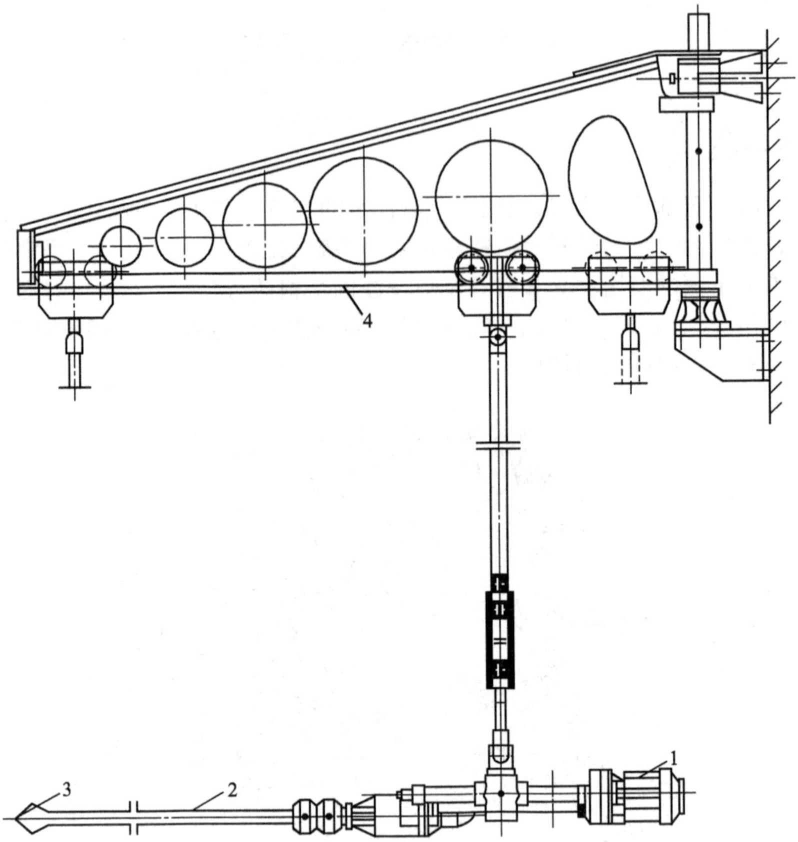

图 9-6　钻孔式开铁口机

1—电动机；2—钻杆；3—钻头；4—吊挂横梁

（1）回转机械。回转机械由电动机驱动回转小车，带着可绕固定在炉皮上的转轴运动的一根主梁，沿着弧形轨道运动。

（2）移送机构。主要包括电动机、减速机、小卷筒、导向滑轮、牵引钢绳、走行小车和吊挂装置。吊挂长短可以调整，用来改变开口机的角度。

（3）钻孔机构。钻孔机构主要由电动机、减速机、对轮、钻杆及钻头组成。钻杆和钻头是空心的，以便通风冷却，排除钻削粉尘。这种开口机经常要更换左旋和右旋钻杆、钻头，以改变旋向，弥补孔眼钻偏。

钻孔式开铁口机的特点是结构简单，制造安装方便，因而被中小高炉广泛采用。其主要缺点是钻杆在电动机驱动下只作旋转运动，而不能作冲击运动，当钻头快要钻到终点时，需要退出钻杆，用人工捅开铁口放铁，不安全，也易于烧坏钻头。并且在钻开铁口过程中，由于为无吹风钻孔，钻屑不能自动排除，需要退出钻杆后再用压缩空气吹出，降低了工作效率。

为了克服上述缺点，目前已将这种开口机改为吹风钻孔式开口机。吹风钻孔开铁口机，钻杆机的钻头是空心的，从空心部分鼓入压缩空气，这样，能及时吹出钻屑，使钻孔作业顺利进行；钻头在钻进过程中得以冷却，可根据吹出的钻屑颜色来判断钻进深度，防止提前开穿铁口。吹风式钻孔开口机工作效率高，安全可靠，结构紧凑，因此，得到广泛采用。但是吹风式开口机结构比无风式复杂。

无风和吹风钻孔式开铁口机性能见表 9-1。

表 9-1 无风及吹风式开铁口机技术性能

名 称	单 位	无风钻头		吹风钻头	
适用炉容	m^3	620	600 ~ 2000	1000	2000
钻孔直径	mm	60	60 ~ 80	80	75
钻孔深度	mm	2820	3000		3500
钻头转数	r/min	387	430	140	430

开铁口机钻杆减速机容易灌铁,主要原因有两种:一是风压低于炉内压力时,容易灌铁;另一种是操作工提前关风所致。灌铁后只有更换减速机。

9.2.1.2 冲钻式开铁口机

冲钻式开铁口机是在钻机钻头钻削的基础上,使钻头在轴向附加一定的冲击力,这样可以加快钻进速度。它由起吊机构、转臂机构和开口机构组成。如图 9-7 所示。

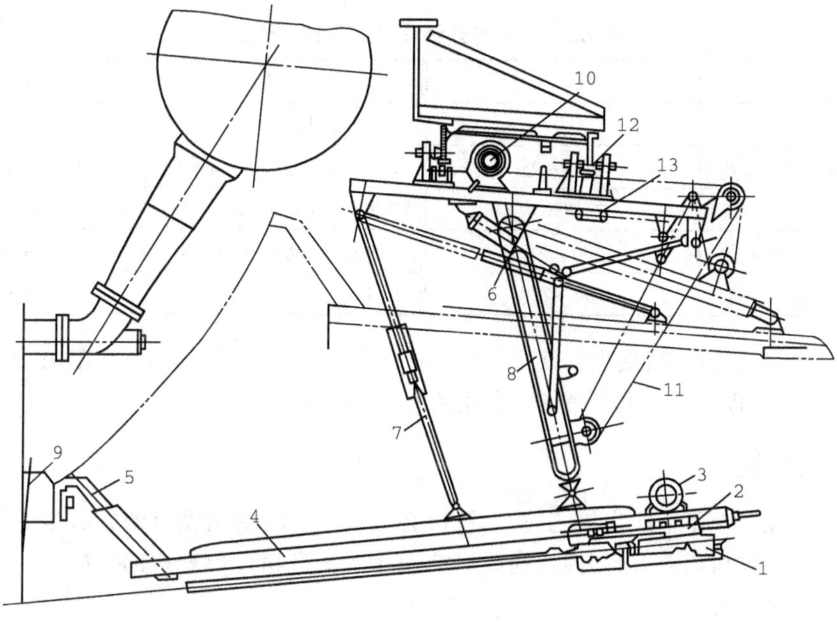

图 9-7 冲钻式开铁口机

1—钻孔机构;2—送进小车;3—风动马达;4—轨道;5—锁钩;6—压紧汽缸;7—调节连杆;8—吊杆;9—环套;10—升降卷扬机;11—钢绳;12—移动小车;13—安全钩汽缸

开铁口时,移动小车 12 使开铁口机移向铁口,并使安全钩脱钩,然后开动升降卷扬机 10,放松钢绳 11,将轨道 4 放下,直到锁钩 5 钩套在环套 9 上,再使压紧汽缸 6 动作,将轨道通过锁钩 5 固定在出铁口上。这时钻杆已对准出铁口,开动钻孔机构风动马达,使钻杆旋转,同时开动送进机构风动马达 3 使钻杆沿轨道 4 向前运动。当钻头接近铁口时,开动冲击机构,开铁口机一面旋转,一面冲击,直至打开出铁口。

在铁口打开后应立即使送进机构反转(当钻头阻塞时,可利用冲击机构反向冲击拔出钻杆)使钻头迅速退离铁口。然后开动升降机构使开口机升起,并挂在安全钩上,同时移动小车 12 将开口机移离铁口。

(1) 横向移动机构。钻机主梁上的移动小车,在横移轨道上移动将冲钻带到铁口正上方位置。移动小车通过其专用卷扬系统拖动。

(2) 钻机升降机构。在主梁上的升降卷扬系统施放钢绳 11,通过吊杆 8 的下降,将钻机本体下降到工作位置,通过调节连杆 7 的调整,使冲钻机轨道 4 与理论钻孔轴线平行,同时使钻杆与理论钻孔轴线同轴。

(3) 锁紧机构。在钻机下降至终点位置时,锁钩 5 落入设在铁口上方的环套中。抵消冲钻时钻机产生的反作用力。

(4) 压紧机构。压紧汽缸 6 推动撑杆,支撑住吊杆 8,防止在作业时机体向上弹跳。

(5) 送进机构。通过送进风动马达 3 运转,将钻机沿轨道 4 移向出铁口。

(6) 钻孔机构。通过钻孔风动马达运转,带动钻杆回转进行钻削。

(7) 冲击机构。打开通气阀门,将压缩空气通入钻机配气系统推动冲击锤头撞击钻杆挡块,使钻杆产生冲击运动,加快钻削速度。

冲钻式双用开铁口机主要技术性能,见表 9-2。

表 9-2 冲钻式开铁口机主要技术性能

名 称	数 值	名 称	数 值
钻头直径/mm	60	风动马达功率/kW	7.36
钻头转数/r·min^{-1}	44.8~93	风动马达转数/r·min^{-1}	1300
钻孔深度/mm	1800	开口机退出速度/m·s^{-1}	0.517
钻头冲击次数/次·min^{-1}	400~500	移动机构送进时拉力/kN	4.15
钻孔斜度/(°)	17~22	压缩空气压力/MPa	0.5~0.6

冲钻式开口机的特点是:钻出的铁口通道接近于直线,可减少泥炮的推泥阻力,开口速度快,开口时间短,自动化程度高。大型高炉多采用此种开铁口机。

9.2.2 堵铁口机

高炉在出铁完毕至下一次出铁之前,出铁口必须堵住。堵塞出铁口的办法是用泥炮将一种特制的炮泥推入出铁口内,炉内高温将炮泥烧结固状而实现堵住出铁口的目的。下次出铁时再用开铁口机将出铁口打开。

在设置泥炮时应满足下列要求:

(1) 有足够的一次吐泥量。除填充被铁渣水冲大了的铁口通道外,还必须保证有足够的炮泥挤入铁口内。在炉内压力的作用下,这些炮泥扩张成蘑菇状贴于炉缸内壁上,起修补炉衬的作用。

(2) 有一定的吐泥速度。吐泥过快,使炮泥挤入炉内焦炭中,形不成蘑菇状补层,失去修补前墙的作用。吐泥过慢,容易使炮泥在进入铁口通道过程中失去塑性,增加堵泥阻力,炉缸前墙也得不到修补。

(3) 有足够的吐泥压力。为克服铁口通道的摩擦阻力、炮泥内摩擦阻力、炉内焦炭阻力等。

(4) 操作安全可靠,可以远距离控制。由于高炉大型化并采用了高压操作,出铁后炉内喷出大量的渣铁水,所以要求堵口机一次堵口成功,并能远距离控制堵口机各个机构的运转。

(5) 炮嘴运动轨迹准确。经调试后,炮嘴一次对准出铁口。

按驱动方式的不同，泥炮可分为气动式、电动式和液压式三种。气动泥炮一般采用蒸汽驱动，由于泥缸容积小，活塞推力不足，堵一次铁口要多次装泥，操作不方便，故已被淘汰。目前国内不少高炉采用电动泥炮。随着高炉容积的大型化和无水泥炮的使用，要求泥炮的推力越来越大，电动泥炮已难以满足堵铁口要求，采用液压泥炮的高炉越来越多。

9.2.2.1 电动泥炮

电动泥炮主要由打泥机构、压紧机构、锁炮机构和转炮机构组成，如图9-8所示。电动泥炮的转炮、压紧及打泥动作均由各自的电动机驱动完成。

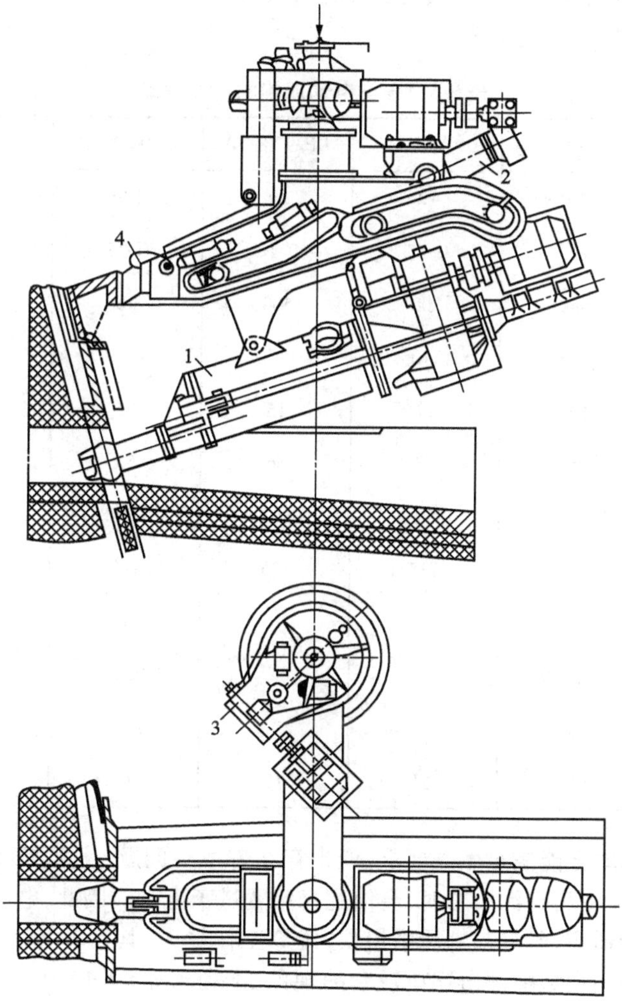

图9-8 0.4 m^3电动泥炮装置总图

1—打泥机构；2—压炮机构；3—转炮机构；4—锁炮机构

打泥机构由电动机通过圆柱齿轮使套在丝杆上的铜螺母转动，带动由丝杆和丝杆端联结的活塞作往复运动，完成打泥动作。

压紧机构的作用是把泥炮的炮嘴按一定的倾斜角度插入出铁口，并将炮嘴压紧在出铁口的泥套上。压紧机构由电动机、小车、螺母、丝杆和锥齿轮等组成。电动机启动是通过传动齿轮使丝杆旋转，从而使套在丝杆上的螺母作往复运动。螺母是与吊挂炮身的小车连接在一起的，因而螺母的运动能推动着小车往复运动，将炮身的炮嘴紧压在出铁口上。退炮时电动机反转，炮身撤离出铁口，回到停机位置。

锁紧机构是在炮架前端设置一个钢钩子，当炮架回转到靠近出铁口时，钩子自动地进入固定在炉壳上的环套内，将炮身锁紧。当泥炮需要离开铁口时，用电磁铁带动钢绳将钩子提起，炮身脱离环套，转离出铁口。

回转机构由带有悬臂的空心立柱、固定立柱、电动机及蜗轮蜗杆等组成。泥炮的打泥机构和压紧机构悬挂在回转机构的悬臂上。泥炮的回转通过电动机驱动蜗轮蜗杆而运动，使带有悬臂的空心圆柱绕固定立柱旋转，对准出铁口或离开出铁口。

电动泥炮的主要技术性能见表9-3。

表9-3　各类电动泥炮的主要性能

名　称	单位	DP12-05/30	DP29-18/50	DP100-25/30	DP160-50/65	DP212-40/58
泥缸推力	$\times 10^4$ N	12	29	100	160	212
泥缸有效容积	m^3	0.05	0.18	0.25	0.5	0.4
泥缸直径	mm	300	500	300	650	580
活塞行程	mm	710	1100	1270	1501	1510
活塞单位推力	$\times 10^5$ Pa	17	15	51	50	58
活塞行程时间	s	47	66	53	78	113
压泥速度	m/s	0.233	0.2	0.268	0.35	0.2
悬臂最大回转角	(°)	135	135	180	180	180
悬臂回转时间	s			7	14	11.3
炮嘴压紧力	$\times 10^4$ N			9.85	12	
送炮时间	s			11.5	9	13.3
炮身倾斜角	(°)	17	13	17	17	13

电动泥炮虽然基本上能满足生产要求，但也存在着不少问题，主要是：活塞推力受到传动机构的限制，欲需更大地提高打泥压力时，会使炮身装置过于庞大。因此，电动泥炮活塞推力不足，与使用无水炮泥不相适应，丝杆与螺母磨损快，维修工作量大，其回转和送炮机构均为电动机驱动，调速不方便，且易出现炮嘴冲击铁口泥套的现象，不利于泥套的维护。液压泥炮则没有电动泥炮的这些缺点。

9.2.2.2　液压泥炮

液压泥炮与电动泥炮不同，液压泥炮是将由电动机驱动改为由液压驱动。

由于液压泥炮具有以下特点：

(1) 有强大的打泥压力，打泥致密，能适应高炉高压操作，压紧机构具有稳定的压紧力，不易漏泥。

(2) 体积小，重量轻，不妨碍其他炉前设备工作；为机械化更换风口、弯管创造了条件。

(3) 工作平稳、可靠。由于采用液压传动，机件可自行润滑，且调速方便。

(4) 结构简单,易于维修。由于去除了大量机械传动零部件,大大减轻了机件的维修量。

所以目前广泛采用液压泥炮。

泥炮同样是由打泥、压炮、锁炮和回转机构四部分组成。其中打泥、压炮、开锁(锁炮是当回转机构转到打泥位置时,由弹簧力带动锚钩自动挂钩,将回转机构锁紧)均采用液压传动,而回转机构则是液压马达通过齿轮传动。

液压泥炮的液压元件要求精度高,必须精心操作和维护,以避免液压油泄漏。

液压泥炮的类型较多,国内的液压泥炮主要有 YP270-25/55、YP160-23/50、YP275-25/54 和 YP60-13/40 以及还有国内最新研制出的 BG 型液压矮炮。液压泥炮在国外得到了迅速发展,国外大型高炉均采用液压泥炮。具有代表性的液压泥炮主要有日本的 IHI 型和 MHG 型以及卢森堡的 PW 型等。

我国高炉最先使用的液压泥炮是液压高炮,其特点是保留了电动泥炮的动作顺序和总体结构,只是把各机构中的电动机和机械传动改为液压传动,其结构如图 9-9 所示。它由打泥机构、压紧机构、回转机构、锁紧机构和液压控制系统组成。各机构的动作均由液压缸驱动。这种液压泥炮的主要缺点是高度大和回转机构的油缸容易磨损。

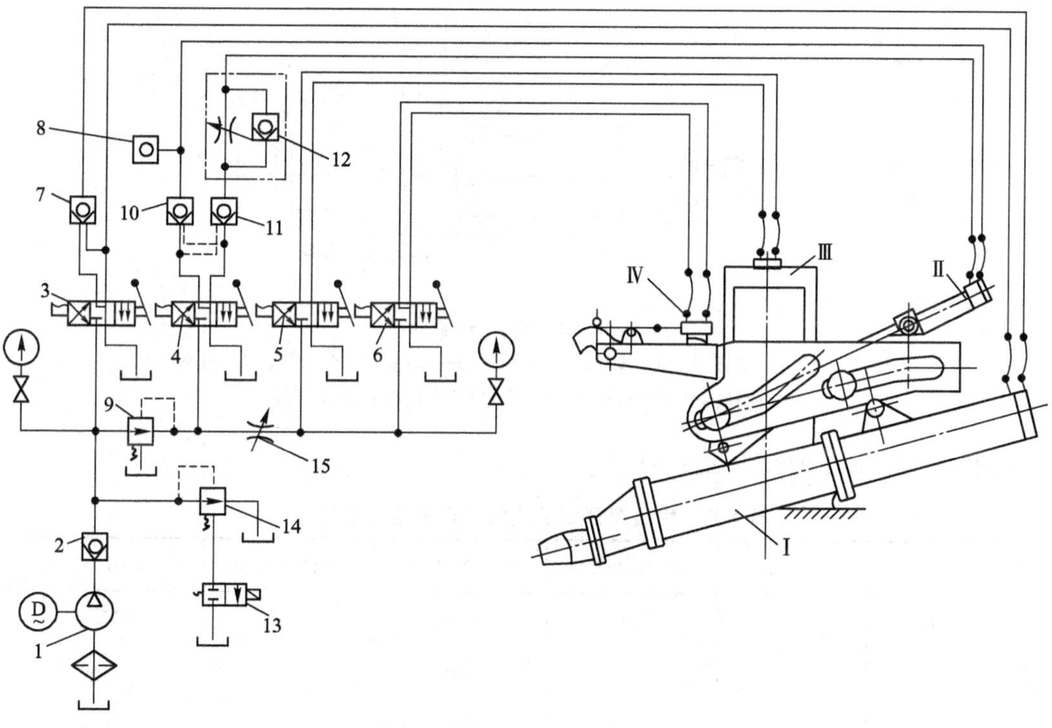

图 9-9　液压泥炮组合示意图

Ⅰ—打泥机构;Ⅱ—压紧机构;Ⅲ—回转机构;Ⅳ—锁紧机构;1～15—油路控制阀及油泵

为了克服液压高炮存在的缺点,我国研制了 BG 型液压矮炮。其结构如图 9-10 所示。BG 型液压矮炮与国内外液压泥炮比较,具有结构新颖紧凑、体轻、高度小和工作可靠等优点。此种液压泥炮的总高度只有 1762 mm,可安装在风口平台的下面,为机械化更换风口创造了条件,并采用垂直的旋转立柱,因此基础安装和装泥操作均较方便。

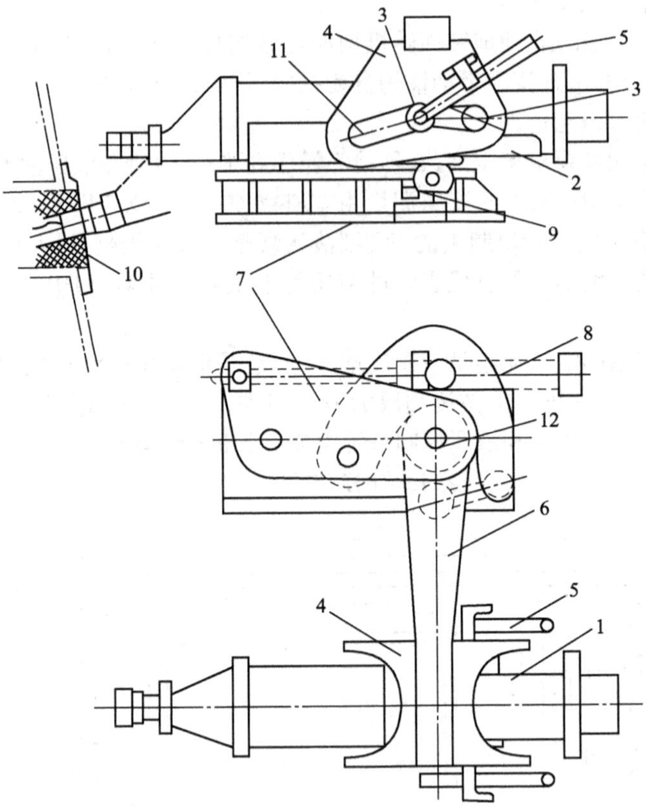

图 9-10　BG 型液压矮泥炮

1—炮身;2—冷却板;3—走行轮;4—门形框架;5—压炮油缸;6—转臂;7—机座;
8—回转油缸;9—锚钩;10—泥套;11—导向槽;12—固定轴

国内几种液压泥炮的性能见表 9-4。

表 9-4　我国部分高炉液压泥炮主要技术性能

名　称	单　位	YP270-25/55	YP160-23/50	YP275-25/54	YP60-13/40
适用高炉的炉容	m^3	1000	550	1200	255 ~ 620
泥缸推力	$\times 10^4$ N	270	160	275	60
泥缸有效容积	m^3	0.25	0.23	0.25	0.13
泥缸直径	mm	550	500	540	400
活塞行程	mm		1170	1100 ~ 1300	1000
活塞单位压力	$\times 10^5$ Pa	113.7	80	100 ~ 200	48.4
推泥油缸直径	mm	420	350	380	220

续表 9-4

名　称	单　位	YP270-25/55	YP160-23/50	YP275-25/54	YP60-13/40
推泥油缸工作压力	$\times 10^5$Pa	200	186	210～250	120
炮泥排泥速度	m/s		0.16	0.2	180
活塞移动速度	mm/s		15	14.2～18.8	19.7
炮身倾斜角度	(°)			20	17
最大压炮力	$\times 10^4$N	25	21.8	21	12.3

9.2.3 堵渣口机

高炉渣口用于出渣。通常渣口(见图 9-11)由青铜内套 1、青铜冷却器 2、铸铁大套 4 和法兰盘 5 等组成。为便于更换,用锥面相互连接,防止炉内压力使这些零件产生轴向移动,设置了挡块 7,挡块一端支撑在相应零件的底面,另一端用螺栓和楔块固定在法兰盘 5 上。

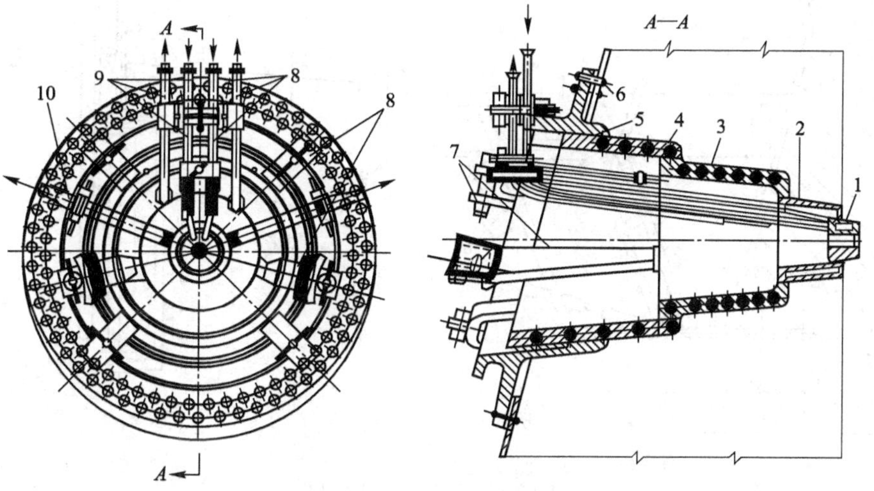

图 9-11　渣口装置

1—青铜内套;2—青铜冷却器;3—中间冷却器;4—大套;5—法兰盘;6—铆钉连接;
7—支承挡块;8—冷却水进水管;9—出水管;10—青铜冷却器的支承挡块

由于渣口装置处于高温区域,要求内套、冷却器和大套都使用压力循环水冷却,此时进水管和出水管兼起挡板作用。

高炉的渣口要求在出渣后,将渣口迅速堵住。在堵渣口时,要求堵渣机械工作可靠,结构紧凑,塞头进入渣口的轨迹应近似于一条直线。

目前国内外研制的堵渣机结构形式较多,按驱动方式可分气动、电动和液压三种。国内使用较多为连杆式和折叠式堵渣口机。

9.2.3.1 四连杆式堵渣机

连杆式堵渣机(见图 9-12)的主要部分是铰接的平行四连杆 4,四连杆的下杆件延伸部分是带塞头 1 的塞杆 2。平行四连杆的每一根斜杆都用两根引杆与支承框架 3 连接起来,支承框架固接于高炉炉壳上。用汽缸 11 通过钢绳 8 将塞杆拉出,并提起连杆机构。当从汽缸上部通入压缩空气时，汽缸活塞向下运动，从而带动操纵钢绳8，钢绳拉着连杆机构绕固定心轴7回转，整个机构被提起而靠近框架3。在连杆机构被提起位置，用钩子9把机构固定住，以待放渣时进行操作。

为了堵住渣口，把压缩空气通入汽缸下部，活塞上升，钢绳8松弛，然后操作钢绳10，使钩子9脱钩。此时，连杆机构在自重和平衡重6的作用下，向下伸入渣口，塞头紧紧堵塞在渣口内套上。

冷却塞杆和塞头的冷却水从管子5通入。

为了避免塞头楔住，塞头设有挡环，而且塞头和内套都应有0.1～0.15锥度。

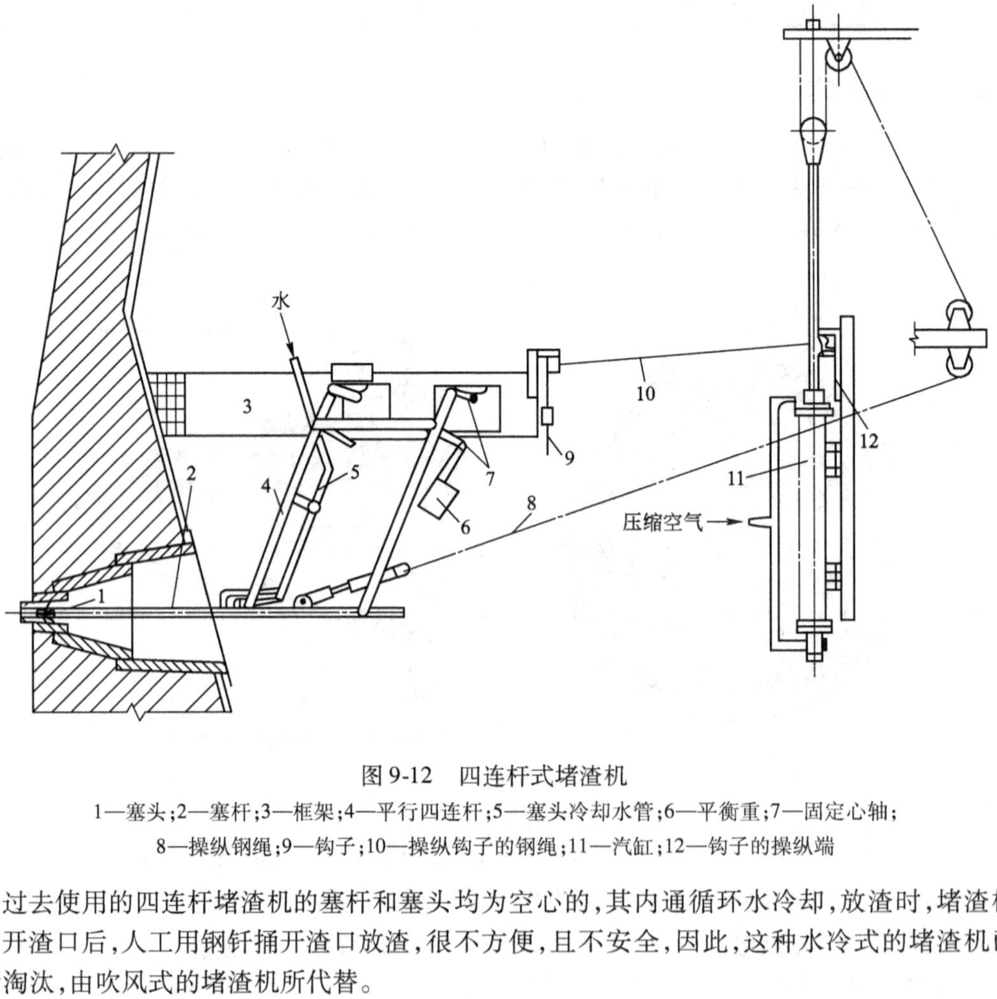

图9-12 四连杆式堵渣机

1—塞头；2—塞杆；3—框架；4—平行四连杆；5—塞头冷却水管；6—平衡重；7—固定心轴；8—操纵钢绳；9—钩子；10—操纵钩子的钢绳；11—汽缸；12—钩子的操纵端

过去使用的四连杆堵渣机的塞杆和塞头均为空心的，其内通循环水冷却，放渣时，堵渣机塞头离开渣口后，人工用钢钎捅开渣口放渣，很不方便，且不安全，因此，这种水冷式的堵渣机已被逐渐淘汰，由吹风式的堵渣机所代替。

吹风式的四连杆堵渣机与水冷式的四连杆堵渣机结构大体相同。其不同点是前者的塞杆和塞头中心有一个孔道，堵渣时，高压空气通过孔道吹入高炉炉缸内。由于塞头中心孔在连续不断地吹入压缩空气，渣口始终不会被熔渣所封闭，放渣拔出塞头时渣自动放出，无须再用人工捅穿渣口，放渣操作方便。塞头内通压缩空气不仅起冷却塞头的作用，而且压缩空气吹入炉内，还能消除渣口周围的死区，延长渣口寿命。吹风式堵渣机塞头结构如图9-13所示。

四连杆式堵渣机的主要缺点是外形尺寸大，多占据空间位置，连杆结构铰接点太多，不适应更换风口机械化。采用机械化更换风口的高炉一般采用液压折叠式堵渣机。

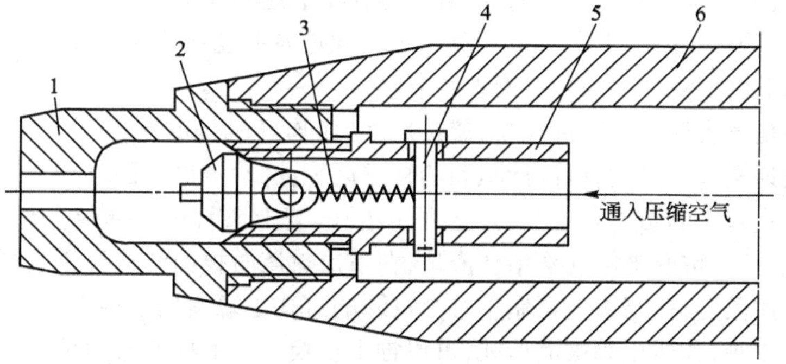

图 9-13　吹风式塞头结构图

1—小塞头;2—逆止阀;3—拉力弹簧;4—销轴;5—阀芯管;6—大塞头

9.2.3.2　液压折叠式堵渣机

折叠式堵渣口机结构如图 9-14 所示。由驱动油缸 9、转臂 2、堵渣杆 1、平衡杆 3、滚轮 4 和平衡弹簧 8 组成。

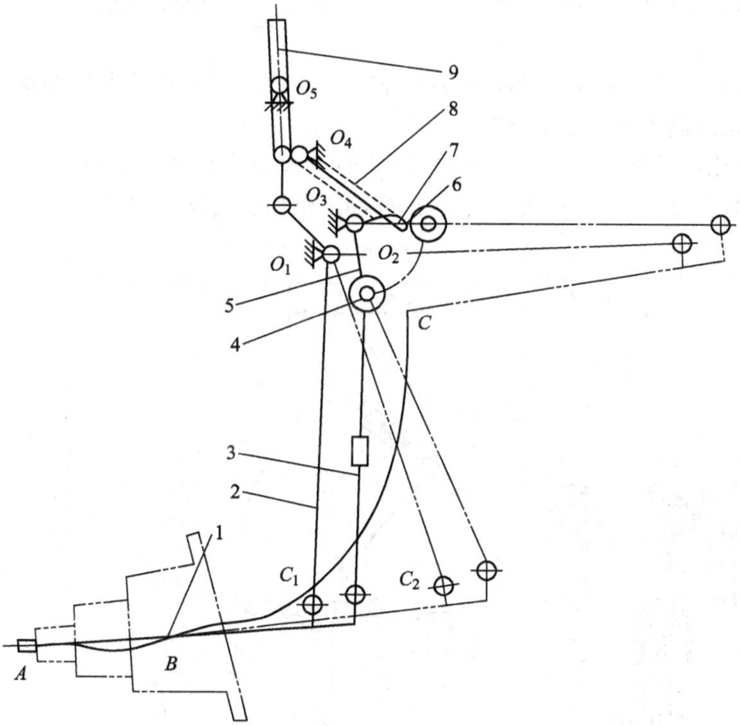

图 9-14　折叠式堵渣口机

1—堵渣杆;2—转臂;3—平衡杆;4—滚轮;5—直角转臂;6—弹簧杆;7—调节限位螺母;8—平衡弹簧;9—驱动油缸

开启渣口时,驱动油缸活塞向下,驱动刚性杆 $O_3O_1C_1$ 绕 O_1 点逆时针旋转,将堵渣杆 1 抬起。在转臂 2 未接触滚轮 4 时,可调平衡杆 3 绕铰接点转动。当转臂 2 接触滚轮 4 后就带动可调平衡杆 3 与直角转臂 5 一起绕 O_2 转动,直到把堵渣杆抬到水平位置。直角转臂 5 转动时弹簧 8 受到压缩。堵渣杆抬起最高位置离渣口中心线可到 2 m 以上。

堵出渣口时，液压缸活塞向上移动，堵渣杆得到与上述相反的运动，迅速将渣口堵上。

塞头的对中调节，在高度方向上用平衡杆3的螺母及弹簧平衡杆上的调节限位螺母7来实现。在水平方向上由堵渣杆1的燕尾槽来调节。

此结构缺点是塞头杆与转臂都较长，铰接点多，多连杆机构的刚度不易保证，可能会出现塞头运行时偏离设计轨迹。其次，原设计驱动油缸靠近炉皮，检修更换困难。

堵渣机通风式塞头的结构是：在塞头上开一小孔，装上风管进行通风。每次放完渣后，从塞头通入压缩空气，然后按原来的动作堵住渣口，在下次放渣时拔出堵渣杆渣液便自动流出。为了防止渣液倒灌入通风管，在塞头前端做了一个可卸的带孔小塞头用于通入压缩空气，并在通风管前端装一小型逆止阀，若逆止阀被渣堵死，可以拧下更换。它的操作既简单又安全。

9.2.4 换风口机

高炉风口烧坏后必须立即更换。过去国内高炉普遍采取人工更换风口，不仅工作艰巨，而且更换时间长，影响高炉生产。随着高炉容积的大型化，风口数目增多，重量增加，要求更换风口的时间减短，人工更换风口已不能适应高炉操作的要求。因此，目前国内外大型高炉已都采用换风口机来更换风口。对换风口机的要求是：灵活可靠，操作简单方便，运转迅速、适应性强，耐高温；耐冲击性较好。

换风口机按其走行方式，可分为吊挂式和炉台地上走行式两类。我国高炉采用的换风口机一般为吊挂式，国外高炉多采用走行式。

国内高炉采用的吊挂式换风口机结构，如图9-15所示。它主要由小车运行机构、立柱回转及升降机构、挑杆伸缩机构、挑杆摆动机构、挑杆冲击机构及卷扬机构等组成。

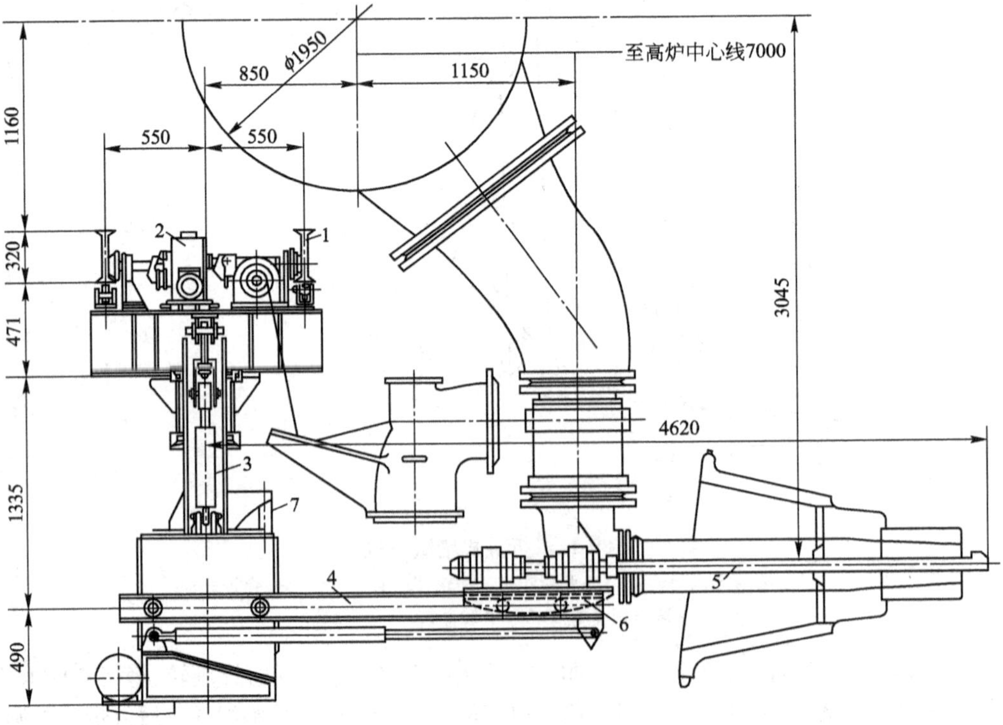

图9-15 吊挂式换风口机

1—吊挂梁；2—吊挂小车；3—立柱；4—伸缩臂；5—挑杆；6—带有挑杆的小车；7—挑杆摆动油缸

换风口机吊挂在小车上，小车在热风围管下面的工字梁环形轨道上运行。环形轨道设计成双轨，以承受由风口、直吹管等造成的水平反力。简单的换风口机轨道，也有设计成单轨道的。小车运行由电动机驱动。

在换风口的操作过程中，挑杆需要通过立柱的回转机构和升降机构来完成回转和升降运动。立柱的回转运动为手动，其升降运动用液压缸来完成。在取装风口及直吹管时，挑杆还需要作伸缩移动。在取下风口时，伸缩臂完全伸出，同时带有挑杆的小车借助卷扬钢绳的牵引，走到伸缩臂头部，使拉风口的拉钩伸入到炉内钩住风口，然后利用液压锤冲击挑杆，冲击风口，使其松动，再用挑杆将风口拉出。此时，要求伸缩臂缩回，带有挑杆的小车退回到伸缩臂的尾部，最后将风口从挑杆上取下。利用挑杆挑起或放下风口及直吹管时，均要求挑杆作上下摆动，挑杆的摆动是用两个油缸来完成的。卸风口时需要用卷扬机先将弯头吊起，再卸下直吹管和风口。

装风口时，也需要用液压锤给挑杆以相反方向的冲击力，使新装的风口紧固。装卸风口的液压锤分为装风口锤和卸风口锤。两锤串在一根心轴上，且两锤结构相同，只活塞冲程各异，安装方向相反。

9.2.5 换弯管机

为了配合换风口机工作，国内还设计了换弯管机。换弯管机也是通过小车吊挂在更换风口机运行的环形轨道上运行。换弯管机工作时，将卸下的弯管和直吹管用托架托起，并运送离开风口区，再用换风口机拆卸和安装风口，新的风口安装好后，再用换弯管机将弯管及直吹管托运来，放于待装位置。

我国第一重型机械厂设计的换弯管机的结构如图9-16所示。它由小车运行机构、回转机构、升降机构、摆动机构、托架移动机构和托架摆动机构等几部分组成。

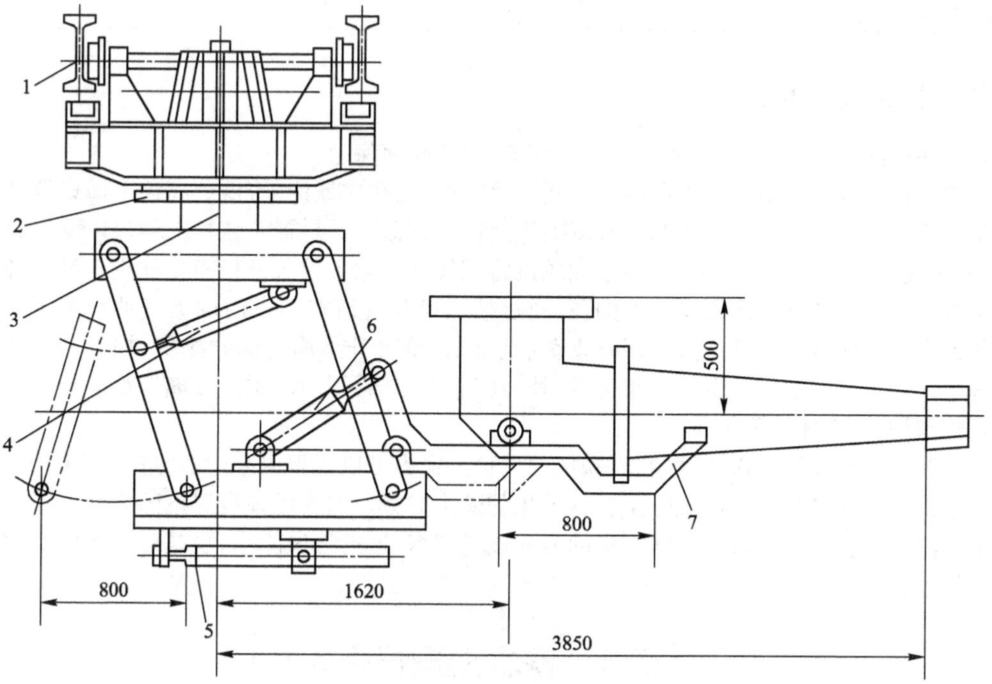

图9-16 换弯管机结构示意图

1—运行机构；2—回转机构；3—升降机构；4—摆动机构；5—托架移动机构；6—托架摆动机构；7—托架

9.2.6 炉前吊车及打夯机

为了减轻炉前劳动强度，大中型高炉应设置炉前吊车，用于清理渣铁沟，更换主铁沟和渣铁分离器的吊运作业以及吊运设备和材料等。炉前吊车一般为桥式吊车，其走行轨道设置在出铁场厂房两侧支柱上。我国部分高炉炉前吊车性能见表9-5。

表 9-5 炉前吊车主要性能参数

炉容/m^3	100	250	620	1000	1500	2000	2500
吊车吨位/t	3	5	10	15/3	20/5	20/5	20/5
吊车跨距/m	13	13.5	19.5	22.5	25.5	25.5	25.5
工作范围	不跨线	不跨线	跨铁线	跨铁线	跨渣铁线	跨渣铁线	跨渣铁线

为了缩短铁水沟的修补、制作的时间和提高铁沟质量，作铁沟采用打夯机夯实。目前用于铁沟夯实的打夯机主要有重型振动打夯机。其特点是能力大，夯出的铁沟密实，寿命长。

振动打夯机外壳为船形，横断面形状与出铁沟断面形状相适应。两个振动体由两台电动机分别驱动。它们可同时一起振动，但旋转方向要一致，也可一个振动体单独振动。打夯机的前进和后退是靠改变电动机的旋转方向来实现的。

振动打夯机性能见表9-6。

表 9-6 振动打夯机技术性能

名 称	单 位	数 值	名 称	单 位	数 值
适应炉容	m^3	1000~1500	影响深度	mm	250
行走速度	m/min	15	振 幅	mm	3~7
振动频率	次/min	1846			

9.2.7 出铁场除尘设施

高炉在放渣、出铁时产生大量烟尘污染环境，因此必须除尘。

高炉出铁场烟气除尘一般采取两种方式，一种方式是在主铁沟、渣铁分离器上面设置活动梯形钢制封罩，在出铁支沟、下渣沟及铁水流嘴等处铺设钢盖板。封罩及盖板内均衬以耐火材料保护层，并在适当位置设置抽风管道，通过抽风机将烟气抽至除尘设备进行净化处理。另一种方式是在出铁口前面用幕帘将出铁口二方围住，通过抽风机及管道将幕帘内的烟气抽至除尘设备进行净化处理。炉前防尘幕帘由活动折叠垂幕、垂幕罩、幕帘升降用电动卷扬机、抽尘管道及检修平台等组成。垂幕布的上段由石棉布构成，外表面涂以铝箔，下段由耐热玻璃纤维和外表涂有铝箔的石棉布构成，内侧为石棉布。

为了改善出铁场的工作环境，在出铁场的屋顶天窗内可以设置电除尘器，进行屋顶烟气净化处理。这是出铁场进行二次烟气除尘较为理想的除尘方案。因为屋顶设置电除尘，不占地面、结构简单，并节省能耗。此外，在车间厂房的四周设置气窗，进行抽风除尘，也是减少车间烟气污染的有效措施。

9.3 铁水处理设备

高炉生产的铁水，主要用铁水罐车运往炼钢车间炼钢，部分号外生铁还需要进行炉外脱硫处理，使之成为合格生铁。无论铁水是运往炼钢车间还是铸铁车间，都是利用铁水罐车运输的。

铁水罐车是高炉车间装运铁水的车辆，用普通机车牵引。对铁水罐车的基本要求是：单位长度上的有效容铁量越大越好，以降低出铁口标高和缩短出铁场的长度，运行平稳，不得自动倾翻；保温性能好，热损失少；有足够的强度，安全可靠；倒铁水后粘罐铁量少。

铁水罐车按铁水罐外形分为锥形、梨形和混铁炉（或称鱼雷）形三种。

锥形铁水罐车，如图 9-17 所示。这种铁水罐车的优点是构造简单、砌砖容易、清理罐内凝铁容易。缺点是热损失大，容量少，一般仅 50～70 t；使用寿命仅 50～300 次。多用于小型高炉。

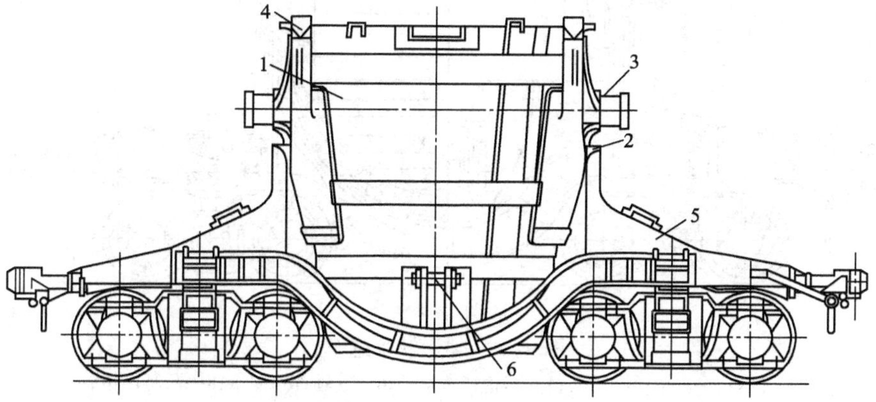

图 9-17 锥形铁水罐车

1—锥形铁水罐；2—枢轴；3—耳轴；4—支承凸爪；5—平台；6—小轴

目前我国高炉广泛采用的铁水罐车是铁水罐的上部为圆柱形，底部为半球形的，如图 9-18 所示。这种形式的铁水罐清理废铁和铁瘤以及观察罐内破损情况比较方便。

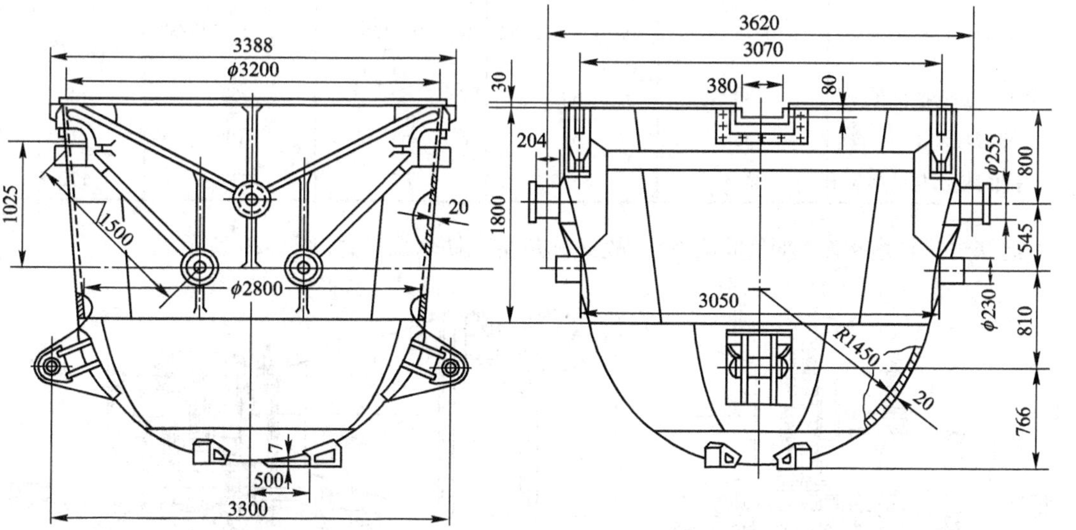

图 9-18 65 t 铁水罐外形

梨形铁水罐车，铁水罐外形似梨状，如图 9-19 所示。优点是它近似球形，散热面积小，散热损失减少，容量一般只有 100 t 左右，底部呈半球形，倒罐后残铁量少，内衬寿命较长，一般为 100

~500 次。但是梨形铁水罐由于口部尺寸较小，清理废铁和铁瘤不方便，也不便观察内部砖衬的破坏情况，因此，在国内未获得广泛采用。

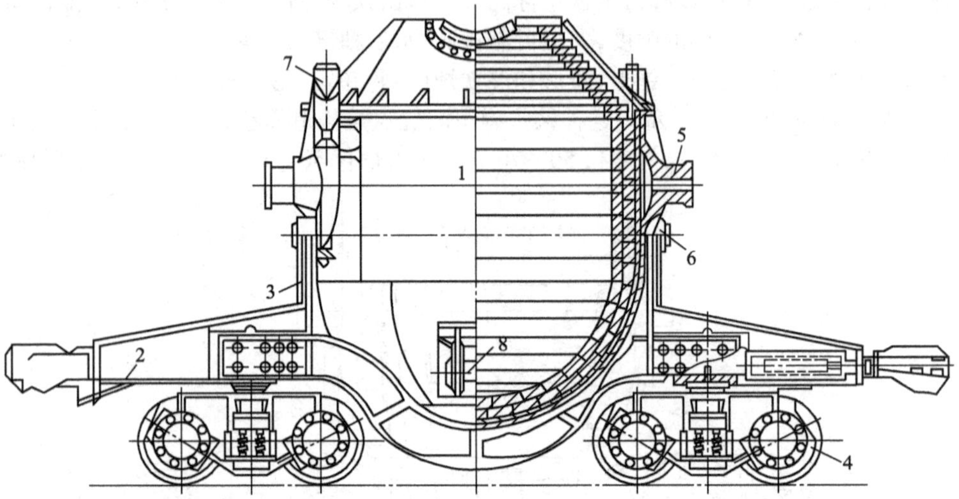

图 9-19　梨形铁水罐车

1—罐体；2—车架；3—吊架；4—车轮；5—吊轴；6—支轴；7—支爪；8—吊耳座销轴

我国生产的铁水罐车见表 9-7。

表 9-7　国产 ZT 系列铁水罐车的主要技术性能

型　号	ZT-35-1	ZT-65-1	ZT-65-2	ZT-100-1	ZT-140-1
配用高炉/m^3	100 ~ 255	255 ~ 620	255 ~ 620	620 ~ 1513	1513 ~ 2516
配用起重机/t	50,75/20	100/30　125/32	100/30　125/32	125/32　140/32	180/90/16 225/75/16
配用倾翻卷扬机/t	30	60	60	60	80
铁水罐容量/t	35	65	65	100	140
满载时铁水与罐总重/t	46.4	85.5	87	127.94	170.8

混铁炉式铁水罐车，外形呈鱼雷状，故又称鱼雷式铁水罐车，如图 9-20 所示。

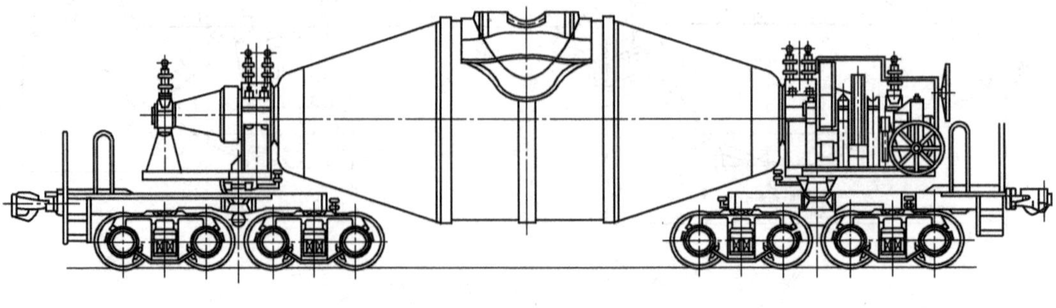

图 9-20　混铁炉式铁水罐车

混铁炉式铁水罐车的优点：封闭好，保温性能良好，散热损失少，残铁量少；容铁量大，一般一座高炉只设置2～3个罐位即可，可以缩短出铁场的长度，对铁水有混匀作用等。

我国生产的混铁炉铁水罐车参数见表9-8。

表9-8　我国混铁炉式铁水车主要技术性能

型　号	ZH-80-1	ZH-180-1	ZH-260-2	ZH-320-1	ZH-420-1
配用高炉/m^3	300～620	620～1200	1800～2500	2500～4000	4000以上
容量 新砖衬时/t	80	180	260	320	420
容量 旧砖衬时/t	95	206	306	373	488
自重/t	74	160	220	272	370
轨距/mm	1435	1435	1435	1435	1435
转向架台数/台	2	4	4	8	8
轴数/根	6	12	12	16	20
最大轴压/t	30	30	40	40	40
走行速度/$km \cdot h^{-1}$	30	30	30	30	30
通过轨道最小曲率半径/m	100	120	120	120	150

铁水罐车主要由铁水罐和车架两部分组成。铁水罐依靠壳体上的两对枢轴支承在车架上。铁水罐壳体为钢板焊成，罐内砌筑耐火砖衬。中小型铁水罐内砌筑1～2层黏土砖，大型铁水罐内砌筑较厚的耐火砖衬，要求耐火砖质量也较高。如某大型鱼雷罐内衬为：紧贴壳体砌筑两层230 mm厚的黏土砖，内侧再砌两层230 mm厚的高密度黏土砖，渣线部位砌以400 mm莫来石砖，罐口处浇注高铝质不定形耐火材料。

铁水罐车的需要量按下式计算：

（1）工作的铁水罐车数量：

$$N_c = N_z \frac{\tau n_r S}{24}$$

式中　N_c——车间同类型高炉工作的铁水罐车数；
N_z——每座高炉的铁水罐位数；
τ——铁水罐车平均周转期，一般为2.5～3 h；
n_r——每座高炉的昼夜出铁次数；
S——同类型高炉的座数。

若高炉的出铁制度和工作条件不同时，车间工作的铁水罐车数应按炉分别计算。

（2）检修的铁水罐车数量：

$$N_j = \frac{N_c(t_1 + t_2)}{\tau T_1}$$

式中　N_j——检修的铁水罐车数；
t_1——铁水罐大修时间，h；
t_2——铁水罐中修时间，h；
T_1——铁水罐在两次大修期间的内衬寿命，次。

t_1、t_2和T_1的参考数据见表9-9。

表 9-9 计算铁水罐车数量时的参考数据

铁水罐车容量/t	35	65	100	140
大修时间/h	42 ~ 62	42 ~ 62	52 ~ 72	52 ~ 72
中修时间/h	20	20	30	30
内衬寿命/次	400	400	400	400

(3) 备用的铁水罐车数量。备用的铁水罐车数量 N_b,采用一座高炉出铁所需要的铁水罐位数 N_z相同的数。

(4) 高炉车间铁水罐车的总数 N:

$$N = N_c + N_j + N_b$$

我国一些钢铁厂高炉铁水罐车配置情况见表 9-10。

表 9-10 部分高炉出铁场铁水罐车配置参考数据

炉容/m³	100	250	620	1000	1500	2000	2500
炉缸安全容铁量/t	20	65	165	230	340	470	610
铁水罐及吨位/个 × t	1 × 35	2 × 65	2 × 100	2 × 140	3 × 140	4 × 140	5 × 140

9.4 炉渣处理设备

高炉冶炼每吨生铁副产 0.3 ~ 0.5 t 炉渣。炉渣呈熔融状态,经过适当处理后可以作为水泥原料、隔热材料及其他建筑材料等。高炉渣处理方法有炉渣水淬、放干渣及冲渣棉。目前,国内高炉普遍采用水淬渣处理方法,国外高炉多采用干渣(气冷矿渣)生产,在炉前直接进行冲渣棉的高炉很少。

9.4.1 水淬渣生产

熔渣经水淬粒化和渣水分离得到呈无定形玻璃体的水渣。水渣玻璃化率大于 95%,堆积密度约为 1 t/m³,粒度约为 1 mm,含水率小于 20%,主要用作水泥原料。水渣生产工艺主要为炉前水力冲渣法。炉前水力冲渣法是在出铁场边用压力水将熔渣水淬粒化,并经水渣沟用水力输送到渣水分离装置中,渣水分离后水渣外运,冲渣水循环使用。水渣生产目前主要采用池滤法、因巴法、嘉恒法等。20 世纪 80 年代我国宝山钢铁总厂采用过的拉萨法,水渣泵磨损太快,难以长期维持生产,已不再推广使用。各种水渣生产方法的熔渣水淬粒化基本相同,区别点在于渣水分离装置。

9.4.1.1 池滤法

池滤法是用过滤池进行渣水分离。渣水混合物进入过滤池后,通过砾石滤层过滤,过滤石铺设厚度各厂不完全相同,一般为 500 ~ 600 mm,有的更厚。滤层的滤水速度一般取 8 ~ 10 m³/h · m²。一座高炉一般设 4 个以上的滤池,轮换进行过滤、抓渣、反冲洗和清池作业。水渣在堆渣场自然脱水后外运。池滤法的优点是设备少,操作简便;过滤后水质好,悬浮物不大于 30 mg/L;冲渣水可循环使用。其缺点是占地面积大;滤床清理、维护和更新工作量大,过滤效率低,生产环境较差。

过滤池横断面为矩形,系钢筋混凝土结构。池子容积应能满足贮存一天以上的水渣。每个过滤池都应配置相应的电抓斗吊车,吊车的能力应能满足取渣要求。冲渣后流入渣池的水,由于含有有害物质，不能直接排放，水与炉渣分离后送至高炉冲渣点循环使用，或通过净化处理后再排放。过滤石铺设的要求是上层块度小，中层块度次之，底层块度最大，这样铺设可以提高过滤效率。为了防止挖渣时砾石移动或被挖起，在过滤石的上面设有钢轨格栅。在过滤砾石层的下面设置排水管和冲洗管，用于清洗过滤池。在过滤水淬炉渣的过程中.当过滤池里的水超过一定水位时，多余的水便从溢流口处排出，被过滤的水从池子下部排水管排出。

和池滤法大体相同的还有沉淀池法炉渣脱水，其流程如图 9-21 所示。采用沉淀池法时，炉前水冲渣经水渣沟流进沉淀池内沉淀，水清沉淀后用电抓斗将水渣取出，送到贮渣仓内，再用胶带运输机或车辆运走，冲渣水则从沉淀池的排水口排出。由于从沉淀池排出的水里含有较多的固态悬浮物，给冲渣水的净化处理造成了困难。采用沉淀池法进行炉渣脱水的主要优点是设备最简单，被很多中小型高炉采用。

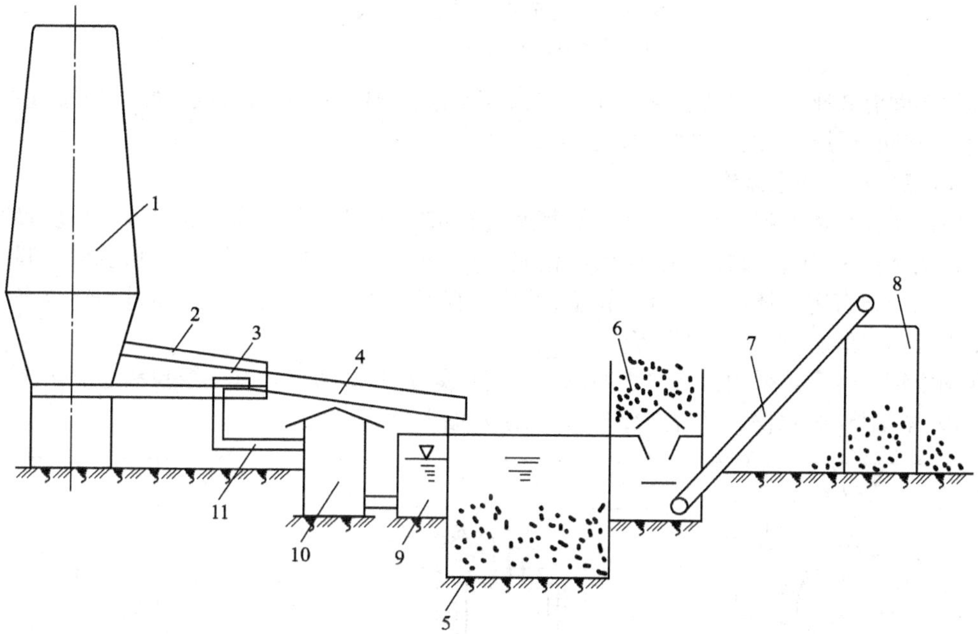

图 9-21　沉淀池法水冲渣工艺流程图

1—高炉；2—熔渣沟；3—水冲渣喷嘴；4—水冲渣沟；5—沉淀池；6—贮渣槽；7—运输皮带；8—贮渣场；9—吸水井；10—水冲渣泵房；11—高压水管

炉前熔渣沟端部冲水渣，其喷水口的安装位置应与熔渣沟和冲渣沟位置相适应，如图 9-22 所示。对熔渣沟、喷水嘴和冲渣沟的要求是三者的中心线、喷水嘴的倾斜角度和冲渣沟的坡度均应一致，补充水的喷水嘴应设置在主喷水嘴的上方。主喷水嘴喷出的水流应呈带状，水带宽度应大于熔渣流股的宽度。喷水嘴一般为钢管制成，出水口为扁口状或锥状，以增加喷出水的速度。

冲渣沟一般采用 U 形断面，在靠近喷水嘴 10 ~ 15 m 段最好采用钢结构或铸铁结构槽，其余部分可以采用钢筋混凝土结构或砖石结构。冲渣沟的坡度一般不应小于 3.5%，在进入渣池前 5 ~ 10 m段，坡度应减小到 1% ~ 2%，以降低水渣流速，有利于水渣尽快沉淀。冲渣沟应尽可能布置成直形，以使渣水畅流，防止炉渣在沟里沉淀集存而堵塞冲渣沟。

冲渣点处的水量和水压必须满足熔渣粒化和运输的要求。水压过低，水量过少，熔渣无法粒化而形成大块，冲不动，堆积起来难以排除。更为严重的是熔渣不能得到迅速冷却，内部产生蒸汽，容易造成“打炮”事故。冲渣水压一般应大于 2×10^5 ~ 4×10^5 Pa，水量要求渣水重量比为 1:8 ~ 1:10，冲渣沟的渣水充满度一般为30%左右。

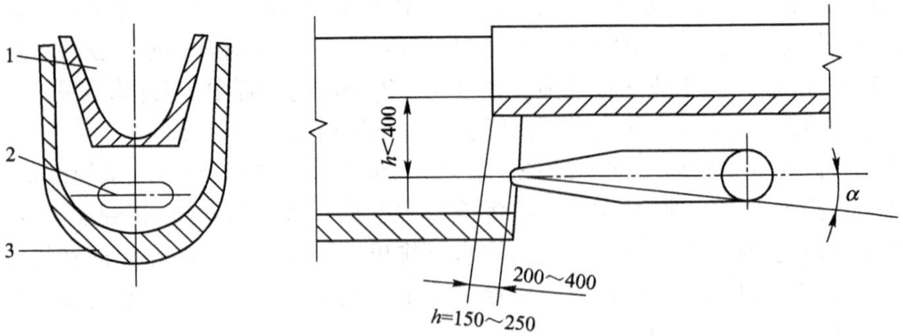

图9-22 冲渣喷水嘴安装示意图

1—熔渣沟;2—喷水嘴;3—冲渣沟

高炉车间有2座以上的高炉时,一般采取2座高炉组成一个冲渣系统。冲渣沟布置于高炉的一侧,并尽可能使沟长缩短,坡度增大,减少拐弯。

9.4.1.2 拉萨法水淬渣

拉萨法水淬炉渣的特点是水淬后的渣浆通过管道输送到离高炉较远的地方,再进行脱水等处理。该法优点是:工艺布置灵活,炉渣粒化充分,玻璃化率高,成品渣含水量低,水渣质量高;冲渣时产生的大量有害气体经过处理后排空,避免了有害气体污染车间环境。其缺点是设备复杂,耗电量大,渣泵运输管道容易磨损等。

我国宝钢1号高炉采用拉萨法水冲渣工艺流程如图9-23所示。其主要设备包括吹制箱、粗粒分离槽、中继槽、脱水槽、沉淀池、冷却塔、水池及输送泵等。

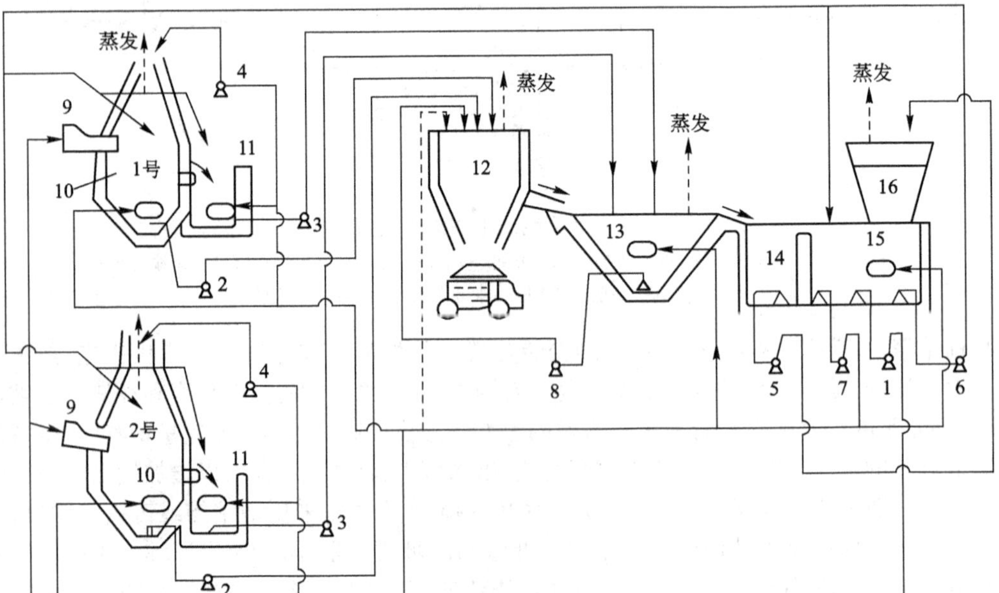

图9-23 宝钢1号高炉拉萨法水冲渣流程示意图

1—给水泵;2—水渣泵;3—中继泵;4—冲洗泵;5—冷却泵;6—液面调整泵;7—搅拌泵;8—排泥泵;9—水渣沟;10—粗粒分离槽;11—中继槽;12—脱水槽;13—沉淀池;14—温水槽;15—给水槽;16—冷却塔

9.4.1.3 因巴法

因巴法是十几年发展起来的一种成功的新型的冲渣工艺,它是用转鼓过滤器进行渣水分离。其工艺流程为渣水混合物经水渣沟、水渣槽、分配器进入转鼓过滤器,转鼓过滤器在转动过程中完成渣水分离,脱水后的水渣由带式运输机运出,滤出的水进入集水槽,或直接循环使用(即热水法),或冷却后再循环使用(即冷水法)。转鼓过滤器筒体周边包裹两层不锈钢丝网,内设滤网叶片,水渣靠叶片从筒体底部带到筒体顶部,并跌落在带式运输机上。转鼓在转速为 0.6 ~ 1.0 r/min时,单位有效过滤面积能过滤的水量一般为 35 ~ 40 $m^3/(m^2 \cdot h)$。因巴法的优点是占地面积小(为拉萨法的二分之一),布置紧凑、灵活;冲渣水可循环使用;机械化和自动化水平高;脱水效果好,过滤效率高;设备维护量小,可与高炉配合检修。其缺点是设备环节较多,对操作管理要求较高;悬浮物在水循环系统沉积,处理比较困难;耗电量比池滤法大(每吨渣约耗 6 kW · h)。

转鼓过滤法工艺流程如图 9-24 所示。高炉熔渣经熔渣沟进入水渣冲制箱,使熔渣水淬冷却,形成渣浆,渣浆经水渣沟流入水渣槽进一步细化,然后经水渣分配器,将水渣均匀分配到转鼓过滤器。转鼓过滤器将渣浆过滤,得到的成品水渣用排出胶带机送出转鼓,并通过成品渣胶带机转运到成品槽贮存。在成品槽贮存期间,水渣可进一步脱水。成品水渣由汽车运往水渣堆场。转鼓滤出的水汇集于集水槽,然后溢流进入闭路水循环系统,进行冷却,循环使用。

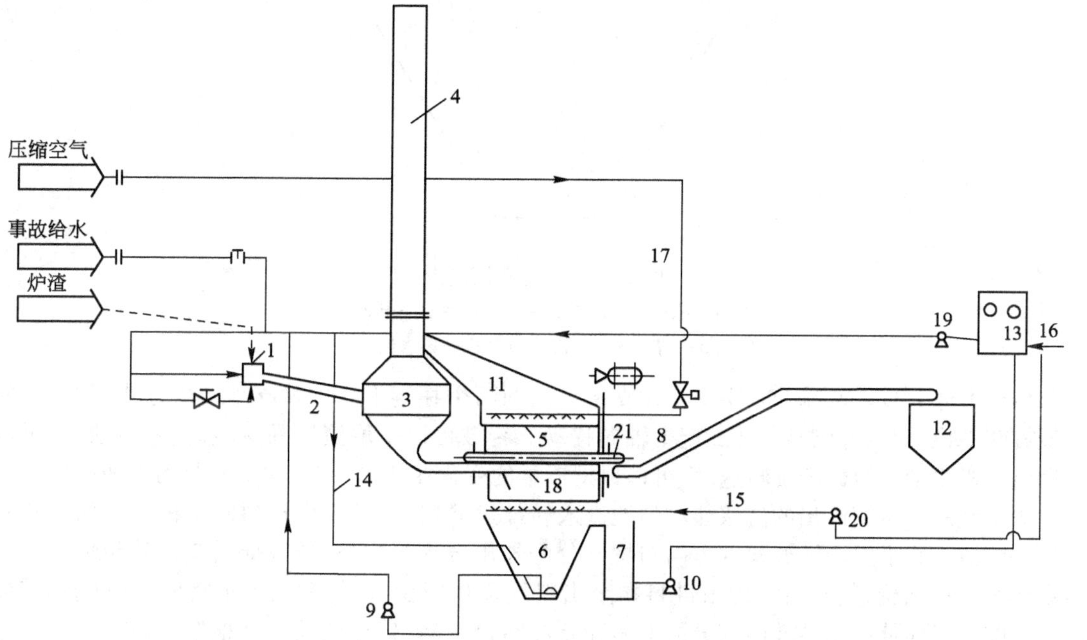

图 9-24 回转圆筒式冲渣工艺流程图

1—冲渣箱;2—水渣沟;3—水渣槽;4—烟囱;5—滚筒过滤;6—溢水槽;7—中槽;8—排料胶带机;9—底流泵;10—温水泵;11—盖;12—成品槽;13—冷却塔;14—搅拌水;15—洗净水;16—补给水;17—洗净空气;18—分配器;19—冲渣泵;20—清洗泵;21—排料皮带

转鼓过滤器是转鼓法冲渣系统中的关键设备,它主要包括转鼓本体、支承结构、驱动及传动装置、水渣分配器、冲洗设备、集水槽、封罩、排料胶带机等,如图 9-25 所示。

转鼓本体为圆筒形,沿圆周设置两层不锈钢金属丝网,内层丝网较细,起过滤作用,外层丝网较粗,借以支承内层丝网。鼓内焊有若干块轴向搅动叶片,其上铺设一层金属丝网,以保证水渣随转鼓的旋转在鼓内进行自然脱水。鼓内搅动叶片不仅起搅拌水渣的作用,而且依靠它可连续地将渣带到转鼓上面,使脱水后的水渣能自动落到排料胶带机上运走。排料胶带机设置在转鼓转轴的中心线上。

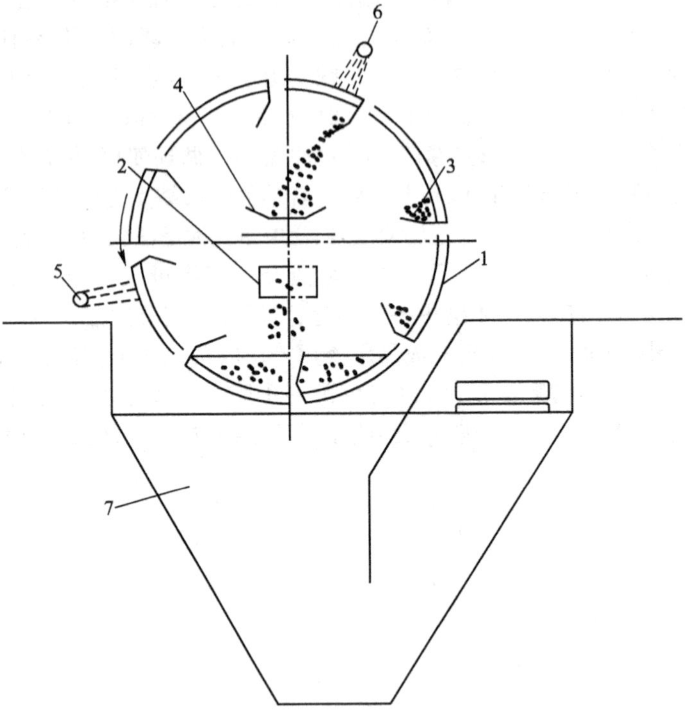

图 9-25　过滤圆筒简图

1—滚筒过滤;2—分配器;3—搅动叶片;4—排料皮带;
5—清洗水;6—洗净空气;7—集水槽

转鼓本体通过其两端的轮圈支承在支座上面的两个托辊上。这种支承结构方式,不仅能使转鼓旋转平稳,而且可以避免转鼓产生轴向移动。转鼓可以采取液压马达驱动、链传动,也可以采用电动机驱动。转鼓的旋转速度,可以根据渣量的变化在 0.12 ~ 1.2 r/min 范围内加以调整。

为了使从水渣槽流出的渣浆能均匀地进入转鼓过滤器,在转鼓内排料胶带机的下面设置有水渣分配器。它沿整个转鼓长度方向布置。分配器由分配器本体、罩及前后支承轮组成。分配器本体为箱形结构,其断面积为由进料端至出料端逐步减少,以便能均匀地将渣浆分配到转鼓内。分配器箱体伸入到转鼓内部分的下面开有卸料口,卸料口个数及尺寸根据转鼓大小和渣浆流量来确定,渣浆是通过卸料口落入转鼓里的,在卸料口内衬以耐磨陶瓷砖。分配器罩是为防止水渣在分配器上堆积而设置的。检修时,分配器可以通过前后支承轮拖出。

为了防止转鼓滤网被水渣堵塞,保证转鼓有很高的过滤能力,在转鼓外面周围设置有压缩空气和清水喷扫装置。在转鼓运转过程中,采用压缩空气和清水对滤网进行连续冲洗。

在转鼓过滤器的下面设置有集水槽,以收集从转鼓里过滤出来的水。水进入集水槽后,由导流板引向槽底部,水中悬浮物在槽内沉淀,并通过循环泵将沉淀浓缩的水输送到水渣沟,通过转鼓再次过滤,集水槽上面的清水从溢流口处流进中继槽,通过它冷却后继续循环冲渣使用。

转鼓过滤法冲渣系统中的水渣冲制箱、水渣沟、水渣槽等其他设备的结构与拉萨法冲渣系统中的同类设备结构大体相同。由于用转鼓代替脱水槽,过滤效果好,无需再设沉淀池。

水渣槽液位、转鼓液位、热水池及冷水池液位、成品槽料位以及水温、水压等均实行自动监测。水渣系统设备正常运转由水渣操作室控制。采用PLC自动操作方式对系统的启动、停止、运转及故障等进行监控,使冲渣工艺实现自动化操作。

9.4.1.4 渣池水冲渣

在高炉附近场地窄小,或地势等原因无法设置炉前水冲渣系统时,可采用清池水冲渣工艺。该工艺是将高炉炉渣用渣罐车运至水渣池,进行渣粒化和冷却。粒化后的成品炉渣借助桥式吊车上的电动抓斗从渣池中取出,通过胶带输送机运往堆渣场储存。

渣罐水冲渣系统主要设施和设备包括:冲渣池,打渣壳机,桥式吊车及撞罐机等。冲渣池为钢筋混凝土结构,长度为20~30 m,宽度为10~12 m,深度为5~8 m,年处理渣量大于50万t时,可设两个冲渣池。打渣壳机是用来在渣罐翻罐之前打穿渣罐口表面熔渣结壳的,以免翻罐时发生打炮。撞罐机是用来清除罐内残物的。

渣池水冲每吨渣的耗水量为1.2~1.5 t,设计时应考虑补充新水,并采取间断供水。供水压力一般大于3×10^5 Pa,以满足清扫流槽及翻渣铁道线用水。

冲渣场的翻渣罐位根据一次来的渣罐车台数确定。

高炉熔渣用渣罐车运往冲渣池。对渣罐车的基本要求是:渣罐的形状应保证能卸下凝固的炉渣;保证有足够的稳定性;由于渣罐内不砌耐火砖,罐壁应耐高温。

我国渣罐车的结构型式有两种,一种是渣罐车的倾翻机构设置在渣罐车上,型号为ZZD;另一种是渣罐车上无倾翻机构,翻罐靠渣场上的起重设备完成,型号为ZZF。

ZZD型渣罐车的机构如图9-26所示。它由渣罐体,支承环、车架,倾翻机构及运行车轮等组成。渣罐体、支承环和车架均为铸钢制成。渣罐倾翻采用电动机驱动。渣罐内衬温度很高,而且反复受热,热应力严重。为了使热应力分布均匀,渣罐制成圆形断面,也有做成椭圆形断面的。为了使罐内凝固后的渣也能倒出,渣罐呈上大下小的锥形。

为了避免熔渣粘结在罐壁上,装入渣前须用喷浆装置在罐壁内表面喷涂一层石灰浆。

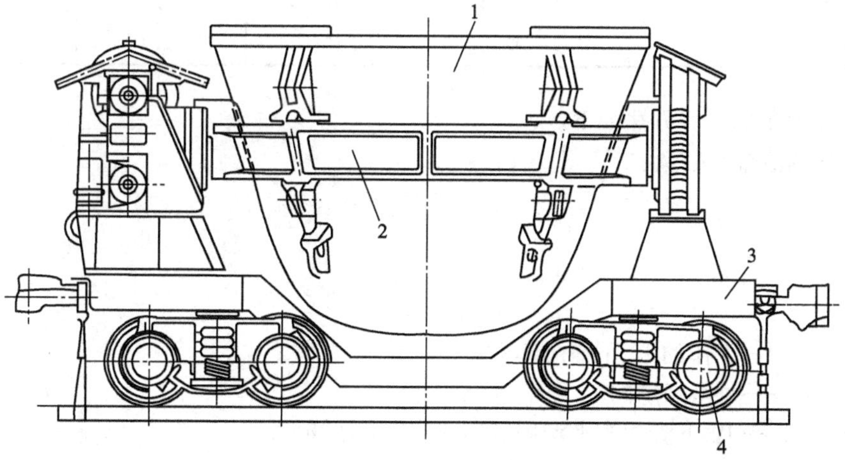

图9-26 ZZD型渣罐车

1—渣罐;2—支承环;3—车架;4—车轮

国产ZZD型渣罐车和ZZF型渣罐车技术性能分别见表9-11和表9-12。

表 9-11　国产 ZZD 型渣罐车技术性能

型　　号	ZZD-8-1	ZZD-11-1	ZZD-17-1	ZZD-20-1
载重量/t	28	39	51	60
渣罐容积/m^3	8	11	17	20
轨距/mm	1435	1435	1435	1435
两转向架中心距/mm	4000	4150	4150	5000
通过轨道最小曲率半径（v = 20 km/h）/m	50	75	75	80
构造速度/km · h^{-1}	25	30	30	30
倾翻角度/（°）	116	116	116	116
倾翻时间/min	1.23	1.29	1.29	1.29
自重/t	41	53	65	75

表 9-12　国产 ZZF 型渣罐车技术性能

型　　号	ZZF-8-1	ZZF-11-1	ZZF-14-1	ZZF-16-1
载重量/t	28	38	49	56
渣罐容积/m^3	8	11	14	16
渣罐耳轴中心距/mm	3050	3440	3560	3890
轨距/mm	1435	1435	1435	1435
两转向架中心距/mm	4850	5500	5500	5900
通过轨道最小曲率半径（v = 20 km/h）/m	50	50	50	50
构造速度/km · h^{-1}	30	30	30	30
倾翻角度/（°）	100.5	101	102	102
自重/t	32.1	39	42.2	45.3

渣罐车需要量的计算方法如下。

（1）工作的渣罐车数量：

$$N'_1 = \frac{N_s \tau_s n_z S}{24}$$

$$N'_2 = \frac{N_x \tau_x n_r S}{24}$$

式中　N'_1、N'_2——工作的上、下渣罐车数；

N_s、N_x——每座高炉的上、下渣罐位数；

τ_s、τ_x——上、下渣罐车平均周转期，h（一般为 3h）；

n_z、n_r——每座高炉的昼夜出渣、出铁次数；

S——高炉座数（同类型高炉）。

（2）检修的渣罐车数量：

$$N'_3 = (N'_1 + N'_2) \times 15\%$$

（3）备用渣个车数量。备用的渣罐车数 N'_4，采用一座高炉上、下渣罐位数的总和：

$$N'_4 = N_s + N_x$$

(4) 高炉车间渣罐车的总数 N'：

$$N' = N'_1 + N'_2 + N'_3 + N'_4$$

9.4.1.5　嘉恒法

此法是在一个密闭容器内，用一个转速为 160～360 r/min 的滚筒将炉渣抛起粒化后，落入水中，然后在转鼓中脱水，脱水后的水渣由带式运输机运出。该工艺可以做到渣中带铁冲水渣时不爆炸，具有用水少、占地面积小、成品水渣含水率低等优点。

9.4.2　块渣生产

熔渣在大气中自然冷凝制成块渣。块渣由密实体(占70%～80%)、多孔体(占15%～25%)和玻璃体(占3%～5%)组成，密度约为2 t/m^3，具有良好的抗冻性和耐蚀性，主要用作建筑材料骨料。块渣设施一般作为水渣设施的备用设施。块渣可在弃渣场冷却或在炉前干渣坑喷水冷却。

9.4.2.1　弃渣场冷却

熔渣由渣罐车运到弃渣场倾倒，自然冷却。弃渣场一般设在山谷、河(海)边及低洼地，设计时需考虑一定的堆放能力。冷却后的炉渣经采掘、破碎和筛分后运往用户。

9.4.2.2　炉前干渣坑冷却

熔渣由熔渣沟直接流入炉前的干渣坑，一般放完渣后不马上喷水，适当冷却后喷水，以得到质量较好的干渣。有的边放渣边喷水。干渣注满后用挖掘机采掘，破碎筛分后装车外运。未蒸发的水则经滤层排出并循环使用。

9.4.3　膨珠渣生产

熔渣经膨胀处理和自然冷凝制成表面釉化、内有微孔的膨珠，其形状与天然浮石相似，故又称矿渣浮石。膨珠粒径为1.2～10 mm，堆密度为0.9～1.3 t/m^3，1h 吸水率不大于4%，自然级配膨珠筒压强度大于3.4 MPa，主要用作隔热材料或轻质建筑材料骨料。熔渣由熔渣沟(或渣罐经受渣槽)送入膨胀槽，与膨胀槽上喷出的高压水一起流到滚筒上，被高速旋转的滚筒叶片击碎抛出，在空气中冷凝成球状落地，由膨胀池收集外运。生产用水量较小，渣水比为1:(0.4～0.6)，水压为0.5～0.8 MPa。滚筒叶片顶端转速为15～22 m/s。膨珠设施生产能力小，污染环境较大。膨珠和渣棉方式国内已不再采用。

思考题

9-1　高炉出铁场有哪几种布置形式，在考虑出铁场的布置时应当注意考虑哪些因素？

9-2　冲钻式开铁口机和液压泥炮各具有哪些优点？

9-3　常用铁水罐车有哪几种类型，各有何特点？

9-4　确定铁水罐车的需要量应考虑哪些因素的影响？

9-5　高炉水冲渣方式主要有底滤法、拉萨法和转鼓法，它们各有何优缺点？

9-6　对高炉铁口泥和沟料性能有哪些主要要求？

10 高炉车间设计

10.1 设计概述

10.1.1 工程设计的一般概念

任何一项工程在基本建设之前都必须经过设计及施工两个阶段。施工的依据是设计，设计是该项工程的开始。设计的任务不仅包括要论证某项工程建设的价值、条件及方案等，而且要解决工程建设施工中可能遇到的重大问题、具体技术问题及经济问题。设计工作实际上是一项综合性的科学应用和研究工作，也是一项政策性很强的工作。

设计工作者在设计过程中必须遵循下列原则：

(1) 贯彻执行党和国家的方针、政策。

(2) 遵循国家和部门制定的技术政策及设计程序，执行有关技术标准、规范、条例及规定等。

(3) 广泛吸收国内外可靠的科学研究及新技术成果。根据需要和可能，尽量采用新工艺、新设备、新材料、新结构等，做到技术上先进，经济上合理，生产上适用。所采用的技术资料及经济资料必须可靠。

(4) 尽可能采用通用设计，以提高设计速度和保证设计质量。尽可能采用国产设备，节约外汇开支。

(5) 能满足生产要求，投产后尽快达到设计能力和实现设计技术经济指标。

设计的依据是经上级批准的设计任务书。设计任务书又称计划任务书或设计计划任务书，是确定基本建设项目、重大更新改造措施项目、编制设计的主要文件。设计任务书的内容一般包括：建设的目的和依据，建设规模，产品方案，生产方法或工艺原则，矿产资源，水文地质，原燃料，动力，供水，运输，主要协作配合条件及建设进度、资源综合利用，环保，投资、劳动定员和要达到的经济效益等。

在建设项目和重大更新改造项目，进行基本建设之前，一般要进行可行性研究。对项目在技术上、经济上是否可行，进行科学分析。可行性研究内容基本上是设计任务书的内容，经过研究、计算分析评价项目的经济效果，提出项目是否可行，是否值得投资的意见。如果可行，则要经过多种方案比较，选择推荐经济效果最佳的建设方案，为审批设计任务书时对项目进行决策提供充分的科学依据。

设计的主要程序根据设计对象的复杂程度和用途确定。当有类似的企业而且实践证明该企业所采用的生产工艺及设备都较先进，设计的复杂程度不十分大时，一般可按两段式程序设计，即初步设计和施工图设计阶段。其余情况下，一般要采取三段式程序设计，即经过初步设计、技术设计和施工图设计三个阶段。在实际的设计工作中，为了充分利用各种有利条件和发挥各种力量的作用，设计的各阶段往往都是交叉进行的。

初步设计是根据批准的可行性研究报告、设计任务书和必要的、准确的基础资料，对设计项目进行通盘研究，概略计算和总体安排，阐明在指定地点、时间和投资控制数内，拟建工程在技术上的可能性和经济上的合理性。初步设计内容一般包括：建厂指导思想，目的和条件，建设规模，产品方案，总体布置，工艺流程，设备选型，编制定员，主要建筑物，公用设施，占地面积，综合利用主要技术经济指标及投资概算等方面的有关图纸设计和文字说明。初步设计是安排基建计划和控制基建投资所必须的文件；是主要设备，材料订货，征用土地，场地，进行施工准备及绘制施工图的依据。

技术设计是为了进一步确定初步设计中所采用的工艺过程和建筑、结构上的主要技术问题，校正设备选择，建设规模及一些技术经济指标而对一些技术复杂或有特殊要求的建设项目所增加的一个设计阶段。在初步设计的基础上对设计进行更深入细致的技术审查及设计。

施工图设计是基建项目设计的最后一个阶段。把初步设计（或技术设计）中确定的设计原则和设计方案，根据建筑安装工程和非标准设备制作的需要，进一步具体化，把工程和设备各构成部分的尺寸、布置和主要施工方法，以图样及文字形式加以确定。绘制出所有的建筑物、构筑物的图纸，以及各种设备制造、加工及安装等所需要的图纸。在施工中，施工图若有改动的地方，应在图纸上标明，并备案，做到实际施工与图纸完全吻合。这样做的目的不仅是为了投产后生产的需要，也是工程竣工后总结设计工作，提高设计质量的需要。

根据设计的内容和性质、设计分为厂总图运输设计、车间规划设计、建筑物及构筑物设计，以及设备制造、安装设计等。本章主要介绍高炉炼铁车间规划设计。

10.1.2　冶金工艺设计

工艺设计是高炉车间设计的核心。工艺性专业在项目设计中一般都起着灵魂的作用，因为一项完整的工程设计，都是围绕着保证工艺过程开展的，绝大多数的原始设计条件都是由工艺性专业提出或经过确认后提出的。对于高炉车间的工艺设计，必须要全面贯彻高效、优质、低耗、长寿、环保的技术方针。工艺设计中应以精料为基础，采用喷煤、高风温、高压、富氧、低硅冶炼等炼铁技术措施。高炉设计必须坚持自主创新，加强设备和技术的研究，提高技术和装备的水平。

工艺设计的任务是：

(1) 接受并审查项目中有关冶金工艺设计的原始条件；

(2) 进行工艺方案比较，确定工艺流程并绘制出工艺流程图、工艺平断面配置图；

(3) 进行物料、能量计算，编制物料平衡表；

(4) 确定主要设备的操作条件，进行设备计算和单元计算，确定设备选型；

(5) 汇总编制工艺设备表；

(6) 编写工艺说明书；

(7) 提出专业的设计条件；

(8) 提出特殊的用电要求；

(9) 提出“三废”处理的项目和技术建议。

在完成上述工作以前，资料的收集和处理至关重要，这些资料包括项目的合同书和任务书；可行性研究报告；基础资料（地质水文、气象、地形、环保等）；用户提供的与本工程有关的协议文件（包括供电供水、交通运输、原料供应、产品销售等）；设计规范和工程标准以及设计管理部门获得的物性数据、计算公式、软件使用说明等等。

在工艺流程的规划过程中，高炉车间一般都有现成的比较成熟的工艺流程可供参考，其中规模的确定通常以炉容的大小来界定。按照《钢铁产业发展政策》中的规定，新建高炉的准入条件是 1000 m^3以上。不过，这仅仅是针对新建的高炉，国内的高炉在较长时间内中小高炉将与 1000 m^3以上的大高炉并存，那么相应的一些改扩建项目设计的工作依然会存在。

工艺流程在技术上是否先进，在经济上是否合理是判断流程规划优劣的关键因素。原则上讲，流程选择的准则一般注意要对资源适应性强、对设备的利用率高、对环境的影响小、对管理提高有利、对资金的占用要少。

10.2　厂址选择及高炉车间在总图中的位置

10.2.1　厂址选择

钢铁厂一般是指具有炼铁、炼钢及轧钢的完整生产周期的冶金工厂。高炉车间是为炼钢提供原材料的车间组织。钢铁厂的厂址选择应以炼铁生产的条件为考虑重点。

厂址选择即在拟建地区、地点范围内选择建厂的地理位置的工作。它是生产力布局最基本的环节，是设计的一项重要任务，又是建设项目进行设计的前提。钢铁厂的厂址选择必须十分慎重。钢铁厂的厂址选择合理与否，不仅直接影响到建设速度、投资费用及投产后的产品成本，而且还影响到工业布局的合理性。确定钢铁厂的厂址必须经过多种方案的论证。

选择钢铁厂厂址应当符合下列基本原则：

(1) 既要考虑区域性工业的综合平衡，又要考虑钢铁生产对原材料的依赖性，即应尽可能靠近原燃料基地，以节省投资和降低营运费用。

(2) 钢铁厂占地面积大，必须节约用地。尽可能利用坡地、贫地及荒地，少占耕地，不占良田，不拆迁村庄。并能合理利用地形，以减少施工土石方工程量。

(3) 有利于区域环境保护。居民区应位于厂区的上风侧区，饮用水源应位于厂排污水口的上游，排放出的污水不得污染农田和江河。

(4) 厂内运输能与厂外运输的交通条件相适应。厂外铁路线不允许在国家正线区间接轨。公路运输应与厂外公路干线靠近，水路运输港址应选择在河床稳定、冲淤变化小、水域较宽，水深度可供船舶安全靠离的河段处。

(5) 厂址应能避免洪水淹没，应高出当地的最高洪水位 0.5 m 以上。山区建厂应能避免受到山洪、水库决堤等的威胁。

(6) 地质条件钻探确认无断层、滑坡、泥石流、溶岩等不稳定的地质结构。地下水位低，无侵蚀性。土壤耐压力高，最好不低于 2×10^5 Pa，以减少地基处理费用。

(7) 风向、气温及降雨雪量等气象统计资料完备。

(8) 有充分的供排水条件，即有足够的连续供水的水源，有排放工业废水和场地雨水的条件。

(9) 有足够的、连续供电的可靠电源。

(10) 具有方便的厂际协作条件。

(11) 便于利用现有的生活福利、文化教育和商业网点等设施。

10.2.2　高炉车间在钢铁厂总图运输设计中的位置

高炉车间规划设计是钢铁厂总图运输设计的组成部分。因此高炉车间规划设计应与钢铁厂总图运输设计相适应。所谓钢铁厂总图运输设计，就是指根据各分工厂的车间组成及其工艺流程，结合用地条件和有关技术要求，综合研究、设计建筑物、构筑物及各项设施相互之间的平面关系和空间关系。由于高炉车间具有连续性生产、运输量大以及产生废气、废渣、废水等特点，在考虑高炉车间所处钢铁厂总图运输设计位置时，应当符合下列要求：

(1) 尽可能地靠近外运入厂原燃料的铁路车站、码头及公路干线。

(2) 尽可能与焦化、烧结、原料及炼钢等车间靠近，以减少营运费用和便于调度。但应注意留足各车间发展的余地。

(3) 布置在钢铁厂主导风向的下风侧，江河取水站的下游，以减少它对其他车间的环境污染和生活用水的污染。

10.3 高炉车间规划设计

10.3.1 高炉容积及高炉座数的确定

高炉总容积根据设计任务书所规定的生铁产量及有关生产数据计算确定。如果设计任务书没有直接给出生铁产量，而给出的是钢锭和外运生铁年产量，则应根据炼钢生产的情况作生铁平衡计算，确定出生铁的年产量。如果设计任务书给出的生铁品种不是同一种生铁，还应当把不同品种的生铁换算为同一品种生铁。换算的方法，一般都是把铸造生铁乘以换算系数，折算成炼钢生铁，换算系数的值取决于生铁品种。各类生铁品种的折合系数见表 10-1。

表 10-1 铸造铁折算成炼钢生铁的折合系数表

铸铁品种代号	Z14	Z18	Z22	Z26	Z30	Z34
折合系数	1.14	1.18	1.22	1.26	1.30	1.34

不同品种生铁折合为标准炼钢生铁 P 计算式如下式：

$P = L04 + L08 + L10 + 1.14Z14 + 1.18Z18 + 1.22Z22 + 1.26Z26 + 1.30Z30 + 1.34Z34$

高炉总容积按下列公式计算：

$$V_u = \frac{P}{355\eta_v}$$

式中 V_u——高炉车间的高炉总有效容积，m^3；

P——生铁年产量，t/a；

η_v——高炉有效容积利用系数，$t/(m^3 \cdot d)$；

355——高炉实际的年工作日，一般取 355 d。

高炉的有效容积利用系数，是根据与设计高炉原燃料条件和其他生产条件相同或相近的同类型高炉的实际生产数据确定的。

高炉的实际年工作日，是高炉一代炉役中扣除大、中修及小修时间后，平均每年能实际生产的天数。根据国内高炉生产实践和考虑到设计计算的统一和方便，不论炉容大小，一般均以高炉年工作日为 355 天计。高炉实际年工作日多少，主要决定于高炉构造、生产技术水平及维护工作水平等。减少停炉检修时间，延长高炉寿命，使高炉的实际生产天数增加，是充分发挥高炉生产能力，增加生铁产量的有效途径，也是高炉设计工作者的重要任务。

高炉座数的确定，从方便生产管理和设备管理出发，一个车间的高炉有效容积最好都相同，从节约占地面积、减少投资费用、提高生产效率，减少车间机构考虑，一个车间的高炉座数越少越好，从能保证连续供给炼钢用铁水和供给其他车间高炉煤气出发，一个车间高炉座数应当多一些为好。综合考虑各种因素，我国钢铁企业中，一般中小型炼铁车间，一个车间规划两座高炉为宜，一般大型炼铁车间,一个车间规划 3 ~ 4 座高炉为宜。

每座高炉的有效容积是根据车间总的高炉有效容积和高炉座数计算确定的。

10.3.2 高炉车间占地面积及运输量

高炉车间的占地面积,主要取决于各个系统的组成及其布置。高炉车间系统一般包括:高炉,热风炉,炉后供料,煤粉喷吹,富氧,煤气除尘,铸铁机,渣铁罐修理库,水渣处理,碾泥机室及其他设施等。其主体设施越多,间距越大,占地总面积就越大。如果炼铁厂无单独的原料车间,高炉车间还包括铁矿石破碎、筛分和混匀系统,以及熔剂、燃料的贮存系统,这样就会使高炉车间的占地面积增加很多。一般情况,原燃料处理都应单独成立原料车间。

我国部分高炉车间高炉部分占地面积,见表 10-2。

表 10-2 高炉车间高炉部分占地面积表

炉容与座数 $/m^3 \times$座	布置形式	炼铁主体设施占地面积		
		长/m	宽/m	面积/m^2
255 ×2	一列式	155	68	10500
620 ×2	一列式	170	90	15300
1000 ×2	一列式	190	95	18000
1500 ×2	岛 式	250	100	25000
2025 ×1	一列式	150	90	13500
2516 ×1	岛 式	130	135	17550

注:1. 未包括两端铁路并线所占用的面积;
2. 全部为熔渣或全部为水渣;
3. 包括喷吹燃料。

高炉车间的运输量,是高炉车间进行规划设计的重要资料。高炉车间运输量主要包括:高炉冶炼用原材料的运入量,生铁产品及炉渣等的运出量等。高炉车间的运输量主要决定于车间的规模及高炉生产的技术经济指标。

高炉车间的运输方式,主要有火车,胶带运输机及汽车运输等。高炉渣一般采取水冲渣、水冲运输。高炉煤气为管道运输。高炉车间运输的特点是运输量大,运输的调度很频繁,在进行高炉车间的规划设计时,车间运输必须满足高炉生产的要求,这是车间规划设计的重要任务。

10.3.3 高炉车间平面布置

高炉车间平面布置主要包括高炉、出铁场、热风炉、铁路运输线以及辅助设施等的布置。高炉车间平面布置是车间规划设计的主要任务。车间平面布置合理与否,不仅直接影响车间建设的投资和建设速度,而且影响投产后的使用效果。

10.3.3.1 对车间平面布置的要求

高炉车间平面布置应当符合下列要求:

(1) 工艺流程合理,操作安全、方便,能充分满足生产需要。

(2) 车间的运输线路和运输系统必须有足够的运输能力,能保证原材料及时供应,产品及副产品能及时运出。

(3) 在工艺合理、操作安全、满足生产的条件下,应尽可能缩短高炉与热风炉的间距,缩短运输线路和管道线路的长度,缩小建筑物的体积,尽可能采取两座或多座高炉合用某些设备和构筑物,使车间布置紧凑,节约占地面积,减少投资。

(4) 车间平面布置与立体建筑联系起来统筹考虑,充分利用地形、地势,尽量减少土石方工程量。

(5) 留足车间建设、大修施工、堆放设备、材料、物品,以及临时仓库的场地。根据规划和可能,可以考虑发展的需要,预留出一座高炉的位置。

10.3.3.2 车间平面布置的形式

高炉车间平面布置,目前有以下几种布置形式。

A 一列式布置

一列式布置的特点是高炉和热风炉的中心线在同一列线上,出铁场布置在高炉列线上,车间铁路运输线与高炉列线平行,如图 10-1 所示。

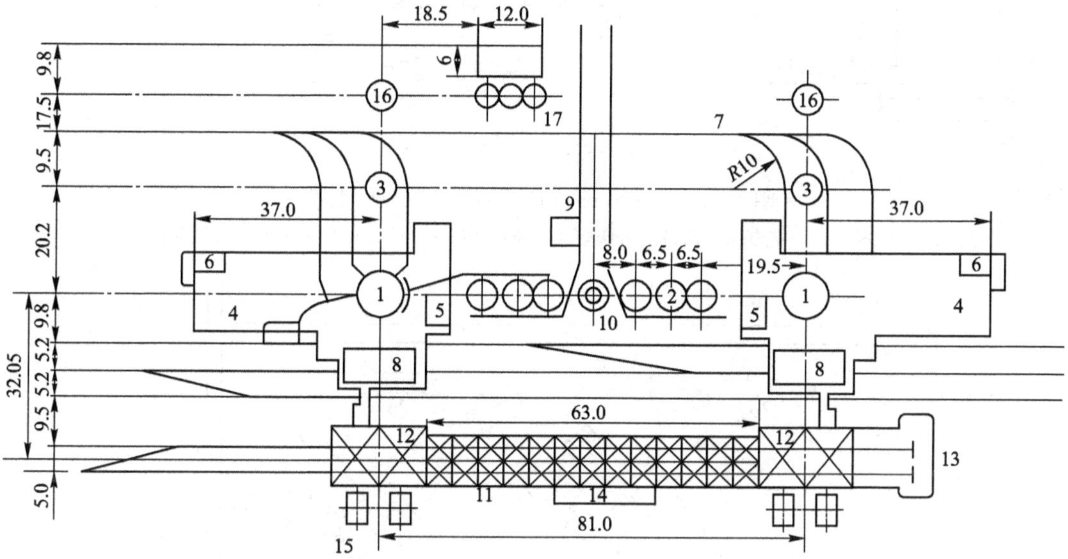

图 10-1 $2\times255\ m^3$高炉平面布置图(一列式)

1—高炉;2—热风炉;3—除尘器;4—出铁场;5—高炉计器室;6—炉前工人休息室;7—水渣沟(或水渣池);8—卷扬机室;9—热风炉计器室;10—烟囱;11—矿槽;12—焦槽;13—称量车修理库;14—变电所;15—碎焦卷扬机室;16—洗涤塔;17—电除尘器

一列式布置的优点是可以共用出铁场,共用一个热风炉烟囱,也可以共用一台桥式吊车,布置比较紧凑。但高炉座数较多,产量较大的车间,运输不够方便。一般中、小型高炉车间或高炉座数较少的大型高炉车间可以采用这种布置形式。

B 并列式布置

并列式布置如图 10-2 所示。其特点是高炉与热风炉分设于两列线上,高炉列线与热风炉列线平行,出铁场布置在高炉列线上。并列式布置的优点是高炉间距缩短,车间长度减短,但车间宽度增加。一般因地形关系,要求缩短高炉中心距,可以采用并列式布置。

C 半岛式布置

半岛式布置如图 10-3 所示。其特点是每座高炉都有单独的有尽头的铁罐和渣罐停放线,给多出铁口和多出铁场的大型高炉运输带来方便。过去的半岛式布置,一般热风炉列线与高炉列线平行,而最近新建的半岛式布置的高炉车间,热风炉列线与高炉列线呈一定夹角。

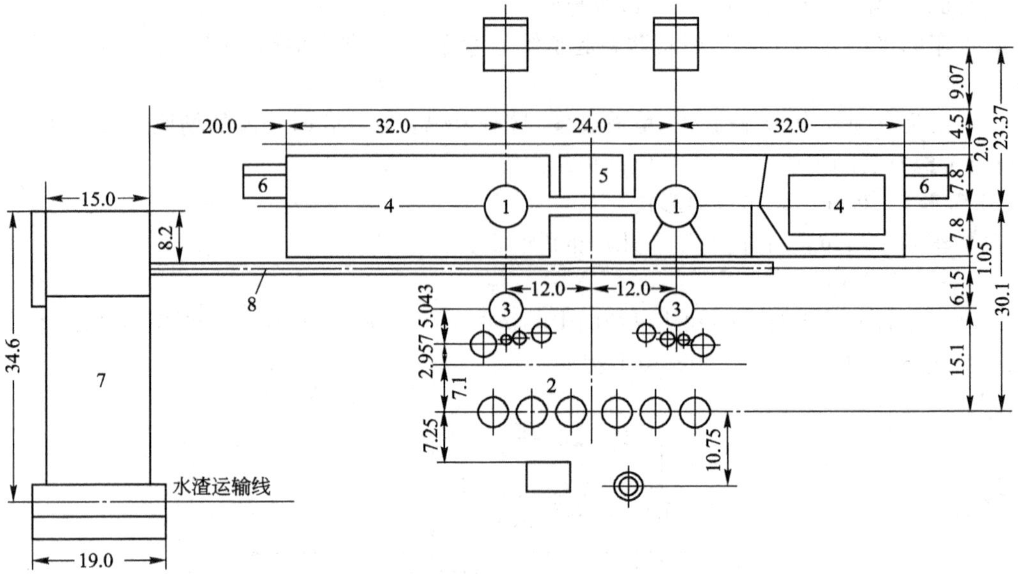

图 10-2　2 × 100 m³ 高炉平面布置图（并列式）

1—高炉；2—热风炉；3—重力除尘器；4—出铁场；5—高炉计器室；6—炉前休息室；7—水渣池；8—冲渣沟

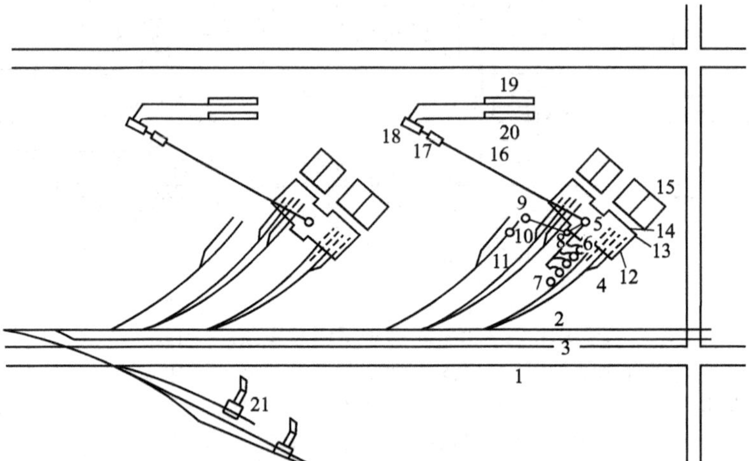

图 10-3　新半岛式炼铁车间平面布置示意图

1—公路；2、3—铁路调度线；4—铁水罐车停放线；5—高炉；6—热风炉；7—烟囱；8—重力除尘器；9—第一文氏管；10—第二文氏管；11—卸灰线；12—炉前 100 t 吊车；13—小型吊车；14—水渣搅拌槽；15—干渣坑；16—上料胶带机；17—驱动室；18—装料漏斗库；19—焦炭仓；20—矿石、辅助原料槽；21—铸铁机

一般国外具有多出铁口和多出铁场的大型高炉车间大多采用半岛式布置。

岛式布置是由半岛式布置发展而成的，如图 10-4 所示。其特点是每座高炉有其独立的贯通铁罐和渣罐铁路停放线，铁、渣罐的铁路停放线均与车间两侧的运输线相接通。这样，运输不受相邻高炉的影响，运输能力大，而且灵活，每座高炉系统成为一个独立的单位。因此，岛式布置适合于高炉座数较多、容积较大、渣铁运输频繁的大型炼铁车间的布置。岛式布置的炼铁车间，高炉间距较大，使管道线增长，而且不容易实现炉前冲水渣，一般采用放干渣运走。

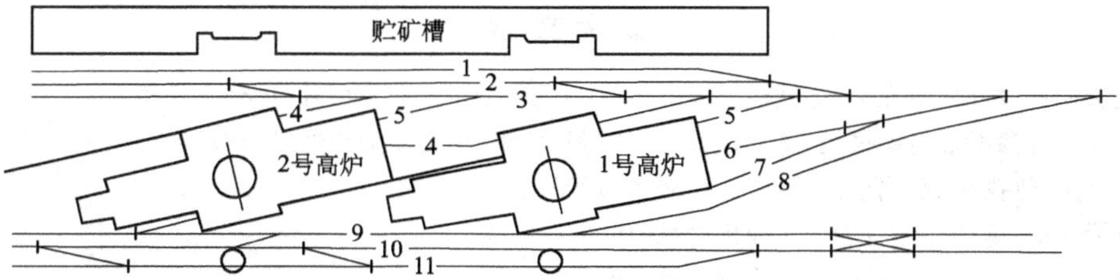

图 10-4 岛式高炉线路布置图

1—碎焦线;2—空渣罐车走行线;3—重渣罐车走行线;4—上渣出渣线;5—下渣出渣线;6—耐火材料线;7—出铁线;8—联络线;9—重铁水罐车走行线;10—空铁水罐车走行线;11—煤气灰装车线

高炉车间的每种布置形式都有其优缺点,因此,采用何种布置形式,应综合考虑各方面的具体条件以满足生产需要为原则,通过各种方案的比较,最后确定出合理的布置方式。

10.3.3.3 辅助设施的布置

在考虑辅助设施的布置时,应注意考虑以下几点:

(1) 水冲渣池应尽量设置在靠近高炉附近较低的位置,以便于水力运输和循环水使用,并使水渣有外运的条件。

(2) 铸铁机室应设置在高炉铁水运往炼钢车间铁路走行线方向,并尽量靠近高炉布置,防止铁水温度降低,提高生铁的收得率。生铁块库应布置在铸铁机附近便于外运的地方。铁水罐修理库,一般可以与铸铁机室设在一起。大型鱼雷式铁水罐车修理库应单独设在高炉和铸铁机室之间。

(3) 碾泥机室、喷吹设施应尽量靠近高炉布置。所有辅助设施的布置都不应阻碍高炉生产的发展。

(4) 渣、铁罐车停放铁路线应与走行线分开。铁水线与熔渣线不得交叉。即使炉前水冲渣,也应设一条出渣线,作为事故渣和垃圾运输线。

(5) 高炉两侧铁路线一般应为贯通式,只有半岛式布置的渣、铁罐停放线才设计成尽头式。高炉车间铁路线标准间距为 5 m,建筑物距离铁路中心间距一般为 5 ~6 m。

(6) 高炉车间除铁路运输线外,还必须根据需要考虑汽车道路和人行道路,做到生产运输畅通,人行安全,并尽量避免公路和人行道与铁路线交叉,若有交叉,应设计成直线段正交。

思考题

10-1 冶金工艺设计的主要任务是什么?

10-2 设计工作应当遵循哪些原则?

10-3 钢铁厂选址有哪些主要要求?

10-4 高炉车间炉座规划应当考虑哪些因素影响?

10-5 对高炉车间的平面布置应满足哪些主要要求?

10-6 试比较通常采取的几种高炉车间平面布置形式的优缺点。

参考文献

1 重庆钢铁设计院研究室.炼铁机械设备设计.北京:冶金工业出版社,1985
2 炼铁设计参考资料编写组.炼铁设计参考资料.北京:冶金工业出版社,1975
3 严允进.炼铁机械.北京:冶金工业出版社,1990
4 章天华等.炼铁.北京:冶金工业出版社,1986
5 啸凡.液压传动.北京:冶金工业出版社,1986
6 项中庸等.蓄热式热风炉.北京:冶金工业出版社,1988
7 周传典.高炉炼铁生产技术手册.北京:冶金工业出版社,2002
8 郝素菊等.高炉炼铁设计原理.北京:冶金工业出版社,2003
9 马竹梧等.钢铁工业自动化(炼铁卷).北京:冶金工业出版社,2000
10 张树勋.钢铁厂设计原理(上册).北京:冶金工业出版社,1994
11 王筱留.高炉生产知识问答(第2版).北京:冶金工业出版社,2004
12 杉田 清(日).钢铁用耐火材料.北京:冶金工业出版社,2004
13 王平.炼铁设备.北京:冶金工业出版社,2006
14 云正宽主编.冶金工程设计(工艺设计).北京:冶金工业出版社,2006

冶金工业出版社部分图书推荐

书　　名	作　者	定价(元)
轧钢机械设备维护(高职高专规划教材)	袁建路　主编	45.00
起重运输设备选用与维护(高职高专规划教材)	张树海　主编	38.00
轧钢原料加热(高职高专规划教材)	戚翠芬　主编	37.00
炼铁设备维护(高职高专规划教材)	时彦林　等编	30.00
炼钢设备维护(高职高专规划教材)	时彦林　等编	35.00
冶金技术认识实习指导(高职高专实验实训教材)	刘燕霞　等编	25.00
中厚板生产实训(高职高专实验实训教材)	张景进　等编	22.00
天车工培训教程(高职高专规划教材)	时彦林　等编	33.00
炉外精炼技术(高职高专规划教材)	张士宪　等编	36.00
连铸工试题集(培训教材)	时彦林　等编	22.00
转炉炼钢工试题集(培训教材)	时彦林　等编	25.00
转炉炼钢工培训教程(培训教材)	时彦林　等编	30.00
连铸工培训教程(培训教材)	时彦林　等编	30.00
电弧炉炼钢生产(高职高专规划教材)	董中奇　等编	40.00
金属材料及热处理(高职高专规划教材)	于　晗　等编	26.00
有色金属塑性加工(高职高专规划教材)	白星良　等编	46.00
炼铁原理与工艺(第2版)(高职高专规划教材)	王明海　主编	49.00
轧钢设备维护与检修(行业规划教材)	袁建路　等编	28.00
冶金机械保养维修实务(高职高专规划教材)	张树海　主编	39.00
有色金属挤压与拉拔(高职高专规划教材)	白星良　主编	32.00
自动检测和过程控制(第4版)(国规教材)	刘玉长　主编	50.00
金属材料工程认识实习指导书(本科教材)	张景进　等编	15.00
塑性变形与轧制原理(高职高专规划教材)	袁志学　等编	27.00
冶金过程检测与控制(第2版)(职业技术学院教材)	郭爱民　主编	30.00
高炉炼铁工试题集(培训教材)	时彦林　等编	28.00
机械安装与维护(职业技术学院教材)	张树海　主编	22.00
参数检测与自动控制(职业技术学院教材)	李登超　主编	39.00
黑色金属压力加工实训(职业技术学院教材)	袁建路　主编	22.00
初级轧钢加热工(培训教材)	戚翠芬　主编	13.00
中级轧钢加热工(培训教材)	戚翠芬　主编	20.00